U0341766

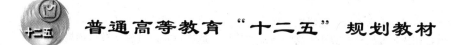

普通高等教育"十二五"规划教材

炼铁工艺学

那树人　主编

北京

冶金工业出版社

2014

内 容 提 要

本书共 8 章，系统地阐述了现代炼铁工艺的基本理论与工艺；介绍了高炉炼铁用原料及铁矿粉造块，高炉冶炼的还原、造渣及脱硫过程，燃料燃烧及炉料、煤气运动，高炉操作与强化，炼铁工艺计算，高炉过程数学模型及控制，非高炉炼铁等内容。本书较为全面地反映了国内外炼铁工艺科学技术的发展成果及发展方向。

本书可作为高等院校冶金工程专业的教学用书，也可作为职业技术院校、继续工程教育的参考教材，还可供钢铁企业、科研设计部门的工程技术人员参考。

图书在版编目（CIP）数据

炼铁工艺学/那树人主编 . —北京：冶金工业出版社，2014.9

普通高等教育"十二五"规划教材

ISBN 978-7-5024-6487-5

Ⅰ. ①炼… Ⅱ. ①那… Ⅲ. ①炼铁—高等学校—教材 Ⅳ. ①TF5

中国版本图书馆 CIP 数据核字（2014）第 175759 号

出 版 人　谭学余
地　　址　北京市东城区嵩祝院北巷 39 号　邮编　100009　电话　(010)64027926
网　　址　www.cnmip.com.cn　电子信箱　yjcbs@cnmip.com.cn
责任编辑　王　优　美术编辑　杨　帆　版式设计　孙跃红
责任校对　李　娜　责任印制　李玉山
ISBN 978-7-5024-6487-5

冶金工业出版社出版发行；各地新华书店经销；北京印刷一厂印刷
2014 年 9 月第 1 版，2014 年 9 月第 1 次印刷
787mm×1092mm　1/16；20.75 印张；496 千字；318 页
45.00 元

冶金工业出版社　投稿电话　(010)64027932　投稿信箱　tougao@cnmip.com.cn
冶金工业出版社营销中心　电话　(010)64044283　传真　(010)64027893
冶金书店　地址　北京市东四西大街 46 号(100010)　电话　(010)65289081(兼传真)
冶金工业出版社天猫旗舰店　yjgy.tmall.com
（本书如有印装质量问题，本社营销中心负责退换）

前　言

　　为适应我国钢铁工业可持续发展的需要，我们依据冶金工程专业教学的基本要求，遵循"注重基本理论、注意理论与实践紧密结合"的编写原则，编写出这本适用于工程实践性强的普通本科院校冶金专业教学的实用教材。本书编写过程中，注意继承炼铁界前人的优秀成果，注意反映当今炼铁科技理论的发展、创新，注意弥补现有文献中的某些缺陷、不足，努力提供给学生、读者一本理论阐述清晰透彻、内容便于自学、方法有效实用的高质量炼铁工艺学教材。

　　本书由内蒙古科技大学冶金工程系教师编写，由那树人任主编。具体编写分工为：第1、3、6、8章由那树人编写，第2章由王艺慈、罗果萍共同编写，第4章由那树人、王艺慈共同编写，第5章由王永斌编写，第7章由卢虎生编写。全书由那树人统稿及审定。

　　编写中参考和引用了一些炼铁界同行的成果，在此表示衷心感谢。

　　本书的编写出版得到了内蒙古科技大学教材建设基金的资助，学校教务处对本书的编写给予了大力支持，在此深表谢意。

　　由于学识所限，书中或有疏漏或不妥之处，恳请读者批评指正。

编　者

2013 年 12 月

目　　录

1 绪 论

1.1 钢铁工业在国民经济中的地位

钢铁工业是基础材料工业，在国民经济中占有重要地位。钢铁工业为国计民生各个部门提供了大量的优质的原材料，是建设现代化强国所不可缺少的。

钢铁成为基础材料是由于其具有如下多方面的优越性能：较高的强度及韧性，容易进行铸、锻、切削及焊接等多种方式加工；所需资源（铁矿、煤炭等）储量丰富，可供长期采用；钢铁产品相对而言成本低廉、价格便宜，因而广泛应用于各种机械装备制造业、运输业、建筑业以及民用领域。随着人类历史的发展，科技文明的进步，钢铁材料的生产加工已有丰富的经验和成熟的技术，与其他工业相比较，钢铁工业具有生产规模大、生产效率高、产品质量好的优势，即使在今后相当长的时间内，也不会有其他材料能够取代钢铁材料的地位。

发展钢铁工业需要具备丰富的矿石、煤炭及一些辅助材料资源，要有充足的电力、水源和方便的交通运输条件，还需有重型机械制造及电子工业为其服务。我国虽然幅员辽阔、物产丰富，但缺少富铁矿资源，焦煤也显短缺，发展钢铁工业有所不足。我国人口众多，发展空间巨大，广阔的市场和巨大的社会需求促使我国的钢铁工业近年来有了飞跃的发展。

1.2 高炉炼铁生产的发展

1.2.1 高炉炼铁的发展历史

最原始的炼铁方法是利用自然地形挖一竖窑，周围用天然耐火石砌成，中间装满铁矿石和燃料自然通风燃烧，使部分矿石还原得到金属铁。后来出现生吹法炼铁炉，利用人力鼓风助燃得到半熔融状态的海绵铁和氧化铁含量很高的炉渣，再将渣铁混凝体锤击锻打，挤去大部分渣子得到熟铁。随着鼓风设备的改进，以水力代替人力和畜力鼓风，由于风量增加，燃烧燃料增加，使得炉缸温度升高，炉内铁矿石的还原过程改善，还原得到的海绵铁渗碳，熔点随之降低得到液态生铁。在获得生铁的初期人们对它并不感兴趣，因为生铁性脆，不能锻打成型。后来发现将生铁与矿石一起放入炉内再行冶炼，得到性能好的熟铁，这样就形成了一直沿用到今天的两步冶炼法。

两步冶炼法是钢铁冶金史上的转折点，它与以前的生吹法相比有突出的优越之处，改善了铁矿石的还原过程，减少了铁在炉渣中的损失，大大降低了矿石的损耗，实现熟铁的连续冶炼，生产率提高，燃料消耗显著降低。

　　综观世界炼铁生产发展的历史，第一批高炉大约出现在 14 世纪中叶的欧洲，到了 19 世纪中后期，近代高炉的基本形式便确定了。在高炉炼铁的初期发展阶段中有如下几个重大节点：

　　（1）焦炭的使用。1735 年，英国人亚·德尔比发明了以煤炭炼焦的方法，为炼铁工业发展提供了充足的优质燃料。焦炭的机械强度比木炭、块煤高得多，从而为高炉高度的增加、容积的扩大提供了可能。

　　（2）蒸汽机用作鼓风机的原动机。1736 年，俄国机械工程师依尼波尔茹诺夫首先在高炉上安装了以蒸汽机为动力的鼓风机。1782 年，英国也开始在高炉上使用蒸汽鼓风机，送风能力比水力鼓风大大提高，高炉生产规模随之得到跃进式的发展。

　　（3）冷风的预热、炉顶封闭煤气的利用。1828 年，苏格兰人纳尔逊第一次用换热式热风炉将鼓入高炉的冷风预热，得到显著的效果。1832 年，开始利用高炉本身产生的煤气预热冷风，敞开的炉顶封闭起来，引起高炉结构的一系列变化。1857 年，建造了蓄热式（考贝式）热风炉，风温有了显著提高。

　　进入 20 世纪以后，特别是近二三十年，高炉炼铁科学技术得到突飞猛进的发展：

　　（1）加强原料准备工作，实现炼铁精料入炉。精料是改善高炉冶炼的基础。精料的内容包括：提高入炉矿石的品位，改善入炉原料的冶金性能，提高烧结矿、球团矿等人造富矿的比例，稳定入炉原料成分和加强原料的整粒工作等。值得注意的是，炼铁工作者越来越重视炼铁原料的内在品质，注重矿石和焦炭的高温冶金性能的改善，如矿石的软熔性能、高温还原后的强度，焦炭的反应性及反应后的强度等。

　　（2）高炉冶炼过程不断强化。高炉使用强有力的鼓风机，采用高压操作、富氧鼓风、控制鼓风湿分等措施，不断提高冶炼强度，实现高炉冶炼的高产、稳产。

　　（3）提高热风温度，大量喷吹煤粉等替代燃料。提高风温可以大幅度降低焦比；喷吹煤粉既能替代价格昂贵的焦炭，又能作为调剂高炉行程的一种手段。特别是喷煤与富氧、高风温的有机结合，是实现炼铁系统结构优化、推行低碳炼铁和高效炼铁所采取的必要措施。

　　（4）高炉构造及附属设备不断改进。高炉炉容扩大，日产万吨生铁的巨型高炉已非罕见。耐火材料的改进，冷却设备的更新，使高炉寿命大大延长。而无钟炉顶装料设备的问世，新型热风炉的出现，高炉装备机械化、自动化程度的提高，电子计算机的广泛应用，将高炉炼铁整个系统推进到一个更为完善、更为先进的水平。

　　（5）高炉冶炼过程的理论研究日益深入，操作技术和管理工作日益完善。20 世纪 70 年代日本进行的高炉解剖，为人们揭示高炉冶炼的这个"黑匣子"的奥秘做出了大的贡献，促进了炼铁生产技术的发展与进步。人们对高炉过程及其理论认识的深入，计算技术以及网络控制技术的开发运用，极大地推动了高炉炼铁生产进入一个崭新的阶段。

1.2.2　我国炼铁生产的发展

　　我国是世界上使用铁器最早的国家之一，公元前 6 世纪春秋战国时期，铁器的使用就已经较为广泛了。西汉时期（公元前 206 ~ 公元 25 年）冶铁技术得到较大发展，生产规模达到了相当水平。据史料记载，我国发现生铁比欧洲约早 1600 年。魏晋时代就大量以煤作为炼铁燃料，北魏郦道元的《水经注》浊漳水篇曾有"屈茨北二百里有山，夜则火光,昼日但烟,人取此山石炭,冶此山铁"。

汉阳钢铁厂是我国第一个现代化的钢铁厂,建于 1890 年,包括两座日产 100t 生铁的高炉(容积均为 248m³),1902 年又建两座 450m³ 高炉。日本侵华期间,为掠夺我国资源,于 1910 年开始在鞍山建钢铁厂,相继建成 9 座高炉,1918 年在本溪也建立了钢铁厂。1919 年北京石景山钢铁厂建成,1934 年山西太原也建起了两座高炉。

近代由于封建主义的统治束缚、帝国主义的掠夺摧残和国民党反动派的反动统治,我国工业生产和科学技术的发展受到极大的阻挠、破坏。1943 年我国仅有 180 万吨铁、90 万吨钢的产量,这是解放前钢铁产量最多的年份。

新中国成立后,在国民经济的恢复发展时期,除了鞍钢、本钢及北京首钢等老钢铁基地得到恢复发展外,还逐步兴建武汉、包头等新型现代化的钢铁工业基地,到 1960 年已达到钢产量 1000 万吨的规模。其后经历了三年经济困难时期及后来的调整巩固时期,也经历了十年动荡、国民经济停滞不前的"文化大革命"时期,我国钢铁工业在困境中前行。到 20 世纪 80 年代初期,钢产量已达 3000 多万吨,某些生产指标已接近当时的世界先进水平,并具备了独立发展本国钢铁工业的实力。在炼铁领域里,铁矿粉造块及高炉喷吹煤粉等项技术都有长足的进步,特别是在攀钢含钒钛矿、包钢含氟及稀土矿等特殊复合矿石的冶炼方面均有突破性的进展。

改革开放以来,我国钢铁工业得到飞跃发展。1996 年钢产量突破亿吨,占据世界首位,其后至 2011 年间,我国粗钢产量每年都以 15% 左右的速度增长(见表 1-1)。同时我国生铁产量也在迅猛增长:1996 年产铁量为 1.07 亿吨,2001 年为 1.48 亿吨,2006 年为 4.04 亿吨,2011 年高达 6.29 亿吨,其时世界生铁产量仅为 10.82 亿吨。

应该看到,我国的钢铁工业发展已经达到顶峰,建筑在大量进口富铁矿石及炼焦煤的基础上,以我们的环境和人力资源为代价,制造了钢铁的巨无霸,是喜是忧应当思量。目前我国钢铁工业正在实施淘汰落后产能,进行结构调整、产业优化,坚持可持续发展战略。要使我国钢铁工业实现能源节约、环境友好、产品种类齐全和质量性能优良,钢铁业界任重道远。

表 1-1 2001~2011 年间世界主要产钢国家的粗钢产量　　　　(百万吨)

年　份	2001	2002	2003	2004	2005	2006	2007	2008	2009	2010	2011
中　国	151.0 (1)	182.2 (1)	222.3 (1)	272.8 (1)	355.8 (1)	418.8 (1)	489.0 (1)	512.3 (1)	567.8 (1)	626.7 (1)	683.2 (1)
日　本	102.8 (2)	107.7 (2)	110.5 (2)	112.6 (2)	112.5 (2)	116.2 (2)	120.2 (2)	118.7 (2)	87.5 (2)	109.6 (2)	107.6 (2)
美　国	90.1 (3)	91.5 (3)	90.4 (3)	98.5 (3)	94.9 (3)	98.5 (3)	97.2 (3)	91.5 (3)	58.2 (5)	80.6 (3)	86.2 (3)
俄罗斯	58.9 (4)	59.7 (4)	62.7 (4)	64.2 (4)	66.1 (4)	70.6 (4)	72.2 (4)	68.5 (4)	60.1 (4)	67.0 (4)	68.7 (5)
韩　国	43.8 (6)	45.3 (5)	46.3 (5)	47.5 (5)	47.8 (5)	48.4 (5)	51.4 (6)	53.5 (6)	48.6 (6)	58.5 (6)	68.5 (6)

年　份	2001	2002	2003	2004	2005	2006	2007	2008	2009	2010	2011
德　国	44.8 (5)	45.0 (6)	44.8 (6)	46.4 (6)	44.5 (6)	47.2 (6)	48.5 (7)	45.8 (7)	32.6 (7)	43.8 (7)	44.3 (7)
印　度	27.2 (8)	28.8 (9)	31.7 (8)	32.6 (9)	40.9 (7)	44.0 (7)	53.1 (5)	57.1 (5)	63.5 (3)	66.8 (5)	72.2 (4)
乌克兰	33.1 (7)	34.0 (7)	36.9 (7)	38.7 (7)	38.6 (8)	40.8 (8)	42.8 (8)	37.1 (8)	29.8 (8)	33.6 (8)	35.3 (8)

注：括号内数字为当年钢产量在世界上的排序。

1.3　高炉冶炼过程概述

钢铁生产有两种工艺流程，如图 1 - 1 所示：一种是高炉 - 转炉 - 轧机流程，另一种是直接还原（或熔融还原）- 电炉 - 轧机流程。前者为传统的工艺流程，也称长流程；后者兴起时间不长，称为短流程。目前长流程仍为主体流程，据统计，超过 90% 产量的钢铁是由高炉 - 转炉工艺炼出的。但高炉炼铁必须使用块状矿石（对于大量贫铁矿资源，需先经矿石破碎和选矿富集，再进行烧结或球团造块），也离不开质量优良的焦炭，高炉冶炼和烧结、炼焦过程产生的废气、粉尘及污水如果处理得不好，会造成环境的严重污染，长流程面临着能源和环境保护的严峻挑战。

短流程是 20 世纪 70 年代后兴起的，其炼铁阶段有铁矿石的直接还原和熔融还原两种工艺。直接还原工艺是使用天然或人造富铁矿石，用天然气或煤作还原剂，得到固态的海绵铁，然后在电炉里炼钢。而熔融还原得到液态铁水，再入转炉或电炉炼钢。这两种新工艺最大的优点就是不用焦炭并舍弃了庞大的高炉，整个钢铁生产流程缩短，节约能源。但气基法直接还原流程需要有天然气资源，要求矿石为富矿，杂质要少，后续为电炉炼钢，需要耗用大量电力，因此这种流程受到资源条件的限制，并没有得到普遍发展。以煤为还原剂的直接还原法回转窑流程，工艺过程较难控制，生产稳定性差，效率不高，也未得到大的发展。至于铁矿石的熔融还原，也是用煤炼铁，得到与高炉铁水相近的液态铁水，使得转炉炼钢的优势继续发挥。采用这种流程的方法不少，其中的 Corex 工艺已工业化生产。熔融还原工艺要实现大规模工业化生产，还有一些技术问题需要解决与完善。据不完全统计，1997 年世界海绵铁产量为 3620 万吨，熔融还原铁为 90 万吨；2006 年海绵铁产量为 5947 万吨，熔融还原铁为 450 万吨；到 2010 年，海绵铁产量已达 7000 多万吨。尽管直接还原法和熔融还原法炼铁的发展速度不慢，但到目前为止短流程还仅仅是传统钢铁生产流程的一个补充，在今后一段时间内，高炉 - 转炉流程仍然是钢铁生产中占有统治地位的主体流程。

一个完整的高炉炼铁系统除了高炉本体外，还包括高炉用原料储存、运输及炉顶上料的供料系统，给高炉鼓风、鼓风加热的送风系统，高炉冶炼产生的煤气经除尘净化后再供用户使用的煤气除尘系统，高炉冶炼的铁水及炉渣由炉内放出进行处理的渣铁处理系统。当今高炉冶炼都采用喷吹燃料以替代和节约焦炭，因此还配有喷吹燃料系统，以及高炉周

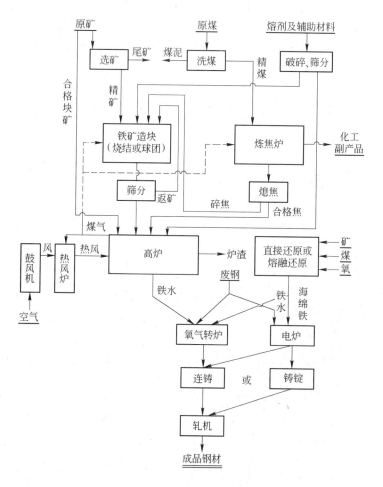

图 1-1　钢铁生产工艺流程

围环境除尘净化系统。高炉炼铁系统构成如图 1-2 所示，高炉炉体结构如图 1-3 所示。组成高炉炼铁系统的各个系统既相互联系，又相互制约，任何一个环节发生故障或操作失误都将影响高炉冶炼的运行，造成生产力的浪费和生产效率的降低。因此，各系统与高炉冶炼能力应相匹配，运作应相配合，协调一致才能形成巨大的生产力。

　　高炉冶炼是在密闭的竖炉里进行的。炉料一批一批自炉顶装入，高炉下部风口处燃料被鼓入的热风燃烧后生成炽热煤气腾出空间，以及定期放出铁水、炉渣，使炉料得以下降，炉料在下降过程中受到上升的高温煤气的加热。在炉料与煤气流的逆向运动过程中，矿石发生了一系列化学反应和物理变化。矿石中氧化铁经还原过程实现 Fe 与 O 的分离，而其中的杂质（脉石）经熔化造渣过程，实现铁水与炉渣的分离。已熔化的渣、铁之间及它们与固态焦炭的接触过程中发生多种反应，实现铁水成分和温度的调整。上述所有过程都是在燃料（焦炭）燃烧、生成高温煤气及煤气运动当中，通过热量的交换、动量的传输完成的。20 世纪 70 年代日本高炉解剖所得到的大量资料，表明了高炉过程的实际情况（如图 1-4 所示），对人们认识高炉冶炼的规律、探索高炉冶炼的奥秘是十分有益的。高炉内各区域进行的主要反应及特征列入表 1-2。

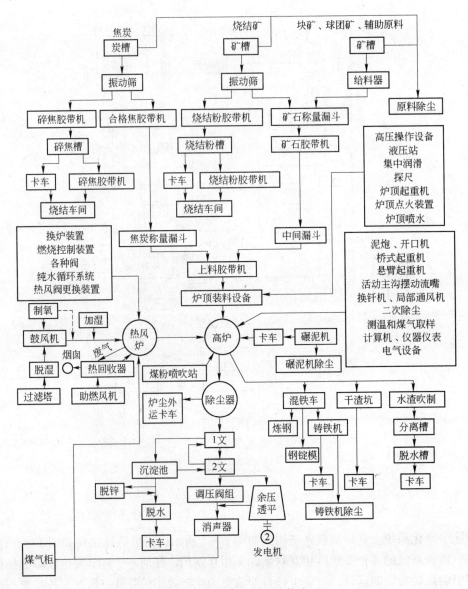

图 1-2　高炉炼铁系统构成

表 1-2　高炉内各区域进行的主要反应及特征

区 号	名 称	主 要 反 应	主 要 特 征
1	固体炉料区	间接还原，炉料中水分蒸发及受热分解，少量直接还原，炉料与煤气间热交换	焦炭与矿石呈层状交替分布，皆呈固体状态，以气-固反应为主
2	软熔区	炉料在软熔区上部边界开始软化，而在下部边界熔融滴落，主要进行直接还原反应及造渣	为固-液-气间的多相反应，软熔的矿石层对煤气阻力很大，决定煤气流动及分布的是焦窗总面积及其分布
3	疏松焦炭区	向下滴落的液态渣铁与煤气及固体碳之间进行多种复杂的质量传递及传热过程	松动的焦炭流不断地落向焦炭循环区，而其间又夹杂着向下流动的渣铁液滴

区 号	名 称	主 要 反 应	主 要 特 征
4	压实焦炭区	在堆积层表面，焦炭与渣铁间反应	此层相对呆滞，又称"死料柱"
5	渣铁储存区	在铁滴穿过渣层瞬间及渣铁层间的交界面上发生液 – 液反应，由风口得到辐射热，并在渣铁层中发生热传递	渣铁层相对静止，只有在周期性放出渣铁时才有较大扰动
6	风口焦炭循环区	焦炭及喷入的辅助燃料与热风发生燃烧反应，产生高热煤气，并主要向上快速逸出	焦块急速循环运动，既是煤气产生的中心，又是上部焦块得以连续下降的"漏斗"，是炉内高温的焦点

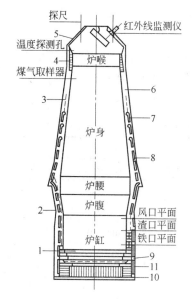

图 1-3 高炉炉体结构
1—炉底耐火材料；2—炉壳；3—炉内衬生产后的
侵蚀线；4—炉喉钢砖；5—炉顶封盖；6—炉体
砖衬；7—带凸台镶砖冷却壁；8—镶砖冷却壁；
9—炉底炭砖；10—炉底水冷管；11—光面冷却壁

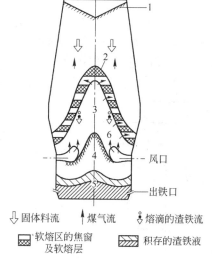

图 1-4 高炉冶炼过程剖面图
1—固体炉料区；2—软熔区；3—疏松焦炭区；
4—压实焦炭区；5—渣铁储存区；
6—风口焦炭循环区

　　高炉是一密闭容器，相当于一个黑体，人们无法观察到炉内状况，只能凭借仪器仪表间接观察与判断。了解高炉内部的状况，有的放矢地采取有效对策，规范高炉操作，做好高炉的上下部控制与调剂，才能保证高炉冶炼的稳定、顺行，实现高炉的高产与能量低耗。

1.4　高炉冶炼主要产品

　　高炉冶炼的主要产品是生铁，其中绝大部分是供给炼钢用的炼钢生铁，少量为生产铸件用的铸造生铁。此外，有些小型高炉生产高碳的铁合金，或以炉渣为主要产品。例如，两步法冶炼锰铁合金时，第一步要使锰元素尽量进入渣中，以得到富锰氧化物的炉渣，作为第二步冶炼锰铁的原料。再如，高炉冶炼含稀土元素的铁矿石，得到富稀土氧化物的炉渣，作为下一步冶炼稀土合金的原料。

高炉冶炼的副产品是高炉煤气及炉渣。高炉煤气热值不高，但数量巨大，是钢铁联合企业不可或缺的二次能源，在企业内部的能源平衡中占有重要位置。普通高炉冶炼的炉渣也可利用，作为生产矿渣水泥的原料或其他建筑辅料。

1.4.1　生铁

生铁是 Fe 与 C 及其他少量元素（Si、Mn、P、S 等）组成的合金，其中碳含量受其他元素含量的影响而有所不同，但仍处于化学饱和状态，一般生铁的碳含量在 2.5% ~ 5% 范围内。

生铁因其含碳多，质硬而脆，虽有较高的耐压强度，但抗拉强度低，无延展性，不能焊接。当 $w(C)$ 降至 2.0% 以下时（已成为钢），其性能有很大变化。

普通生铁分为炼钢生铁和铸造生铁两类。炼钢生铁供转炉或电炉冶炼成钢，这是高炉产品的主要去向。铸造生铁则供给机械行业生产耐压铸件或民用铸件。

炼钢生铁和铸造生铁的国家标准见表 1 - 3、表 1 - 4。

表 1 - 3　炼钢生铁的国家标准（YB/T 5296—2006）

牌　号			L04	L08	L10
化学成分（质量分数）/%	C			≥3.50	
	Si		≤0.45	>0.45 ~ 0.85	>0.85 ~ 1.25
	Mn	一组		≤0.40	
		二组		>0.40 ~ 1.00	
		三组		>1.00 ~ 2.00	
	P	特级		≤0.100	
		一级		>0.100 ~ 0.150	
		二级		>0.150 ~ 0.250	
		三级		>0.250 ~ 0.400	
	S	特类		≤0.020	
		一类		>0.020 ~ 0.030	
		二类		>0.030 ~ 0.050	
		三类		>0.050 ~ 0.070	

注：各牌号生铁的碳含量均不作报废依据。

1.4.2　铁合金

铁合金是由铁及合金元素组成的，作为炼钢的脱氧剂或合金元素的添加剂使用。因其冶炼温度高、能耗多并要求碳含量低，故多用电炉生产。高炉也可冶炼少量的高碳铁合金，如高炉锰铁、高炉硅铁等。

（1）锰铁。用高炉冶炼最多的铁合金是锰铁，因其含碳较多而称为高碳锰铁，高碳锰铁的国家标准见表 1 - 5。

表 1-4 铸造生铁的国家标准（GB/T 718—2005）

牌　号		Z14	Z18	Z22	Z26	Z30	Z34
化学成分（质量分数）/%	C	≥3.30					
	Si	≥1.25~1.60	>1.60~2.00	>2.00~2.40	>2.40~2.80	>2.80~3.20	>3.20~3.60
	Mn 1组	≤0.50					
	Mn 2组	>0.50~0.90					
	Mn 3组	>0.90~1.30					
	P 1级	≤0.060					
	P 2级	>0.060~0.100					
	P 3级	>0.100~0.200					
	P 4级	>0.200~0.400					
	P 5级	>0.400~0.900					
	S 1类	≤0.030					
	S 2类	≤0.040					
	S 3类	≤0.050					

表 1-5 高碳锰铁的国家标准（GB/T 3795—2006）

类　别	牌　号	化学成分（质量分数）/%						
		Mn	C	Si		P		S
				I	II	I	II	
		不大于						
高碳锰铁	FeMn78	75.0~82.0	7.5	1.0	2.0	0.25	0.35	0.03
	FeMn73	70.0~75.0	7.5	1.0	2.0	0.25	0.35	0.03
	FeMn68	65.0~70.0	7.0	1.0	2.0	0.30	0.40	0.03
	FeMn63	60.0~65.0	7.0	1.0	2.0	0.30	0.40	0.03

（2）硅铁。硅铁除作为炼钢用的脱氧剂外，还可以作为一些难还原金属的还原剂（硅热法）。硅的还原比较困难，因而在高炉里只能冶炼低硅含量（$w(Si) \leqslant 15\%$）的硅铁。含量再高，则耗热太多，中间产物 SiO 气化挥发，而后又在低温区冷却凝聚，造成料柱透气性恶化，高炉难以正常生产。因此，高硅含量的硅铁合金主要用电炉生产。高炉硅铁可用作铸造生铁的增硅剂。我国目前尚无高炉硅铁的国家标准。

（3）稀土硅铁。内蒙古包头白云鄂博铁矿中含有轻稀土金属镧（La）、铈（Ce）、镨（Pr）、钕（Nd）等的氧化物，藏量居世界之首，有"稀土之都"的美誉。白云鄂博铁矿除少量精选的稀土精矿用于稀土金属的冶炼提纯外，大部分用来生产混合稀土的中间合金，如稀土硅合金（含硅 40% 左右、混合稀土金属 10%~35%，其余为铁）、稀土镁合金等，这种合金可用作合金添加剂或用于生产球磨铸铁的球化剂。

通常采用两步法生产 $w(RE)>24\%$ 的稀土硅铁合金。首先，含稀土氧化物的铁矿石进入高炉冶炼，炉内操作要抑制 RE_xO_y 的还原使之进渣，而 Fe、P 等进入生铁实现分离，

得到富集 RE_xO_y 的炉渣。第二步是将此炉渣装入电炉，待熔化后加入高牌号硅铁作为还原剂，将稀土氧化物还原得到 $Si-RE-Fe$ 合金。

1.4.3　高炉煤气

高炉冶炼随燃料消耗的不同，每吨生铁将产生 $1500\sim1800m^3$ 的高炉煤气，焦比高时可能多达 $2000m^3$ 以上。高炉煤气主要成分是 CO、CO_2、N_2，还有少量的 H_2 及 CH_4。煤气中不可燃成分（CO_2、N_2）占 3/4 左右，因此高炉煤气属于低热值气体燃料，冶炼炼钢生铁产生的煤气热值为 $3200\sim3800kJ/m^3$；冶炼铸造生铁产生的煤气热值要高些，为 $3600\sim4200kJ/m^3$；而焦炉煤气的热值可达 $15000\sim19000kJ/m^3$。

高炉煤气含 CO，有毒，不能民用，只能工业使用，炼铁厂产出煤气约有一半供给本厂烧热风炉，其余用作炼焦炉、轧钢厂加热炉、动力厂锅炉等设备的气体燃料。随着高炉冶炼技术的进步，燃料比降低，高炉煤气也愈加贫化，这将影响到整个企业的能量平衡。特别是当石油、天然气的价格上涨至高于焦炭之后，使用它们作为燃料的热力设备需改用高炉煤气，从企业整体经济效益角度考虑，不宜再将高炉仅看作是炼铁的设备，还应视其为煤气发生炉的装置。这种情况下高炉不应再过分追求低焦比冶炼，而可按"经济焦比"去操作。

1.4.4　炉渣

冶炼每吨生铁产生炉渣的数量，与矿石的品位、燃料比及燃料中灰分含量有直接关系。我国高炉的吨铁渣量一般在 $300\sim600kg$ 之间，有些中小型高炉冶炼时生矿用量多，矿石品位低，冶炼焦比高，渣量多达 $800\sim900kg$。

高炉炉渣为多种金属氧化物构成的复杂硅铝酸盐体系。对于普通矿石冶炼的高炉炉渣，其成分的大致范围是：$w(SiO_2)=32\%\sim42\%$，$w(CaO)=35\%\sim44\%$，$w(Al_2O_3)=6\%\sim16\%$，$w(MgO)=4\%\sim13\%$，还含有少量的 MnO、FeO、CaS 等。对于某些特殊矿石冶炼的高炉炉渣，如包钢炉渣，还含有 CaF_2、K_2O、Na_2O 及 RE_xO_y；攀钢炉渣含有 TiO_2、V_2O_5；酒钢炉渣含有 BaO 等。

除某些特殊成分的炉渣需另行处理外（再提取其他有用物质，如 V、Ti），一般的炉渣出炉后都可以用高压水急冷，将其冲制成水渣，作为生产水泥的原料，可为企业增加经济效益。也有少量放干渣缓冷后破碎成小块，作为铺筑铁路、公路的石料使用。还有用高速水流和机械滚筒将液态炉渣冲击、破碎成 $5mm$ 左右的中空渣珠，作为轻质混凝土的骨料或用作建筑上防热、隔音的材料。

炉渣出炉时温度为 $1450\sim1550℃$，比焓为 $1680\sim1900kJ/kg$，到目前为止世界各国都未能利用这部分炉渣潜热，是可大力研究的。

1.5　高炉冶炼状况的评价——高炉技术经济指标

1.5.1　高炉冶炼主要技术经济指标

一座高炉冶炼状况如何，可以通过它的技术经济指标的优劣来评价。在诸多指标中，最为重要的当属高炉有效容积利用系数、炼铁焦比及燃料比、冶炼强度三项指标，以及与它们具有相近意义的高炉炉缸面积利用系数和燃烧强度指标。这些指标能够表明高炉冶炼的状态、能量消耗的多少等重要信息。如何使它们达到很好的水平，是高炉工作者所努力追求的。

在了解和计算高炉冶炼技术经济指标之前，需给出高炉有效容积 $V_u(m^3)$、计算时间内的平均日产生铁量 $P(t/d)$、日均消耗干基焦炭量 $Q_K(t/d)$ 以及喷吹的煤粉数量 Q_M (t/d)。高炉有效容积是指高炉设计投产时炉缸、炉腹、炉腰、炉身和炉喉五段炉型的容积之和，这是我国采用的高炉容积参数。国外也有采用"工作容积"或"内容积"概念的，其数值与高炉有效容积有所差别。

1.5.1.1　高炉有效容积利用系数与炉缸面积利用系数

高炉有效容积利用系数简称高炉利用系数，是指每昼夜 $1m^3$ 高炉有效容积生产的生铁量，用 η_V 表示，单位为 $t/(m^3 \cdot d)$，其计算是：

$$\eta_V = \frac{P}{V_u} \tag{1-1}$$

它是衡量高炉生产率的指标，能够表明高炉的操作技术与生产管理水平。在生产统计中，生铁产量 P 应是质量合格的产品数量，不合格（主要是硫含量超标）的"号外铁"不计入其中。我国大型高炉的有效容积利用系数低些，一般在 $2 \sim 2.5 t/(m^3 \cdot d)$ 左右；中小型高炉高些，有效容积利用系数可达 $3.0 t/(m^3 \cdot d)$ 以上。我国高炉有效容积利用系数指标在世界上还是比较先进的。

因为冶炼铸造生铁相对困难些（产量低，焦比高），为便于统一比较，在计算有效容积利用系数时 P 应为折算产量，即按铸造生铁牌号将其折算成炼钢生铁，再行计算。各种生铁的折算系数见表 1-6。

表 1-6　各种生铁的折算系数

铁　种	铁　号		折算系数
	牌　号	代　号	
炼钢生铁	各　号		1.0
铸造生铁	铸 14	Z14	1.14
	铸 18	Z18	1.18
	铸 22	Z22	1.22
	铸 26	Z26	1.26
	铸 30	Z30	1.30
	铸 34	Z34	1.34
含钒生铁	$w(V) > 0.2\%$ 各号		1.05
	$w(V) > 0.2\%$、$w(Ti) > 0.1\%$ 各号		1.10

评价高炉生产率方面的指标还有按炉缸截面积计算的利用系数，即炉缸面积利用系数，用 η_A 表示，单位为 $t/(m^2 \cdot d)$，其计算是：

$$\eta_A = \frac{P}{A} \tag{1-2}$$

式中，炉缸截面积 $A = \frac{1}{4}\pi d^2$，d 为炉缸直径，m。

η_A 不如 η_V 应用得那样广泛，这两项指标因其计算的基准不同，计算的结果也就不同，但它们之间并没有本质的区别。

1.5.1.2　焦比、煤比、燃料比

焦比和煤比是评价高炉冶炼燃料（能量）消耗的指标，其定义是：冶炼 1t 合格生铁的焦炭用量称为焦比，用 K 表示，单位为 kg/t 或 t/t；冶炼 1t 合格生铁的喷煤数量称为煤比，用 M 表示，单位为 kg/t。它们的计算是：

$$K = \frac{Q_K}{P} \quad (t/t)$$

或

$$K = \frac{Q_K}{P} \times 1000 \quad (kg/t) \qquad (1-3)$$

$$M = \frac{Q_M}{P} \times 1000 \qquad (1-4)$$

K 通常也称入炉焦比，此外还有折算入炉焦比之说，这是对冶炼铸造生铁而言的，即生铁产量要用折算产量计算。炼铁生产中通常采用以千克数表示的焦比、煤比。

过去我国炼铁界还有综合焦比的指标，其计算是：

$$K_{综} = K + MB$$

式中　B——煤粉的置换比，即喷吹单位煤粉可替代的焦炭数量，一般按 $B = 0.8$kg 计算。

之所以采用综合焦比的指标，是将不同喷煤量高炉的焦炭消耗放在同一基准上以便考核。国外高炉不采用综合焦比的指标，而是采用燃料比的指标。

燃料比是指冶炼每吨生铁的焦比与煤比数量之和。在高炉冶炼技术不断进步的今天，喷吹的煤粉与焦炭在燃烧供热及提供还原剂方面的功能几乎相同，而不必再将煤比进行折算，统用燃料比来考量高炉能量消耗已完全可以。因此，我国目前已有不再采用综合焦比而采用燃料比指标的趋势，现今我国高炉较好的燃料比已低于 500kg，煤比在 150kg 以上。

如果高炉喷吹重油（或焦油），则每吨生铁的喷油数量（kg/t）称为油比。自第二次能源危机后，我国的高炉已不再喷油。有些国家（如俄罗斯）的高炉喷吹天然气，则每吨生铁的天然气数量（m³/t）也予以计算。

1.5.1.3　冶炼强度与燃烧强度

每昼夜 1m³ 高炉有效容积消耗的焦炭量称为冶炼强度，用 I 表示，单位为 t/(m³·d)，其计算是：

$$I = \frac{Q_K}{V_u} \qquad (1-5)$$

冶炼强度是评价高炉冶炼强化程度的指标，其数值在 1.0 左右，中小型高炉偏大而大型高炉偏小。上述是过去惯用的冶炼强度定义，是由纯焦炭冶炼情况提出的。后来采用喷吹燃料，则式（1-5）所表示的指标称为焦炭冶炼强度，并有按置换比折算后的综合冶炼强度。在推行燃料比的指标后，我国炼铁界已不再采用综合冶炼强度的指标。

在考虑喷吹燃料的情况下，高炉冶炼强度应为：

$$I = \frac{Q_K + Q_M}{V_u} \qquad (1-6)$$

为便于考核、区分，可将式（1-5）仍称为焦炭冶炼强度。

评价高炉冶炼强化程度的指标还有"燃烧强度"的概念。燃烧强度是指每昼夜 $1m^2$ 炉缸截面积上消耗的焦炭量，用 J 表示，单位为 $t/(m^2 \cdot d)$，其计算是：

$$J = \frac{Q_K}{A} \tag{1-7}$$

燃烧强度与冶炼强度具有相近的意义，是高炉设计中计算炉缸直径时用到的一个参数，通常取值 $24 \sim 28t/(m^2 \cdot d)$。燃烧强度也可按小时计算。

在定义冶炼强度时比较普遍的说法是："每昼夜每立方米高炉有效容积燃烧的焦炭量"，这是不够严谨、不够确切的，因为在计算冶炼强度时的焦炭（或燃料）数量并非全部都燃烧了，而是有部分参与直接还原和生铁渗碳，且其数量不少（占 30% 左右）。因此，定义冶炼强度时还是写成"消耗"的燃料数量为好。同理，以往燃烧强度的定义也有与冶炼强度定义不够严格、准确相类似的问题。

1.5.1.4　高炉有效容积利用系数与燃料消耗、冶炼强度之间的关系

由高炉有效容积利用系数和炼铁焦比、冶炼强度的定义与计算，可以得出三项指标间的关系为：

$$\eta_V = \frac{I}{K} \tag{1-8}$$

这是个重要的关系，表明高炉有效容积利用系数与冶炼强度成正比，与焦比成反比，这应该是炼铁生产的指导原则。高炉增加产量（提高有效容积利用系数）应是高炉冶炼的终极目标，而实现这个目标可从多鼓风、多烧焦炭、提高冶炼强度和千方百计减少燃料消耗、努力降低焦比两个方面入手。长期以来高炉冶炼的技术进步，归根结底都是围绕这个关系展开的。

应该指出，式（1-8）是在以前高炉不喷吹燃料（纯焦炭冶炼）时得到的关系式。在喷吹燃料时仍有式（1-8）所示的关系，只是公式的分子应为含有喷吹燃料的冶炼强度，而分母应是燃料比，可以写成：

$$\eta_V = \frac{I}{K + M} \tag{1-9}$$

再者，对于高炉炉缸面积利用系数也有下面的关系：

$$\eta_A = \frac{J}{K}$$

从这里也能看出，对于同一座高炉来说，两个利用系数尽管数值不同，但它们是一致的，没有系数本身的优劣之分，因为关系式 $\frac{I}{\eta_V} = K = \frac{J}{\eta_A}$ 是成立的。

1.5.2　高炉冶炼其他技术经济指标

1.5.2.1　喷吹率及喷煤置换比

高炉喷吹燃料数量占总燃料消耗数量的比例称为喷吹率，通常以百分数表示。喷吹率是衡量高炉喷吹燃料技术水平与喷吹装备水平的指标。为降低生铁成本，多喷吹价格便宜的煤粉是需要的。高炉的喷吹设备要有足够的制粉及喷吹能力，而高炉冶炼状态和操作技术是接受煤粉燃烧的条件。

高炉冶炼中喷吹 1kg 煤粉能够替代焦炭的数量称为置换比。置换比的大小除与燃料本身碳含量多少有关外，还受高炉冶炼其他条件的影响，其计算是：

$$B = \frac{K_0 - K_1 + \sum \Delta K}{M}$$

（1－10）

式中 K_0——未喷煤的实际平均焦比，kg；

  K_1——喷煤后的实际平均焦比，kg；

  $\sum \Delta K$——其他因素对焦比影响的代数和，kg。

各种因素对炼铁焦比影响的经验值可参见表 1－7。

表 1－7 各种因素对炼铁焦比影响的经验值

因　素	变动量	影响焦比	影响产量	说　明
烧结矿 Fe 含量	±1%	∓（1.5% ~ 2.0%）	±3%	
烧结矿碱度	±0.1	∓（3.5% ~ 4.5%）		
烧结矿 FeO 含量	±1%	±1.5%		
小于 5mm 烧结矿粉末的比例	±10%	±0.6%	∓（6% ~ 8%）	
入炉石灰石量	±100kg	±（25 ~ 30kg）		
焦炭硫含量	±0.1%	±（1.5% ~ 2%）	∓2%	
焦炭灰分含量	±1%	±2%	∓3%	
焦炭转鼓指数	±10kg	∓3%	±6%	
碎铁加入量	±100kg	∓20kg	±3%	碎铁 $w(Fe)$ < 60%
	±100kg	∓30kg	±5%	碎铁 $w(Fe)$ = 60% ~ 80%
	±100kg	∓40kg	±7%	碎铁 $w(Fe)$ > 80%
渣　量	±100kg	±50kg		包括熔化热、熔剂分解及 CO_2 影响
	±100kg	±20kg		只考虑渣的熔化热
炉渣碱度	±0.1	±（15 ~ 20kg）		渣量 500 ~ 700kg/t
	±0.1	±（20 ~ 25kg）		渣量 700 ~ 900kg/t
干风温	±100℃	∓7%		原风温 600 ~ 700℃
	±100℃	∓6%		原风温 700 ~ 800℃
	±100℃	∓5%		原风温 800 ~ 900℃

1.5.2.2　焦炭负荷

高炉冶炼的炉料是一批一批装入炉内的，一批炉料中矿石的重量称为矿石批重，焦炭的重量称为焦炭批重，而矿石批重与焦炭批重之比称为焦炭负荷，或简称负荷。焦炭负荷实则为单位数量焦炭所担负的矿石量，它影响着高炉冶炼的热状态及炉料的透气性，是高炉操作调剂炉况时常常用到的一个重要参数，它与焦比是直接相关的。

1.5.2.3　生铁合格率

生铁化学成分符合国家标准的产量占总产量的百分数称为生铁合格率，这是评价高炉产品质量的指标。高炉炼铁品种单一，在生产稳定、操作正常时产品合格率会很高。钢铁企业还有考核产品质量优良情况的内定指标，如"优质率"或"一级品率"等，是按生铁中硫含量划定的。

1.5.2.4　休风率

高炉冶炼是连续进行的，有时因操作失误或设备故障，需要休风（停止向高炉里鼓风）进行处理，高炉冶炼处于停顿状态。休风时间占规定工作时间的百分数称为休风率，相对应的则称为作业率。休风率是考核高炉操作水平和设备维护管理水平的指标。属于高炉计划休风（高炉进行大、中、小修）的时间不计在内。

1.5.2.5　生铁成本

生产每吨生铁所有的原料、燃料、材料、动力、人员工资及设备折旧等各项费用的总和记为生铁成本（元/t），计算时要扣除高炉煤气、炉渣等副产回收的费用。

1.5.2.6　炉龄

从高炉建成投产、点火送风开始，到熄火停炉大修时止，这期间的实际工作时间，或两次大修之间的实际冶炼时间，算作高炉的一代炉龄。期间高炉计划的中、小修或因故封炉时间不计在内。我国高炉一代炉龄为 8~10 年，较好的能达 12 年以上，与其他国家先进高炉相比还有一定的差距。衡量炉龄的另一个指标是高炉一代寿命期间每立方米炉容的产铁量，一般高炉应达到 $6000t/m^3$ 以上，先进高炉可达 $8000~9000t/m^3$。高炉寿命的长短与多方面因素有关，为一"系统工程"，高炉长寿是钢铁企业追求的目标。

1.5.2.7　吨铁工序能耗

吨铁工序能耗是指冶炼每吨生铁所消耗的各种能量的总和，其能量计算是以标准煤热值（$4.18 \times 7000kJ/kg$）为单位的。炼铁工序所消耗的能量包括各种形式的燃料（焦炭、煤粉、油类）以及各种形式的动力（鼓风、蒸汽、水、氧气、压缩空气、电力等），要扣除回收的二次能源（高炉煤气、炉顶余压发电的能源、已利用的余热等）。我国重点企业炼铁工序能耗（标煤）多于 $500kg/t$，占吨钢综合能耗的 60%~70%。

练习与思考题

1-1　说明两种钢铁生产流程的系统构成，这两种流程各有何特点？

1-2　说明高炉炼铁在钢铁联合企业中的地位、作用，说明高炉炼铁的系统构成及它们的作用。

1-3　画出高炉本体剖面图，说明各部位的名称及其作用。

1-4　按高炉解剖资料画出高炉内各区域的分布图，说明各区域内进行的物理化学反应。

1-5　高炉冶炼的产品有哪些，各有何用途？

1-6　简述高炉有效容积利用系数 η_V、焦比 K、冶炼强度 I 的概念及意义，推导三者之间的关系。

1-7　试将本书列出的高炉冶炼技术经济指标按其意义、作用分类。

1-8　计算一座 $2200m^3$ 高炉的年产铁量，已知：高炉有效容积利用系数 $\eta_V = 2.1t/(m^3 \cdot d)$，年工作日取 350 天。如果使用含铁 54% 的矿石冶炼，生铁铁含量为 94%，炼铁焦比为 530kg/t，再计算一年消耗的矿石量及焦炭量（计算时忽略燃料带入的铁量及进入炉尘的铁量）。

2 炼铁原燃料与铁矿粉造块

2.1 高炉冶炼用原燃料

2.1.1 铁矿石

2.1.1.1 矿石概念及铁矿石

矿物是指地壳中的化学元素经地质作用所形成的自然元素或自然化合物。它具有较为均一的化学成分和内部结晶构造。大多数矿物都以天然化合物形态存在，少数以单质形态存在。

岩石是矿物的集合体。在现有的技术经济条件下，能从中提取金属、金属化合物或有用矿物的岩石称为矿石。矿石又可分为简单矿石和复合矿石。前者只能从中提取一种有用成分，后者则可提取两种或两种以上有用成分。矿石由有用矿物和脉石矿物所组成。

地壳中铁的储量比较丰富，按元素总量计占 4.2%，仅次于氧、硅及铝，居第四位。在自然界中铁不能以纯金属状态存在，绝大多数形成氧化物、硫化物或碳酸盐等类化合物。铁矿石中除含有铁的有用矿物外，还含有其他化合物，统称为脉石。常见的脉石有 SiO_2、Al_2O_3、CaO 及 MgO 等。

2.1.1.2 铁矿石的分类及特征

地壳中目前能作为炼铁原料的铁矿石有 20 余种。按照铁矿石的不同存在形态，可分为赤铁矿、磁铁矿、褐铁矿和菱铁矿，不同种类铁矿石的主要特性见表 2-1。

表 2-1 不同种类铁矿石的主要特性

矿石名称	矿物名称	理论铁含量 /%	密度 /t·m^{-3}	颜 色	条痕	实际富矿铁含量/%	强度及还原性
磁铁矿	磁铁矿 (Fe_3O_4)	72.4	5.2	黑色或灰色，有光泽	黑色	45~70	坚硬、致密、难还原
赤铁矿	赤铁矿 (Fe_2O_3)	70.0	4.9~5.3	钢灰色、铁黑色或暗红色	暗红色	55~68	软、易破碎、易还原
褐铁矿	水赤铁矿 ($2Fe_2O_3 \cdot H_2O$)	66.1	4.0~5.0	黄褐色、暗褐色或黑色	黄褐色	37~58	疏松、易还原
	针赤铁矿 ($Fe_2O_3 \cdot H_2O$)	62.9	4.0~4.5				
	水针铁矿 ($3Fe_2O_3 \cdot 4H_2O$)	60.9	3.0~4.4				

续表 2－1

矿石名称	矿物名称	理论铁含量/%	密度/t·m^{-3}	颜　色	条痕	实际富矿铁含量/%	强度及还原性
褐铁矿	褐铁矿($2Fe_2O_3 \cdot 3H_2O$)	60.0	3.0～4.2	黄褐色、暗褐色或黑色	黄褐色	37～58	疏松、易还原
	黄针铁矿($Fe_2O_3 \cdot 2H_2O$)	57.2	3.0～4.0				
	黄赭石($Fe_2O_3 \cdot 3H_2O$)	55.2	2.5～4.0				
菱铁矿	菱铁矿($FeCO_3$)	48.2	3.8	灰色、黄褐色或深褐色	白色或浅黄色	30～40	易破碎、焙烧后易还原

A　赤铁矿

赤铁矿矿物成分为 Fe_2O_3，铁呈高价，为氧化程度最高的铁矿。

赤铁矿的组织结构多种多样，由非常致密的结晶体到疏松分散的粉体。矿物结构也具有多种形态，晶形为片状和板状。外表呈片状，具有金属光泽，明亮如镜的称为镜铁矿；外表呈云母片状而光泽度稍差的称为云母状赤铁矿；质地松软、无光泽、含有黏土杂质的称为红色土状赤铁矿。以胶体沉积形成鲕状、豆状和肾形集合体的赤铁矿，其结构较坚实。

结晶的赤铁矿外表颜色为钢灰色或铁黑色，其他为暗红色，但所有赤铁矿的条痕检测均呈暗红色。其密度为 $4.9 \sim 5.3 t/m^3$，结晶完整的赤铁矿莫氏硬度为 $5.5 \sim 6.0$，其他形态的硬度较低。

赤铁矿所含 S 和 P 杂质比磁铁矿要少。呈结晶状的赤铁矿，其颗粒内孔隙多，易还原和破碎。但其因铁氧化程度高而难以形成低熔点化合物，故可烧性较差，造块时燃料消耗比磁铁矿高。

B　磁铁矿

磁铁矿因具强磁性而得名，其化学式为 Fe_3O_4，晶体呈八面体，组织结构比较致密、坚硬，一般呈块状，莫氏硬度达 $5.5 \sim 6.5$，密度约为 $5.2 t/m^3$。其外表呈黑色或灰色，具有黑色条痕，难还原和破碎。

在自然界中由于氧化作用，部分磁铁矿氧化成赤铁矿，成为既含 Fe_2O_3 又含 Fe_3O_4 的矿石，但仍保持原磁铁矿结晶形态，称为假象赤铁矿或半假象赤铁矿。一般用磁性率（$w(FeO)/w(TFe)$）来衡量其氧化程度：

（1）$w(FeO)/w(TFe) = 0.428$，为纯磁铁矿；

（2）$w(FeO)/w(TFe) > 0.286$，为磁铁矿；

（3）$w(FeO)/w(TFe) = 0.286 \sim 0.143$，为半假象赤铁矿；

（4）$w(FeO)/w(TFe) < 0.143$，为假象赤铁矿。

FeO 含量的高低可代表磁铁矿磁性率的大小，即 FeO 含量越高，磁铁矿磁性率越大，不仅可选性好，而且可烧性良好，因其在高温处理时氧化放热，且 FeO 易与脉石成分形成低熔点化合物，故使造块能耗较低，结块强度高。

C 褐铁矿

褐铁矿是一种含结晶水的赤铁矿，可用 $m\mathrm{Fe_2O_3} \cdot n\mathrm{H_2O}(m = 1 \sim 3，n = 1 \sim 4)$ 表示，其中以 $2\mathrm{Fe_2O_3} \cdot 3\mathrm{H_2O}$ 形态存在的较多。

褐铁矿的外表颜色为黄褐色、暗褐色或黑色，条痕呈黄褐色，密度为 $2.5 \sim 5.0\mathrm{t/m^3}$，莫氏硬度为 $1 \sim 4$，无磁性。褐铁矿是由其他矿石风化而成的，结构松软，密度小，含水量大，气孔多，随着温度升高，结晶水脱除后可留下新的气孔，故其还原性比前两种铁矿高。

自然界中褐铁矿多为贫矿，铁含量一般为 37% ~ 55%，脉石主要为黏土、石英等，杂质 S、P 含量较高，需进行选矿处理。目前，褐铁矿主要用重力选矿和磁化焙烧 – 磁选联合法处理。

褐铁矿因含结晶水和气孔多，用烧结法或球团法造块时收缩性大，使产品质量降低，只有延长高温处理时间，产品强度才可相应提高，但会导致燃料消耗增大，加工成本提高。

D 菱铁矿

菱铁矿又称碳酸铁矿石，因其晶体为菱面体而得名，化学式为 $\mathrm{FeCO_3}$。碳酸盐内的一部分铁可被其他金属渗入而部分生成复合盐类，如（Ca，Fe）$\mathrm{CO_3}$ 和（Mg，Fe）$\mathrm{CO_3}$ 等。在水和氧作用下，容易转变成褐铁矿而覆盖在菱铁矿矿床的表面。在自然界中分布最广的是黏土质菱铁矿，其夹杂物为黏土和泥沙。

常见的菱铁矿致密、坚硬，外表呈灰色、黄褐色或深褐色，风化后则转变为深褐色，条痕呈白色或浅黄色，具有玻璃光泽，无磁性，密度约为 $3.8\mathrm{t/m^3}$，莫氏硬度为 $3.5 \sim 4$。菱铁矿一般铁含量较低，受热分解放出 $\mathrm{CO_2}$ 后其品位将显著升高，且组织变得更为疏松，很易还原。所以使用这种矿石一般要先经焙烧处理。

2.1.1.3 铁矿石的理论铁含量及其计算

通常将铁矿石中铁元素的含量称为铁矿石的品位。铁矿石不含杂质时的铁含量称为理论铁含量，它按含铁矿物的分子式计算，例如：

$$\text{赤铁矿的理论铁含量} = \frac{56 \times 2}{56 \times 2 + 16 \times 3} \times 100\% = 70\%$$

铁矿石品位低于其理论铁含量 70% 的为贫矿，高于 70% 的为富矿。贫矿应先进行选矿富集，再行造块成烧结矿或球团矿后才能入炉冶炼，以提高高炉冶炼的技术经济指标。

2.1.1.4 我国和世界上的铁矿石资源

我国的铁矿石资源不算丰富，且多是贫矿，而富矿很少。2013 年底，已探明储量为799 亿吨，其中工业储量仅占 54%。近年来随着钢铁工业的飞速发展，年产矿石均在 2 亿吨以上，但需求仍有较大缺口，需要大量进口外矿。

我国的铁矿资源主要分布在以下地区：

（1）东北鞍山 – 本溪地区　此地区铁矿石总储量在 100 亿吨以上。鞍山地区（包括齐达山、弓长岭）矿石较贫，但容易富选；本溪南芬地区有部分富矿，且杂质很少、质量很好，是冶炼优质纯净钢的原料。

（2）华北冀东地区　此地区铁矿资源以河北省迁安矿区为主，储量达数十亿吨，为贫磁铁矿。河北省还有邯郸、邢台矿区和宣化庞家堡的贫赤铁矿，以及承德地区的钒钛磁铁矿资源。

（3）内蒙古包头白云鄂博矿区 此矿区铁矿石储量虽然只有10亿多吨，但却含有极为丰富的稀土元素和Nb(铌)、CaF_2等，是具有战略价值的复合矿石。

（4）西南攀西地区 四川省攀枝花矿区的钒钛磁铁矿储量在80亿吨以上，是少见的富含V、Ti的复合矿石资源，具有综合利用的宝贵价值。

（5）华东及中南地区 此地区铁矿资源主要有南京的梅山铁矿、马鞍山的凹山铁矿、湖北的大冶矿和鄂山矿、广东韶关的大宝山矿等，储量近20亿吨。凹山铁矿含有少量钒、钛，大宝山矿含有少量的有色金属铜、铅。

（6）甘肃镜铁山矿区 此矿区铁矿石含有$BaSO_4$，是酒泉钢铁公司的矿石供应地。

（7）海南岛 海南岛有我国少有的富铁矿矿山，海南矿常用作炼钢的氧化剂，现在已储量不多。

此外，山西五台岚县地区、安徽霍邱地区铁矿石的保有储量都在10亿吨以上，它们是太原钢铁公司和马鞍山钢铁公司的矿石供应地。

世界上铁矿石储量丰富的国家有澳大利亚、巴西、俄罗斯、乌克兰、美国、印度、南非、加拿大等。南半球的富矿多，巴西、澳大利亚、南非的铁矿石品位多在60%以上；北半球的富矿少，而印度、瑞典的矿石较富，俄罗斯、乌克兰、美国、加拿大以及我国的铁矿都属于贫矿，需经选矿富集、造块后才能入炉冶炼。东半球的矿石Al_2O_3含量高；西半球的矿石Al_2O_3含量低，且有害杂质少，巴西有全球最优质的铁矿石资源。巴西的淡水河谷（CVRD）以及澳大利亚的必和必拓（BHP）、力拓（RT）是世界上最大的矿产公司，年产铁矿石都在亿吨以上，它们的出口量占全球矿石贸易的50%多，我国从上述三大矿产公司以及印度、南非等国家都有富铁矿石进口。

2.1.1.5 铁矿石的评价

铁矿石是高炉炼铁的原料，铁矿石质量的优劣直接影响高炉冶炼进程和技术经济指标，通常从以下几方面加以评价。

A 矿石铁含量

铁矿石品位高有利于降低高炉焦比和提高产量。这是因为铁矿石品位高，则脉石数量少，冶炼用熔剂数量也少，渣量就少，焦比降低，而且渣量减少的比例要大于品位提高的比例。所以，贫矿直接入炉冶炼不仅在经济上不合理，而且也会给高炉操作带来很多困难。

B 脉石的成分及分布

脉石的成分及分布对矿石的冶炼价值影响很大。铁矿石中的脉石主要包括SiO_2、Al_2O_3等酸性氧化物和CaO、MgO等碱性氧化物。由于大多数矿石的脉石和焦炭灰分为酸性氧化物，故通常要消耗相当数量的石灰石（$CaCO_3$）或白云石（$CaCO_3 \cdot MgCO_3$）等碱性熔剂来造渣，只有当渣中碱性氧化物与酸性氧化物含量大体相等时，炉渣的熔点才低、流动性才好，有利于冶炼与正常操作。因此，含有碱性脉石（CaO + MgO）的矿石具有较高的冶炼价值，可允许其铁含量低些，冶炼仍然是经济的。

矿石中脉石的分布，特别是对于需要选别的贫矿，是一个重要的性质。如果含铁矿物与脉石以较粗大的晶粒嵌布，则在选矿过程中容易实现有用矿物与脉石矿物的单体分离，从而使有用元素有效富集；如果两者以较细小的晶粒嵌布，则会增加磨矿的动力消耗和成本。此外，有用矿物与脉石的结构又决定了矿石的致密程度，影响矿石的机械强度与还原性，矿石要具有适当的致密度。

C　有害元素与有益元素含量

矿石中的有害元素有 S、P 及 Cu、Pb、Zn、F、As、K、Na 等。S、P 是最常见的有害杂质，硫使钢材产生热脆，磷使钢材产生冷脆，它们和 Cu、As 易还原进入生铁，降低钢材性能，因此矿石中 S、P 含量越低越好。K、Na、Pb、Zn、F 等虽然不能进入生铁，但Pb 重于铁水，能破坏炉底砖衬；Zn、K、Na 易在炉内循环积累，破坏炉衬，造成结瘤；F 会污染环境，有害人体健康。

铁矿石中有些共生的有益元素可被还原进入生铁，改善钢材性能，如 Cr、Ni、V、Nb 等。有些矿石伴生的有益元素还具有极高的单体分离提取价值，如 Ti 和稀土元素（RE）等，这类矿石应作为宝贵的复合矿石加以综合利用。

D　矿石的强度和粒度组成

高炉冶炼要求矿石具有足够的强度。矿石强度差，则粉末多，料柱的透气性差，炉况不顺，煤气能量利用不好。矿石粒度要均匀、合适，粒度均匀可提高料层孔隙率，改善透气性。但粒度过大会降低还原速度，粒度过小会恶化料柱透气性，粒度过大或过小都不利于高炉冶炼，而使焦比升高。粒度上限与原料的还原性有关，小于 5mm 的粉矿应予以筛除。

E　矿石的还原性

矿石在高炉内被煤气还原的难易程度称为还原性。矿石还原性好，则煤气利用得好，焦比低。矿石的还原性与其结构、矿物组成有关，如矿石的致密程度、开口气孔率及气孔的分布状态。一般磁铁矿因结构致密，最难还原；赤铁矿的还原性居中；褐铁矿及菱铁矿在炉内受热后，其所含结晶水及碳酸盐或分解、或挥发，留下孔洞，形成疏松多孔的结构，便于煤气的渗透，故其还原性好。人造富矿一般比天然富矿具有较好的还原性。

F　矿石化学成分的稳定性

矿石化学成分的波动会引起炉温、炉渣碱度和生铁质量的波动，从而影响炉况顺行，使焦比升高，产量降低，并且不利于实现自动控制。为了稳定化学成分，应当进行矿石混匀中和处理。

G　矿石的高温性能

铁矿石的高温性能由热态还原强度及软熔性能组成。矿石在炉内下降过程中温度不断升高，同时不断地被煤气还原。高炉冶炼要求矿石在受热升温及还原过程中都不应因强度下降而破碎，以免影响料柱的透气性。高炉冶炼还要求矿石开始软化温度高、软化熔融温度区间窄，以使矿石在熔化造渣前更多地被煤气还原，也能使高炉软熔带变薄，保证炉内具有良好的透气性。

2.1.1.6　铁矿石入炉前的准备处理

矿山开采出来的铁矿石其粒度和化学成分都不能满足高炉冶炼要求，需要经过准备处理。对于富矿，主要应完成整粒过程，即通过破碎、筛分和混匀中和，控制矿石粒度大小和成分均匀；对于贫矿，要经破碎、磨矿、选矿工艺后得到精矿粉，再进行造块处理。

A　铁矿石破碎、筛分

矿山开采出来的铁矿石其破碎一般要分段进行，根据破碎的粒度大小，分为粗碎

（将铁矿石破碎至 50mm 以下）、中碎（将铁矿石破碎至 25mm 以下）、细碎（将铁矿石破碎至 1~6mm）和粉碎（将铁矿石磨碎至 1mm 以下）。矿石之所以分阶段破碎，是为了提高破碎机工作效率，选用不同的破碎设备。

筛分是将颗粒大小不同的物料通过单层或多层筛面，分成几个不同粒度级别的过程。其目的是筛出大块和粉末，并对合格粒度范围内的矿石进行分级，以供下道工序使用。

B　铁矿石混匀中和

混匀中和就是将铁矿石进行混合，使其成分均匀、稳定。高炉用的原料品种多、来源广、成分杂、理化性质很不均一，若不经混匀直接用于高炉冶炼，势必造成热制度和造渣制度的波动，影响高炉顺行和强化，从而引起焦比升高、产量下降。炼铁原料的混匀中和是高炉精料工作的重要组成部分，是现代钢铁工业不可缺少的生产环节。

原料的混匀中和通常采取"平铺直取"的方法。先将来料按顺序一薄层一薄层地往复重叠铺成一定宽度和高度的料堆，然后再沿料堆横断面方向切取。所铺料层越薄，料堆越高，堆积的层数越多，则矿石混匀的程度越高，成分的波动越小。

C　选矿

含铁品位低的贫矿不能直接入炉冶炼，必须经过选矿处理提高矿石品位。矿石经过选别可得到精矿和尾矿。精矿是指选矿后得到的有用矿物含量较高的产品，尾矿是经选矿后脉石矿物的聚集物。

根据矿石中有用矿物与脉石矿物某些特性的差异，可采用不同的选矿方法选别。对于铁矿石，常用的选矿方法有重力选矿法、磁选法和浮选法三种。

（1）重力选矿法　重力选矿法是利用矿物密度不同，在选矿介质中具有不同沉降速度的特性，将在介质中运动的矿粒混合物进行选别，从而达到使被选矿物与脉石分离的目的。重力选矿法在处理粗粒物料时具有处理量大、成本低、指标好的优点。重力选矿生产中所用的分选介质有水、空气、重介质（密度介于被选矿物与脉石矿物之间）悬浮液。矿粒群在静止介质中不易松散，不同密度（或粒度）的矿粒难以互相转移，所以实际生产中重力选矿过程都必须在运动的介质中进行，并且运动介质可以使不同密度（或粒度）的矿粒在分选机的不同部位连续排出，以满足生产要求。

（2）磁选法　磁选法是利用含铁矿物与脉石矿物的导磁性差异，在不均匀的磁场中，磁性矿物被磁选机的磁极吸引，而非磁性矿物则被磁极排斥，从而达到选别的目的。磁选法是分选黑色金属矿石，特别是磁铁矿石和锰矿石的主要选矿方法。

（3）浮选法　浮选法是利用矿物表面不同的亲水性进行选别，疏水性强的矿物不能被水润湿，在水中受到向上的浮力，易随泡沫浮到矿浆表面；而亲水性矿物则易润湿，受到向下拉力而易于沉底，从而实现它们的分离。一般的浮选都是将有用矿物浮入泡沫产物中，而使脉石矿物留在矿浆中，这种浮选称为正浮选；而将脉石矿物浮入泡沫产物，使有用矿物留在矿浆中的浮选，称为反浮选。

D　铁矿石焙烧

铁矿石焙烧是在一定的气氛中将其加热到低于软化温度 200~300℃，以改变矿石的矿物组成和物理结构的处理过程。焙烧的目的是去除某些有害杂质，回收某些有用元素，或改善其冶炼性能，为进一步加工处理做准备。

根据焙烧气氛的不同，焙烧方法可分为氧化焙烧、还原磁化焙烧、氯化焙烧等。

（1）氧化焙烧　氧化焙烧主要用于去除褐铁矿中的结晶水（$mFe_2O_3 \cdot nH_2O =$ $mFe_2O_3 + nH_2O_{(g)}$）、菱铁矿中的 CO_2（$2FeCO_3 + \frac{1}{2}O_2 = Fe_2O_3 + 2CO_{2(g)}$），以减少其在高炉内的分解耗热，并提高品位，改善还原性。

（2）还原磁化焙烧　还原磁化焙烧是指铁矿石在还原气氛中进行焙烧（$3Fe_2O_3 + CO = 2Fe_3O_4 + CO_2$）。其作用是将弱磁性赤铁矿（或褐铁矿、菱铁矿）转化为具有强磁性的磁铁矿，以便磁选。

（3）氯化焙烧　氯化焙烧是利用许多金属氯化物具有沸点低、易挥发的特点，在焙烧过程中加入氯化剂，实现有色金属与铁氧化物相分离。氯化焙烧中常用的氯化剂有氯气（Cl_2）、食盐（$NaCl$）、胆巴（$CaCl_2$、$MgCl_2$）等。焙烧的废气必须回收加以处理，防止污染环境。

　　E　铁矿石造块

天然富矿开采和处理过程中产生的富矿粉以及贫矿选矿后得到的精矿粉，都不能直接入炉，为了满足冶炼要求，必须将其制成具有一定粒度的块矿。此外，冶金工业生产中产生的大量粉尘和烟尘等，为了保护环境和回收利用这些含铁粉料，也需要进行造块处理。

粉矿造块方法很多，应用最广泛的是烧结法造块和球团法造块。烧结法生产出来的烧结矿呈块状，粒度并不均匀；而球团法生产出来的球团矿则呈球状，粒度非常均匀。

粉矿经造块后获得的烧结矿和球团矿统称为人造富矿或熟矿，具有优于天然富矿的冶金性能，如还原性好，强度合适，软熔温度较高；造块生产中配加一定量的熔剂，可制成有足够碱度的人造富矿，高炉冶炼过程可不加或少加熔剂，避免了熔剂分解吸热而消耗焦炭；造块过程中还可以除去一定数量的矿石中的某些有害杂质，如硫、砷、锌、钾、钠等，减少其对高炉冶炼过程的危害。

生产实践表明，使用质量良好的人造富矿（烧结矿和球团矿）可使高炉冶炼各项技术经济指标得到大幅度提高，因而铁矿粉造块已经成为钢铁生产中不可缺少的一个重要工序。

2.1.2　熔剂

2.1.2.1　熔剂的作用

天然矿石中的脉石和燃料中的灰分大多为酸性氧化物 SiO_2 及 Al_2O_3，它们都是高熔点物质，如 SiO_2 的熔点为 1713℃、Al_2O_3 的熔点为 2050℃。碱性熔剂所含的 CaO 的熔点为 2570℃、MgO 的熔点为 2800℃。这样的脉石和灰分单独存在时，在高炉冶炼温度下不能熔化成液体，会妨碍高炉的正常操作。因此，需要加入熔剂以造渣，形成低熔点的炉渣，使其同铁水分离，并能顺利从炉缸中流出来。高炉使用熔剂的另一作用是：造成具有一定化学成分和物理化学性能的炉渣，达到去除有害杂质硫和控制硅、锰等元素还原的目的，保证冶炼生铁的质量。

2.1.2.2　熔剂的种类

高炉冶炼使用的熔剂分为碱性熔剂和酸性熔剂。当高炉冶炼炉料中酸性氧化物较多时，需加入碱性熔剂，常用的碱性熔剂有石灰石（$CaCO_3$）、白云石（$CaCO_3 \cdot MgCO_3$）；而当使用含碱性脉石的矿石冶炼时，需加入酸性熔剂，如硅石（SiO_2）等。

由于铁矿石中的脉石绝大部分是酸性氧化物，所以高炉生产多用石灰石，而很少使用酸性熔剂。即使炉料中碱性脉石较多时，也通常是和含酸性脉石的铁矿石搭配使用，而不另外配加硅石。只有在生产中遇到炉渣 Al_2O_3 含量过高，导致高炉冶炼过程失常时，才使用硅石来改善造渣、调节炉况。

高炉冶炼也有中性熔剂，如铁矾土、黏土页岩等。当矿石中脉石及焦炭灰分 Al_2O_3 含量很低时，由于渣中 Al_2O_3 少，炉渣的流动性不好，这时需加一些 Al_2O_3 含量高的物质加以调整。但在实际生产中很少使用中性熔剂，往往加入一些 Al_2O_3 含量较高的铁矿石来解决。

2.1.2.3 高炉冶炼对石灰石的要求

（1）CaO 含量要高 石灰石中 CaO 的理论含量为 56%，但自然界中石灰石都含有一定的杂质，CaO 的实际含量要比理论含量低一些。一般要求 CaO 含量不低于 50%，SiO_2 含量不应超过 2%。这里用到石灰石的有效熔剂性概念。

石灰石的有效熔剂性（即有效 CaO 含量）是指熔剂按炉渣碱度要求，扣除自身酸性氧化物造渣所消耗的碱性氧化物后，剩余部分的碱性氧化物含量。高炉生产要求石灰石的有效熔剂性越高越好。其计算是：

$$石灰石的有效熔剂性 = w(CaO)_\Phi + w(MgO)_\Phi - w(SiO_2)_\Phi R \qquad (2-1)$$

式中　$w(i)_\Phi$——熔剂中组分 i 的质量分数，%；

$$R——炉渣碱度，R = \frac{w(CaO) + w(MgO)}{w(SiO_2)}。$$

当石灰石中 MgO 含量很少时，为计算简便，多按二元炉渣碱度考虑，即：

$$有效 CaO 含量 = w(CaO)_\Phi - w(SiO_2)_\Phi \frac{w(CaO)}{w(SiO_2)} \qquad (2-2)$$

通常情况下，现场按 50% 来计算石灰石的有效 CaO 含量，这与实际情况是相近的。

（2）硫、磷含量要少 高炉生产要求熔剂中的有害杂质硫、磷含量越少越好。一般来讲，石灰石中硫和磷的含量都是不多的。

（3）应有一定的强度和合适的粒度 石灰石的强度一般是足够的。石灰石的粒度不能过大，过大的粒度在炉内分解慢，会增加炉内高温区的热量和碳的消耗。一般要求石灰石粒度，大中型高炉为 25～75mm，最好为 25～50mm；小型高炉为 10～30mm。

2.1.3 锰矿石

2.1.3.1 锰矿石的用途

锰是重要的合金元素，它能增加钢的机械强度，使钢质硬而耐磨。锰矿多用于炼制锰铁合金。锰铁是炼钢过程的脱氧剂（并有脱硫作用）及合金添加剂。锰矿石可以调整铸造生铁的锰含量，还可以作为高炉的洗炉剂。

2.1.3.2 锰矿石的种类

锰矿石主要有软锰矿、硬锰矿，其他如水锰矿、褐锰矿和黑锰矿都是混生矿物，菱锰矿通常存在于菱铁矿中。各种锰矿物的组成及特征见表 2-2。

在自然界中锰矿石的储量远比铁矿石少，因此锰矿石比较贵重。由于炼钢生铁的锰含量已不做要求，因而在高炉冶炼时不再配加锰矿。

表 2-2 锰矿物的组成及特征

矿物名称	化 学 式	理论锰含量/%	颜 色
软锰矿	MnO_2	63.2	黑色
硬锰矿	$kRO \cdot lMnO_2 \cdot nH_2O$ （RO 为 MnO、CaO、MgO、BaO 等）	47~69	褐色至黑色
水锰矿	$Mn_2O_3 \cdot H_2O$	62.5	钢灰色至黑色
褐锰矿	Mn_2O_3	69.6	褐色或浅褐黑色
黑锰矿	Mn_3O_4	72.0	浅褐黑色
菱锰矿	$MnCO_3 \cdot CaCO_3$	25.6	粉红色

2.1.3.3 锰矿石中允许铁含量的算式

在冶炼锰铁合金时，锰矿石中的铁几乎全部还原进入生铁。当冶炼低锰合金时，铁是有益的；而冶炼高锰合金时，锰矿石中的铁就是不利元素了。因此，冶炼高锰合金时要求锰矿石含铁越少越好。锰矿石中允许铁含量可以用下式计算：

$$w(Fe)_{\%A} = \frac{100 - (w[Mn]_{\%} + w[C]_{\%} + w[Si]_{\%} + w[P]_{\%})}{K} \qquad (2-3)$$

$$K = \frac{w[Mn]}{w(Mn)_A \eta} \qquad (2-4)$$

式中　　　　　　　　　　$w(Fe)_{\%A}$——锰矿石中铁的质量百分数；

$w[Mn]_{\%}, w[C]_{\%}, w[Si]_{\%}, w[P]_{\%}$——分别为锰铁合金中相应元素的质量百分数；

K——冶炼单位质量铁合金的锰矿石用量，kg/kg（或 t/t）；

$w(Mn)_A$——锰矿石中锰含量，%；

η——锰的回收率，%。

【例 2-1】用含锰 42%、铁 5.3% 的某地锰矿作原料，冶炼含锰 80% 的锰铁合金，合金中 $w[C] + w[Si] + w[P] = 8\%$，锰的回收率为 80%，计算锰矿石中铁含量是否合乎要求。

解： 根据式（2-3）、式（2-4）计算：

$$K = \frac{w[Mn]}{w(Mn)_A \eta} = \frac{0.80}{0.42 \times 0.80} = 2.38$$

$$w(Fe)_{\%A} = \frac{100 - (w[Mn]_{\%} + w[C]_{\%} + w[Si]_{\%} + w[P]_{\%})}{K}$$

$$= \frac{100 - (80 + 8)}{2.38} = 5.04$$

锰矿石中实际铁含量为 5.3%，超过了锰矿石中允许铁含量 5.04%，在上述条件下，单独用这种锰矿石不能炼出含锰 80% 的锰铁合金。最好另选择一种铁含量低的锰矿配合使用，使其混合料的铁含量低于锰矿石中允许铁含量。

我国锰矿较贫，要炼高牌号锰铁，可采用两步法工艺。第一步，首先在高炉里采用酸性渣操作，使低品位锰矿石中的 Fe、P 还原进入生铁，而抑制 Mn 的还原，使之尽量进入炉渣而获得高锰含量的炉渣；第二步，再在电炉内以高锰渣为原料，进一步冶炼获得高锰铁合金。

2.1.4 焦炭

焦炭是由煤在高温下（900~1000℃）干馏而成的。由于炼焦过程中必须配入足够数量的结焦性能良好的焦煤才能获得优质焦炭，除少数国家外，我国和许多国家焦煤资源均显不足，因此，各国都尽力采取各种措施降低高炉炼铁的焦炭消耗。

2.1.4.1 焦炭在高炉冶炼中的作用

（1）提供高炉冶炼所需要的大部分热量。焦炭在风口前被鼓风中的氧燃烧放出热量，这是高炉冶炼所需要热量的主要来源。

（2）提供高炉冶炼所需的还原剂。焦炭中所含的固定碳及其燃烧产生的CO都是铁及其他氧化物还原的还原剂，同时也是生铁渗碳的碳源。

（3）构成高炉料柱的骨架，保证料柱的透气性。由于焦炭在高炉料柱中占有一半左右的体积，而且在高炉冶炼条件下焦炭既不熔融也不软化，所以起到支持料柱、维持炉内透气性的骨架作用。特别是在高炉下部，矿石和熔剂已全部软化造渣，成为液体，只有焦炭仍以固体状态存在，这就保证了高炉下部料柱的透气性。此外，焦炭的燃烧还为炉料下降提供了自由空间。

2.1.4.2 焦炭的组成

按工业分析，焦炭的组成有固定碳、灰分、挥发分、硫和水分等，其具体成分为：

（1）固定碳（$C_{固}$） 固定碳是煤经高温干馏后剩余的固态可燃性物质，晶型的石墨碳占50%左右，其余为无定形碳。

（2）灰分（A） 焦炭的灰分含量一般在11%~15%。焦炭灰分主要是酸性氧化物SiO_2、Al_2O_3，还有少量的CaO、MgO、FeS、MnO等。

（3）挥发分（V） 焦炭中的挥发分是指在炼焦过程中未分解挥发完的物质，包含CO、CO_2、H_2及少量的N_2、CH_4。

（4）硫（S） 焦炭中的硫主要以有机硫形态存在，还有少量的无机硫（硫化物、硫酸盐），这两者含量的总和称为焦炭的全硫含量。焦炭的全硫含量主要取决于炼焦配煤中的硫含量，在炼焦过程中，煤中的硫有75%~95%转入焦炭，其他进入焦炉煤气。我国焦炭中硫含量在0.5%~0.8%。

（5）水分 影响焦炭水分含量的因素主要是熄焦方式，采用传统的湿法熄焦时，焦炭水分含量为4%~6%；干法熄焦时，一般为0.5%，但在我国南方，由于运输和储存过程中焦炭吸收大气中的水分，焦炭水分含量也可达1%~1.5%。

上述固定碳、灰分、挥发分、硫这四项为焦炭的干基成分，含量之和为100%，即：
$$w(C)_{\%固} = 100 - [w(A)_\% + w(V)_\% + w(S)_\%]$$
而焦炭的水分含量是干基分析之外的成分。

此外，也有焦炭的元素分析，主要是分析氢、氮元素的含量，与工业分析相配合使用。

2.1.4.3 高炉冶炼对焦炭质量的要求

焦炭质量的好坏直接影响高炉冶炼过程的进行及能否获得好的技术经济指标，因此对入炉焦炭有一定的质量要求，包括化学成分要求及物理、化学性质要求。

A　对焦炭的化学成分要求

（1）固定碳和灰分　焦炭中的固定碳和灰分含量是互为消长的。高炉冶炼要求焦炭中固定碳含量要高，灰分含量要少。固定碳含量高，则发热值高，利于降低焦比。生产实践表明，固定碳含量升高1%，可降低焦比2%。焦炭灰分的主要成分是 SiO_2、Al_2O_3，灰分含量高，则固定碳含量少，而且使焦炭的耐磨强度降低，熔剂用量增加，渣量增加，焦比升高。

（2）硫　在一般冶炼条件下，高炉冶炼过程中的硫有80%是由燃料带入的，因此降低焦炭硫含量对于降低生铁硫含量有很大作用。在炼焦过程中能够去除一部分硫，但仍然有70%~90%的硫留在焦炭中，因此要降低焦炭的硫含量，必须降低炼焦用煤的硫含量。

（3）挥发分　挥发分本身对高炉冶炼并无影响，但其含量的高低表明焦炭的结焦程度，正常情况下，挥发分含量一般在0.7%~1.2%。含量过高，则说明焦炭的结焦程度低，生焦多，强度差；含量过低，则说明结焦时间过长，焦炭容易碎裂。

（4）水分　焦炭中的水分在高炉上部即可蒸发，对高炉冶炼无大影响。但要求焦炭中的水分含量要稳定，因为焦炭是按重量入炉的，水分的波动将引起实际入炉干焦量的波动，会导致炉缸温度的波动。可采用中子测水仪测量入炉焦炭的水分含量，从而稳定入炉干焦炭的重量。

B　对焦炭的物理性质要求

（1）机械强度要高　焦炭的机械强度是指焦炭的耐磨性能和抗冲击能力，包括转鼓强度、落下强度、热强度。它们是焦炭的重要质量指标。高炉冶炼要求焦炭的机械强度要高。否则在转运过程中和高炉内下降过程中容易破裂，产生大量粉末，进入初渣会使炉渣的黏度增加，恶化料柱透气性，造成炉况不顺。测量焦炭强度的办法有转鼓试验。自1979年7月起，我国统一规定采用小转鼓（米库姆转鼓）。这是直径及长度皆为1m的密闭转鼓，在鼓内平行于轴线方向，每隔90°在内壁上焊装1条100mm×50mm×10mm的角钢挡板，挡板高度为100mm。

转鼓试验方法是：鼓内装入粒度大于60mm的焦炭50kg，以25r/min的速度旋转4min。停转后，将鼓内全部试样以 $\phi40mm$ 及 $\phi10mm$ 的圆孔筛筛分。大于40mm的焦炭质量分数记为 M_{40}，作为抗冲击强度的指标；而小于10mm的碎焦质量分数记为 M_{10}，表示耐磨强度的指标。我国以国家标准形式颁布的冶金焦炭技术指标如表2-3所示。

表2-3　我国冶金焦炭技术指标（GB/T 1996—2003）

指　　标	等　级	粒度/mm		
		>40	>25	25~40
灰分 A_d/%	一级		≤12.0	
	二级		≤13.5	
	三级		≤15.0	
硫分 $S_{t,d}$/%	一级		≤0.60	
	二级		≤0.80	
	三级		≤1.00	

指 标			等 级	粒度/mm		
				>40	>25	25~40
机械强度	抗碎强度	$M_{25}/\%$	一级	≥92.0		按供需双方协议
			二级	≥88.0		
			三级	≥83.0		
		$M_{40}/\%$	一级	≥80.0		
			二级	≥76.0		
			三级	≥72.0		
	耐磨强度	$M_{10}/\%$	一级	M_{25}时：≤7.0；M_{40}时：≤7.5		
			二级	≤8.5		
			三级	≤10.5		
反应性 $CRI/\%$			一级	≤30		
			二级	≤35		
			三级	—		
反应后强度 $CSR/\%$			一级	≥55		
			二级	≥50		
			三级	—		
挥发分 $V_{daf}/\%$				≤1.8		
水分含量 $M_t/\%$				4.0±1.0	5.0±2.0	≤12.0
焦末含量/%				≤4.0	≤5.0	≤12.0

（2）粒度均匀、粉末要少　焦炭应该粒度均匀、大小合适。大型高炉用焦炭的粒度范围为 40~60mm，中小型高炉用焦炭的粒度为 20~40mm。从气体力学角度分析，焦炭粒度是矿石粒度的 3~5 倍时，料柱的透气性良好。自高炉使用大量熔剂性烧结矿以来，矿石粒度普遍降低，焦炭和矿石间的粒度差别有所扩大，这不利于料柱透气性，因此有必要适当降低焦炭粒度，使之与矿石粒度相适应。

C　对焦炭的化学性质要求

焦炭的化学性质包括焦炭的燃烧性和反应性两方面。

（1）燃烧性　燃烧性是指焦炭在一定温度下与氧反应生成 CO_2 的速度，即燃烧速度，其反应式为 $C_{(焦炭)} + O_2 = CO_2$。若反应速度快，表明焦炭燃烧性好。为了扩大燃烧带，使炉缸温度及煤气流分布更为合理，有利于炉料顺利下降，要求焦炭的燃烧性迟滞一些为好。

（2）反应性　反应性是指焦炭与 CO_2 气体反应而气化的难易程度。在高炉内，上升煤气中的 CO_2 与下降的焦炭块相遇，发生反应 $C_{(焦炭)} + CO_2 = 2CO$。反应后的焦炭因失重而产生裂缝，同时气孔壁变薄而失去强度。因此，冶金工作者既要注意焦炭的反应性，还要注意反应后强度，即通常所说的热强度。对高炉用焦来说，希望反应性小一些。焦炭反应性与焦炭的粒度、比表面积及碱金属、铁、钒等的催化作用有关。更重要的是，要通过配煤、炼焦工艺使生产出的焦炭具有良好的抗反应性的微观结构。

2.1.4.4 炼焦工艺过程

炼焦过程一般在炼焦炉内完成，炼焦炉由炭化室和燃烧室构成。根据资源条件，将按一定配比混匀的粉状煤置于隔绝空气的炭化室内，由两侧燃烧室供热。随温度的升高，粉煤开始干燥和预热（50～200℃）、热分解（200～300℃）、软化（300～500℃），产生液态胶质层，并逐渐固化形成半焦（500～800℃）和成焦（900～1000℃），最后形成具有一定强度的焦炭。整个干馏过程中逸出的煤气导入化工产品回收系统，从中提取百余种化工副产品。

1000kg 干精煤约可获得：冶金焦 750kg，煤焦油 15～34kg，氨 1.5～2.6kg，粗苯 4.5～10kg，焦炉煤气 290～350m^3。

按我国的分类标准，依据煤的变质程度、挥发分多少及黏结性大小（胶质层的厚度），可用于炼焦的煤分为四类，见表 2-4。

表 2-4 炼焦煤的分类标准

煤 类 别	可燃基挥发分/%	胶质层厚度/mm
气 煤	30～37 以上	5～25
肥 煤	26～37	25～30 以上
焦 煤	14～30	8～25
瘦 煤	14～30	0～12

炼焦配煤的原则是：既要得到性能良好的焦炭，又要尽量节约稀缺的主焦煤用量，以降低焦炭成本，充分利用煤炭资源。

焦炭生产过程大体上可分为洗煤、配煤、炼焦、熄焦及焦炭产品处理、煤气及化工产品回收等环节。

（1）洗煤 洗煤就是将原煤在炼焦之前先进行洗选的过程，其目的在于降低原煤中灰分及硫的含量。

（2）配煤 配煤是将结焦性能不同的煤经过洗选后，按一定比例配合进行炼焦。其目的是在保证焦炭质量的前提下，扩大炼焦煤的使用范围，合理利用国家资源，并尽可能多地得到一些化工产品。

（3）炼焦 炼焦是将配合好的煤粉装入炼焦炉的炭化室，在隔绝空气的条件下通过两侧的燃烧室加热干馏，再经过一定的时间，最后获得质量合格的冶金焦。

（4）熄焦及焦炭产品处理 结焦完毕后应立即出焦，首先打开炭化室两侧炉门，用推焦机推出红热焦炭，然后立即进行喷水熄火或干熄火，以免固定碳被空气氧化烧损。熄火后再进行晾焦（去除部分水分）及筛分分级处理，所获得不同粒度的焦炭产品分别送往高炉和烧结等用户。

熄焦方法有湿法和干法两种。近年来多采用干法熄焦，将红热的焦炭放入熄焦室内，用惰性气体循环冷却回收焦炭的物理热，时间为 2～4h。干法熄焦优点多，如焦炭机械强度好、裂纹少、筛分组成均匀；因为焦炭是干的，避免了水分波动对炉况的不良影响。但这种熄焦方法设备投资多些。

（5）煤气及化工产品回收 在炼焦过程中还会产生焦炉煤气及多种化工产品。焦炉煤气主要成分是 H$_2$、CH$_4$，热值高，可作为工业和民用燃料；从焦炉煤气中回收的多种化工产品是化学、农药、医药和国防工业部门的主要原料。

2.1.5 高炉喷吹用燃料

由于全球焦煤资源日益减少，焦炭价格逐年上涨，节约焦炭、寻找焦炭的代用品已成为炼铁生产的重要任务。从风口喷吹辅助燃料的技术已被普遍采用。喷吹燃料可分为气体燃料、液体燃料和固体燃料三种。气体燃料有天然气、焦炉煤气等，液体燃料有重油、焦油等，固体燃料有无烟煤和烟煤。各国的能源资源不同，喷吹的燃料也不同。我国高炉以喷吹无烟煤为主，也有无烟煤、烟煤混合喷吹的。

2.1.5.1 煤粉

从国内外高炉生产实践来看，高炉喷吹煤种的范围很广，包括无烟煤、烟煤、褐煤等各煤种都可以用来喷吹。如德国蒂森公司喷吹过从挥发分含量为9%的无烟煤到挥发分含量达50%的褐煤，日本也将低挥发分无烟煤、高挥发分烟煤等不同煤种用于高炉喷吹。

由于各煤种燃烧性能、产地及运输方式差异较大，国内外通常采用碳含量和发热值高的无烟煤同挥发分含量高、燃烧性好的烟煤配合，进行混合喷吹。通常控制混合煤的挥发分含量在20%左右，灰分含量在15%以下。

对高炉喷吹用煤粉的质量要求如下：

（1）碳含量高，灰分含量低。

（2）硫含量低。

（3）可磨性好　原煤可磨性好，可以减少制粉工序的能耗，对煤粉输送、喷吹设备的磨损也轻。

（4）粒度细　根据不同条件，煤粉应磨细至一定程度，以保证煤粉在风口前完全气化和燃烧。一般要求煤粉粒度小于0.074mm的粒级占80%以上。此外，细粒煤粉也便于输送。

（5）爆炸性弱　煤粉爆炸性弱，可以确保在制粉及输送、喷吹过程中人身和设备的安全。

（6）燃烧性和反应性好　煤粉的燃烧性表征煤粉与O_2反应的快慢程度。煤粉进入风口，要在极短的时间内（一般为0.01~0.04s）燃烧而转变为气体。如果其在风口带不能大部分气化，剩余部分就要随炉腹煤气一起上升。这一方面影响喷吹效果；另一方面，未燃煤粉会使料柱透气性变差，影响炉况顺行。另外，人们也希望煤粉的反应性好，以使未能与O_2反应的煤粉很快与高炉煤气中的CO_2反应而气化。这种气化反应对高炉顺行和提高煤粉置换比都是有利的。烟煤挥发分多、含H_2多，燃烧性好，有利于还原，但安全性差；无烟煤挥发分少，热值高，喷吹工艺安全性好。两者结合混合喷吹有利于提高喷煤数量和喷煤效果，且能实现安全喷吹。

2.1.5.2 气体燃料

用于喷吹的气体燃料有天然气、焦炉煤气、裂化石油气、重油裂化气等，适宜高炉喷吹的气体燃料成分及特性见表2-5。它们输送方便，易与空气混合，燃烧效率高；可预热提高燃烧温度，燃烧过程易于控制。高炉喷吹气体燃料的种类和数量主要取决于当地资源条件。我国的天然气资源不多，用于高炉喷吹极为有限。

表 2 - 5　适宜高炉喷吹的气体燃料成分（体积分数）及特性

喷吹燃料	密度 /kg·m⁻³	CH₄/%	C₂H₆/%	CₘHₙ/%	N₂/%	CO₂/%	CO/%	H₂/%	发热值 /kJ·m⁻³
天然气（四川）	0.7	97.6	0.4		1.6	0.4			35700
焦炉煤气（鞍钢）		28.4	3.0	2.4	0.9	2.9	5.8	55.6	19400

燃气热值 Q_P（kJ/m³）可按下式计算：

$$Q_P = 4.18 \times (30.2\varphi(CO)_\% + 25.8\varphi(H_2)_\% + 85.8\varphi(CH_4)_\% + 142\varphi(C_2H_4)_\% + 55.3\varphi(H_2S)_\%) \quad (2-5)$$

式中，各项气体组分应取供用成分（湿成分），以体积百分数 $\varphi(i)_\%$ 直接参与计算，算得结果为煤气的低发热值。

2.2　烧结矿生产

2.2.1　烧结生产概述

2.2.1.1　烧结生产发展

烧结生产起源于英国和德国，大约在 1870 年，这两个国家就开始使用烧结锅来处理矿山开采、冶金厂、化工厂等的废弃物。1892 年，美国也出现了烧结锅。1910 年，世界上第一台带式烧结机在美国投入生产，其烧结面积为 8.325m²（1.07m × 7.78m），用来处理高炉炉尘，每天生产烧结矿 140t。它的出现引起烧结生产的重大革新，从此带式烧结机得到了广泛的应用。

目前，带式抽风烧结机应用广泛，因为它生产效率高、原料适应性强、机械化程度高、劳动条件好、便于大型化和自动化，世界上 90% 以上的烧结矿都是采用这种方法生产的。

2.2.1.2　烧结生产技术经济指标

烧结生产技术经济指标主要包括烧结机台时产量、烧结机利用系数、烧结机作业率、烧成率、烧结矿合格率、生产成本、工序能耗等。

（1）烧结机台时产量　烧结机台时产量是指一台烧结机每小时生产的烧结矿量，其计算是：

$$Q = \frac{Q_总}{t_总} \quad (2-6)$$

式中　Q——烧结机台时产量，t/h；

　　　$Q_总$——一台烧结机生产总量，t；

　　　$t_总$——烧结机总运行时间，h。

烧结机台时产量是体现烧结机生产能力大小的指标，它与烧结机有效烧结面积有关。

（2）烧结机利用系数　烧结机利用系数是指烧结机每平方米有效抽风面积 1h 的产量，用烧结机台时产量和有效抽风面积的比值来表示，单位为 t/（m²·h）。烧结机利用系数是衡量烧结机生产效率的指标，其计算是：

$$烧结机利用系数 = \frac{Q}{F} \qquad (2-7)$$

式中　F——烧结机有效抽风面积，m^2。

（3）烧结机作业率　烧结机作业率是衡量设备工作状态的指标，用设备实际作业时间占日历时间的百分数表示，其计算是：

$$烧结机作业率 = \frac{实际作业时间(h)}{日历时间(h)} \times 100\% \qquad (2-8)$$

式中，日历时间 = 计算阶段日历天数 × 24。

（4）烧成率　烧成率是指成品烧结矿质量占烧结混合料总量的百分数，其计算是：

$$烧成率 = \frac{Q_{成}}{Q_{混}} \times 100\% \qquad (2-9)$$

式中　$Q_{成}$——成品烧结矿质量，t；

　　　$Q_{混}$——烧结混合料总量，t。

（5）烧结矿合格率　烧结矿的化学成分、物理性能和冶金性能均符合相应标准（YB/T 421—2005）的为合格品，不符合的为不合格品（次品）。合格品占烧结矿总产量的百分数为烧结矿合格率，其计算是：

$$烧结矿合格率 = \frac{合格品}{烧结矿总产量} \times 100\% \qquad (2-10)$$

（6）生产成本　生产成本是指生产 1t 烧结矿所需的费用，它由原料费和加工费两部分构成。原料费主要是含铁原料和熔剂的费用。加工费主要包括辅助材料（燃料、水、动力、胶带等）消耗费用、工人工资、车间经费（设备折旧、维修费用）等项。

（7）工序能耗　工序能耗是指生产 1t 烧结矿所消耗的各种能源（包括煤、焦炭、煤气、重油、电、水、蒸汽、压缩空气、氧气等）总和折算成标准煤的数量，单位为 kg/t。

2.2.2　烧结基本理论

烧结是将准备好的含铁原料、燃料、熔剂经配料、混匀制粒，通过布料器布到烧结台车上，随后点火器在料面点火，同时抽风，烧结料中燃料开始燃烧。因在台车炉箅下形成一定负压，气体自上而下通过烧结料层进入下面的风箱。随着抽风料层中燃料的燃烧，燃烧带逐渐向下移动，到达炉箅时烧结过程结束。

烧结过程是复杂的物理化学变化的综合过程。在烧结过程中进行着燃料的燃烧和热交换、水分的蒸发和冷凝、碳酸盐和硫化物的分解和挥发、铁矿石的氧化和还原反应、有害杂质的去除以及粉料的软化熔融和冷却结晶等，最后得到外观多孔的块状烧结矿。

2.2.2.1　烧结过程中料层的变化

带式烧结机的抽风烧结过程是自上而下进行的，沿料层高度方向有明显的分层性。在烧结过程中，料层按其温度变化和所发生的物理化学反应一般可分为五层（或五带），如图 2-1 所示，从上往下依次为烧结矿层、燃烧层、预热层、干燥层和湿料层。随着烧结过程的进行，燃烧层逐步下移，到达炉箅后消失，最后全部转变为烧结矿层。

（1）烧结矿层　在烧结料中燃料燃烧放出大量热量的作用下，混合料中部分矿物熔融，随着燃烧层的推移和冷空气的通过，生成的熔融液相被冷却、结晶（1000 ~ 1100℃），混合料固结成多孔烧结矿。该层的主要变化是：高温熔融物凝固成烧结矿，伴

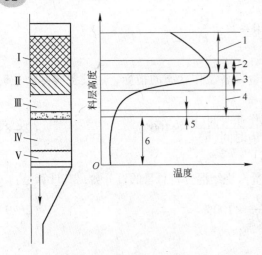

图 2-1　抽风烧结过程中沿料层高度的分层情况

Ⅰ—烧结矿层；Ⅱ—燃烧层；Ⅲ—预热层；

Ⅳ—干燥层；Ⅴ—湿料层

1—冷却，再氧化；2—冷却，再结晶；3—固体碳燃烧，
液相形成；4—固相反应，氧化，还原，分解；
5—去水；6—水分凝结

随着结晶和新矿物的析出。同时，抽入的冷空气被预热，烧结矿被冷却，与空气接触的低价氧化物可能被再次氧化。

（2）燃烧层　被烧结矿层预热的空气进入此层，与固体燃料（碳）接触发生燃烧反应，放出大量的热，使温度升高至1100~1500℃，并形成具有一定成分的气相。混合料在固相反应作用下形成低熔点化合物，并在高温作用下进一步软化，产生一定数量的液相。燃烧层厚度一般为15~50mm，它对烧结矿产量和质量有很大影响。燃烧层过厚，则料层透气性差，导致产量降低；过薄，则烧结温度低，液相数量不足，烧结矿固结不好。燃烧层中主要进行着燃料燃烧，物料的熔融、还原、氧化以及石灰石、硫化物的分解反应。

（3）预热层　紧临燃烧层的混合料在来自燃烧层热废气的作用下被预热，温度很快升高到接近固体燃料的着火点（700℃左右）。预热层的特点是热交换进行得迅速、剧烈，致使废气温度很快从1100~1500℃降至60~70℃。预热层发生的主要反应是结晶水及部分碳酸盐、硫酸盐的分解，矿石的氧化还原以及固相反应等。

（4）干燥层　从预热层下来的废气将烧结料加热，使其温度升高，游离水大量蒸发。由于升温速度快，干燥层和预热层实际上很难截然分开，有时统称为干燥预热层，其厚度一般为20~40mm。当混合料中的料球热稳定性不好时，会在剧烈升温和水分蒸发过程中产生"炸碎"现象，致使料层透气性变差。

（5）湿料层　从干燥层出来的废气含有大量水蒸气，若原始料温较低，废气与冷料接触时其温度会降到水蒸气露点以下，水蒸气重新凝结，使混合料水分含量超过适宜值而形成过湿层（水分过多，多于混合料的原始水分），甚至使物料呈泥浆状，料层的透气性大大恶化，对烧结过程极为不利。因此，生产中必须采取提高烧结料温度的措施，防止过湿层的产生。

2.2.2.2　混合料层中碳的燃烧和热交换

烧结过程中，固体燃料燃烧及产生的含有CO的高温烟气，为液相生成和一切物理化学变化提供了必需的热量和气氛条件。因此，碳的燃烧是决定烧结矿产量和质量的重要条件，也是影响其他一系列过程的重要因素。

A　烧结料层中碳燃烧的特点

烧结料层中碳的燃烧具有以下四个方面的特点：

（1）烧结过程中碳的燃烧是在碳量少和分布稀疏的情况下进行的。一般的烧结料中含碳3%~5%（质量分数），按体积计算不到烧结料总体积的10%，小颗粒的炭分布在大量矿粒和熔剂之中，致使空气和炭的接触比较困难。为了保证完全燃烧，需要较大的空气过剩系数，通常为 1.4 ~ 1.5。

（2）燃烧速度快，燃烧层温度高，燃烧带较窄（15 ~ 50mm）。根据固体碳的燃烧机理，碳的初级反应为 $C + O_2 = CO_2$ 和 $2C + O_2 = 2CO$，次级反应为 $CO_2 + C = 2CO$ 和 $2CO + O_2 = 2CO_2$。由于碳的燃烧非常迅速，致使燃烧层很薄，热交换快，废气温度很快降低，所以次级反应不会有明显发展，废气成分有 CO、CO_2、N_2、O_2、H_2、H_2O、SO_2 等。

（3）混合料层中既存在氧化区，又存在还原区，但以氧化区为主。炭粒表面附近 CO 浓度高、O_2 及 CO_2 浓度低，表现为还原性气氛；远离炭粒的地方，表现为氧化性气氛。总的来说，烧结料层的气氛是氧化性气氛，但在炭粒周围存在着局部区域的还原性气氛，不同气氛组成将对烧结过程产生不同的影响。

（4）燃烧反应处于扩散速度控制范围内。由于燃烧层温度高，碳的燃烧反应基本上处于扩散速度控制范围内，一切影响扩散速度的因素都可影响燃烧速度。因此，减小燃料粒度、增加气体流速和气流中氧含量，均可加快燃烧反应的速度，强化燃烧过程，提高烧结产量。

B　烧结料层中的温度分布特点和热交换

燃料燃烧的结果直接影响烧结料层的温度。燃烧过程不是等温过程，烧结温度只反映烧结料层中某一点所能达到的最高温度。图 2-2 所示为点火烧结后不同时间测定的沿烧结料层高度的温度分布曲线，不论料层高度及混合料性质如何，这些温度分布曲线的形状都是相似的。其共同特点是：在燃烧层以上，冷空气通过烧结矿层被预热，温度升高很快；在燃烧层，温度达到最高；在燃烧层以下，高温废气将热量传递给混合料，废气温度急剧下降，同时预热层和干燥层烧结料温度迅速升高。预热层烧结料的升温速度，高的可达 1700℃/min，低的也有 450 ~ 550℃/min；干燥层烧结料的升温速度在 100 ~ 500℃/min。湿料层热交换作用不明显，废气和混合料温度变化不大。

在烧结过程中，由于上面烧结矿层具有"自动蓄热"作用，燃烧层最高温度是沿料层高度自上而下逐渐升高的。有研究表明，当燃烧带上部的烧结矿层达 180 ~ 220mm 时，上层烧结矿的自动蓄热作用可提供燃烧层总热量的 35% ~ 45%。

C　高温区对烧结过程的影响

高温区的移动速度、温度水平和厚

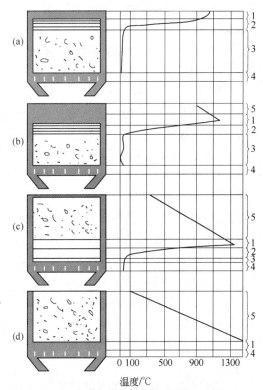

图 2-2　沿烧结料层高度的温度分布曲线

（a）点火开始；（b）点火后 1 ~ 2min；
（c）烧结开始后 7 ~ 8min；（d）烧结终了前
1—燃烧层；2—干燥层及预热层；3—原始混合料；
4—箅条；5—烧结矿层

对烧结过程的影响是最为显著的。

（1）高温区的移动速度　高温区的移动速度是指燃烧层中温度最高点的移动速度，一般称为垂直烧结速度，它是决定烧结机产量的重要因素。研究表明，烧结机产量与垂直烧结速度成正比，而垂直烧结速度与风速成 0.77 ~ 1.05 次方关系。因此，增加抽风速度，产量就会随之提高。但垂直烧结速度过快会使烧结矿强度下降，成品率降低。

（2）高温区的温度水平　高温区的温度水平对烧结矿的强度影响很大。高温区温度高，生成的液相多，可以增加烧结矿的机械强度；但温度过高会出现过熔现象，使烧结矿的还原性变差，同时也降低烧结速度，影响产量。

（3）高温区的厚度　高温区过厚，会增加气流阻力，容易造成烧结矿过熔而降低产量；而高温区过薄，则不能保证各种高温反应所必需的时间，会影响烧结矿的质量。

因此，获得合适的高温区是改善烧结生产的重要问题。

2.2.2.3　烧结过程中水分的蒸发、分解和冷凝

A　烧结料中水分的来源和作用

烧结混合料一般含水 6% ~ 8%，水分的来源一是物料自身带入的，二是在混合制粒时加入的。水分在烧结过程中主要起到以下作用：

（1）制粒作用　在烧结粉料中加入适量水分，由于水在混合料粒子之间产生毛细力，使混合料在滚动过程中互相接触而靠紧，形成小球粒，可改善料层的透气性，使烧结过程得以顺利进行。

（2）传热作用　因为水的传热系数（126 ~ 419kJ/$(m^2 \cdot h \cdot \mathcal{C})$）远远高于矿石的传热系数（0.63kJ/$(m^2 \cdot h \cdot \mathcal{C})$），所以烧结料中水的存在大大提高了烧结混合料的传热能力，使燃烧带限制在较窄的范围内，减少了料层的气流阻力，并可减少燃料消耗。

（3）润滑作用　水分子覆盖在矿粉颗粒表面，起到类似润滑剂的作用，降低表面粗糙度，减少气流阻力。

（4）助燃作用　固体燃料在完全干燥的混合料中燃烧缓慢，根据 CO 和 C 的链式燃烧机理，要求有一定量的 H^+、OH^-，因此，混合料适当加湿是必要的。

B　水分的蒸发和结晶水的分解

在烧结过程中，混合料中水分蒸发的条件是：气相中水蒸气的饱和蒸汽压（p'_{H_2O}）大于该温度下气相中水蒸气的实际分压（p_{H_2O}）。水蒸气的饱和蒸汽压随温度升高而增大，当温度升高使 p'_{H_2O} 等于外界大气压时，水分便剧烈蒸发，出现沸腾现象。烧结过程中废气压力约为 0.9atm（1atm = 101.325kPa），当物料温度升到 100℃ 时，$p'_{H_2O} \approx 1atm$，$p'_{H_2O} > p_{H_2O}$，所以应在温度低于 100℃ 时完成水分的蒸发过程。但实际上在温度高于 100℃ 的混合料中仍有水分存在，原因是废气对混合料的传热速度很快，当料温达到水分蒸发的温度时，水分来不及蒸发；此外，少量的分子水和薄膜水与固体颗粒的表面有巨大的结合力，不易逸出。

混合料中结晶水的分解温度比游离水的蒸发温度要高得多。褐铁矿结晶水的分解温度为 250 ~ 300℃，黏土质高岭土矿物（$Al_2O_3 \cdot 2SiO_2 \cdot 2H_2O$）结晶水的分解温度高于 400℃。结晶水分解吸热，降低高温区的烧结温度，因此在用含结晶水的物料烧结时，要考虑适当增加燃料用量。

C　水蒸气的冷凝

烧结过程中从点火开始，水分就受热蒸发并转移到废气中，废气中水蒸气的实际分压 p_{H_2O} 不断升高；而含有水蒸气的热废气穿过下层冷料时，由于废气将自身大部分热量传递给冷料，其温度不断下降，使物料表面饱和蒸气压 p'_{H_2O} 不断下降。当 $p_{H_2O} = p'_{H_2O}$ 时，水分停止蒸发；当 $p_{H_2O} > p'_{H_2O}$ 时，废气中的水蒸气就开始在冷料表面冷凝。水蒸气开始冷凝的温度称为露点。由于水蒸气冷凝而使下层物料的水分含量增加，当物料水分含量超过混合料的适宜水分含量时，称为过湿。这就是烧结时水分的再分布规律。

从生产和试验测定结果来看，过湿的最大值一般出现在点火后 2min，其值高出原水分含量 15% ~ 20%。过湿会使料层透气性变差，甚至可能使下部已造好的小球遭受破坏，变为泥浆状，阻碍气体通过，严重影响烧结过程。

D　防止烧结料层过湿的措施

为防止过湿现象产生，生产中常从以下两方面采取措施：

（1）提高烧结混合料的温度　生产实践和理论计算表明，料温控制在露点（50 ~ 60℃）以上就可防止大量水分冷凝，消除过湿现象。生产中应用热返矿预热混合料，可使料温预热到 40 ~ 50℃，尽管达不到露点温度以上，但对消除过湿现象起到一定的作用。利用蒸汽在二次混料机和烧结机布料辊上预热混合料至 60℃ 以上，是比较有效的措施。此外，还可利用生石灰消化放热来提高料温。

（2）适当控制混合料初始水分含量　加水造球的目的是提高料层透气性，从而保证获得高的生产率。经验表明，原始透气性最佳的水分含量并不能获得最高的生产率，即生产率最高的水分含量值要比原始透气性最佳的水分含量值低 2% 左右。烧结混合料原始水分含量适当降低，可能使烧结料成球性差些，初始透气性有所降低；但水分减少后，水分凝结少，干燥时间缩短，整个烧结速度反而加快，也能获得高的生产率。

2.2.2.4　碳酸盐分解及氧化钙的矿化作用

A　烧结料中常见的碳酸盐

烧结料中常见的碳酸盐有 $CaCO_3$、$MgCO_3$、$FeCO_3$、$MnCO_3$ 等，以 $CaCO_3$ 为多。这些碳酸盐有的是矿石本身带入的，但主要还是为生产熔剂性烧结矿而配加的。在烧结过程中，这些碳酸盐必须充分分解并与其他成分形成新的化合物，否则将影响烧结矿的性能。

B　碳酸盐的分解条件

碳酸盐受热，当温度达一定值时将发生分解反应，以石灰石（$CaCO_3$）为例，分解反应为 $CaCO_3 = CaO + CO_2$。分解压是衡量化合物稳定性的指标，分解压大，说明化合物容易分解，稳定性差；分解压小，表明化合物稳定性强。

碳酸盐的分解条件是：当碳酸盐分解压等于外界气相中 CO_2 的分压时即开始分解，此时的温度称为碳酸盐的开始分解温度。随着温度升高，分解压增大，当碳酸盐分解压等于外界总压时，碳酸盐的分解反应剧烈进行，即为化学沸腾，此时的温度称为化学沸腾温度。

实际烧结过程中，气相中 CO_2 的分压约为 0.1atm，气相总压约为 0.9atm，$CaCO_3$ 的开始分解温度约为 720℃，化学沸腾温度约为 880℃。其他碳酸盐的开始分解温度较低，可在预热层进行，而石灰石分解反应主要发生在燃烧层。

碳酸盐的分解反应是从矿块表面向中心逐渐进行的。因此，碳酸盐的分解速度与熔剂粒度有关，粒度越小，分解速度越快。实际上在烧结过程中，碳酸盐的分解不是处于扩散速度控制范围内，而是处于化学反应速度控制范围内，主要受温度影响。

一般情况下，烧结过程中碳酸盐是能完全分解的，但有可能由于碳酸盐分解吸收大量热量，给热速度小于吸热速度，使得石灰石颗粒周围的料温下降；或者由于燃料偏析，使高温区温度分布不均匀，常常出现石灰石不能完全分解的现象。因此，为了保证碳酸盐完全分解，生产中要求石灰石粒度必须小于 3mm，同时应适当增加燃料用量。

C 氧化钙的矿化作用

氧化钙的矿化作用是指在烧结过程中，$CaCO_3$ 的分解产物 CaO 与烧结料中的其他矿物（如 SiO_2、Fe_2O_3、Al_2O_3 等）反应生成新的化合物。氧化钙的矿化可降低石灰石的开始分解温度。氧化钙的矿化程度与烧结温度、矿粉和石灰石粒度等因素有关。温度越高，粒度越小，则矿化程度越好。

（1）烧结温度对氧化钙矿化作用的影响　当温度为 1200℃ 时，即使石灰石粒度小于 0.6mm，CaO 矿化程度也不会超过 50%；但是当温度升高到 1350℃ 时，石灰石粒度虽然增大到 1.7～3.0mm，但矿化程度却能接近 100%。显然，温度高，则 CaO 的矿化程度高。但温度过高会使烧结矿过熔，对烧结矿的还原性不利，应尽量避免。

（2）矿粉和石灰石粒度对氧化钙矿化作用的影响　当粒度为 0～0.2mm 的磁铁矿粉与 0～3mm 的石灰石混合后，在 1300℃ 条件下持续 1min，CaO 可完全矿化。如果矿粉粒度增大，CaO 的矿化作用则大为降低，如磁铁矿的上限粒度提高到 6mm 时，CaO 仅有 87% 矿化。此外，烧结时石灰石的适宜粒度与矿粉粒度有关，当用细磨精矿粉烧结时，石灰石的粒度可适当粗些（一般为 0～3mm）；而用粗粒度矿粉烧结时，要求石灰石的粒度小些（一般为 0～1mm）。

生产熔剂性烧结矿时，不仅要求添加的石灰石完全分解，而且要求分解产物 CaO 能完全矿化，不希望在烧结矿中存在游离的 CaO（或称"白点"）。烧结矿中游离的 CaO 将与空气中的水分发生消化反应 $CaO + H_2O = Ca(OH)_2$，体积膨胀，致使烧结矿产生内应力而粉碎。

2.2.2.5 铁和锰氧化物的分解、还原与氧化

烧结料层总体处于氧化性气氛之中，但在燃料颗粒附近也有还原性气氛，因此在烧结过程中，对铁、锰氧化物来说，既有热分解和氧化反应，也有还原反应。这些反应主要发生在烧结料软熔之前，对烧结矿的液相生成和矿物组成有很大影响，必须加以控制。

A 铁氧化物的分解

当铁氧化物的分解压（p'_{O_2}）大于气相中氧的实际分压（p_{O_2}）时，氧化物分解；当 $p_{O_2} = p'_{O_2}$ 时，反应处于平衡状态；当 $p'_{O_2} < p_{O_2}$ 时，发生氧化反应。

三种形态的铁氧化物 FeO、Fe_3O_4、Fe_2O_3 及锰的高价氧化物 MnO_2、Mn_2O_3 的分解压如表 2-6 所示。

表 2-6　铁、锰氧化物的分解压

温度/℃	p'_{O_2}/atm				
	Fe_2O_3	Fe_3O_4	FeO	MnO_2	Mn_2O_3
460	—	—	—	0.21	—
550	—	—	—	1.00	3.7×10^{-4}

温度/℃	p'_{O_2}/atm				
	Fe₂O₃	Fe₃O₄	FeO	MnO₂	Mn₂O₃
570	—	—	—	9.50	1.2×10^{-2}
920	—	2.2×10^{-13}	$10^{-16.2}$	—	0.21
1100	2.6×10^{-5}	—	—	—	1.00
1300	19.7×10^{-3}	—	—	—	—
1380	0.21	—	—	—	—
1400	0.28	—	—	—	—
1452	1.00	—	—	—	—
1500	3.00	$10^{-7.5}$	$10^{-8.3}$	—	—

铁的高价氧化物比低价氧化物容易分解。烧结料层中,不同部位气相的氧分压存在很大差别。在烧结矿层以及燃烧层中远离燃料颗粒的地方,气相的氧分压为 $p_{O_2} = 0.18 \sim 0.19$ atm;由表 2 - 6 可知,当温度高于 1380℃ 时,Fe₂O₃ 的分解压达 0.21atm 以上,大于气相的氧分压,发生 Fe₂O₃ 的分解反应是可能的。但在烧结过程中,物料在 1380℃ 以上的高温区停留时间很短,而且在低于此温度时 Fe₂O₃ 已被大量还原,因此它的分解率很小。

Fe₃O₄ 的分解压比 Fe₂O₃ 小得多,在 1500℃ 时仅为 $10^{-7.5}$ atm,远小于烧结气氛中的氧分压,因此在烧结温度范围内,Fe₃O₄ 不可能分解。但在有 SiO₂ 存在的条件下,Fe₃O₄ 可与之化合生成硅酸铁,在温度高于 1300 ~ 1350℃ 的情况下,也可能按下述反应进行分解:

$$2Fe_3O_4 + 3SiO_2 = 3(2FeO \cdot SiO_2) + O_2 \qquad (2 - 11)$$

FeO 的分解压比 Fe₃O₄ 更小,在烧结条件下不可能进行热分解。

B 铁氧化物的还原

在烧结过程中由于炭粒周围有较强的还原性气氛,所以 Fe₂O₃、Fe₃O₄ 和 FeO 的还原反应有可能发生。还原的热力学条件取决于温度水平和气相组成,不同铁氧化物还原反应进行的情况是不同的。

Fe₂O₃ 的还原反应是 $3Fe_2O_3 + CO = 2Fe_3O_4 + CO_2$,平衡气相组成中 CO 浓度是很低的,只要气相中有 CO 存在,Fe₂O₃ 的还原反应即可发生。在烧结料层中,温度在 500 ~ 600℃ 以下时反应就很容易进行。

但在生产熔剂性烧结矿时,由于 CaO 与 Fe₂O₃ 在 500 ~ 600℃ 条件下可发生固相反应,生成铁酸一钙(CaO · Fe₂O₃),它比自由的 Fe₂O₃ 难还原一些。

Fe₃O₄ 还原时要求平衡气相中 CO 的浓度较高,因而比 Fe₂O₃ 的还原要困难。但在烧结料层中 900℃ 以上的高温区,Fe₃O₄ 可按下式还原:

$$Fe_3O_4 + CO = 3FeO + CO_2 \qquad (2 - 12)$$

当有 SiO₂ 存在时,有利于 Fe₃O₄ 的还原,其反应是:

$$2Fe_3O_4 + 3SiO_2 + 2CO = 3(2FeO \cdot SiO_2) + 2CO_2 \qquad (2 - 13)$$

当有 CaO 存在时,不利于铁橄榄石(2FeO · SiO₂)的生成,亦即不利于 Fe₃O₄ 的还原。这是因为 CaO 与 SiO₂ 的亲和力比 FeO 与 SiO₂ 的亲和力大,SiO₂ 更容易与 CaO 结合成复杂化合物。所以在生产熔剂性烧结矿时，烧结矿中的 FeO 含量低，烧结矿的还原性得以改善。

FeO 在一般的烧结条件下被 CO 还原的可能性很小，因为 FeO 的还原需要相当高的 CO 浓度，而通常的烧结过程难以达到。但当燃料配比大量增加（如达到 10% ~ 20% 以上）时，还原性气氛增加，FeO 也能被还原，获得一定数量的金属铁。

铁氧化物被固体碳还原要在 1000℃ 以上才能进行，而烧结过程中高温区停留时间很短，所以这种还原的可能性很小。

C 铁氧化物的氧化

在烧结矿层的冷却过程中，因处于氧化性气氛之中，Fe_3O_4 或 FeO 再氧化是可能发生的，反应为：

$$2Fe_3O_4 + \frac{1}{2}O_2 === 3Fe_2O_3 \qquad (2-14)$$

$$3FeO + \frac{1}{2}O_2 === Fe_3O_4 \qquad (2-15)$$

在高温下铁氧化物的氧化进行得很快，当温度低时，反应速度减慢甚至停止。烧结矿的氧化程度可用氧化度指标（Ω）来表示：

$$\Omega = \left(1 - \frac{w(Fe)_{FeO}}{3w(TFe)}\right) \times 100\% \qquad (2-16)$$

式中 $w(Fe)_{FeO}$——烧结矿中以 FeO 形态存在的铁量，%；

$w(TFe)$——烧结矿中全铁含量，%。

由式（2-16）可知，在烧结矿铁含量相同的情况下，烧结矿中 FeO 含量越少，氧化度越高，而氧化度高的烧结矿，其还原性好。因此，在保证烧结矿强度的条件下，生产高氧化度烧结矿对改善烧结矿的还原性具有重要意义。

烧结配料中的燃料用量是影响 FeO 含量的主要因素。随配碳量增加，烧结料层中还原性气氛增加，FeO 含量增加。因此，控制燃料用量是控制烧结矿 FeO 含量的重要措施，但最适宜的燃料用量必须同时兼顾烧结矿的强度与还原性。

不同性质的矿石烧结时，适宜的燃料用量是不一样的。磁铁精矿烧结时，一般燃料用量为 5% ~ 6%；而赤铁精矿烧结时，燃料用量要高 2% ~ 3%。因为前者烧结时存在 Fe_3O_4 的氧化放热，后者却没有。

D 锰氧化物的分解与还原

锰的高价氧化物 MnO_2、Mn_2O_3 分解压高，在烧结过程中可完全分解，在较低温度下也能被 CO 还原。Mn_3O_4 分解压低，在烧结过程中难以分解，但容易被 CO 还原，其反应为：

$$Mn_3O_4 + CO === 3MnO + CO_2 \qquad (2-17)$$

MnO 比 FeO 还要稳定，在烧结条件下既不可能分解，也不可能被还原，但可与 SiO_2 等生成难还原的硅酸盐。

2.2.2.6 硫及其他有害杂质的去除

硫是钢铁产品主要的有害元素之一。在钢铁冶炼过程中，硫的去除要增加能源消耗，降低设备生产率。高炉炉料硫含量每增加 1kg，焦比将增加 20 ~ 30kg。因此，若在烧结过程中能够去除硫，将为后续的钢铁冶炼过程带来极大的便利和效益。铁矿粉的烧结过程能够去除原料带入硫量的 85% ~90%，为高炉提供低硫含量的铁矿石，这正是烧结生产的一大优点。此外，烧结过程也能去除矿石中部分氟和砷等有害杂质。

A 硫的去除

烧结料中的硫主要来自铁矿粉，少量来自燃料。矿粉中的硫多以硫化物状态存在，如黄铁矿（FeS_2）、黄铜矿（$CuFeS_2$）等；此外还有部分硫酸盐，如硫酸钙（$CaSO_4$）、硫酸钡（$BaSO_4$）等。燃料中的硫主要以有机硫形式存在。硫的存在形式不同，去除方式和效果也有差别。硫以硫化物和有机硫形态存在时容易去除，而以硫酸盐形态存在时去除较为困难。

FeS_2 是烧结料中主要的含硫矿物，其分解压较大，在烧结过程中易于热分解，也容易氧化成硫蒸气、SO_2 或 SO_3 进入废气去除。在 565℃ 以下，去硫反应为：

$$2FeS_2 + \frac{11}{2}O_2 =\!=\!= Fe_2O_3 + 4SO_2 \tag{2-18}$$

$$3FeS_2 + 8O_2 =\!=\!= Fe_3O_4 + 6SO_2 \tag{2-19}$$

当温度高于 565℃ 时，FeS_2 分解压增大，分解产物 FeS 和 S 可同时与 O_2 燃烧，反应为：

$$FeS_2 =\!=\!= FeS + S \tag{2-20}$$

$$3FeS + 5O_2 =\!=\!= Fe_3O_4 + 3SO_2 \tag{2-21}$$

$$S + O_2 =\!=\!= SO_2 \tag{2-22}$$

$$SO_2 + \frac{1}{2}O_2 =\!=\!= SO_3 \tag{2-23}$$

燃料中有机硫的着火点比焦粉低，在加热到 700℃ 左右的焦粉着火点时，有机硫燃烧，多以 SO_2 形式逸出，反应为：

$$S_{有机} + O_2 =\!=\!= SO_2 \tag{2-24}$$

硫酸盐中的硫主要靠高温分解去除，但硫酸盐的分解温度很高，因此去除困难。如 $CaSO_4$ 在 975℃ 时开始分解，1375℃ 时分解反应剧烈进行；$BaSO_4$ 在 1185℃ 时开始分解，1300 ~1400℃ 时分解反应剧烈进行。但因烧结料中有 Fe_2O_3、SiO_2 存在，有利于 $CaSO_4$、$BaSO_4$ 分解反应的进行，使硫酸盐中硫的去除变得容易一些，反应为：

$$CaSO_4 + Fe_2O_3 =\!=\!= CaO \cdot Fe_2O_3 + SO_2 + \frac{1}{2}O_2 \tag{2-25}$$

$$BaSO_4 + SiO_2 =\!=\!= BaO \cdot SiO_2 + SO_2 + \frac{1}{2}O_2 \tag{2-26}$$

总之在烧结过程中，黄铁矿中的硫和燃料中的有机硫主要是氧化去除，硫酸盐中的硫主要是高温分解去除。烧结过程因高温保持时间短，难以保证硫酸盐脱硫反应充分进行。一般情况下，硫化物的脱硫率在 90% 以上，有机硫的脱硫率可达 94%，而硫酸盐的脱硫率只有 70% ~85%。

B 氟的去除

我国包头白云鄂博矿氟含量较高，铁矿石中的氟给烧结、炼铁生产带来极大危害。使用含氟铁精矿烧结时，易产生以枪晶石（$3CaO \cdot 2SiO_2 \cdot CaF_2$）为主的液相。但枪晶石强度低，生成的烧结矿薄壁、大孔、强度很差，曾给包钢炼铁生产带来一系列的难题（风口、渣口、铁口易坏，高炉容易结瘤）。生产实践表明，当铁精矿中氟含量降至 1% 以下时，氟对烧结生产的影响不大，烧结矿中枪晶石含量显著降低，而强度好的铁酸钙生成量为 15% ~ 20%，利用系数大大提高；当铁矿石或烧结矿中氟含量降到 1% 以下时，氟对高炉冶炼的影响基本消失，高炉炉况变好，产量提高。

氟在矿石中主要以萤石（CaF_2）形态存在，烧结过程虽可部分去除，但主要是通过改进选矿工艺实现氟的去除。

含氟矿石烧结时，在 1200 ~ 1300℃、有 SiO_2 存在的条件下，可发生下列反应：

$$2CaF_2 + 3SiO_2 === 2CaSiO_3 + SiF_{4(g)} \qquad (2-27)$$

$$2CaF_2 + SiO_2 === 2CaO + SiF_{4(g)} \qquad (2-28)$$

在有水存在的条件下，可进行反应：

$$CaF_2 + SiO_2 + H_2O === CaSiO_3 + 2HF_{(g)} \qquad (2-29)$$

生成的 SiF_4 极易挥发进入废气中，但在下部料层中又可能部分被吸收，或在过湿层中遇水汽进行反应：

$$SiF_4 + 4H_2O_{(g)} === H_4SiO_4 + 4HF_{(g)} \qquad (2-30)$$

由以上反应可见，生产熔剂性烧结矿时加入 CaO 对去氟不利，而增加 SiO_2 有利于去氟。往烧结料中通入一定的蒸汽，生成挥发性的 HF，可提高去氟效果。一般烧结过程中去氟率可达 10% ~ 15%，最多达到 40%。进入废气中的氟既危害人体健康，又腐蚀设备，在烧结生产中需要加强对烟气的净化处理。

C　钾、钠的去除

使用含有碱金属的铁矿石冶炼，碱金属 K、Na 能在高炉内循环积累，侵蚀炉墙，造成高炉结瘤；K、Na 还能降低焦炭强度，使得高炉操作难以正常进行。因此，碱金属问题早已引起冶金工作者的重视，对烧结过程中如何去除碱金属氧化物也进行了大量研究。

通常在烧结过程中 K、Na 等化合物基本不能去除，而在烧结混合料中加入 $CaCl_2$ 能够排除部分 K、Na。含 K、Na 矿物在烧结温度条件下分解成 K_2SiO_3 和 Na_2SiO_3，与加入的 $CaCl_2$ 发生下列反应：

$$Na_2SiO_3 + CaCl_2 === CaSiO_3 + 2NaCl \qquad (2-31)$$

$$K_2SiO_3 + CaCl_2 === CaSiO_3 + 2KCl \qquad (2-32)$$

生成的 KCl、NaCl 是较稳定的物质，且其蒸气压较高，可在高温的燃烧层蒸发，烧结初期被下部的过湿层部分吸收，排入烟气的 K、Na 数量很少；但是随着烧结过程的进行，湿料层变薄，挥发的碱金属量增多，料层的吸收能力下降，这时挥发到烟气中的碱金属增多。研究表明，碱金属排出率与配加的 $CaCl_2$ 量有关。加入 $CaCl_2$ 越多，排碱率越高，可以排除 K、Na 50% ~ 60%，K 的排出率高于 Na 的排出率。

D　砷、铅、锌的去除

砷是一种有害元素，能降低钢的焊接性能和机械强度。我国某些铁矿石中含有砷的矿物，如砷黄铁矿（FeAsS）、斜方砷铁矿（$FeAsS_2$）等，它们在 430 ~ 500℃ 时可以氧化，反应为：

$$2FeAsS + 5O_2 === Fe_2O_3 + As_2O_3 + 2SO_2 \qquad (2-33)$$

$$2FeAsS_2 + 7O_2 === Fe_2O_3 + As_2O_3 + 4SO_2 \qquad (2-34)$$

生成的 As_2O_3 在 275 ~ 320℃ 时挥发进入废气中，在温度降低时部分冷凝下来，沉积在烧结料中。在氧化性气氛中，As_2O_3 可能进一步氧化成 As_2O_5，且在有 CaO 存在的条件下能生成稳定的、不挥发的砷酸钙，反应为：

$$CaO + As_2O_3 + O_2 = CaO \cdot As_2O_5 \qquad (2-35)$$

所以在生产熔剂性烧结时，对砷的去除不利。在有 SiO_2 存在的条件下，又可进行反应：

$$CaO \cdot As_2O_5 + SiO_2 = CaO \cdot SiO_2 + As_2O_5 \qquad (2-36)$$

As_2O_5 不易去除，这是烧结过程中去砷率不高（一般为 30% ~ 40%）的原因。若增加烧结配碳量，As_2O_5 可以还原成 As_2O_3，可提高砷的去除率。

As_2O_3 是剧毒物质，工业卫生标准规定废烟气砷含量不可大于 $0.3mg/m^3$，故对含砷废气的处理应给予足够的重视。

铁矿石中含锌矿物（闪锌矿（ZnS））、含铅矿物（方铅矿（PbS）），在烧结过程中都是不容易去除的。但在烧结料中加入氯化物（2% ~ 3% 的 $CaCl_2$）可以去除烧结料中 70% 的锌和 90% 的铅，反应为：

$$ZnS + CaCl_2 = CaS + ZnCl_{2(g)} \qquad (2-37)$$

$$PbS + CaCl_2 = CaS + PbCl_{2(g)} \qquad (2-38)$$

2.2.2.7 烧结过程的固相反应

固相反应是指烧结料在未熔化前，两种固体物质在其接触面上发生的化学反应，反应产物也是固体。固相反应在烧结过程中占有很重要的地位，通过固相反应形成了原始烧结料中没有的低熔点化合物，为烧结过程的液相产生创造了条件。液相是烧结过程中使矿粉成块和使烧结矿具有一定强度的主要条件，固相反应的进行情况直接影响烧结矿的质量。

A 固相反应的机理

固相反应的机理是离子扩散。任何物质间的反应都与分子或离子的运动有关。固体分子与液体、气体分子一样，都处于不断的运动状态之中。只是由于固体物质质点间的结合力较强，质点只能在平衡位置附近做小范围的振动，因此，常温下固相间的化学反应速度非常缓慢。随着温度升高，固体表面晶格的一些离子（或原子）获得越来越多的能量而激烈运动起来，温度越高，就越容易获得位移所必需的能量。当温度升高到使质点具有参加化学反应所必需的能量时，这些高能量质点就能够向所接触的其他固体表面扩散，这种固体间的质点扩散过程就导致了固相间反应的发生。

烧结所用的精矿粉和熔剂都是粒度较细的物质，它们在被破碎时固体晶体受到严重破坏，从而具有较大的表面自由能而使质点处于活化状态。活化质点都具有降低自身能量的倾向，表现出强烈的位移作用，其结果是晶格缺陷逐渐得到校正，微小晶体也将聚集成较大晶体，反应产物也就具有了较为完整的晶格。

B 固相反应的条件

固相反应是反应物旧相晶格被破坏和新相晶格形成的过程。随着温度的升高，旧相晶格结点上离子的振动逐渐加剧起来，当温度升高到使离子能够离开原始中心位置并向临近晶格扩散的临界温度时，晶格结点上的离子便离开离子键的束缚，扩散到相邻固体颗粒的表面和内部进行反应，力图形成比单独存在时更稳定的化合物。临界温度是固相反应开始温度。影响固相反应的因素是：固相比表面积越大、晶格越不完整的物质，固相反应越容易进行；温度越高，离子间扩散越容易。因此，固相反应的外在条件是温度，而内在条件是晶格不完整。

固相反应开始温度与其熔点（$T_{熔}$）间存在的一般规律是：对于金属为（$0.3 \sim 0.4$）$T_{熔}$，对于盐类为$0.57T_{熔}$，而对于硅酸盐则为（$0.8 \sim 0.9$）$T_{熔}$。

C　固相反应的特点

（1）固相反应均为放热反应。当反应物加热到固相反应开始温度，并且周围也达到相同的温度时，反应放出热量。由于热量不能及时向外扩散，而使其本身温度升高，这就加快了固相反应的速度。因此，固相反应一旦开始，其速度就会加快，直到形成反应产物。

（2）两种物质间反应的最初产物，无论其反应物的分子数之比如何，只能形成同一种化合物，而且是结构最简单的化合物。在烧结过程中，烧结料处于$500 \sim 1400$℃的高温区一般不超过3min。因此，对于烧结生产有实际意义的是固相反应开始温度以及最初形成的反应产物。表2-7列出了固体组分不同配比时，某些固相反应最初产物的实验数据。

表2-7　固相反应的最初产物

固相反应	反应物分子比	反应的最初产物
$CaO - SiO_2$	$3:1$，$2:1$；$3:2$，$1:1$	$2CaO \cdot SiO_2$
$MgO - SiO_2$	$2:1$，$1:1$	$2MgO \cdot SiO_2$
$CaO - Fe_2O_3$	$2:1$，$1:1$	$CaO \cdot Fe_2O_3$
$CaO - Al_2O_3$	$3:1$，$5:3$，$1:1$，$1:2$，$1:6$	$CaO \cdot Al_2O_3$
$MgO - Al_2O_3$	$1:1$，$1:6$	$MgO \cdot Al_2O_3$

从表2-7可以看出，不论混合料中CaO和SiO_2的比例如何，固相反应的最初产物总是$2CaO \cdot SiO_2$；同样，在烧结条件下，不管CaO与Fe_2O_3的比例如何，固相反应的最初产物总是$CaO \cdot Fe_2O_3$。例如，将CaO和SiO_2的混合物在空气中加热至1000℃，两种物质固相反应的进程如图2-3所示。固相接触面的最初反应产物是正硅酸钙（$2CaO \cdot SiO_2$），继之沿着$2CaO \cdot SiO_2 - CaO$接触界面形成一层$3CaO \cdot SiO_2$，而沿着$2CaO \cdot SiO_2$与SiO_2的接触界面形成一层$3CaO \cdot 2SiO_2$，在整个过程的最后阶段才形成硅灰石（$CaO \cdot SiO_2$）。

表2-8列出了烧结过程中，某些常见固相反应产物开始出现的温度的实验数据。

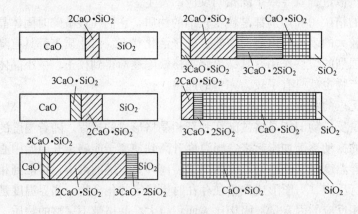

图2-3　CaO与SiO_2固相反应示意图

表 2 - 8　烧结过程中固相反应产物开始出现的温度

反　应　物	固相反应产物	反应产物开始出现的温度/℃
$SiO_2 + Fe_2O_3$	Fe_2O_3 在 SiO_2 中的固溶体	575
$CaO + SiO_2$	$2CaO \cdot SiO_2$	500,600,690[①]
$MgO + SiO_2$	$2MgO \cdot SiO_2$	680
$MgO + Fe_2O_3$	$MgO \cdot Fe_2O_3$	600
$CaO + Fe_2O_3$	$CaO \cdot Fe_2O_3$	500,520,600,610,650,675[①]
$CaO + Fe_2O_3$	$2CaO \cdot Fe_2O_3$	400
$CaCO_3 + Fe_2O_3$	$CaO \cdot Fe_2O_3$	590
$(MgO, CaO, MnO, NiO) + Fe_3O_4$	磁铁矿固溶体	800
$MgO + FeO$	镁浮氏体	700
$MgO + Al_2O_3$	$MgO \cdot Al_2O_3$	920,1000[①]
$FeO + Al_2O_3$	$FeO \cdot Al_2O_3$	1100
$MnO + Al_2O_3$	$MnO \cdot Al_2O_3$	1000
$MnO + Fe_2O_3$	$MnO \cdot Fe_2O_3$	900
$CaO + MgCO_3$	$CaCO_3 + MgO$	525
$CaO + MgSiO_3$	$CaSiO_3 + MgO$	560
$CaO + MnSiO_3$	$CaSiO_3 + MnO$	565
$CaO + Al_2O_3 \cdot SiO_2$	$CaSiO_3 + Al_2O_3$	530
$(Fe_3O_4 \cdot FeO) + SiO_2(石英)$	$2FeO \cdot SiO_2$（微粒的硅石）	800,950[①]
$Fe_3O_4 + SiO_2(石英)$	$2FeO \cdot SiO_2$	990,1100[①]

①不同研究者所得的数据。

（3）在非熔剂性烧结料中，Fe_2O_3 只能溶入 SiO_2 形成有限固溶体，而不能与 SiO_2 发生固相反应。只有当 Fe_2O_3 还原或分解成 Fe_3O_4 时，才能与 SiO_2 反应生成低熔点的铁橄榄石（$2FeO \cdot SiO_2$）。因此，在生产赤铁矿非熔剂性烧结矿时需要较多的配碳量。

（4）在熔剂性烧结料中主要固相反应产物是 $CaO \cdot Fe_2O_3$。这一方面是由于 $CaO \cdot Fe_2O_3$ 开始形成的温度较低（500～700℃）；另一方面，尽管 CaO 与 SiO_2 的亲和力远比 CaO 与 Fe_2O_3 的亲和力大，但烧结料中 CaO 与 Fe_2O_3 接触的机会多，在相同温度下形成 $CaO \cdot Fe_2O_3$ 的速度比形成 $CaO \cdot SiO_2$ 的速度快，因此熔剂性烧结矿固相反应产物中 $CaO \cdot Fe_2O_3$ 居多。由于 CaO 只能固溶于 Fe_3O_4 中形成固溶体，CaO 不与 Fe_3O_4 发生固相反应，在用磁铁矿生产熔剂性烧结矿时需要较低的配碳量，以保持较强的氧化性气氛，使 Fe_3O_4 氧化成 Fe_2O_3，这样在固相中才能形成铁酸钙（$CaO \cdot Fe_2O_3$）。

（5）固相反应的产物并非是烧结矿最终的矿物组成。固相反应生成的低熔点化合物促使烧结过程中产生大量的液相，有利于提高烧结矿强度。固相反应的产物在后来的液相形成过程中，一些复杂化合物大部分又分解为简单化合物。烧结矿的矿物组成受熔融物冷却再结晶规律的支配，在配碳量正常或较多的情况下烧结，固相反应对烧结矿的矿物组成及结构没有影响，只是为液相的形成提供了条件；但在燃料用量较低、液相数量较少时（即目前发展的低温烧结中），固相反应起着重要作用，固相反应的产物可直接转入成品烧结矿中。

2.2.2.8　烧结过程的液相生成与冷却再结晶

在烧结过程中，液相生成是烧结料固结成矿的基础。液相的组成、性质和数量在很大程度上决定了烧结矿的产量和质量。

A　影响液相生成量的因素

固相反应生成低熔点的复杂化合物，有利于液相的生成。如 Fe_3O_4 的熔点为 1597℃，SiO_2 的熔点为 1713℃，而固相反应产物 $2FeO \cdot SiO_2$ 的熔化温度只有 1205℃。

在烧结过程中，由于燃料燃烧放出大量热量，加热烧结料，当其温度达到或超过固相反应的温度时，就有低熔点化合物、低熔点共熔物生成，如 $2FeO \cdot SiO_2$、$CaO \cdot Fe_2O_3$ 等。它们熔点低，首先熔化，较早形成液相。由于液相的存在，固体颗粒被一层液相所包围，在液相表面张力的作用下，颗粒互相靠紧。因此，烧结料空隙缩小、密度增加、颗粒变形，冷凝时颗粒质点重新排列，生成具有一定强度的烧结矿。随着烧结过程的进行，烧结温度迅速提高，初期形成的液相不断扩大，与此同时又形成新的化合物继续熔化，液相量不断增加，使液相区进一步扩大，各液相区互相合并连通，成为黏结相。

影响液相生成量的主要因素有烧结温度、烧结气氛及烧结混合料的化学成分。随着烧结温度升高，液相量增加。烧结过程中的气氛直接控制着烧结过程铁氧化物的氧化与还原方向，随着焦炭用量增加，烧结过程的还原性气氛发展，铁的高价氧化物还原成低价氧化物，FeO 增多，使矿物熔点下降，容易生成液相。此外，烧结混合料的化学成分对液相生成量也有较大影响，烧结料碱度高，易生成复合铁酸钙液相；SiO_2 含量不要低于 5%，有 SiO_2 存在时容易形成硅酸盐低熔点液相，但 SiO_2 含量过高则液相过多，过低则液相量不足，都是不希望发生的；Al_2O_3 有降低熔点的趋势；MgO 有升高熔点的趋势，MgO 还能改善烧结矿低温还原粉化现象。

B　液相的组成及性质

烧结过程中的主要液相有铁–氧体系、硅酸铁体系、硅酸钙体系、铁酸钙体系、钙铁橄榄石体系、钙镁橄榄石体系等。

(1) 铁–氧体系($FeO-Fe_3O_4$)　烧结磁铁矿粉时，由于还原或分解反应的发生，部分 Fe_3O_4 转变为 FeO，FeO 可与 Fe_3O_4 形成固溶体，其熔化温度比纯的 FeO 和 Fe_3O_4 都低，在烧结温度下可熔化成为液相。由图 2–4 可以看出，在 Fe 含量为 72.5%～78%时，即 FeO 和 Fe_3O_4 组成的浮氏体区间内，形成的液相是最低共熔物 N(FeO 45%，Fe_3O_4 55%)，其熔点为 1150～1220℃。当烧结高品位磁铁矿粉时，缺乏成渣物质，由固溶体的熔化可形成一定低熔点的液相，使烧结料固结起来，并具有一定的强度。

(2) 硅酸铁体系($FeO-SiO_2$)　烧结料中总是存在一定数量的 SiO_2，当铁氧化物还原或分解产生 Fe_3O_4 和 FeO 时，它们与 SiO_2 在 1000℃左右便可发生固相反应，形成低熔点的铁橄榄石($2FeO \cdot SiO_2$)，其熔点为 1205℃。$2FeO \cdot SiO_2$ 可分别与 SiO_2 和 FeO 形成熔化温度更低的共晶体 $2FeO \cdot SiO_2-SiO_2$(熔点为 1178℃) 和 $2FeO \cdot SiO_2-FeO$(熔点为 1177℃)。此外，$2FeO \cdot SiO_2$ 还可与 Fe_3O_4 组成低熔点共晶混合物，熔点仅为 1142℃，比铁橄榄石更低，这是在烧结过程中首先形成的液相。

硅酸铁体系液相是生产非熔剂性烧结矿的主要黏结相。其生成条件是较高的烧结温度和还原性气氛，以保证形成必要的 Fe_3O_4 或 FeO，并且矿粉中应有较多的 SiO_2。形成足够

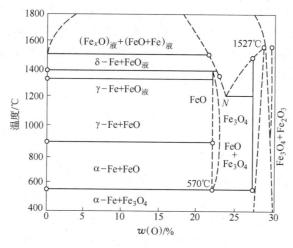

图 2 - 4　Fe - O 二元系相图

数量的铁橄榄石体系液相，是非熔剂性烧结矿获得良好强度的条件。

（3）硅酸钙体系（CaO - SiO₂）　生产熔剂性烧结矿，烧结料中加入较多的石灰石或生石灰时，它们与矿粉中的 SiO₂ 作用，可形成硅酸钙体系液相。该体系化合物有：硅灰石（CaO·SiO₂），熔点为 1544℃；硅钙石（3CaO·2SiO₂），在 1464℃ 分解为正硅酸钙（2CaO·SiO₂）和液相；正硅酸钙（2CaO·SiO₂），熔点为 2130℃；硅酸三钙（3CaO·SiO₂），熔点为 1900℃。另外，该体系还有三个共晶混合物 CaO·SiO₂ - SiO₂、CaO·SiO₂ - 3CaO·2SiO₂ 和 2CaO·SiO₂ - CaO，其共晶温度分别为 1436℃、1460℃ 和 2050℃。

这个体系的化合物和共晶混合物的熔化温度都很高，在烧结条件下不可能熔化形成一定数量的液相，因此不可能成为烧结矿的主要黏结相。2CaO·SiO₂ 的熔化温度虽然很高，但它是该体系中固相反应的最初产物，在 500 ~ 600℃ 下即开始出现，转入熔体中后不分解，因此在烧结矿中可能存在 2CaO·SiO₂ 矿物，它的存在将影响烧结矿的强度。这是因为 2CaO·SiO₂ 在冷却时发生晶型转变，同时伴随着体积的变化。在正硅酸钙的晶型转变中，影响最坏的是 β - 2CaO·SiO₂ 向 γ - 2CaO·SiO₂ 的晶型转变（675℃），因为这一晶型转变可使体积增大 10%，产生体积膨胀，导致烧结矿在冷却过程中自行破碎。

（4）铁酸钙体系（CaO - Fe₂O₃）　在燃料用量较低的情况下，用赤铁矿或磁铁矿生产熔剂性烧结矿时可生成铁酸钙体系液相。铁酸钙是一种强度高、还原性好的黏结相，在生产高碱度烧结矿时，铁酸钙是主要的黏结相。CaO - Fe₂O₃ 体系有一个稳定化合物 2CaO·Fe₂O₃，熔点为 1449℃；还有两个不稳定化合物 CaO·Fe₂O₃ 和 CaO·2Fe₂O₃，前者异分熔点为 1215℃，后者只有在 1155 ~ 1225℃ 范围内才能稳定存在，CaO·Fe₂O₃ 与 CaO·2Fe₂O₃ 还能组成本体系熔点最低的共晶混合物，其熔点为 1205℃。

CaO - Fe₂O₃ 体系液相熔化温度低，特别是 CaO·Fe₂O₃ 对生产熔剂性烧结矿具有实际意义。CaO·Fe₂O₃ 是固相反应的最初产物，在 500 ~ 700℃ 时即开始出现，并随温度的升高，反应速度加快。当温度升高到烧结液相生成时，已生成的铁酸钙分解于熔体中，熔体中 CaO 与 SiO₂ 及 FeO 的亲和力远大于 CaO 与 Fe₂O₃ 的亲和力，这就是低碱度烧结矿中几乎不存在铁酸钙黏结相的原因。只有在 CaO 含量高的情况下，即 CaO 与 SiO₂ 及 FeO 结合后还有多余的 CaO 时，CaO 才能与 Fe_2O_3 结合成铁酸钙。因此，获得铁酸钙体系液相的条件是：烧结温度较低，氧化性气氛较强，烧结料碱度高，石灰石粒度细且混合均匀。由于生成 $CaO \cdot Fe_2O_3$ 需要 Fe_2O_3，故赤铁矿粉烧结比磁铁矿粉烧结更有利于该体系的形成。

（5）钙铁橄榄石体系（$CaO - SiO_2 - FeO$） 生产一般自熔性烧结矿，当燃料用量大、烧结温度高、还原性气氛强时，引起铁氧化物的分解、还原，产生 FeO，在此情况下可生成钙铁橄榄石体系的黏结相。该体系的主要化合物有钙铁橄榄石（$CaO \cdot FeO \cdot SiO_2$）、钙铁辉石（$CaO \cdot FeO \cdot 2SiO_2$）、铁黄长石（$2CaO \cdot FeO \cdot SiO_2$）和钙铁方柱石（$2CaO \cdot FeO \cdot 2SiO_2$），其熔化温度分别为 1093℃、1217℃、1150℃ 和 1200℃。

钙铁橄榄石与铁橄榄石属于同一晶系，构造相同，其生成条件也与铁橄榄石相似，都需要较高温度和还原性气氛。但钙铁硅酸盐体系的熔化温度更低，且液相黏度较小，从而使得生产熔剂性烧结矿时的气流阻力比烧结非熔剂性烧结矿时要小，透气性好，可强化烧结过程。该体系的缺点是：液相流动性好，易形成薄壁、大孔结构，降低烧结矿强度。

（6）钙镁橄榄石体系（$CaO - SiO_2 - MgO$） 生产熔剂性烧结矿时除配加石灰石外，还常加入白云石（$CaCO_3 \cdot MgCO_3$），因此可有钙镁橄榄石体系液相生成。其主要化合物有：钙镁橄榄石（$CaO \cdot MgO \cdot SiO_2$），熔点为 1490℃；镁黄长石（$2CaO \cdot MgO \cdot 2SiO_2$），熔点为 1454℃；镁蔷薇辉石（$3CaO \cdot MgO \cdot 2SiO_2$），熔点为 1570℃；透辉石（$CaO \cdot MgO \cdot 2SiO_2$），熔点为 1391℃。此外，还有二元系化合物镁橄榄石（$2MgO \cdot SiO_2$），熔点为 1890℃；偏硅酸镁（$MgO \cdot SiO_2$），熔点为 1557℃。

当烧结矿碱度为 1.0 时，在烧结料中加入适量的 MgO（10% ~ 15%），可降低硅酸盐的熔化温度，使液相数量增加；同时因 MgO 的存在，生成镁黄长石和钙镁橄榄石，减少正硅酸钙和难还原的铁橄榄石、钙铁橄榄石的生成机会；不能熔化的部分高熔点钙镁橄榄石矿物，在冷却时成为液相结晶的核心，可减少玻璃质的形成；此外，MgO 有抑制 $2CaO \cdot SiO_2$ 晶型转变的作用。烧结料中 MgO 的存在有助于提高烧结矿的机械强度，减少粉化率，改善还原性。因此，生产熔剂性烧结矿时添加适量白云石是有利的。

实际上，除了上述生产烧结矿时经常出现的 6 个体系液相外，还有其他体系。因为烧结料中还含有一定数量的其他成分，如 Al_2O_3、MnO 及特殊矿石的 CaF_2、TiO_2、BaO 等，在上述体系基础上将形成更为复杂的化合物而影响液相的生成。其中有些成分的影响已被研究，有些还未被人们所认知，尚需进一步研究。

C 液相冷却结晶

对于烧结过程，随着燃烧带下移，烧结矿层的温度降低，烧结矿在冷却过程中仍发生许多物理化学变化，冷却过程对烧结矿品质也有很大影响。

（1）冷却 冷却速度是影响冷却过程的主要因素。烧结矿表层温度下降快，冷却速度一般为 120 ~ 130℃/min；下层温度下降较慢，冷却速度只有 40 ~ 50℃/min。冷却速度过快，则液相来不及结晶，就会形成易碎的玻璃质，这是表层烧结矿强度差的重要原因；冷却速度过慢，则会降低烧结机产量，烧结矿卸下温度高，给胶带运输带来困难。冷却速度主要受抽风量、料层透气性等因素的影响。抽风量大，料层透气性好，冷却速度就快。增加料层厚度，同时改善料层透气性，既可维持适宜的烧结速度，又可减少表层强度差的烧结矿的比例，是解决冷却速度与烧结矿强度矛盾的有效途径，使烧结矿产量、质量都得到保证。

（2）凝固与结晶　随温度降低，液相逐渐冷凝，各种化合物开始结晶。结晶的原则是：熔点高的矿物首先开始结晶析出，所剩液相熔点逐渐降低，然后是低熔点的矿物依次析出，若来不及结晶就成为玻璃质。烧结料中未熔化的 Fe_2O_3、Fe_3O_4 颗粒及结晶碎片、粉尘等均可充当晶核，然后围绕晶核，依各种矿物的熔点高低先后结晶，晶体沿着传热方向呈片状、针状、长条状和树枝状等不断长大。因各处冷却条件不同，晶粒发展程度也不一样。一般来说，烧结矿表层冷却速度快，结晶发展不充分，易形成较脆的玻璃质；下部料层冷却缓慢，结晶发展较为充分。这是表层烧结矿品质差而下部烧结矿层品质好的主要原因。由于液相冷凝速度过快，大量晶粒同时生成又互相冲突排挤；也因各种矿物的膨胀系数不同，结晶过程中烧结矿内部晶粒间产生的内应力不易消除，使得烧结矿内部产生细微裂纹，降低了烧结矿的强度。从胶结角度来看，以铁酸钙为黏结相的烧结矿强度最好，其次是铁橄榄石、钙铁橄榄石。

2.2.2.9　烧结矿的矿物组成和结构

烧结矿的矿物组成和结构由烧结过程熔融体成分和冷却速度决定，而烧结矿的矿物组成和结构在很多方面决定着烧结矿的冶金性能。因此，进行烧结矿矿物组成与结构的研究，对控制和研究烧结矿的品质具有十分重要的意义。

　A　烧结矿的矿物组成

从烧结的固相反应、液相生成和冷凝固结的全过程可以看出，烧结矿是一种由多种矿物组成的复合体。由于原料条件和烧结工艺不同，其矿物组成不尽相同，但都是由含铁矿物及脉石矿物两大类组成的液相黏结在一起。含铁矿物有磁铁矿（Fe_3O_4）、赤铁矿（Fe_2O_3）、浮氏体（Fe_xO）；黏结相矿物较复杂，主要有铁橄榄石、钙铁橄榄石、硅灰石、硅酸二钙、硅酸三钙、铁酸钙、钙铁辉石以及硅酸盐玻璃质等，此外还有少量反应不完全的游离石英（SiO_2）和游离石灰（CaO）。以上矿物中，磁铁矿是最主要的矿物组成，它最早从熔体中结晶出来，有较好的结晶形态，浮氏体含量则随烧结料中配碳量的增加而增加。

　B　烧结矿的结构

烧结矿的结构包括宏观结构和微观结构两个方面。

宏观结构是指用肉眼可判断的烧结矿孔隙大小、孔隙分布及孔壁的薄厚等，可分为下面三种结构：

（1）疏松多孔、薄壁结构　当配碳量低、液相量少、液相黏度小时出现疏松多孔、薄壁结构，这种结构的烧结矿强度差、易破损、粉末多，但易还原。

（2）中孔、厚壁结构　当配碳量适当、烧结温度适宜、液相量充足时出现中孔、厚壁结构，这种结构的烧结矿强度高、还原性好，是所希望得到的。

（3）大孔、厚壁结构　当配碳量过高、过熔时出现大孔、厚壁结构，烧结矿表面和孔壁显得熔融光滑，其强度较好，但还原性差。

烧结矿的微观结构一般是指在显微镜下观察到的矿物结晶颗粒的形状、大小以及它们相互结合排列的形式。常见的几种烧结矿显微结构是：

（1）粒状结构　粒状结构由烧结矿中先结晶出来的磁铁矿与黏结相矿物晶粒相互结合组成，其分布均匀，强度较高。

（2）斑状结构　斑状结构由磁铁矿斑状晶体与细粒的黏结相矿物互相结合而成，强度也较好。

（3）骸晶结构　烧结矿中早期结晶的磁铁矿晶体发育不完全，只形成骨架，其内部常被硅酸盐黏结相矿物充填，仍保持磁铁矿原来的结晶外形和边缘部分，形成骸晶结构。

（4）点状共晶结构　点状共晶结构是指烧结矿中磁铁矿呈圆点状存在于橄榄石晶体中，或赤铁矿呈圆点状分布在硅酸盐晶体中的结构。前者是 $Fe_3O_4 - Ca_xFe_{2-x}SiO_4$ 系共晶形成的，后者是该系统共晶体被氧化而形成的。

（5）熔蚀结构　熔蚀结构在高碱度烧结矿中经常出现，磁铁矿被铁酸钙熔蚀。磁铁矿为熔融残余他形晶，晶粒细小，多呈浑圆状，与铁酸钙紧紧相连，两者间接触面和摩擦力较大，镶嵌牢固，故烧结矿具有较高的强度。

（6）针状交织结构　针状交织结构是指磁铁矿与针状铁酸钙彼此发展或交叉生长。此种结构在高品位、高碱度烧结矿中常见，强度最好。

2.2.3　烧结生产工艺

烧结生产工艺是指根据原料特性及对烧结产品的质量要求所确定的加工程序和烧结工艺制度，它对烧结矿的产量和质量有着直接而重要的影响。

2.2.3.1　烧结生产工艺流程

烧结生产工艺流程一般包括烧结原料的准备、配料、混合造球、布料点火、抽风烧结、烧结产品处理以及烧结过程的除尘等环节，烧结生产工艺流程如图 2-5 所示。

将准备好的矿粉、燃料和熔剂按一定比例进行配料，然后再配入一部分烧结机尾筛分的热返矿，送到混合机进行加水润湿、混匀和制粒。经两次混合后，混合料由布料器铺到

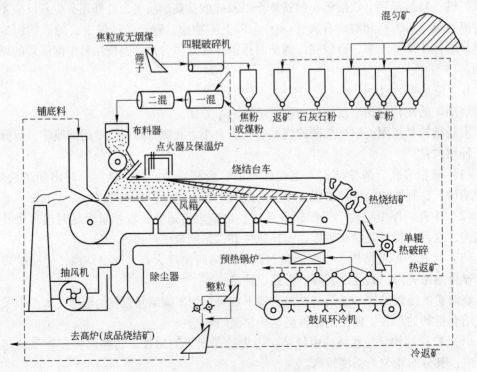

图 2-5　烧结生产工艺流程

烧结机台车上，进行点火抽风烧结。烧结过程是靠抽风机抽进空气，燃烧混合料层中的燃料，自上而下进行烧结。烧成的烧结矿经单辊破碎机破碎、筛分，筛上物进行冷却和整粒，作为成品烧结矿送往高炉；筛下物热返矿，再配入混合料重新烧结。烧结过程产生的废气经除尘器除尘后，由风机排入烟囱，进入大气。

2.2.3.2 烧结作业

烧结作业框图见图2-6。

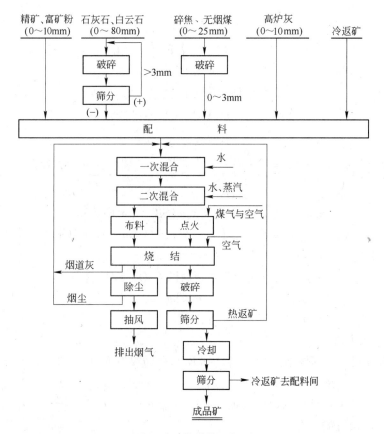

图2-6 烧结作业框图

A 烧结配料计算与配料操作

烧结生产所使用的含铁原料主要为精矿粉、天然富矿粉及一些回收利用的含铁废弃料（高炉炉尘、烧结返矿、钢渣等）。熔剂有石灰石、白云石、生石灰等。固体燃料主要是碎焦粉和无烟煤粉。这些原料的成分应满足高炉冶炼要求，化学成分稳定，粒度合适。

烧结配料是按烧结矿的质量指标（烧结矿的品位、碱度、FeO含量）要求，考虑到原料供应、生产管理等方面因素，将各种烧结料（含铁原料、熔剂、燃料等）按一定比例配合在一起形成混合料的工序过程。适宜的原料配比可以产生足够的性能良好的液相，适宜的燃料用量可以获得强度高、还原性能良好的烧结矿。

烧结配料计算的方法有几种，其中理论配料计算法是一种常用的方法。这种方法以生产100kg烧结矿为计算基准，用到原料的全分析成分，最后算出烧结矿的全成分，因而也称这种方法为全配料计算法。

假设使用两种含铁原料，并按最简情况（仅用煤粉和石灰石）考虑，进行烧结配料计算。要求得两种矿粉和一种熔剂三种原料的配入量，则需列解三元联立方程。

a　铁分（铁平衡）方程

当规定烧结矿的品位（质量百分数 $w(TFe)_\%$）时，可以求解两种矿粉的配入量。如果矿粉多于两种，则其他矿粉的配入量应预先给定；如果仅有一种矿粉，则铁分方程失效。列出的铁分方程是：

$$X_1 w(Fe)_1 + X_2 w(Fe)_2 + m(Fe)_t = w(TFe)_\% \qquad (2-39)$$

式中　　　X_1，X_2——分别为烧结料中第一、二种矿粉的配入量，kg；

　$w(Fe)_1$，$w(Fe)_2$——分别为第一、二种矿粉的铁含量，%；

　　　　　　$m(Fe)_t$——烧结料中其他原料带入的铁量，kg。

通常情况下熔剂、煤粉含铁很少，$m(Fe)_t$ 项可不考虑。

b　碱度方程

规定的烧结矿碱度为 $R\left(R = \dfrac{w(CaO)}{w(SiO_2)} = \dfrac{m(CaO)}{m(SiO_2)}\right)$，列出的碱度方程是：

$$\frac{X_1 w(CaO)_1 + X_2 w(CaO)_2 + X_3 w(CaO)_3 + Mw(CaO)_M}{X_1 w(SiO_2)_1 + X_2 w(SiO_2)_2 + X_3 w(SiO_2)_3 + Mw(SiO_2)_M} = R \qquad (2-40)$$

则：$X_1(w(CaO)_1 - Rw(SiO_2)_1) + X_2(w(CaO)_2 - Rw(SiO_2)_2) + X_3(w(CaO)_3 - Rw(SiO_2)_3)$

$$= -M(w(CaO)_M - Rw(SiO_2)_M) \qquad (2-41)$$

式中　$w(CaO)_i$，$w(SiO_2)_i$——分别为配加原料的 CaO、SiO_2 含量，%；

　　　　　　X_3——石灰石配入量，kg；

　　　　　　M——煤粉配入量，kg。

c　质量平衡方程

质量平衡方程是依据烧结过程物料烧损及 FeO 量变化所列出的。它是烧结理论配料计算法的主要方程，也可称为 FeO 平衡方程。列方程前，要给出规定的烧结矿 FeO 含量以及矿粉的 FeO 含量和各种物料的烧损。

（1）原料烧损量的计算

列质量平衡方程时要先计算各种原料的烧损率，它包括矿粉的结晶水量、石灰石（及矿粉）的 CO_2 量、煤粉的碳量和挥发分量以及各物料脱除的硫量（一般按烧结脱硫率90%考虑）。如果物料含有高价氧化锰（如 MnO_2、Mn_3O_4 等），也要扣除它们转变成 MnO 失去的氧量。设各种物料此项烧结损失率（%）分别为：d_1（第一种矿粉）、d_2（第二种矿粉）、d_3（石灰石）、d_M（煤粉），则生产 100kg 烧结矿各种原料总的烧结损失质量 D_V(kg) 为：

$$D_V = X_1 d_1 + X_2 d_2 + X_3 d_3 + Md_M \qquad (2-42)$$

需注意，这里的烧减率 d_i 应为小数。

（2）FeO 变化引起的失氧量的计算

烧结过程中由于 FeO 变化，使得烧结前后的质量也有变化。通常烧结矿的 FeO 量要比铁矿粉带入的 FeO 量多，如果 FeO 总量增多，表明烧结过程中铁氧化物被还原，氧量减少，质量损失（其值取正）；如果 FeO 总量减少，则相反。这项失氧量的计算是：对于

反应 $Fe_2O_3 = 2FeO + \frac{1}{2}O_2$，按 FeO 每增加 1kg 计算，则失氧 $16/(2 \times 72) = 0.111$kg。因此，烧结过程的失氧量 D_0(kg) 为：

$$D_0 = 0.111 \times [100 \times w(FeO)_S - (X_1 w(FeO)_1 + X_2 w(FeO)_2)] \qquad (2-43)$$

式中　　　$w(FeO)_S$——规定的烧结矿 FeO 的质量分数，%；

$w(FeO)_1$，$w(FeO)_2$——分别为第一、二种矿粉 FeO 的质量分数，%。

（3）由上面两项计算可列出烧结过程质量平衡方程：

$$X_1 + X_2 + X_3 + M - D_V - D_0 = 100 \qquad (2-44)$$

将式（2-42）、式（2-43）代入式（2-44），经整理得到：

$$X_1(1 - d_1 + 0.111 \times w(FeO)_1) + X_2(1 - d_2 + 0.111 \times w(FeO)_2) + X_3(1 - d_3)$$
$$= 100 - M(1 - d_M) + 0.111 \times 100 \times w(FeO)_S \qquad (2-45)$$

将式（2-39）、式（2-41）、式（2-45）三个方程联立求解，即可得到生产 100kg 所规定碱度和品位的烧结矿时，两种铁矿粉（X_1、X_2）和石灰石（X_3）的配入量（kg）。

在完成原料配量计算后，要计算烧结矿的成分，列出其成分表，还应依据原料的物理水含量计算湿料配量，以便进行配料操作。

这种理论配料计算法比较繁琐，适用于烧结车间设计时的配料计算。熟悉这种方法对学习掌握烧结理论是有益的。现场通常采用的方法是：以 100kg 烧结（干）料为基准进行配料计算，列出配比方程、铁分（铁平衡）方程、碱度方程，同样是解决两种铁矿粉、一种熔剂的三种原料的配比问题，但这种方法要简单一些。对于烧结料中的燃料配比，应由烧结热平衡方程解决，但列出热平衡方程繁琐、困难，通常由生产经验或试验确定。

对配料操作的基本要求是准确。配料操作的准确性在很大程度上取决于所采用的配料方法。目前的配料方法有容积配料法、质量配料法、按化学成分配料法。其中，按化学成分配料的方法是在质量配料法基础上发展起来的一种较为理想的配料方法，它借助于连续 X 射线荧光光谱分析仪分析配合料中的化学成分，并通过计算机控制实现按原料化学成分的配料。这种方法可进一步提高配料的精确度。国外采用这种方法配料，烧结矿碱度的波动幅度降低到 ±0.035。

B　混合与制粒

配好的各种粉料在圆筒混料机里进行两次混合。在混合过程中加水使烧结料润湿，便于烧结料中细粉造球。在我国大多采用精矿烧结的情况下，大中型烧结厂均采用二次混合工艺。一次混合主要是混匀并加水润湿；二次混合除继续混匀外，主要是制粒以提高烧结料的透气性，同时向混合料中通入蒸汽预热，提高混合料温度。为达到混匀造球的目的，水分含量一般控制在：磁铁精矿粉 7%～8%，赤铁矿粉 6%～8%，褐铁矿粉 12% 左右。两次混合时间不应小于 5min，圆筒混料机的充填率不超过 15%。为改善焦粉燃烧条件，可采用燃料分加技术，即将部分焦粉加入二混，这样既可加快垂直烧结速度，又可减少甚至消除烧结矿中的残碳。

C　布料与点火

在我国广泛采用圆辊给料机与九辊布料器联合布料工艺，其目的是保证沿台车宽度方向上混合料粒度和化学成分分布均匀，保证料面平整并有一定的松散性。许多厂家在布料过程中采用松料器，对改善厚料层烧结有较好效果。

烧结过程是从台车上混合料表层的燃料点火燃烧开始的。点火时要供给足够的热量，将表层混合料中的固体燃料点燃，并在抽风的作用下继续往下燃烧，产生高温，使烧结过程自上而下进行；同时，向烧结料层表面补充一定热量，以利于表层产生熔融液相而黏结成具有一定强度的烧结矿。由于烧结过程中液相产生需达到 1100～1300℃ 的温度，规定点火温度为 1200～1250℃，点火时间为 1.5～2.0min，在这种点火制度下点火消耗的能量较多。采用厚料层烧结后，点火的目的仅限于将混合料中的燃料点燃，一般燃料着火点在 700～800℃，在改进点火器构造后，先进厂家点火温度控制在（1000±50）℃，点火时间为 40～45s，点火消耗的热量大幅度降低。这时由于没有足够的温度和热量，表层产生液相不足，没有烧结而只经历了焙烧，表层混合料在机尾筛除进入返矿。这对返矿平衡和烧结矿产量影响不大，相反，节约了大量能量。

D　抽风烧结

混合料的烧结是烧结工艺中最关键的环节。在点火后直至烧结终了的整个过程中，烧结料层在不断变化，为了使烧结过程正常进行，获得最好的生产指标，对于抽风负压、烧结风量、料层厚度、烧结机机速和烧结终点的控制都是非常重要的。

目前烧结作业在抽风负压和风量控制上存在三种操作制度：高负压（14.7～17.7kPa）、大风量（85～89m^3/（m^2·min））操作，低负压（10.3～12.3kPa）、大风量（90m^3/（m^2·min））操作，低负压（9.8～11.8kPa）、小风量（50～60m^3/（m^2·min））操作。第一种操作制度是料层厚度增加后进一步强化烧结的方法，在 20 世纪 70 年代被日本、西欧国家等所采用。第二种操作制度被我国大多数厂家采用，随着料层厚度的增加（比日本、西欧国家低些），采用蒸汽预热混合料、增设松料器以改善布料等措施提高料层透气性，在烧结抽风负压不变的情况下，适当提高风量，可取得增产降耗的良好效果。采用第三种操作制度是为了适应钢铁生产厂家缩减产量、提高产品质量以力图降低能耗的情况。应当指出，我国烧结机料层厚度有待进一步提高，若料层厚度提高到 700mm 以上，抽风负压必然要向高负压方向发展。

烧结生产中在烧好、烧透的前提下，应尽量采用厚料层操作。这是因为烧结矿层有自动蓄热作用，提高料层厚度能降低燃料消耗。低碳厚料层的操作，一方面有利于提高烧结矿强度，改善烧结矿的粒度组成（粉末减少，粒度趋于均匀），成品率提高；另一方面又有利于降低烧结矿氧化亚铁含量，改善烧结矿的还原性。国内一些烧结厂家的料层厚度已超过 600mm。

烧结机台车运行速度（机速）是根据料层厚度及垂直烧结速度确定的。在正常生产中，一般稳定料层厚度不变，通过适当调整机速来控制烧结终点。一般将烧结终点控制在机尾倒数第二个风箱处（机上冷却者除外），由安装在该处热电偶指示的温度判断和自动调节烧结机机速。目前，我国推行低水分、低配碳、厚料层、慢机速的烧结工艺制度。

E　烧结矿的处理

从机尾落下的烧结饼由单辊破碎机及靠自重摔落而破碎，粒度很不均匀，部分大块甚至超过 200mm，这不符合高炉冶炼要求，而且红热的烧结矿不便于运输、储存，需要后续处理。烧结矿的处理就是对已经烧好的烧结矿进行冷却和整粒（破碎、筛分），为高炉冶炼提供优质的烧结矿。

烧结矿的冷却分为机上冷却和机外冷却。机上冷却是将烧结机延长后，直接在烧结机的后半部进行烧结矿的冷却，烧结段和冷却段各有独立的抽风系统。机外冷却则是在烧结机以外设置专门的冷却设备，如带式冷却机、盘式冷却机、环式冷却机等。大多数烧结厂采用机外冷却。

冷却后的烧结矿经破碎、筛分，以使烧结矿粒度合适、均匀。小于5mm的烧结矿作为冷返矿去参加配料，5～40mm的烧结矿作为成品矿送往高炉车间，并分出部分10～20mm的粒级作为烧结台车的铺底料。

2.2.3.3 烧结生产的强化

在生产实践中，为提高烧结矿的产量和质量，主要从以下五方面采取措施来强化烧结过程。

A 混合料预热

如前所述，混合料预热是为了将混合料温度提高到露点以上，防止气流中水分凝结产生过湿而恶化料层的透气性。生产中常采用热返矿和通入蒸汽两种手段，对混合料进行预热。且混合料粒度越细，预热后增产效果越显著。国外有利用二次能量，将冷却烧结矿的热废气吹入料层预热的实例，也取得了很好的效果。

B 加生石灰或消石灰

混合料中配入一定量的生石灰代替石灰石粉，可以强化烧结过程。我国生产实践证明，采用细磨精矿粉烧结时，加入生石灰可提高产量。因为生石灰具有很强的亲水性，在混合料中消化为极细的消石灰（$Ca(OH)_2$）胶体颗粒，可将矿粉表面和颗粒间的水分夺取过来，使这些颗粒相互靠紧而产生毛细力，增大混合料中初生小球的强度和密度。但生石灰消化时体积激增并放出热量使水分蒸发，若用量不合适则对混合料的成球有破坏作用，这是需要注意的问题。

为解决生石灰使用中的问题，有些企业用消石灰代替生石灰。消石灰是已经消化形成$Ca(OH)_2$的胶凝体颗粒，已吸足了水，它能加固料球的强度并提高其稳定性，使之在干燥或过湿条件下保持不破。但实际生产中消石灰含水量不易控制，波动很大，结块后在混合料中分布不均匀，往往使用效果不好。

C 热风烧结

热风烧结就是在烧结机点火器后面安装保温炉或热风罩，向料层表面供给热的气体，有使用200～300℃低温热风烧结的（如冷却烧结矿的热空气）；也有使用煤气燃烧的热废气中兑入足够富氧的。热风罩的长度可为烧结机有效长度的1/3。

热风烧结以热风的物理热代替部分固体燃料，对上层烧结料起作用，可弥补普通烧结时上层热量不足的状况，使料层上下热量和温度分布趋向于均匀，烧结矿质量均匀；同时，由于上层烧结矿受高温作用时间较长，大大减轻了因急冷造成的表层强度降低；还可以减少配料中固体燃料用量，有利于还原区相对减少，烧结矿FeO含量降低，明显改善了烧结矿的还原性。采用热风烧结可节约固体燃料10%～30%。

D 分层布料和双层烧结

德国某厂采用分层布料和双层烧结技术，两层料厚度比为1:1，燃料配比下层比上层少30%，节省燃料15%，烧结矿质量也有明显改善。不同燃料配比的双层烧结工艺在前苏联的一些烧结厂也曾被采用过，在进入一次混合机的料内加入满足下层烧结需要的碳量。一混后的混合料分两路进入两个二次混料机，其中一个起到原来二混的调整水分和造球作用；另一个则在调水制粒的过程中再添加部分燃料，以满足上层烧结碳的需要。在烧结机台车上先布碳含量低的混合料，再布碳含量高的料，然后点火烧结。

分层布料和双层烧结从理论上来讲是合理的，工业性试验也取得了良好的结果，但实现工业生产比较困难。因为它要求两套供料、混料及布料设备同时工作，工艺布置更为复杂，基建投资和设备维修费用增加，这些都限制了它的推广应用。

E 偏析布料

传统布料器在烧结机台车上所布的料层，在烧结过程中下部透气性比上部差，而且烧结过程的自动蓄热作用使下部热量比上部多，因此这种粒度和配碳量相对均一的布料方式是不适宜的。国外进行了大量研究，开发出多种偏析布料装置，投入实际生产后取得了良好的效果。这些偏析布料装置的共同特点是：在烧结台车上实现上部小颗粒多、下部大颗粒多的粒度偏析，以及料层上部碳含量多、下部碳含量少的燃料量偏析。我国攀钢在1994年从日本引进了一套偏析布料装置（简称 ISF 布料器），使用后烧结台车上混合料的粒度和碳含量出现了更为合理的偏析，混合料底层与顶层的平均粒度差由原来的 0.4mm 提高到 0.83~2.59mm，碳含量由原来的上层比下层仅高 0.089% 提高到上层比下层高 0.33%~0.47%，从而改善了料层的透气性和烧结热工状态，使产量提高 6.1%，同时，生产每吨烧结矿的能耗（标煤）降低 6.22kg。

2.2.4 烧结工艺新技术

为了满足高炉冶炼对精料的要求，烧结生产不断开发新工艺、新技术。目前已获得实际生产效果的主要有低温烧结技术、球团烧结新工艺、低 SiO_2 高还原性烧结矿生产新工艺、厚料层烧结技术等。

2.2.4.1 低温烧结技术

低温烧结是目前世界上烧结工艺中的一项先进技术，它具有显著改善烧结矿质量和节能的优点。与普通熔融型（烧结温度高于 1300℃）烧结矿相比，低温烧结生产的烧结矿具有强度高、还原性好、低温还原粉化率低的特点，是一种优质的高炉原料。

低温烧结工艺的理论基础是"铁酸钙理论"。铁酸钙，特别是针状复合铁酸钙（$SiO_2 - Fe_2O_3 - CaO - Al_2O_3$，简称 SFCA），是还原性好、强度高的矿物，但只能在较低烧结温度（1250~1280℃）下获得。

低温烧结新工艺可以在现有烧结生产设备不做大改造的情况下，通过加强烧结原料的准备、优化烧结工艺、控制烧结温度等措施来实现。

实现低温烧结生产的主要工艺措施有：

（1）加强原料准备，特别要控制好粒度。富矿粉粒度要小于 6mm，石灰石粒度小于 3mm 的粒级比例要大于 90%，焦粉粒度小于 3mm 的粒级比例要大于 85%。

（2）烧结矿碱度应控制在 1.8~2.0。

（3）采用低水、低碳厚料层（大于 400mm）作业，并要改进布料。

（4）严格控制烧结温度在 1250℃ 左右，不要超过 1300℃，以避免 SFCA 分解，点火温度以 1050~1100℃ 为宜。

（5）以磁铁精矿粉为原料时，要特别注意确保 Fe_3O_4 的充分氧化，这要求料层中有较宽的高温氧化带，1100℃ 以上的高温区应保持 5min 以上。

国外低温烧结法均采用赤铁矿粉，而我国大多采用细磨的磁铁精矿，为此，需要采用向磁铁精矿中配加优质赤铁富矿粉的方法，以实现低温烧结的技术工艺。某厂在 4 台 $50m^2$ 烧结机上进行配加 16% ~ 20% 澳大利亚矿粉的低温烧结工业性试验，取得了每吨烧结矿的固体燃料消耗下降 3 ~ 7kg/t、FeO 含量从 10.5% 降至 8.2% 的成果；高炉使用这种低温烧结矿后，焦比下降了 8 ~ 14kg/t，产量增加 4% ~ 9%。

2.2.4.2 球团烧结新工艺

采用圆盘或圆筒造球机将混合料制成粒度适当的小球（3 ~ 8mm 或 5 ~ 10mm），然后在小球表面滚上部分固体燃料（焦粉或煤粉），布于台车上点火烧结的方法，称为球团烧结法。这种工艺的燃料添加方式是独特的，烧结料内配燃料量占 20% ~ 30%，而外滚燃料量为 70% ~ 80%。

这项技术由日本钢管公司于 1988 年开发，并在福山 $550m^2$ 烧结机上实现这种球团烧结工艺。球团烧结法工艺流程见图 2 - 7。

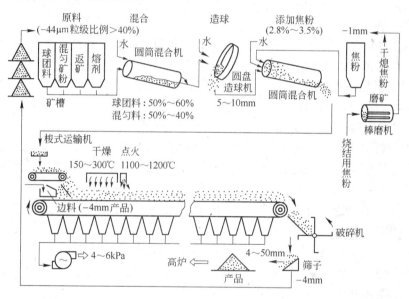

图 2 - 7　球团烧结法工艺流程

这种球团烧结工艺可强化混合料制粒，料球粒度均匀、强度好、粉末少，烧结料层的原始透气性及烧结过程中的透气性都比普通烧结料好，可在较低的真空度下实行厚料层烧结。由于采用燃料分加技术，使固体燃料分布合理，燃烧条件改善，降低了固体燃料消耗。所得烧结矿呈葡萄状，强度提高，还原性好，可改善高炉冶炼效果。

球团烧结法通过强化混合料制粒、燃料外配、新型布料等技术，使烧结产量大幅度提高（利用系数由 1.35t/（m² · h）提高到 2.55t/（m² · h）），能量消耗下降 20% 左右。

我国以细磁铁精矿粉烧结为主，烧结料层透气性差，致使产量低、质量差、能耗高，这种球团烧结工艺对我国是有借鉴意义的，很有必要研究和开发这种球团烧结工艺，以解决我国烧结生产中存在的问题。

2.2.4.3 低 SiO_2 高还原性烧结矿生产新技术

一般 SiO_2 含量低于 5.0% 的烧结矿称为低 SiO_2 烧结矿。它具有以下优点：使入炉品位提高，渣量减少；改善烧结矿冶金性能，可使软熔温度升高、软熔区间变窄，有利于高炉内间接还原的发展和料柱透气性的改善。这对大喷煤量下的高炉顺行有着重要意义。

自 1986 年瑞典皇家工学院的 Edstrom 等人开始研究低 SiO_2 烧结矿以来，一些国家相继开展了降低烧结矿中 SiO_2 含量的实践，日本一些企业相继将烧结矿中的 SiO_2 含量降到 4.68% ~5.04% 的水平。我国宝钢烧结矿的 SiO_2 含量也曾降至 4.6%。

从烧结机理可知，烧结矿是液相固结的产物，单纯减少烧结矿的 SiO_2 量有可能导致烧结矿液相量不足，烧结矿强度变差。因为在二元碱度不变时，SiO_2 的减少也意味着 CaO 的减少，而 SiO_2 和 CaO 都是构成烧结矿液相的主要组元。因此，在低温烧结的工艺条件下，如何在降低烧结矿 SiO_2 含量的同时确保烧结过程中产生质量及数量均适宜的"有效黏结相"，是这一新工艺能否成功的技术关键。为此，应该采取如下措施：

（1）适当提高烧结矿二元碱度以增加烧结矿中 CaO 含量，因而也就增加了烧结矿中的铁酸钙数量，这对维持必要的黏结相数量以及改善烧结矿的还原性都是有利的。

（2）适当提高烧结原料的粉/核比例，粒度细的粉粒能促进固相反应的快速进行，易于生成烧结液相。

（3）铁矿粉的种类及自身特性，对烧结矿中铁酸钙的生成和烧结矿的固结状况有着重要影响。在把握铁矿粉烧结特性的基础上，通过合理配矿形成合适的烧结相，既能满足低 SiO_2 烧结矿对黏结相数量的要求，也能满足高还原性的要求。

2.2.4.4 厚料层烧结技术

提高烧结料层厚度的效果主要表现在以下四个方面：

（1）由于料层有自动蓄热作用，可以节省烧结固体燃料消耗以及降低总的热量消耗。

（2）由于降低了烧结配碳量，料层最高温度下降，氧化性气氛增强，使得烧结矿中 FeO 含量降低、铁酸钙含量增加，从而改善了烧结矿的还原性。

（3）由于高温保持时间延长，烧结矿物结晶充分，烧结矿结构得以改善，从而提高了烧结矿的强度。

（4）由于强度低的表层烧结矿相对减少，可以提高烧结矿的成品率。

为了提高烧结料层厚度，应努力改善原料结构、强化混合料制粒、改善料层透气性和降低烧结机的漏风率。

采用厚料层烧结技术的突出优点使得这项技术得到广泛应用。目前，在风机能力允许的条件下，一些以粉矿为主的大型烧结机，料层厚度达到 700 ~800mm；而以精矿为主的大型烧结机，料层厚度也达到了 650 ~750mm。

铁矿粉烧结工序是钢铁企业耗能及污染物排放的大户。为实现钢铁企业的"节能减排"，实现钢铁工业的可持续发展，在烧结生产中应大力推行低温烧结、球团烧结、厚料层烧结、低 SiO_2 高还原性烧结矿生产等项新技术、新工艺，并努力做到烧结矿余热的回收利用、烧结粉尘的回收处理及烧结烟气的净化排放，以防治污染，保护环境。

2.3　球团矿生产

2.3.1　团矿的概念

人造富矿可以分为烧结矿和团矿两类。烧结适用于粒度较粗的铁矿粉造块，团矿则适合粒度细的铁矿粉成型。团矿又分为压团矿和球团矿两类。压团是通过对铁矿粉加压成型的方法，使粉料成为具有一定形状和尺寸、一定密度和强度的团块，然后再经过焙烧固结，使它的机械强度和热稳定性能够满足高炉冶炼的要求。我国的鞍山和本溪钢铁公司曾经生产过这种压团矿，由于它的生产效率低，形状和尺寸对于高炉冶炼并不理想，因而逐渐被淘汰。球团矿靠滚动成型，直径一般在 10～20mm，经过焙烧固结，具有足够的机械强度，可以满足高炉冶炼的要求，还可以作为商品长途运输和储存。与烧结矿相比，由于固结机理不同，球团矿一般使用品位高的铁精矿，对 SiO_2 的含量没有要求，因而有可能使高炉的渣量降到更低的水平。

球团矿不仅可供高炉炼铁使用，还可以作为炼钢的辅助原料。经过预还原的金属化球团是电炉炼钢的理想原料。球团矿的种类很多，根据固结机理不同，可以分为高温固结球团矿和常温固结球团矿；根据球团矿碱度不同，又可以分为酸性氧化性球团矿、白云石熔剂型球团矿和自熔性球团矿。目前我国普遍应用的是酸性氧化性球团矿。焙烧球团矿的设备有竖炉、带式焙烧机、链算机–回转窑三种类型。

球团矿是有较多微孔的球状物，与烧结矿相比有如下特点：

（1）用高品位细铁精矿来生产，酸性球团铁含量可达 68%，含 SiO_2 1.15% 左右。

（2）全部为微气孔，气孔度低达 19.7%，密度大。

（3）矿物主要为赤铁矿，FeO 含量很低，只有 1% 左右，硅酸盐渣相量少，只有碱度较高的石灰熔剂型球团矿才有较多的铁酸盐。

（4）冷强度好，ISO 转鼓指数（+6.3mm）可高达 95%。粒度均匀，8～16mm 粒级比例可达 90% 以上。

（5）自然堆角小，仅为 24°～27°，而烧结矿自然堆角为 31°～35°。

（6）还原性能好，但酸性球团矿的还原软熔温度一般较低，个别品种的球团矿在还原时出现异常膨胀或还原迟滞现象。

2.3.2 球团原料与燃料

铁矿球团原料主要包括含铁原料、黏结剂、添加剂等。焙烧球团用的燃料包括气体燃料、液体燃料和固体燃料。

2.3.2.1 含铁原料

最初，生产铁矿球团所用的原料仅限于磁铁精矿。近年来，赤铁精矿、褐铁精矿、混合精矿以及富铁矿粉都已经大量用作球团原料。绝大部分含铁原料是天然铁矿石富矿粉或者是由贫矿经选矿得到的精矿粉。贫矿在磨矿、选矿处理过程中，各种有害成分大部分被分离出去。除了脉石之外，如磷、砷、钛、铬、氯化物、氟化物以及有色金属等有害成分，有一部分对冶炼不利，还有一部分对球团质量有影响，因此需要通过选矿处理降低它们的含量。

球团生产中所使用的主要含铁矿物是磁铁矿、赤铁矿和褐铁矿。在球团焙烧过程中磁铁矿可氧化为赤铁矿，每千克磁铁矿大约放热 497kJ，这个热量对焙烧过程十分有益。

2.3.2.2 黏结剂

球团用黏结剂按其物理状态和化学性质，可分为无机黏结剂和有机黏结剂两类。

A 无机黏结剂

无机黏结剂主要是含钙、铝和硅等元素的黏结剂，其中包括膨润土、水玻璃、消石灰、石灰石、水泥和白云石等。目前我国使用的无机黏结剂几乎都是膨润土。

膨润土的主要矿物成分为蒙脱石（$Al(SiO_4 \cdot O_{10})(OH)_2 \cdot nH_2O$），具有层状结构，阳离子吸附交换能力和水化能力很强。其晶格结构分层排列，晶层间能够吸收大量水分，吸水后晶层间距明显增大，膨润土剧烈膨胀，这是膨润土的最重要特性之一。

膨润土可提高生球的落下强度和爆裂温度，在造球过程中起调节水分含量的作用。如何评价膨润土的质量，国内外尚无统一标准。目前，球团厂是以蒙脱石含量来衡量膨润土质量的。竖炉球团生产实践表明，在膨润土质量基本不变的条件下，蒙脱石含量越高，粒度越细，水分含量越低，则弥散度越高，其用量也就越少。因此，对膨润土的技术要求是：蒙脱石含量至少应大于60%，对于优质膨润土，蒙脱石含量应在80%以上，粒度小于0.074mm 的粒级比例大于98%，水分含量小于10%。

B　有机黏结剂

有机黏结剂来源广泛，包括：沥青类物质，如煤焦油或沥青；植物类产品，如糖浆或木质磺酸盐类。由于膨润土的添加会造成球团铁品位的下降，寻找新型黏结剂代替膨润土以提高铁矿球团的品位，早已成为国内外瞩目的研究课题。有机黏结剂与传统的无机黏结剂相比，具有用量小、带入有害杂质少、环境污染小等优点。

2.3.2.3　添加剂

添加剂的使用是为了改善球团的化学成分，特别是造渣成分。有些添加剂还具有黏结性，如石灰、黏结性特别高的矿石等。添加剂应用较多的是石灰石和消石灰。石灰石要磨细，比表面积要达到 $2500 \sim 4000 cm^2/g$。添加石灰石的目的是为了调节球团碱度。消石灰是由生石灰经加水消化而获得的，与使用膨润土的情况相同，消石灰也要装在密闭容器内运输。消石灰既是黏结剂，又是碱性添加剂。在球团焙烧过程中，碱性添加剂首先同酸性脉石成分反应，从而在铁氧化物颗粒之间生成中性或碱性基质。

2.3.2.4　燃料

焙烧球团用燃料有气体、液体和固体燃料。对它们总的要求原则是：发热值高，有害杂质硫含量低，来源广泛，燃烧易于调节控制。

A　气体燃料

气体燃料包括焦炉煤气、高炉煤气和天然气，气体燃料在运输及使用上均较方便。焦炉煤气发热值为 $16747 \sim 17584 kJ/m^3$，是常用的燃料。高炉煤气因含有大量的 N_2、CO_2 等惰性气体，发热值不高，一般为 $3559 \sim 4605 kJ/m^3$，单独使用时热量不够，需要与焦炉煤气混合使用。天然气是一种发热值很高的气体燃料，它的主要成分是甲烷（CH_4），含量达90%以上，发热值为 $33494 \sim 37681 kJ/m^3$。一般情况下输送到球团厂的煤气压力应在 $2500 \sim 3000 Pa$。

B　固体燃料

球团厂中常用的固体燃料是碎焦和无烟煤。碎焦是焦化厂筛分出来的或是从高炉用焦炭中筛出的筛下物，发热值约为 $33494 kJ/kg$。无烟煤是固定碳含量最高、挥发分含量最少的煤，发热值为 $31401 \sim 33494 kJ/kg$。对固体燃料的质量要求是：固定碳含量高，灰分含量少，硫含量少。固体燃料来源广，使用安全，但需有专门燃烧设备。

C　液体燃料

常用的液体燃料为重油, 是石油加工后的产品, 呈暗黑色, 密度为 $0.9 \sim 0.96 g/cm^3$, 具有发热值高（大于 37681kJ/kg）、黏性大等特点。重油作为燃料, 有运输便利、使用安全等优点, 但需一套供油系统, 与气体燃料相比, 操作管理较不方便。

存在于重油中的硫主要以有机硫化物的形态存在。燃烧时这些硫化物气体会残留于球团矿内, 影响球团矿的质量, 故重油中的硫含量越低越好。

2.3.3 造球

2.3.3.1 生球成型机理

生球成型是利用细磨粉料表面能大, 存在着以降低表面张力来降低表面能的倾向的特性, 它们一旦与周围介质相接触, 就能产生吸附现象。含铁粉料多为氧化矿物, 根据相似者相容的原则, 它们极易吸附水。同时, 干的细磨粉料表面通常带有电荷, 在颗粒表面空间形成电场; 水分子又具有偶极构造, 在电场作用下发生极化, 被极化的水分子和水化离子与细磨粉料之间因静电引力而相互吸引。这样, 用于造球的精矿粉颗粒表面常形成由吸附水和薄膜水组成的分子结合水膜, 在力学上可看作是颗粒 "外壳", 在外力作用下与颗粒一起变形, 这种分子水膜能使颗粒彼此黏结, 它是细磨粉料成球后具有机械强度的原因之一。根据大量研究结果, 铁矿粉加水成球是在颗粒间出现毛细水后才开始的, 其机理可分为下列几种状态:

(1) 加少量水时, 颗粒间水分呈摆线结构, 如图 2-8 所示, 属于触点态毛细水, 它使颗粒联系起来。此时颗粒间接触点的联结力为 F_a, 即触点态毛细水呈现的毛细力, 可用下式表示:

$$F_a = 2\pi r_0 \sigma / \left(1 - \frac{\tan\theta}{2}\right) \qquad (2-46)$$

式中 r_0——颗粒半径;

  σ——水的表面张力;

  θ——水桥弯月面夹角。

在这种情况下, 水量越少, 则 θ 角越小, F_a 越小。若水量完全消失, 则失去水桥联结力。

(2) 水分增加, 但尚没有充满颗粒空隙时, 水桥呈网络状, 出现连通态毛细水, 此时颗粒间联结力 F_b 为:

$$F_b = sP_e \qquad (2-47)$$

$$P_e = X[(1-\varepsilon)/\varepsilon]\sigma/r_0 \qquad (2-48)$$

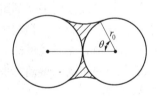

图 2-8 矿粉颗粒加水后的联结力分析

式中 s——水的饱和度;

  P_e——毛细作用力;

  X——形状对毛细作用的影响因子, 对不规则颗粒 $X = 4$。

在这种网络联结时, 联结力 F_b 要大于摆线联结力 F_a。

(3) 当水量进一步增加, 使水分正好充满颗粒间空隙时, $s = 1$, 出现饱和毛细水, 水桥联结力 $F_c = P_e$。根据表面张力计算, 这时的联结力比摆线联结力大 3~4 倍。在毛细作用下形成的生球强度 L 为:

$$L = KD^2 \qquad (2-49)$$

式中　　K——特性常数；

　　　　D——生球直径。

根据对生球强度测定的数据，归纳出如下计算 K 的公式：

$$K = sc\phi \left(\frac{1-\varepsilon}{\varepsilon} \right) \sigma \rho a_{\text{w}} \qquad (2-50)$$

式中　　c——结合因子，对于铁矿粉可取 $c = 0.7$；

　　　　ϕ——颗粒的形状系数；

　　　　ρ——颗粒的密度；

　　　　a_{w}——颗粒的比表面积。

（4）如果水量超过毛细结构需要时，则颗粒散开，失去聚结性能，这时的水分称为重力水。因此，重力水在成球过程中起着有害的作用，生产中必须严格控制加水，使水量不超过毛细结构所需要的量。

2.3.3.2　生球成型过程

铁矿粉加水混合后用滚动方式成型，成球过程分为三个阶段：母球形成，母球长大，长大了的母球进一步密实。上述三个阶段是靠加水润湿和由滚动产生的机械作用力来完成的。在第一阶段主要是水的润湿起作用，在第二阶段润湿和机械力同时起作用，而在第三阶段机械力成为决定性因素。

A　母球形成

通常要求造球矿粉的粒度较细、水分含量较低。造球物料颗粒已被吸附水和薄膜水层所覆盖，毛细水仅存在于各个颗粒的接触点上，粉料具有中等的松散度，颗粒间的黏结力较弱。这一方面是因颗粒接触不紧密，薄膜水不能起到应有的作用；另一方面是因毛细水的数量太少，颗粒间的毛细管尺寸又过大，毛细力也起不到应有的作用。为形成母球，必须创造条件，造成毛细水含量较高的颗粒集合体，可以采用两种方法达到：一是对物料进行不均匀的点滴润湿；二是利用机械外力作用于粉料的个别部分，使其颗粒之间紧密接触，形成更细的毛细管。在实际造球过程中，两种方法同时使用以形成母球，即矿粉在旋转着的圆盘或圆筒中受到重力、离心力和摩擦力作用而产生滚动和搓动的同时，补充喷雾水滴。被水滴润湿的颗粒之间，于其接触处形成凹液面而产生毛细力，毛细力将矿粉颗粒拉向水滴中心而形成母球。对于被水均匀润湿的矿粉，毛细力虽未起到应有的作用，但靠着机械力的转动和振动，也会形成水分分布不均匀、接触较紧密的颗粒集合体，从而产生毛细效应。

B　母球长大

母球长大的条件是：母球表面的水分含量接近适宜的毛细水含量，而物料中的水分含量则稍低，约接近于最大分子结合水含量。当母球在造球机内继续滚动时就被进一步压实，引起毛细管形状和尺寸的改变，从而使过剩的毛细水分被挤到母球的表面上。这样，过湿的母球表面就易于黏附润湿程度较低的颗粒，多次重复使母球逐渐长大，直到母球中颗粒间的摩擦力比滚动成型时的机械压缩作用力大为止。此后，为使母球进一步长大，必须人工地使母球表面过分润湿，即往母球表面喷雾化水。显然，母球长大也是由于毛细效应，依靠毛细黏结力和分子黏结力促使母球生长。但是，长大了的母球如果主要靠毛细力作用，则颗粒间的黏结强度仍然很小。

C 生球密实

长大的母球其强度仍然不能满足要求，因此，当生球达到规定的尺寸后应停止补充润湿，并继续在造球机中滚动。这种滚动和搓动的机械作用会使生球颗粒选择性地按最大接触面排列，彼此进一步靠近压紧，毛细管尺寸不断缩小，毛细水不断地被挤压出来，以致生球内矿粉颗粒排列更紧密，使薄膜水层有可能相互接触，形成公共水化膜而加强结合力。这样，生球内各颗粒之间便产生强大的分子黏结力、毛细黏结力和内摩擦阻力，从而使生球具有更高的机械强度。所以在这一阶段操作时，往往让湿度较低的精矿粉去吸收生球表面被挤出的多余水分，以免因为生球表面水分过大而发生黏结现象，使生球降低强度。

需要指出的是，以上三个阶段通常是在同一造球机中一起完成的，在造球过程中很难截然分开。第一阶段具有决定意义的是润湿；第二阶段除了润湿作用以外，机械作用也有着重要影响，而在第三阶段，机械作用成为决定性因素。这样就可以根据物料在造球前和造球过程中被润湿的情况，决定加水、加料等操作，也可进一步改进造球设备的结构，加强其产生的机械作用力，以保证造球工序生产高产、优质。

2.3.3.3 造球

球团生产广泛采用圆盘造球机造球。圆盘造球机主要由机座、转动圆盘、刮刀装置和传动机构组成，转动圆盘和刮刀装置安装在机座上。圆盘中物料能按其本身颗粒大小有规律地运动，并且都有各自的轨迹。也就是说，粒度大的物料，运动轨迹靠近盘边，而且路程短；粒度小或未成球的物料，则远离盘边。物料按粒度大小沿不同轨迹运动就是圆盘造球机能够自动分级的特点。圆盘造球机中物料的运动轨迹如图 2-9 所示。此外，也有采用圆筒造球机造球的，它具有结构简单、运转平稳可靠、维护工作量小、单机产量大、效率高等优点。其缺点是：圆筒造球机的充填率小（仅有 40%），且设备重、电耗高、投资大，排出的生球粒度不够均匀，在连续生产中必须与生球筛分形成闭路。

在圆盘造球机使用和操作过程中应注意下面两个问题。

A 圆盘造球机的工作区域

根据造球物料在圆盘内的形态和运动状况，可把圆盘分为 4 个工作区域，即母球区、长球区、成球区、排球区，在操作过程中要使圆盘工作区域分明。粉料在母球区受到水的毛细力和机械力作用，产生聚集而形成母球。母球进入长球

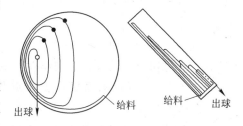

图 2-9 圆盘造球机中物料的运动轨迹

区，受到机械力、水的表面张力和毛细力的作用，在连续的滚动过程中使湿润的表面不断黏附粉料，母球得以长大达到一定尺寸。长大了的母球在成球区主要受到机械力和生球相互间挤压、搓揉的作用，使毛细管形状和尺寸不断发生改变，生球被进一步滚压密实，多余的毛细水被挤到表面，使生球的孔隙率变小、强度提高，成为尺寸和强度均符合要求的生球，所以此区域又称紧密区。质量达到要求的生球，在离心力的作用下被甩出盘外。大粒度球团，因本身的重力大于离心力，浮在球层上，始终在成球区来回滚动；粒度未达到规定要求的小球，由于大球与盘边的阻挡，被带回到圆盘，仍返回长球区继续长大。

B 加水、加料方法

通常采用的加水方法是：造球物料进入造球机前水分含量应低于生球水分适宜值，不足的在造球时于盘内补加。这样不仅能加速母球的形成和长大，还可以准确控制生球的适宜水分和生球尺寸，也可以根据来料和造球机的工作情况灵活调整补加水量和给水点，以强化造球过程。所以对圆盘造球机来说，适宜的造球物料水分含量应比适宜的生球水分含量低 0 ~ 0.5%。圆盘造球机所加的水通常可分为滴状水和雾状水两种。滴状水加在新给入的物料上，雾状水应喷洒在长大的母球表面。试验表明，在圆盘造球机中借助不同的加水和加料位置，可以得到不同粒度的生球。

加入的水量与生球质量有较大关系。加水量适宜时，可获得最佳的造球效果和生球质量；低于适宜值时，成球速度减慢，生球粒度偏小，出球率减少；高于适宜值时，成球速度加快，造球机产量提高，但生球强度下降。所以，调节给水量可以控制造球机产量以及生球的强度和粒度。

加料可从圆盘造球机两边同时给入或者以"面布料"方式加入，采用这种加料方式时，母球长大最快。圆盘造球机应有足够的给料面，并要保证物料疏松，在母球形成区和母球长大区都有适宜的料量加入。给料量的控制也有一个适宜值，给料量过多时，出球量增多，生球粒度变小、强度降低；给料量过少时，出球量减少，产量降低，生球粒度偏大、强度提高。所以，调节给料量也可以控制生球的产量、质量。在实际操作中，往往同时调节给水量和给料量，以达到满意的造球机产量和生球质量。

2.3.3.4　对生球的质量要求

对球团生产来说，生球质量是一项重要指标。生球在进入焙烧设备之前要经过多次转运，进入焙烧设备后还要承受料层的压力，因此，生球质量必须符合一定的要求。对湿生球的质量要求除水分含量外，主要是落下强度和抗压强度。生球的落下强度一般以生球从 500mm 高度落下至破裂时为止的落下次数表示。通常规定直径为 12.5mm 生球的落下强度不小于 6 次；在 4.45N 压力下，生球变形不大于 5% ~ 6%；生球抗压强度不小于 9N/个，干球抗压强度不小于 459N/个。生球粒度一方面应满足高炉冶炼的需要；另一方面，也应考虑造球设备和焙烧设备的条件及生产量来确定。一般高炉用的球团粒度为 5 ~ 16mm，并应保证这一粒级占 80% ~ 95%。对于竖炉，由于料柱高，考虑到所需要的透气性以及球团在炉中停留时间较长，球团粒度可适当放宽。

2.3.3.5　影响物料成球和生球质量的主要因素

A　原料性能

(1) 矿粉颗粒表面的亲水性　矿粉表面的亲水性越好，被水润湿的能力越大，毛细力越大，毛细水与薄膜水的含量就越高，毛细水的迁移速度也越快，成球速度也就越快。物料的成球性常用成球性指数 K 表示，其公式为：

$$K = \frac{W_f}{W_m - W_f} \quad\quad (2-51)$$

式中　W_f——细磨物料的最大分子水含量，%；

　　　W_m——细磨物料的最大毛细水含量，%。

根据成球性指数的大小，可将细磨物料的成球性划分如下：

1) $K < 0.2$，无成球性；

2) $K = 0.2 ~ 0.35$，弱成球性；

3）$K=0.35\sim0.6$，中等成球性；

4）$K=0.6\sim0.8$，良好成球性；

5）$K>0.8$，优等成球性。

几种常见造球物料的成球性参数列于表 2-9。

表 2-9 几种常见造球物料的成球性参数

物 料 名 称	粒度/mm	W_f/%	W_m/%	K	成球性
磁铁矿	0~0.15	5.30	18.60	0.40	中等
赤铁矿	0~0.15	7.40	16.50	0.81	优等
褐铁矿	0~0.15	21.30	36.80	1.37	优等
膨润土	0~0.20	45.10	91.80	0.97	优等
消石灰	0~0.25	30.10	66.70	0.82	优等
石灰石	0~0.25	15.30	36.10	0.74	良好
黏 土	0~0.25	22.90	45.10	1.03	优等
98.5%磁铁矿+1.5%膨润土	0~0.20	5.40	16.80	0.47	中等
95%磁铁矿+5%消石灰	0~0.20	6.70	21.70	0.45	中等
高岭土	0~0.25	22.00	53.00	0.77	良好
无烟煤	0~1.00	8.20	38.70	0.27	弱
沙 子	0~1.00	0.70	22.30	0.03	无

由表 2-9 可见，铁矿石亲水性由强到弱的顺序是：褐铁矿，赤铁矿，磁铁矿。脉石对铁矿物的亲水性也有很大影响，甚至可以改变其强弱顺序。例如，云母具有天然的疏水性，当铁矿石含有较多的云母时，会使其成球性下降；当铁矿石含有较多的诸如黏土质或蒙脱石之类的矿物时，由于这些物质具有良好的亲水性，常常会起到改善铁矿物成球性的作用。

（2）湿度 造球时要求矿粉最适宜湿度的波动范围很窄，约为 0.5%。因此，铁矿粉的湿度应保持略低于最适宜造球的湿度，以便在造球过程中调整。我国精矿粉水分含量一般都较高，不利于造球，因此在造球前有必要进行干燥，使矿料水分含量降到低于最适宜造球的湿度。一般赤铁矿和磁铁矿粉的水分含量为 8%~10%，褐铁矿粉要高一些，在 14% 以上。

（3）粒度 矿粉颗粒大小、粒度组成及形状都会影响矿粉成球。粒度小而有合适的粒度组成，则颗粒间排列紧密，毛细管平均直径也小，颗粒间黏结力就大。随着粒度的减小，比表面积增大，而比表面积的大小是决定生球中颗粒黏结强度的一个重要因素。比表面积的大小主要取决于细粒级别（0.01~0.001mm）的含量，为了得到强度好的生球，一般要求 -0.074mm（-200 目）的粒级含量在 65% 以上。粒度过细会导致毛细管过小，使毛细管的阻力增大，毛细水的迁移速度降低，因而成球的速度也降低，造球时间延长。不过，生产中生球的强度具有决定性的意义，所以一般都将矿粉磨得很细，造球速度靠其他因素加快。颗粒的形状主要是影响比表面积，同样粒级的颗粒，褐铁矿以针状和片状存在，其比表面积比多角形的磁铁矿大，因而成球性较好。

B 添加物

常用的添加物是皂土（或称膨润土）和消石灰，它们的加入可改善物料的成球性。因为添加物本身是亲水性好和比表面积大的物质，所以也就改善了造球物料的亲水性和比表面积；同时，它们还能提高颗粒间的黏结力，起着颗粒间分子力的传递作用，添加物黏结性越大，生球的机械强度也就越大。我国皂土加入量一般在 0.5%～1.5% 之间，高的超过 2.5%。

C　工艺操作

（1）加水、加料方法　物料在进入造球机之前将水分含量控制在稍低于适宜水分含量，在造球过程中按照"滴水成球、雾水长大、无水压紧"的原则在造球盘的不同部位补加少量水，如图 2-10 所示。即大部分补加水以滴状加在成球区的料流上，使散状精矿粉较快地形成母球；小部分水以雾状加到长球区的母球表面上，促使母球迅速长大；而在压球区不加水，以防表面过湿的球遇水发生黏结以及水过量而降低强度。加料的方法是：将大部分物料下到长球区以利于母球迅速长大而压紧，小部分下到成球区以满足形成母球的需要。

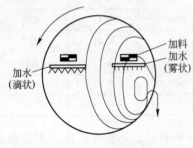
加料
加水
（雾状）
加水
（滴状）

图 2-10　加水、加料方法示意图

（2）造球时间　滚动造球所需时间视成品球的尺寸和原料成球的难易程度而定，一般为 3～10min。增加造球时间对球的质量有好处，但产量下降；缩短造球时间，则球的机械强度低，而且多余的水分不能排出，将延长焙烧时的干燥时间。造球的大部分时间是用在母球长大阶段。在生产上采取一些措施，如将补加水喷得很细、适当提高造球机充填率、合理地设置刮板等，以缩短造球时间，且能保持良好的生球质量。

（3）球的尺寸　生球的大小在很大程度上决定了造球机的生产率和生球强度。生球的尺寸越小，生产率越高。从强度来看，生球落下不破坏的最大落下高度与生球直径的平方成反比，而生球的抗压强度则与其直径的平方成正比。目前生产上球团的尺寸是根据用户要求而定的，一般高炉冶炼使用 8～16mm 的球团，而电炉炼钢使用的球团直径常大于 25mm。

（4）物料的温度　在混合料烘干后造球，料温有所提高，对造球机的产量和生球质量都有良好的效果。这是由于料温提高后，水的黏度降低、流动性变好，加快了母球的长大。当然，随着温度的升高，水的表面张力也降低，影响成品球的机械强度。因此，物料加热温度不宜过高，以控制在 50℃ 为宜。

2.3.4　生球干燥

未经干燥脱水的生球在高温焙烧时会产生裂纹和爆裂，使球团遭到破坏及焙烧球层透气性恶化，因此在生球焙烧固结前必须进行生球的干燥与预热作业。球团焙烧工艺如图 2-11 所示。

2.3.4.1　生球干燥机理

生球干燥过程是水分汽化的过程。当生球处于干燥的热气流（干燥介质）中时，由于生球表面的蒸汽压大于热气流中的水汽分压，生球表面的水分便大量蒸发汽化，穿过边界层进入气流，被不断带走。生球表面水分蒸发造成内部与表面之间的湿度差，使球内水分不断向表面迁移扩散，又在表面汽化，干燥介质不断地将蒸汽带走，生球逐步得到干燥。可见，生球内部的湿度梯度和生球内外存在的温度梯度是促使生球内部水分迁移的动力，而生球的干燥过程则由表面汽化和内部扩散两个部分组成。在干燥过程中，虽然水的内部扩散与表面汽化同时进行，但速度却不一定相同。当生球表面水分汽化速度小于内部水分扩散速度时，干燥速度受表面水分汽化速度控制；当生球表面水分汽化速度

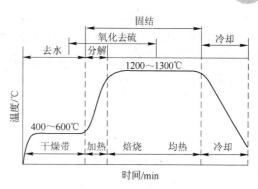

图 2-11 球团焙烧工艺

大于其内部水分扩散速度时，干燥速度受内部水分扩散速度控制。生球的干燥曲线和干燥速度变化示于图 2-12。当生球与干燥介质接触时，介质将热量传给生球，生球表面温度升高，水分开始汽化，干燥速度很快达到最大值，进入恒温等速干燥阶段，如图 2-12 (b) 中的 AB 段所示，其干燥速度为：

$$\frac{\mathrm{d}w}{\mathrm{d}\tau} \cdot \frac{1}{F} = \frac{\alpha}{\gamma_\theta}(t-\theta) = k_\mathrm{P}(9.8p_\mathrm{H} - 9.8p_\mathrm{n}) = k_\mathrm{c}(c_\mathrm{H} - c_\mathrm{n}) \tag{2-52}$$

式中　$\dfrac{\mathrm{d}w}{\mathrm{d}\tau}$——干燥速度，kg/h；

F——蒸发面积，m^2；

α——干燥介质与球表面的传热系数，$\mathrm{kJ/(m^2 \cdot ℃ \cdot h)}$；

γ_θ——水分在生球表面温度为 θ 时的汽化潜热，kJ/kg；

t——干燥介质温度，℃；

θ——生球表面温度（汽化温度），℃；

k_P，k_c——水分从湿表面穿过边界层的传质系数，或称汽化系数，k_P 单位为 $\mathrm{kg/(N \cdot h)}$，k_c 单位为 $\mathrm{kg/(m^2 \cdot h)}$；

9.8——$\mathrm{mmH_2O}$ 与 Pa 的换算系数，$1\mathrm{mmH_2O} = 9.8\mathrm{Pa}$；

p_H——生球表面水蒸气压力，$\mathrm{mmH_2O}$；

p_n——干燥介质中水蒸气压力，$\mathrm{mmH_2O}$；

c_H——在温度为 t 时干燥介质的饱和湿度，kg/kg；

c_n——干燥介质的湿度，kg/kg。

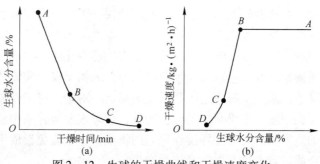

图 2-12 生球的干燥曲线和干燥速度变化
(a) 干燥曲线；(b) 干燥速度变化

当生球水分减少到某一临界值时，如图 2 – 12 中的 B 点所示，水在球内部的扩散速度小于表面汽化速度，干燥为球内部扩散速度控制，此时干燥速度随着水分含量的降低而降低；同时球团温度升高，进入升温减速干燥阶段，如图 2 – 12 中的 BC 段和 CD 段所示。在这个阶段，干燥速度随干燥时间的增加而降低，随生球中湿度的降低而降低。其干燥速度可近似地用下式表示：

$$\frac{\mathrm{d}w}{\mathrm{d}\tau} \cdot \frac{1}{F} = -\frac{G_c}{F} \cdot \frac{\mathrm{d}c}{\mathrm{d}\tau} = k_c(c - c_E) \qquad (2-53)$$

式中　　G_c——干球的重量，kg；

　　　　c——在温度为 t 时物料的湿度，kg/kg；

　　　　k_c——比例系数，kg/($m^2 \cdot h$)；

　　　　c_E——球的平衡湿度，kg/kg。

对于式（2 – 52）和式（2 – 53）应提及的是，从量纲上分析，$\frac{\mathrm{d}w}{\mathrm{d}\tau}$ 实为干燥速度，单位应为 kg/h，有文献写成 "kg/($m^2 \cdot h$)" 是不对的，当它再除以蒸发面积 F 后，则为单位蒸发面积的干燥速度，这时 $\frac{\mathrm{d}w}{\mathrm{d}\tau} \cdot \frac{1}{F}$ 的单位才是 "kg/($m^2 \cdot h$)"。再有，若将式（2 – 52）写成 $\frac{\mathrm{d}w}{\mathrm{d}\tau} \cdot \frac{1}{F} = k_P(9.8p_H - 9.8p_n)$ 时，式中 p_H 和 p_n 两项蒸气压力的单位应是 mmH_2O 而不是 Pa，而 k_P 应是以帕斯卡（Pa）为计算基准的气化系数，它的单位与 k_c 的不会一样。

实践表明，生球水分一般有 60% ~ 90% 是在恒温等速干燥阶段蒸发的，其余在升温减速干燥阶段去除。随着干燥过程的进行，生球将发生体积收缩，对干燥速度和干燥后干球的质量产生影响。一方面，如果收缩不超过一定的限度（未引起开裂），能形成内粗外细的圆锥形毛细管，使水分由中心加速迁移到表面，从而加速干燥。这种收缩使物料变紧密，强度提高。但另一方面，生球表层与中心的不均匀收缩会产生应力，其表层的收缩大于平均收缩，则表层受拉应力；而中心的收缩小于平均收缩，则中心受压。当生球表层所受的应力超过其极限抗拉强度时，生球开裂，并且强度显著降低。

2.3.4.2　影响生球干燥速度的因素

生球在干燥过程中可能产生低温表面干裂和高温爆裂现象，因此，生球的干燥必须以不发生破裂为前提，其干燥速度与干燥所需时间取决于下列因素：

（1）干燥介质的状态　干燥介质的状态指干燥气流的温度、流速与湿度。干燥介质的温度越高，生球水分的蒸发量就越大，干燥速度越快，干燥时间相应越短。但干燥介质的温度应控制在生球的破裂温度之下，否则随着介质温度的不断提高，将会使生球表层与中心的不均匀收缩加剧，导致裂纹的产生，甚者会因剧烈汽化致使中心水分来不及排除而爆裂。加快干燥介质流速可促进生球表面水分的蒸发，因而干燥介质流速也受生球破裂温度的制约。通常情况下，流速大时应适当降低干燥温度。对于热稳定性差的生球，往往采用低温、大风量的干燥制度。干燥介质的湿度越低，生球表面与介质中蒸汽压力的差值就越大，有利于水分的蒸发；但对某些导湿性很差的物质，为了避免形成干燥外壳，往往采用含有一定湿度的介质进行干燥，以防裂纹的产生。

（2）生球的性质　生球的性质包括生球的初始湿度与粒度等。初始湿度高，破裂温度就低。因为当生球初始水分含量高时，干燥初期由于生球内外湿度差大，会造成严重的不均匀收缩而产生裂纹；在干燥后期，当蒸发面移向内部后，由于内部水分的蒸发而产生过剩蒸汽压，就会使生球发生爆裂，而爆裂温度的降低必然限制生球的干燥速度，延长干燥时间。一般来说，亲水性强的褐铁矿，其生球爆裂温度比赤铁矿和磁铁矿低。生球粒度小时，比表面积大，蒸发面积大，内部水分的扩散距离短、阻力小，干燥速度快，可承受较高的干燥温度。

（3）球层高度　增加球层高度可延长干燥时间，降低干燥速度。因为球层越厚，干燥介质中水蒸气在下部料层的凝结越严重，底层生球的水分含量升高，因而降低了底层生球的破裂温度。

2.3.4.3 提高生球破裂温度的途径

生球干燥时的破裂是强化生球干燥的限制性环节，预防干燥过程中在 $400 \sim 600 \, ℃$ 之间可能发生的生球爆裂，提高生球的热稳定性，是球团生产中必须解决的问题。可采取以下措施来强化生球干燥过程：

（1）逐步提高干燥介质的温度与流速。干燥初期，应先在较低的温度与流速下进行干燥。随着水分的减少，破裂温度相应提高，可逐步提高干燥介质温度与流速，以加强干燥过程，改善干燥质量。

（2）采取先鼓风、再抽风的干燥作业。当采用带式焙烧机或链箅机进行干燥时，可采用鼓风和抽风相结合的方法，先鼓风干燥，使下层的生球蒸发掉一部分水分，生球的温度提高到露点以上，再向下抽风。这样可减少甚至避免下部球层的过湿现象，从而提高生球的热稳定性。

（3）采用薄层干燥、分层干燥。适当减薄料层的厚度可以减少蒸汽在料层下部冷凝的程度，提高生球的破裂温度，但这样做会降低产量。而采用分层干燥则可以发挥薄层干燥的优势，但在操作上有较大的困难。

（4）造球时加入合适的添加剂。实践表明，加入适量的能使成球性指数提高到 0.7 左右的添加剂，可以提高生球的破裂温度，获得良好的干燥效果。因为当成球性指数为 0.7 时，生球的破裂温度最高。

2.3.5　球团的预热

生球干燥后继续加热即进入预热阶段。预热阶段的温度范围是 $300 \sim 1000 \, ℃$，如果没有这个逐步的升温过程，许多球团的强度将会由于热效应或某种激烈的物理化学反应而遭到破坏。除此以外，预热还有以下作用：

（1）预热段是磁铁矿氧化为赤铁矿的最重要阶段，这个氧化过程与球团的最终强度直接相关。由于 $900 \sim 1100 \, ℃$ 是磁铁矿氧化反应最激烈的阶段，因此，预热段内氧化是否充分对磁铁矿球团的固结和最终强度有重要影响。

（2）链箅机－回转窑工艺球团的预热过程是在链箅机上进行的，进入回转窑之前的预热强度对回转窑的正常生产有很大影响。很低的预热强度会增加带入回转窑的粉料数量，以致产生结圈等一系列问题，因此需要尽可能提高预热段球团的强度。

（3）对于一些含有碳酸盐、云母类矿物和较多化合水的矿石来说，预热过程要发生化合水的脱除、碳酸盐的分解和某些矿物结构及相的变化，过高的预热温度与升温速度都会导致球团结构的破坏。

2.3.6 球团的焙烧固结

焙烧固结是球团矿生产过程中最为复杂的一道工序，对球团矿质量起着很重要的作用。生球在低于混合物熔点的温度下进行高温焙烧，可发生收缩并致密化，从而获得足够的机械强度和良好的冶金性能。球团在高温焙烧时会发生一系列复杂的物理化学变化，如碳酸盐、硫化物、氧化物的分解、氧化和矿化以及矿物的软化、液相的产生等。这些变化与球团本身的性质、加热介质特性、热交换强度以及升温速度有关。

2.3.6.1 焙烧固结机理

球团矿在高温下焙烧强度增加的原因有：

（1）晶桥固结 1952 年，库克和彭建立了晶桥固结理论。在氧化性气氛中，磁铁矿粉生球在 $200 \sim 300℃$ 开始氧化，到 $800℃$ 形成 Fe_2O_3 的外壳。Fe_3O_4 氧化产生了 Fe_2O_3 微晶，新生 Fe_2O_3 微晶的原子具有高度的迁移能力，促使微晶长大，形成"Fe_2O_3 微晶键"，将生球中颗粒互相黏结起来。加热到 $1100℃$ 以上，Fe_3O_4 完全氧化，生成的微晶再结晶，使互相隔开的微晶长大连接成一片赤铁矿晶体，球团矿获得了最高的氧化度和很高的机械强度。如果磁铁矿生球在中性或还原性气氛中焙烧，当温度提高到 $900℃$ 时，Fe_3O_4 晶粒发生再结晶和晶粒长大，球团以"Fe_3O_4 晶桥键"固结。如果是赤铁矿，Fe_2O_3 在高温下也可以发生再结晶与晶粒长大而形成晶桥固结。但是与磁铁矿氧化焙烧相比，后两种情况的固结力较弱。

晶桥固结的关键是焙烧温度的控制。首先，在 Fe_3O_4 氧化形成 Fe_2O_3 外壳后，要小心控制升温速度，使氧能透过外壳向内部扩散，达到完全氧化，否则球内部可能残存磁铁矿核心，影响球团矿的质量；其次，焙烧温度过高将产生液相而发生黏结，严重影响焙烧。

（2）固相烧结固结 当温度升高到 $1100℃$ 时，生球颗粒之间发生固相烧结作用，这是一种在粉末冶金及陶瓷工业中主要应用的固结机理。生球颗粒之间开始由于固相扩散而形成渣化联结颈，而后由于球团空隙减少，其密度增加，强度增大。

（3）液相烧结固结 当生球中 SiO_2 含量较高，焙烧温度又过高时，也可能像烧结过程那样产生一定的熔化而出现液相，冷却过程中液相凝固使生球各颗粒黏结起来。实践表明，这种渣键联结的强度较低，同时液相产生还会使球团矿结块，生产中常加以抑制。一般要求球团矿液相量小于 5%。

2.3.6.2 影响球团矿焙烧固结的因素

A 造球原料的性能

首先是矿石种类，磁铁矿氧化成 Fe_2O_3 伴随晶型转变，能更好地构成晶桥，同时氧化放热，能耗较低，球团矿质量好。在强氧化性气氛中，脉石中 SiO_2 与 Fe_2O_3 不发生反应，对焙烧无影响。在中性和还原性气氛中或在 Fe_3O_4 未氧化成 Fe_2O_3 的区域，在一定温度下会形成液相。长石类矿物熔点较低、流动性好，与 Fe_2O_3 有较强的附着力，焙烧过程中长石熔化而充填于 Fe_2O_3 之间，能在较低温度下获得强度足够的球团矿。

其次是添加物，皂土在焙烧时形成渣相，存在于赤铁矿颗粒之间，有利于固结。消石灰和石灰石在焙烧温度下产生的 CaO 与 Fe_2O_3 矿化为铁酸钙。CaO 含量较少时，所形成的铁酸钙可加速单个结晶离子的扩散，加快赤铁矿晶粒的长大。但过多的 CaO 也能与 SiO_2、

Al_2O_3 作用形成低熔点渣相，使球团黏结，迫使焙烧温度降低，不利于球团矿生产。白云石中的 MgO 与 Fe_2O_3 反应形成镁铁矿，而镁橄榄石中 MgO 与 SiO_2 的结合物熔点较高，不易产生液相，反而有利于提高球团矿的高温冶金性能。

B 焙烧温度制度

焙烧过程中需要一定的温度以保证 Fe_3O_4 氧化（900～1100℃）及固相扩散（1200～1300℃），也需要一定的升温制度及高温持续时间以保证 Fe_3O_4 完全氧化及再结晶（一般需要 20～30min），但温度也不能过高，应防止球团粘连。因此，存在一个固结必需温度与温度上限之间的焙烧温度区间。由于任何工业设备都不可能达到温度分布绝对均匀，那么这一温度区间越宽，焙烧作业就越易进行。对于较纯的 Fe_3O_4 生球，焙烧温度通常不超过 1300～1350℃；对于含杂质较多或熔剂性球团，焙烧温度不宜超过 1250℃，但也不能低于 1150℃。对于某一具体矿粉的球团焙烧，温度制度是通过试验确定的。适宜的加热速度对球团矿质量有重要影响，过快会造成氧化不完全，Fe_3O_4 会与 SiO_2 生成液相，隔绝 Fe_3O_4 与氧的接触，使球团矿内部氧化停滞，球团矿呈现层状结构；过快的加热速度还会使球团内外温差增大，引起异常膨胀与裂纹，成品球团矿强度变差。一般加热速度应控制在 60～80℃/min，焙烧时间应控制在 30～40min。

C 焙烧气氛

氧化性气氛有利于 Fe_3O_4 精矿粉生球的焙烧。气氛是根据燃烧室产物烟气中的氧含量来划分的，具体如下：

氧含量/%	气氛
>8	强氧化性气氛
4～8	氧化性气氛
1.5～4	弱氧化性气氛
1.0～1.5	中性气氛
<1.0	还原性气氛

可以通过改变燃烧空气过剩系数的方法来调节气氛。

D 球团粒度

生球粒度越大，需要焙烧和高温持续时间越长，以保证氧向中心扩散和热量向中心传递，使 Fe_3O_4 完全氧化成 Fe_2O_3，并进行再结晶长大。对于以 Fe_2O_3 矿粉制造的生球，焙烧气氛更为重要，因为它内部无氧化放热，全部热量均需由外界传递进去。因此，希望将球团粒度控制在 9～12mm。精矿粉粒度对焙烧也有影响，一般精矿粉粒度越细，比表面积越大，Fe_3O_4 氧化得越快、越完全，对焙烧越有利。Fe_2O_3 再结晶程度主要取决于小于 15μm 粒级的含量，随着其含量的增加，成品球团矿抗压强度提高。同时，精矿粉粒度越细，球中孔隙尺寸就越小，在其他条件相同时，球团的强度就越高。

2.3.7 球团矿的矿物组成与显微结构

球团矿的矿物组成及显微结构与原料条件及焙烧工艺有直接关系。球团矿以赤铁矿为主，并有少量的磁铁矿，还有少量的铁酸钙、铁橄榄石、钙铁辉石、硅灰石、硅酸二钙等其他矿物。由于铁精矿脉石成分不同，在球团矿中还可能出现其他少量矿物，如在含有萤石的铁矿球团中常含有枪晶石矿物。

从球团矿的显微结构来看，在氧气充足的条件下焙烧时，氧化充分而均匀的正常球团没有分带现象；而在氧化不完全或不均匀的焙烧球团中，则有明显的分带现象。

2.3.7.1　磁铁精矿非熔剂性球团矿

A　矿物组成

用磁铁精矿粉焙烧的非熔剂性球团矿的主要矿物成分为赤铁矿、磁铁矿、铁橄榄石、硅酸盐玻璃质等，此外还有少量未反应完的残余硅酸盐矿物以及极少量硫化物（如黄铁矿）。

B　显微结构

磁铁精矿氧化完全的球团矿主要由赤铁矿颗粒的大片集合体构成。赤铁矿常经过重结晶与再结晶，并被少量硅酸盐玻璃所胶结，形成网状结构。

氧化不完全或不均匀的球团矿有明显的层状结构，通常分为外部带、过渡带与内部带三个带。高温焙烧条件下，外部带主要是赤铁矿晶粒再结晶的大片集合体，也称氧化带，在有液相存在时，赤铁矿被液相粉碎化的现象较严重；在较低的焙烧温度下，外部带中赤铁矿与磁铁矿多呈棱角状，有时赤铁矿沿磁铁矿解理面形成网络格状结构，硅酸盐黏结相较少，保留有未反应完的硅酸盐矿物，球团矿结构疏松、强度较低。一般来说，外部带完全氧化，其厚度为 1.5～5.0mm。过渡带在正常和较高温度下主要是赤铁矿完全再结晶，并有黏结相铁橄榄石及硅酸盐玻璃质，此外还存在少量的磁铁矿晶粒。内部带也称还原带。在正常和较高温度下大量磁铁矿再结晶，磁铁矿晶粒被铁橄榄石和硅酸盐玻璃质所黏结，有的磁铁矿形成粗大骨架状骸晶。在较低的温度条件下，磁铁矿呈棱角状并保留有未反应的硅酸盐矿物。

2.3.7.2　赤铁精矿非熔剂性球团矿

A　矿物组成

赤铁精矿非熔剂性球团矿中的矿物组成主要为赤铁矿及极少量的磁铁矿，局部出现少量的玻璃质等硅酸盐黏结相。

B　显微结构

焙烧温度对球团矿显微结构影响较大，在 1050℃ 焙烧时，从粗粒原矿中生长出 Fe_2O_3 晶体，已经相互黏结；从细小的矿粉内生长出板状结晶体，但尚未黏结成块。在 1200℃ 时，球团中板状 Fe_2O_3 生长，胶结连生已充分完成，纵横交错，形成一个牢固的骨架整体，板的长、宽多为 10～30μm，厚度为 2～4μm，个别厚度达 10μm，此时球团已十分坚固。

2.3.7.3　矿物组成与显微结构对球团矿强度的影响

球团矿的冶金性质受其矿物组成和显微结构的制约。球团强度是球团矿的重要冶金性质之一，一般情况下，球团矿的常温抗压强度在 1000～3000N/个时才能满足炼铁生产的要求。

从矿物成分来看，赤铁矿、磁铁矿、铁酸一钙、铁酸二钙和铁橄榄石都具有较高的强度，而玻璃体强度最低。

从显微结构来看，球团矿的强度主要靠赤铁矿的再结晶和晶粒长大连接来保证，其次液相黏结也起一定的作用。但是与烧结矿相比，液相黏结显得次要得多。因此，通常球团矿的强度由赤铁矿的晶体形状、大小、晶体间的结合方式和液相黏结的程度来决定。

2.3.8 球团焙烧工艺

氧化球团焙烧工艺主要有三种，即带式焙烧机、链箅机 - 回转窑焙烧和竖炉焙烧。它们的焙烧工艺流程和设备分别示于图 2 - 13 ~ 图 2 - 15，三种球团焙烧方法比较见表 2 - 10。

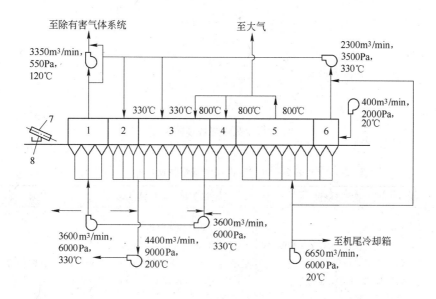

图 2 - 13　162m^2 带式焙烧机焙烧球团示意图

1—干燥区（上抽 7.5m）；2—干燥区（下抽 6.0m）；3—预热及焙烧区（700 ~ 1350℃，15m）；
4—均热区（1000℃，4.5m）；5—冷却Ⅰ区（800℃，15m）；6—冷却Ⅱ区（330℃，6m）；
7—带式给料机；8—铺边、铺底料给料机

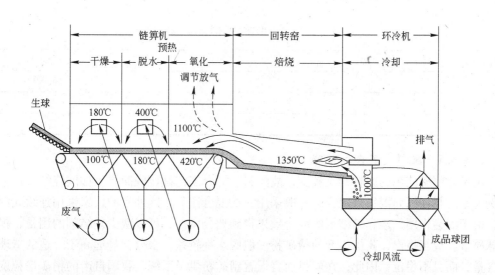

图 2 - 14　链箅机 - 回转窑焙烧球团示意图

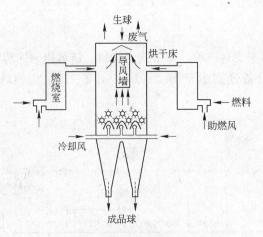

图 2 – 15　竖炉焙烧球团示意图

表 2 – 10　三种球团焙烧方法比较

项　目	带式焙烧机	链箅机 – 回转窑	竖　炉
主要特点	(1) 便于操作、管理、维护； (2) 可处理各种矿石； (3) 焙烧周期比竖炉短，各段长度易于控制； (4) 可处理易结圈的原料； (5) 上下层球团质量不均； (6) 台车、箅条需要耐高温合金钢； (7) 需要加铺底料和铺边料	(1) 设备结构简单； (2) 焙烧均匀，产量高，质量好； (3) 可处理各种矿石，可生产自熔性球团矿； (4) 回转窑不用耐高温合金钢，链箅机仅用低合金钢； (5) 回转窑易结圈； (6) 环冷机冷却效果不好，不适用于易结圈物料； (7) 维修工作量大； (8) 大型部件运输、安装困难	(1) 结构简单，维修方便； (2) 材质无特殊要求； (3) 炉内热量利用不好； (4) 焙烧不够均匀； (5) 单机能力小； (6) 原料适应性差，主要用于磁铁矿焙烧
产品质量	良好	良好	较差
基建投资	较高	中等	低
经营费用	较高	较低	一般
电　耗	中等	较低	高

2.3.8.1　配料、混合和造球

由于球团矿使用的原料种类较少，故配料、混合工艺都比较简单。如同烧结一样，按比例配好的料在圆筒混料机混合，一般采用一次混合流程。国外有的厂家采用连续式混磨机，由于混磨作用，水和黏结剂的混合得到充分发挥，可以减少黏结剂的用量，提高生球质量。应当指出，我国生产的精矿粉一般脱水都较差，水分含量远高于合适的造球水分含量，而且不稳定。因此，在配料前宜设置精矿粉烘干系统。我国自产的精矿粉粒度较粗、比表面积小，为了克服这一缺陷，有的增设了润磨机。在球团生产流程中，造球机应与辊筛形成闭路系统，将小于 8mm 和大于 16mm 的球筛除，经打碎再参加造球，这样可

以提高焙烧设备的生产率和成球的质量。

2.3.8.2　焙烧作业

A　带式焙烧机焙烧

带式焙烧机的基本结构与带式烧结机相似。中部是移动台车，台车由车体底架和侧部挡板组成。箅条嵌装在底架梁上，台车与风箱之间靠密封滑板密封。下部是固定风箱，风箱同大烟道连接。上部是焙烧机罩，它构成供热和供风系统，该系统用于向球团料层内输送所需的干燥、焙烧以及冷却用的工艺气流。球团焙烧的全过程都集中在带式焙烧机上完成，沿焙烧机长度依次分为干燥、预热、焙烧、均热和冷却五个区域。焙烧过程中球团料层始终处于相对静止状态。带式焙烧机的工艺特点有：

（1）可根据不同的原料设计不同温度、不同气体流量和流向的多个工艺段，可选用不同燃料进行生产，因而对原料、燃料适应性较强。

（2）铺有底料和边料。底料的作用是保护炉箅和台车免受高温烧坏，使气流分布均匀；在下抽干燥时可吸收一部分废热，其热量可在鼓风冷却时放出，保证下层球团焙烧温度。边料的作用是保护台车两侧边板不被高温烧坏，也防止两侧边板漏风。这两项工艺可使料层得到充分焙烧，并有利于延长台车寿命。

（3）抽风区各风箱热废气根据需要做必要的温度调节后，循环到鼓风干燥区或抽风预热区。采用鼓风与抽风混合流程干燥生球，既强化了干燥，又提高了球团矿的质量和产量。干燥区的废气因温度低、水汽多而排空。

（4）球团矿冷却采用鼓风方式，冷却后的热空气一部分直接循环，另一部分借助于风机循环，循环热气一般用于抽风区。采用热气循环可充分利用焙烧球团矿的显热，能耗较低。

由于焙烧和冷却区的热废气用于干燥、预热和助燃，因而单位成品的热耗降低，在焙烧磁铁精矿粉球团时，热耗为 0.6GJ/t，先进的仅有 0.38～0.4GJ/t；而焙烧赤铁矿球团时，热耗为 0.8～1.0GJ/t。

B　链箅机－回转窑焙烧

链箅机－回转窑工艺是将生球置于移动的链箅机上，进行干燥和预热，然后再送入回转窑内，球团在窑内不停地滚动，进行高温焙烧固结。由于球团在窑内不停滚动，生球受到均匀的加热，球团中精矿颗粒接触得更紧密，所以焙烧效果好，球团矿质量也好。这种工艺适合处理各种含铁原料，可以根据生产要求控制窑内的气氛，不但可以用于生产氧化性球团矿，还可以生产还原性（金属化）球团矿以及综合处理多金属矿物（如氯化焙烧）。其焙烧工艺的特点是：

（1）在链箅机上，从回转窑出来的热气体对生球进行鼓风干燥、抽风干燥和抽风预热，各段长度可根据矿石类型的特点进行调整。由于在链箅机上只进行干燥和预热，不用铺底料。

（2）球团矿在窑内不断滚动，焙烧均匀，球团矿的强度好且质量均匀。

（3）根据生产工艺的要求来控制窑内气氛，可生产氧化性球团或还原性（金属化）球团，还可以通过氯化焙烧处理多金属矿物等。

（4）生产操作不当时容易结圈，其原因主要是在高温带产生过多的液相。物料中低熔点物质的数量、物料化学成分的波动、气氛的变化及球团粉末数量和操作参数是否稳定等，都对结圈有影响。为防止结圈，必须对上述各因素进行分析，采取对应的措施来防止，如生球筛除粉末、在链箅机上提高预热球的强度、严格控制焙烧气氛和焙烧温度、稳定原料化学成分、选用高熔点灰分的煤粉等。

链箅机－回转窑焙烧球团矿时的热量消耗因矿种不同而差别较大，焙烧磁铁矿时一般为 0.6GJ/t，焙烧赤铁矿时为 1GJ/t，而焙烧赤铁矿－褐铁矿混合矿时需 1.35～1.5GJ/t。

C　竖炉焙烧

竖炉焙烧是最早采用的球团焙烧方法。自 20 世纪 40 年代末世界上第一座球团竖炉投产以来，已进行了许多改革。目前大多采用矩形截面的竖炉。竖炉是一种按逆流原理工作的热交换设备。生球装入竖炉以均匀的速度连续下降，燃烧室生成的热气体从喷火口进入炉内，热气流自下而上与自上而下的生球进行热交换；生球经干燥、预热后进入焙烧区，进行固相反应固结，球团在炉子下部冷却后排出，整个过程在竖炉内一次完成。我国在竖炉内设有导风墙，在炉顶设有烘干床，这是对竖炉工艺的贡献。它们改善了竖炉焙烧条件，提高了竖炉的生产能力和成品球的质量。其工艺的特点是：

（1）生球的干燥和预热可利用上升热废气在上部进行。我国独创的炉顶烘干床可使生球在床箅上被上升的混合废气烘干，不仅加速了烘干过程，而且有效地利用废气热量，提高了热效率。同时，由于气流分布比较合理，减少了烘干和预热过程中的生球破裂，粉尘减少，料柱透气性提高，为强化焙烧提供了条件。

（2）合理控制焙烧带的气流分布和供热是直接影响竖炉焙烧的关键。我国利用低热值高炉煤气在燃烧室内燃烧成 1100～1150℃ 的烟气进入竖炉，由于导风墙的设置，基本上解决了冷却风对此烟气流股的干扰和混合，保证磁铁矿球团焙烧所要求的温度和气氛，并使焙烧带的高度和焙烧温度保持稳定，从而较好地保证球团焙烧固结的进行。

（3）导风墙的设置还能克服气流边缘效应所造成的炉子上部中心透气性差的"死料柱"，甚至完全不透气的"湿料柱"，使气流分布更趋于均匀，球团矿成品质量得以改善。

竖炉焙烧球团矿由于废气利用好，焙烧磁铁矿球团的热耗为 0.35～0.6GJ/t。竖炉焙烧球团的不足之处在于原料适应范围小，焙烧不够均匀，且单炉生产能力较小。

2.3.9　球团技术发展现状及趋势

铁矿球团是 20 世纪早期开发出来的一种细粒铁精矿的造块方法，它是富矿资源日益枯竭、贫矿资源大量开发利用的结果。随着现代高炉炼铁对精料的要求以及钢铁冶炼短流程的兴起，球团矿在钢铁工业中的作用愈加重要，已成为一种不可或缺的优质冶金炉料。目前全世界有 20 多个国家生产球团矿，球团矿总生产能力约为 3.08 亿吨/年，其中炼铁高炉用球团矿生产能力为 2.36 亿吨/年，占 76.6%；直接还原用球团矿生产能力为 7200 万吨/年，占 23.4%。

球团焙烧设备，近年来主要是带式焙烧机和链箅机－回转窑两者竞相发展，增长较快。20 世纪 70 年代末，世界上投产的最大带式焙烧机的有效面积达 704m²，建在巴西萨马尔科公司（Smarco S. A.），共两台，每台生产能力为 500 万吨/年，用于处理富赤铁精矿。其后，巴西 CVRD 公司又建成了两台有效面积为 780.4m² 的带式焙烧机，成为迄今为止世界上最大的带式焙烧机。20 世纪 70 年代末，在美国克利夫兰·克利夫斯公司建成当时世界上最大的链箅机－回转窑，回转窑直径为 ϕ7.6m、长 48.0m，生产能力为 400 万吨/年，用于处理浮选赤铁精矿。目前，链箅机－回转窑设备单套生产能力可达500万吨/年（处理赤铁矿）和600万吨/年（处理磁铁矿）。与带式焙烧机、链箅机－回转窑设备大型化发展相对比，竖炉球团已停滞不前。竖炉发展受到限制的主要原因是其自身条件难以大型化，但因其生产灵活性强、结构简单、投资较少，在中小型企业还有一定的生存空间。设备大型化是目前国内外球团技术发展的趋势。

我国球团生产在相当长的时期内一直处于企业数量少、规模小、水平低、"小而散"的状态，所生产的球团矿品位低、冶金性能差、质量不稳定，无法满足高炉冶炼更高的要求。我国炼铁工业逐渐形成的以高碱度烧结矿合理配用酸性球团矿为主要形式的高炉炉料结构，促使球团矿成为高炉炉料的重要组成部分。跨入21世纪以来，我国钢铁工业进入快速发展的轨道，作为高炉炼铁的一种主要含铁炉料，球团矿生产也得到了迅猛的发展。球团矿年产量由2001年的1784万吨增长到2011年的20410万吨，11年间翻了11倍。

我国球团矿生产发展面临的问题及对策具体体现在以下几个方面：

（1）焙烧球团矿的设备工艺问题　到目前为止，我国已经年产2亿吨球团矿。带式焙烧机工艺因受能源、耐热件制作和建设周期等问题限制，仅有3台，年产700万吨成品球团矿，占产能的3.5%。竖炉目前有大小不同200余座在生产球团矿，占产能的40%，但因产能、质量和环保等方面问题，小于$8m^2$的竖炉将被淘汰，$10 \sim 12m^2$及以上矩形竖炉在一定时期内还会存在。链箅机－回转窑共有91台，占产能的56.5%，今后大中型链箅机－回转窑工艺将成为我国球团矿生产的主要工艺设备。建设年产200万吨以上，具有储存仓、烘干窑、强力混合机、高压辊磨机、大型造球机、链箅机－回转窑－环冷机的完善的设备工艺，将成为发展的主流。

（2）球团矿生产的资源配置问题　磁铁精矿是我国球团生产的主要矿石资源，随着我国球团矿生产的快速发展，该资源已严重短缺。解决球团生产资源短缺问题，首先要抓好精矿资源的结构调整，逐步做到细精矿用于球团生产，不再用于烧结。针对赤铁矿粉成球难的问题，采用高压辊磨、改变赤铁矿粉的外部形貌、增加比表面积等手段，赤铁精粉用于球团生产也是可行的。

（3）提高设备配置质量，有效降低球团生产能耗问题　球团生产的工序能耗仅约为烧结工艺的43%，即使这样，我国链箅机－回转窑工艺的最低能耗（首钢球团厂，17.58kg/t（标煤））尚比世界先进水平高1倍以上，这与球团生产用工艺设备的制作精度和保温材料的质量相关。因此，应强化高温设备密封技术和保温技术的研究推广，缩小与世界先进水平的差距。

（4）探索回转窑结圈原因，解决回转窑结圈问题　回转窑结圈是一个普遍存在的问题，结圈的原因主要是粉末和局部高温。产生粉末和局部高温的原因很多，但归根结底是链箅机－回转窑工艺尚未进入数字控制的时代，急需完善工艺技术和检测手段，使生产的各个环节达到数字控制水平，及早解决回转窑结圈问题。

（5）提高造球水平，全方位改进球团质量　我国球团生产近十几年来发展速度快，但质量提高不明显，与国外球团矿质量相比，存在含铁品位低、SiO_2含量高、膨润土配加比例大、$8 \sim 16mm$粒级比例低于85%、表面粗糙不光滑、酸性球团MgO含量低、冶金性能差等问题。应提高造球水平，球团生产技术首先要造好球，做到粒度均匀、表面光滑无裂缝。目前膨润土配加量高于20kg/t，比国外先进指标$4 \sim 8kg/t$高出1倍以上，应采用有机黏结剂或复合黏结剂，大幅度降低膨润土配加量，达到低于 10kg/t 水平。应大力发展 MgO 质酸性球团和熔剂性球团，改善球团矿的冶金性能，为高炉降低燃料比创造条件。要继续贯彻精料方针，努力生产高品位（$w(\text{TFe}) \geqslant 65\%$）、低硅（$w(\text{SiO}_2) \leqslant 4\%$）和高镁（$w(\text{MgO}) \geqslant 1.5\%$）的优质球团。

2.4　烧结矿和球团矿的质量检验

人造富矿的质量对高炉冶炼影响很大，改善烧结矿和球团矿的质量是高炉"精料"的主要内容。随着高炉大型化及追求高炉炼铁经济效益的最大化，对高炉炉料的质量越来越重视，许多钢铁企业都把提高生铁产量和质量的着眼点放在"铁前"工作上，对烧结矿和球团矿的质量提出了更高要求。

全面评价烧结矿和球团矿的性能和质量，应从化学成分、冷态强度以及热态和还原条件下的物理力学性能、冶金性能等方面加以检测。通过对这些性能的检测，一方面为高炉操作提供较为全面的原料性能参数，以便采取相应对策；另一方面，给烧结、球团生产反馈信息，不断改进工艺操作，提高技术水平，生产更能满足高炉需要的优质原料。

2.4.1　冷态强度

烧结矿、球团矿应具有一定的冷态强度，使其在转运过程中能够承受一定的破坏作用，以便进入冶炼过程时仍能保持一定的粒度和强度。过去也曾采用冷态强度间接地表示热态强度的大小。根据矿石承受的破坏作用形式不同，冷态强度有下列三种检测方法。

A　落下强度

落下强度用来表示烧结矿或球团矿的抗冲击能力。我国现行方法是：将粒度为 10 ~ 40mm 的烧结矿试样（20 ± 0.2）kg 从 2m 高处自由落到大于 20mm 厚的钢板上，往复 4 次，落下物用 10mm 筛孔的筛子筛分后，取大于 10mm 粒级的百分数作为落下强度指标。一般该值应大于 80%，合格烧结矿为 80% ~ 83%，优质烧结矿为 86% ~ 87%。对于球团矿，方法是：采用 1kg 试样自 1.5m 高处落至厚板上，往复 3 次或 6 次，然后测定小于 5mm 粒级的比率。落下 3 次时，小于 5mm 粒级的比率不应大于 15%；落下 6 次时，小于 5mm 粒级的比率不应大于 25%。

B　抗压强度

抗压强度是表示球团矿强度的重要指标。抗压强度试验采用类似材料试验中压溃强度的测定方法。我国现行方法（GB/T 14201—1993）为：取直径为 10.0 ~ 12.5mm 的成品球 60 个，把球团矿置于两块平行钢板之间，在压力机上逐个加压（压下速度为 10 ~ 20mm/min）试验，记录球团矿被压碎时的最大压力，以 60 个球被压碎时的平均压力值作为抗压强度指标。一般要求此值不小于 2kN/球。

C　转鼓强度

用转鼓强度来表示造块产品的抗冲击和耐磨性能。目前世界各国的测定方法尚不统一，现行国际标准为 ISO 3271—2007，我国现行标准为 YB/T 5166—1993。转鼓内径为 ϕ1000mm，宽 500mm；鼓内侧有两块挡板，互成 180°，其高度为 50mm，转鼓试验机见图 2-16。试验程序是：取粒度为 10 ~ 40mm 的试样（15 ± 0.15）kg 放入转鼓内，在（25 ±

1) r/min 的转速下连续转 200r，然后取出试样，用机械摇筛分级，以大于 6.3mm、0.5～6.3mm 和小于 0.5mm 粒级的质量计算出转鼓强度（T）和抗磨强度（A）：

$$T = (\text{大于 6.3mm 粒级的质量/入鼓试样质量}) \times 100\% \qquad (2-54)$$

$$A = (\text{小于 0.5mm 粒级的质量/入鼓试样质量}) \times 100\% \qquad (2-55)$$

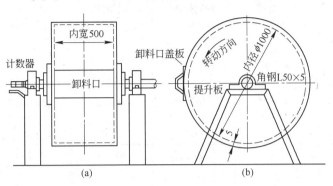

图 2-16　转鼓试验机
（a）正视图；（b）侧视图

要求 $T \geq 62.50$，$A < 5\%$，误差规定为：入鼓试样质量和转鼓后筛分出的三部分总质量之差不大于 1.0%，双试样允许绝对值差值为 $\Delta T \leq 1.4\%$、$\Delta A \leq 0.8\%$。

2.4.2　热态及还原条件下的物理力学性能

热态及还原条件下矿石的物理力学性能检测除在一定温度下进行外，有些试验还要求有一定气氛，以模拟高炉中的还原性气氛。冶炼条件下矿石可能由于两种因素降低强度：一种是物理吸附水或化学结晶水的蒸发使矿石破裂；另一种是矿石结构发生变化导致裂缝产生。一般检测指标有热裂指数、还原热强度、热膨胀性等。

A　热裂指数

矿块在加热过程中由于水分蒸发可能发生爆裂，也可能因加热到一定温度产生相变，体积膨胀，晶格被破坏而导致块矿粉化。我国于 2004 年制定的检测标准 GB/T 10322.6—2004，与国际标准 ISO 8371—1994 一致。按检测标准随机取 20～25mm 的块矿，在（105±5）℃温度下烘干 12h。至少提供 10 份试样，每份试样以（500±1）g 装入试样盒，置于加热炉中加热至 700℃并保持 20min。然后样盒加盖，30min 后从加热炉中取出并冷却到室温，用 6.30mm、3.15mm 和 0.5mm 的筛子筛分，记录结果。测试应进行 10 次，以小于 6.3mm 粒级的质量分数的 10 次算术平均值为热裂指数。

B　还原热强度

铁矿石还原过程中，在 400～600℃和 800～1000℃两个区间会产生爆裂或强度下降。在 400～600℃区间，是因为 Fe_2O_3 还原为 Fe_3O_4 或 FeO 引起晶格变化和 CO 的析碳反应，在铁矿石中形成裂缝甚至粉化；在 800～1000℃区间，则是因为矿石发生软熔。常采用低温还原粉化和荷重软化两种检测方法来测定和表示上述两种强度的变化。

低温还原粉化指数的测定方法有静态法和动态法两种，经过国内外研究者对两种测定结果的对比分析，发现它们存在很好的相关性。因此，无论采用静态法还是动态法都是可以的。ISO 推荐采用静态法的还原粉化指数。表 2 – 11 所示为不同低温还原粉化指数测定方法的比较。

表 2 – 11　低温还原粉化指数的测定方法

项　目		国际标准 ISO 4696—1984	国际标准 ISO/DP 4697	中国标准 GB/T 13242—1991	日本标准 JIS M 8714	美国标准 ASTM E 1072
设备	还原反应管/mm	双壁，$\phi_内$75	—	双壁，$\phi_内$75	单壁，$\phi_内$75	双壁或单壁，$\phi_内$75
	转鼓尺寸 /mm × mm	ϕ130 × 200	ϕ130 × 200	ϕ130 × 200	ϕ130 × 200	ϕ130 × 200
	转速/r · min^{-1}	30	10	30	30	30
试样	质量/g	500 ± 1	500 ± 1	500 ± 1	500 ± 1	500 ± 1
	粒度/mm 烧结矿 球团矿	10. 0 ~ 12. 5 10. 0 ~ 12. 5	10. 0 ~ 12. 5 10. 0 ~ 12. 5	10. 0 ~ 12. 5 10. 0 ~ 12. 5	20. 0 ± 1 或 15 ~ 20 20. 0 ± 1	9. 5 ~ 12. 5 9. 5 ~ 12. 5
还原气体	组成(体积百分数)：$CO/CO_2/N_2$	20/20/60	20/20/60	20/20/60	26/14/60, 30/0/70	
	流量（标态） /L · min^{-1}	20	20	15	20 或 15	—
还原温度/℃		500 ± 10	500 ± 10	500 ± 10	500/550	500 ± 10
还原时间/min		60	60	60	30	60
转鼓时间/min		10	—	10	30	10
结果表示		$RDI_{+6.3}$ $RDI_{+3.15}$ $RDI_{-0.5}$	$RDI_{+6.3}$ $RDI_{+3.15}$ $RDI_{-0.5}$	$RDI_{+3.15}$ $RDI_{+6.3}$ $RDI_{-0.5}$	$RDI_{-3.0}$ $RDI_{-0.5}$	$LTB_{+6.3}$ $LTB_{+3.15}$ $LTB_{-0.5}$

　　我国已在 1991 年制定了铁矿石低温还原粉化检测标准（GB/T 13242—1991），等同于国际标准 ISO 4696，采用静态还原后使用冷转鼓的方法。其基本原理是：将一定粒度范围内的试样置于还原反应管内，在 500℃下用 CO、CO_2 和 N_2 组成的还原气体进行静态还原，还原时间为 60min。还原后，将试样冷却至 100℃ 以下，在室温下装入小转鼓（ϕ130mm × 200mm），转 300r 后取出，依次用 6. 3mm、3. 15mm 和 0. 5mm 的方孔筛分级，测定各筛上物的质量，以还原粉化指数（RID）表示还原和转鼓试验后的粉化程度。其指标计算如下：

还原强度指数
$$RDI_{+6.3} = \frac{m_{D_1}}{m_{D_0}} \times 100\%$$
(2 – 56)

还原粉化指数
$$RDI_{+3.15} = \frac{m_{D_1} + m_{D_2}}{m_{D_0}} \times 100\%$$
(2 – 57)

磨损指数
$$RDI_{-0.5} = \frac{m_{D_0} - (m_{D_1} + m_{D_2} + m_{D_3})}{m_{D_0}} \times 100\%$$
(2 – 58)

式中　m_{D_0}——还原后转鼓试验前的试样质量，g；

　　　m_{D_1}——6.3mm 筛上的试样质量，g；

　　　m_{D_2}——3.15mm 筛上的试样质量，g；

　　　m_{D_3}——0.5mm 筛上的试样质量，g。

计算结果精确到小数点后一位数。该标准规定，以 $RDI_{+3.15}$ 的结果为评定考核指标，$RDI_{+6.3}$ 和 $RDI_{-0.5}$ 作为参考指标。

C　热膨胀性

矿石在加热后体积膨胀，某些球团矿最为突出，有的在热还原膨胀后竟达原体积的 3 倍。一般认为体积膨胀率超过 20% 的球团矿不宜在竖炉中焙烧，也不宜在高炉中使用，因为有可能造成悬料。我国球团矿的还原膨胀率大多数在 15% 以下，曾有少数球团矿因含碱金属 K、Na，还原膨胀率在 40% 以上，给高炉操作造成严重影响。

矿石体积膨胀率 R_V 按下式计算：

$$R_V = \frac{V - V_0}{V_0} \times 100\% \qquad (2-59)$$

式中　V，V_0——分别为膨胀后体积和原始体积。

由于体积膨胀率与煤气成分及还原程度有关，一般的检测方法都是用接近于高炉煤气的成分在升温过程中还原矿石，同时用减重法连续测定还原度，用水浸法测定体积变化，对照还原与体积膨胀的关系，得出最大膨胀率及其对应还原度。我国已制定国家标准 GB/T 13240—1991，规范热膨胀检测指标。

2.4.3　冶金性能

A　还原性

还原性是评价铁矿石质量的重要指标之一，还原性好的铁矿石有利于煤气能量利用，可降低燃料消耗。铁矿石的还原性检测是采用热天平减重法，模拟炉料自高炉上部进入高温区的条件，用气体还原剂还原铁矿石，视其失氧的难易程度来确定还原性的好坏。在还原之前，矿石必须在惰性气体中升温至 900℃，并保持一定时间后再通入还原性气体。这项检测有矿石还原度 R_t（%）和还原性指数 RVI（%/min）两种表示方法：

还原度　　　　　$$R_t = \frac{W_0 - W_F}{W_1(0.43w(TFe) - 0.112w(FeO))} \times 100\% \qquad (2-60)$$

还原性指数　　　　　　　　　$$RVI = \frac{dRI}{dt} \qquad (2-61)$$

式中　W_0——还原开始前试样质量，g；

　　　W_F——还原结束时试样质量，g；

　　　W_1——装入还原反应管（经干燥后）的试样质量，g；

　　　$w(TFe)$——还原前试样的全铁质量分数，%；

　　　$w(FeO)$——还原前试样的氧化亚铁质量分数，%。

我国参照国际标准检测方法（ISO 4695—1984、ISO 7215—1985）制定出国家标准 GB/T 13241—1991，把还原度（R_t）和还原性指数（RVI）合并为一个标准两种方法。在 900℃下用流量为 15L/min、$\varphi(CO) = 30\%$、$\varphi(N_2) = 70\%$ 的混合气体还原矿样 180min 后

测定还原度，一般认为 $R_t < 60\%$ 的矿石还原性差，$R_t > 80\%$ 的矿石还原性好。有关铁矿石还原性的测定方法见表 2 – 12。

表 2 – 12   铁矿石还原性的测定方法

项　　目		国际标准 ISO 4695—1984	国际标准 ISO 7215—1985	中国标准 GB/T 13241—1991	日本标准 JIS M 8713—1977	德国标准 VDE
还原反应管/mm		双壁，$\phi_内$ 75	单壁，$\phi_内$ 75	双壁，$\phi_内$ 75	单壁，$\phi_内$ 75	双壁，$\phi_内$ 75
试样	质量/g	500 ± 1	500 ± 1	500 ± 1	500 ± 1	500 ± 1
	粒度/mm					
	烧结矿	10. 0 ~ 12. 5	10. 0 ~ 12. 5	10. 0 ~ 12. 5	20. 0 ± 1	10. 0 ~ 15. 0
	球团矿	10. 0 ~ 12. 5	10. 0 ~ 12. 5	10. 0 ~ 12. 5	12. 0 ± 1	10. 0 ~ 12. 5
还原气体	成分/%					
	CO	40. 0 ± 0. 5	30. 0 ± 0. 5	30. 0 ± 0. 5	30. 0 ± 0. 5	40. 0 ± 0. 5
	N	60. 0 ± 0. 5	70. 0 ± 0. 5	70. 0 ± 0. 5	70. 0 ± 0. 5	60. 0 ± 0. 5
	流量（标态） /L · min^{-1}	50	15	15	15	50
还原温度/℃		950 ± 10	900 ± 10	900 ± 10	900 ± 10	950 ± 10
还原时间/min		到还原度60% 为止，最大 240	180	180	180	到还原度 60% 为止，最大 240

B　荷重软化与熔滴性能

铁矿石不是纯物质，没有一定的熔点，而有一定的软熔区间。高炉冶炼中要求铁矿石熔化温度高，这样可以使气 – 固相间的间接还原反应充分发展，降低焦比；还要求软熔温度区间窄，较窄的软熔带有利于煤气流动。因此，软化熔融带的特性对炉料还原过程和炉料透气性将产生明显的影响。为此，许多国家对测定铁矿石软熔性能的实验方法进行了深入研究，但到目前为止，试验装置、操作方法和评价指标都还没有统一规范。

一般采用升温法测定铁矿石的荷重软化性能，使铁矿石在荷重 50 ~ 100kPa、还原气流组成为 $\varphi(CO) = 30\%$ 和 $\varphi(N_2) = 70\%$ 的条件下还原，还原时间为 150 ~ 240min（或还原度达到 80%）。将矿石在荷重还原条件下收缩率为 3% ~ 4% 时的温度定义为软化开始温度，收缩率为 30% ~ 40% 时的温度定义为软化终了温度，软化终了温度与软化开始温度之间的温度差为软化区间。

矿石开始熔融，在熔渣和金属尚未达到自由流动并滴落之前，软熔带透气性极差，煤气通过受阻，因此出现很大的压力降。因此，人们模拟高炉冶炼条件，测定矿石滴落温度以及滴落过程的压力降，作为评价矿石熔滴性能的依据。表示矿石熔滴性能的指标及测定方法也未形成统一的标准。一般是将规定重量和粒度的矿样或不经预还原，或预还原到一定程度（达到高炉内矿石进入软熔带时的还原度）后，放入底部带孔的石墨坩埚内，试样上下均铺有一定厚度的焦炭以模拟软熔带的焦窗。然后在上面荷重 50 ~ 100kPa，由下部通入规定成分及流量的还原性气体，并以一定的升温速率将温度升至 1500 ~ 1600℃进行试验。国内普遍采用压差陡升温度表示矿石开始熔化温度，以第一滴液滴下落温度表示滴落温度，以开始熔化和开始滴下的温度差表示熔滴温度区间，以最大压差 Δp_{max} 表明熔滴区的透气性状况。高炉操作要求熔滴温度高一些、熔滴温度区间窄一些、Δp_{max} 低一些。

各国对铁矿石荷重软化及熔滴性能的测定方法见表 2 – 13。

表 2 – 13 铁矿石荷重软化及熔滴性能的测定方法

项 目		国际标准 ISO/DP 7992	北京科技大学推荐	日本神户制钢所	德国阿亨大学	英国 ASTM E 1072
试样容器/mm		耐热炉管，ϕ125	石墨质，ϕ48×300	带孔石墨坩埚，ϕ75	带孔石墨坩埚，ϕ60	带孔石墨坩埚，ϕ90
试样	预处理	不预还原		不预还原	不预还原	预还原60%
	质量/g	1200	料高(65±5)mm	500	400	料高70mm
	粒度/mm	10.0~12.5	10.0~12.5	10.0~12.5	7~15	10.0~12.5
还原气体	组成(体积百分数)：CO/N_2	40/60	30/70	30/70	30/70	40/60
	流量(标态)/L·min^{-1}	85	12	20	30	60
荷重/kPa		50	50~100	50	60~110	50
测定项目评定标准		ΔH、Δp、R_t=80%时Δp、R_t=80%时ΔH	ΔH、Δp、$T_{10\%}$、$T_{40\%}$、T_s、T_m、ΔT	ΔH、Δp、$T_{10\%}$、T_s、T_m、ΔT	ΔH、Δp、T_s、T_m、ΔT	ΔH、Δp、Δp-T曲线、T_s、T_m、ΔT

注：$T_{10\%}$、$T_{40\%}$—收缩率为10%、40%时的温度，分别表示软化开始温度、软化终了温度；T_s—压差陡升温度；T_m—滴落开始温度；ΔT—软熔区间；Δp—压差；ΔH—变形量；R_t—还原度。

2.5 高炉合理炉料结构

世界各国的钢铁工业都是根据各自的资源条件发展烧结矿和球团矿的生产，以满足高炉冶炼的需要。长期生产实践表明，高炉使用单一的烧结矿或球团矿并不能获得最好的技术经济指标。这两种人造富矿有其各自的特点，只有利用它们的优点组合成一定的炉料结构模式，才能获得最佳操作指标。这一模式的普遍规律就是高碱度烧结矿与酸性炉料（氧化球团、普通烧结矿或天然富块矿等）的合理搭配。

2.5.1 高碱度烧结矿的冶金性能

高炉冶炼的实践和科学研究表明，自熔性烧结矿在20世纪50年代替代普通烧结矿，可取消熔剂入炉，使高炉冶炼指标得到大幅度改善；但它的冷强度和一些冶金性能并不好，影响高炉操作技术指标的进一步改善。而高碱度烧结矿的这些性能却优越得多，主要表现为：

（1）还原性良好 据生产统计，矿石的还原度每改善10%，焦比可降低8%~9%。自20世纪70年代后期以来，人们致力于高还原性烧结矿的研究、生产。随着烧结矿碱度的提高，其还原性逐渐改善，一般达到一定碱度时存在一最佳峰值，若再提高碱度，还原性又会变差。这是因为烧结矿碱度低时 FeO 含量高，黏结相以铁橄榄石为主，含铁硅酸盐矿物难还原，因而烧结矿还原性差。随着碱度提高，烧结矿中易还原的铁酸钙数量增加，渣相减少，还原性得到改善。当碱度达到一定数值时，铁酸钙成为主相，特别是当针状铁酸钙析出时，还原性最佳。如果烧结矿碱度进一步提高，还原性较差的铁酸二钙、硅酸三钙的数量增加，导致还原性下降。因此，从还原性角度出发，通过试验研究将烧结矿碱度控制在峰值附近，对高炉冶炼是最为适宜的。

（2）冷强度好，还原粉化指数较低　一般来说，自熔性烧结矿强度差，在冷却过程中容易自动碎裂。产生这一现象的原因是硅酸二钙在降温过程中发生晶型转变，由 $\beta - 2CaO \cdot SiO_2$ 转变为 $\gamma - 2CaO \cdot SiO_2$，体积膨胀 10%，使烧结矿内部产生很大的应力而碎裂。而高碱度烧结矿的黏结相以铁酸钙为主，在宏观结构上呈现大孔、厚壁，在显微组织上形成牢固的熔蚀结构。同时，由于铁酸钙数量增加，使强度较低的其他矿物数量减少（如包钢烧结矿中的枪晶石、攀钢烧结矿中的钙钛矿等），有利于烧结矿强度的提高。

烧结矿的低温还原粉化指数在我国一般均较低，但使用澳大利亚赤铁矿粉较多以及钒钛磁铁矿烧结中再生赤铁矿多时，低温还原粉化指数会偏高，提高烧结矿碱度后，低温还原粉化指数一般随之下降。

（3）高温还原性和软化、熔滴性能良好　研究表明，对于一般的烧结矿，随着碱度的提高，烧结矿的软化开始和终了温度都是上升的，而软化区间有变窄的趋势。烧结矿的荷重软化性能在很大程度上取决于其还原性、矿物组成和孔隙结构。烧结矿还原性好，高熔点矿物多，孔隙结构强，其软化温度就高。随着碱度的提高，上述各因素的改进均对荷重软化温度的提高产生有利的影响。

烧结矿碱度的提高也改善了其高温还原性，熔滴温度也随碱度的提高而升高，而熔滴温度区间变窄，料层透气性变好。

由于高碱度烧结矿具有上述诸多优点，理论研究结果及生产实践经验均证明高炉采用高碱度烧结矿作为炉料是最为合适的。

2.5.2　酸性氧化球团矿的冶金性能

目前广泛使用的是酸性（自然碱度）氧化球团矿。酸性氧化球团矿的特点是：
（1）生球爆裂温度高，焙烧区间宽，易于生产，且成品球品位高、渣量少、强度好。
（2）球团矿氧化度高、孔隙率高、还原性好，优于其他种类的矿石。
（3）与烧结矿相比，其高温冶金性能较差，表现为软化温度低、熔滴特性中的压差陡升温度低、最大压差 Δp_{max} 数值大。

2.5.3　高碱度烧结矿配加酸性球团矿综合炉料的冶金性能

大量研究表明，高碱度烧结矿配加酸性球团矿组成的综合炉料，其还原性、低温还原粉化指数、荷重软化和熔滴性能等均居于单一炉料的这些冶金性能之间。综合炉料可以避免酸性炉料（天然矿或酸性球团矿）软化温度过低、软化区间过宽的弱点，同时可提高压差陡升温度，达到自熔性烧结矿的水平，并使最大压差值降低，从而改善料柱的透气性。综合炉料还可发挥高碱度烧结矿冶金性能良好的优越性，同时也能克服因碱度过高导致单一炉料难熔、不能滴落，给高炉操作造成困难的缺点。

练习与思考题

2-1 高炉常用的铁矿石有哪几种，各有何特点？

2-2 什么是铁矿石的理论铁含量，如何计算？贫矿和富矿如何区分？

2-3 高炉冶炼对铁矿石质量有何要求，入炉冶炼前有哪些准备处理工艺？

2-4 高炉冶炼中加入熔剂的作用是什么，对碱性熔剂质量有何要求，石灰石的有效熔剂性怎样计算？

2-5 焦炭在高炉冶炼过程中起什么作用，高炉冶炼对焦炭质量有什么要求？

2-6 试述高炉喷吹用燃料的种类及意义。

2-7 在抽风烧结过程中，烧结料层自上而下分为哪几带（层）？指出各带（层）的主要特点。

2-8 烧结料层中碳燃烧有何特点，高温区对烧结过程有何影响？

2-9 烧结料中为什么必须含有一定水分？

2-10 试述烧结过程中过湿层产生的条件及其对烧结生产的影响。如何防止过湿层产生？

2-11 什么是氧化钙的矿化作用，其矿化程度与哪些因素有关？

2-12 影响烧结去硫的因素有哪些？

2-13 什么是固相反应，固相反应在烧结过程中有何作用，固相反应有哪些特点？

2-14 在烧结过程中影响液相生成数量的因素有哪些，高碱度烧结矿的主要黏结相是什么？

2-15 以硅酸钙为主要黏结相的熔剂性烧结矿为什么容易碎裂，烧结生产中如何防止正硅酸钙的破坏作用？

2-16 在烧结矿生产过程中，可从哪些方面采取措施来强化烧结过程？

2-17 影响物料成球和生球质量的主要因素有哪些？

2-18 影响生球干燥速度的因素有哪些？

2-19 简述球团矿在高温焙烧过程中的固结机理。

2-20 比较三种球团矿焙烧工艺的优缺点。

3 高炉还原与造渣、脱硫过程

3.1 蒸发、分解与气化

3.1.1 炉料水分的蒸发

天然矿石、熔剂、湿法熄焦的焦炭常带有一些物理水，进入炉内受热后温度升高，物理水蒸发成为蒸汽进入煤气。从常温到水的沸点（常压下为100℃，随炉内压力升高而会高于100℃），物理水的升温气化要吸收热量，通常可按每千克水吸热 $4.18 \times 620kJ$ 计算。炉料物理水的蒸发耗热能使炉顶煤气温度降低，对高炉冶炼并无大害，有时因炉顶温度过高，为保护炉顶装料设备（以及保护煤气干法除尘的布袋），会往焦炭上打水或向炉顶喷水以降低炉顶温度。

3.1.2 结晶水的分解

有些天然矿石（如褐铁矿）、熔剂含有结晶水，炉料在下降过程中温度升高，结晶水会分解析出进入煤气，分解温度一般在 $200 \sim 300℃$ 的范围内。但当矿石因某种原因进入800℃以上高温区域时会参与反应：

$$H_2O + C == H_2 + CO \qquad -4.18 \times 29730kJ \qquad (3-1)$$

此反应耗热多，1kg结晶水耗热6900kJ，同时消耗碳量，将使焦比升高。因此，若用含有结晶水的生矿冶炼，矿石粒度不宜大，以减少进入高温区结晶水分解的几率，不过现代高炉冶炼使用生矿的情况不多了。在使用生矿较多时，结晶水在高温区的分解率可取 $20\% \sim 40\%$。

3.1.3 碳酸盐的分解

高炉冶炼使用碱性熔剂（石灰石或白云石）或矿石中含有碳酸盐时，随着温度升高，当其分解压 p'_{CO_2} 超过炉内 CO_2 分压时，碳酸盐开始分解；当其分解压 p'_{CO_2} 超过炉内系统总压力时，碳酸盐将发生剧烈分解，即达到化学沸腾。各种碳酸盐分解耗热是：

$$FeCO_3 == FeO + CO_2 \qquad -4.18 \times 20900kJ$$
$$MnCO_3 == MnO + CO_2 \qquad -4.18 \times 22900kJ$$
$$MgCO_3 == MgO + CO_2 \qquad -4.18 \times 26150kJ$$

（1kg MgO 耗热654kcal 或 $1m^3 CO_2$ 耗热1167kcal）

$$CaCO_3 == CaO + CO_2 \qquad -4.18 \times 42520kJ$$

（1kg CaO 耗热760kcal 或 $1m^3 CO_2$ 耗热1898kcal）

图3-1所示为高炉内几种碳酸盐分解的热力学条件。由图可以看出，$FeCO_3$、

$MnCO_3$、$MgCO_3$ 的分解比较容易，在高炉较低温度的中上部区域即可分解完毕，分解耗热也不多，对高炉冶炼影响不大。

$CaCO_3$ 的开始分解温度高达 700℃，大量分解需在 900℃ 以上，且耗热较多。石灰石由于分解温度高，有 50% ~60% 进入高炉高温区分解（一般按一半选取），分解出的 CO_2 会与固体碳发生反应（碳的溶损反应）：

$$CO_2 + C == 2CO \quad -4.18 \times 39600kJ \quad (3-2)$$

（1kg CO_2 耗热 900kcal 或 1m³ CO_2 耗热 1767kcal）这个反应既要消耗大量热量，又要消耗碳量，分解出的 CO_2 降低煤气的还原能力，对高炉冶炼影响较大。因此，高炉冶炼大量使用石灰石时会造成炼铁焦比的升高，通常加 100kg 石灰石，焦比增加 30kg 左右。现代高炉冶炼普遍使用熔剂性烧结矿（特别是高碱度烧结矿），注重炉料结构，追求精料入炉，天然生矿用量不多，石灰石用量已经很少甚至不加了。

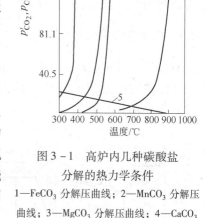

图 3-1 高炉内几种碳酸盐分解的热力学条件

1—$FeCO_3$ 分解压曲线；2—$MnCO_3$ 分解压曲线；3—$MgCO_3$ 分解压曲线；4—$CaCO_3$ 分解压曲线；5—炉内 CO_2 分压的变化曲线；6—炉内总压力的变化曲线

3.1.4 析碳反应

在 400~600℃ 的高炉上部区域里，能够发生析碳反应 $2CO == CO_2 + C$，这是碳溶解损失反应的逆反应，在有海绵铁作催化剂的条件下，析碳反应会有一定程度的发展。

CO 渗入砖衬分解析出的烟炭会使炉衬体积膨胀而破坏。烟炭在料柱孔隙里的沉积会降低炉料强度，致使炉料破碎，恶化料柱透气性。析出的烟炭活性较大，也能参加还原反应。不过高炉里析碳反应不是很多，这些影响是有限的。

3.1.5 某些物质的气化

有些物质在高炉内可能发生蒸发或升华，这里面有被还原的元素 K、Na、As、Zn、S 等，以及还原的中间产物或生成的化合物 SiO、SiS、COS 等。这些物质的气化发生在高炉下部的高温区里，气化物质在随煤气上升的过程中因温度降低而凝聚，有少量随煤气逸出炉外，一部分被炉渣吸收排除炉外，其余部分（有时是较多的部分）又随炉料下降到高温区，再次被还原、气化，进行着又一轮的循环。

气化物质在炉衬表面的凝聚会降低炉衬强度，引发炉衬结厚和炉瘤的形成；气化物质在炉料表面及孔隙里的凝聚也会降低炉料强度，恶化料柱的透气性，造成炉况不顺，以致难行、悬料。因此，这些物质的气化不是高炉冶炼所希望的。

解决气化物质"循环积累"的问题，最好的办法是选择性能良好的矿石，减少和限制它们的入炉，但这样往往受到资源条件的限制。在高炉冶炼中尽可能使炉渣多带走一些气化物质，减少它们在炉内循环积累的数量，应是积极的对策。

3.2　铁矿石的还原过程

高炉炼铁中一个主要过程就是将铁从氧化物状态还原出来，使其成为金属铁。还原过程要有与氧亲和力比铁更强的还原剂，使铁还原出来。由于铁是需要量很大的金属，使它被还原出来所用的还原剂数量也就需要很多，在工业生产中，数量多、价格不是太贵、能够有效利用的还原剂也就当属碳了。

3.2.1　铁氧化物及其性质

3.2.1.1　Fe-O相图及铁氧化物

已知铁的氧化物有 Fe_2O_3、Fe_3O_4 及 FeO，这些氧化物的性质可由 Fe-O 相图（见图 3-2）得到部分了解。

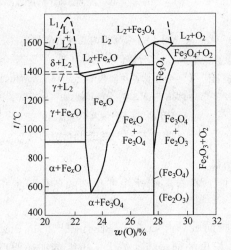

图 3-2　Fe-O 相图

L_1—液态 Fe；L_2—液态氧化物；Fe_xO—浮氏体

FeO 在矿物学中称为方铁矿，通常称为浮氏体（Wustite），是立方晶系氯化钠型晶体。浮氏体中氧与铁的原子比不是恰好为 1:1，在其立方体晶格中铁有空位，空位的多少随温度的变化而变化，因而相图中氧的含量在 23.16% ~ 25.60% 范围内，浮氏体通常记作 Fe_xO（$x=0.87~0.95$）。在低于 570℃ 时浮氏体不能稳定存在，发生分解反应 $Fe_xO \rightarrow Fe_3O_4 + \alpha - Fe$。为讨论问题方便，炼铁学中仍将浮氏体写作 FeO，并认为它有固定的组成。

由 Fe-O 相图可知，赤铁矿（Fe_2O_3）、磁铁矿（Fe_3O_4）是两个组成固定的、比较稳定的化合物，但 Fe_3O_4 在高于 800℃ 时也有溶解氧（或铁缺位）的情况，Fe_2O_3 在高于 1457℃ 时发生分解反应 $3Fe_2O_3 = 2Fe_3O_4 + \frac{1}{2}O_2$。高炉冶炼中这两种氧化物在较低温度下就已被还原成浮氏体，它们的高温现象没有太大的实际意义，只是在烧结工艺中生产以铁酸钙为主要黏结相的烧结矿时，应注意控制烧结温度不要超过 1300℃，防止 Fe_2O_3 的分解。

自然界中含铁的矿物还有少量的褐铁矿（$mFe_2O_3 \cdot nH_2O$）及菱铁矿（$FeCO_3$），它们在高炉上部受热分解，析出 H_2O 或 CO_2，转化为氧化铁。

三种铁氧化物的特性如表 3-1 所示。

表 3-1　三种铁氧化物的特性

名　　称	赤铁矿（Hematite）	磁铁矿（Magnetite）	方铁矿（浮氏体，Wustite）
分子式	Fe_2O_3	Fe_3O_4	Fe_xO 或 $Fe_{0.95}O$ 或 $FeO_{1.05}$
理论氧含量/%	30.06	27.64	23.16 ~ 25.60
相对氧含量/%	100	88.9	70.0

名　称	赤铁矿（Hematite）	磁铁矿（Magnetite）	方铁矿（浮氏体，Wustite）
比容/$cm^3 \cdot g^{-1}$	0.190（α 型）	0.13	0.176
结晶结构	菱形晶系刚玉型	立方晶系尖晶石型	立方晶系氯化钠型

3.2.1.2 矿石氧化度的概念及意义

铁的相对原子质量为 55.85，计算时通常取为 56，因而 Fe_2O_3 的相对分子质量为 160，其中含氧 30%、含铁 70%；Fe_3O_4 的相对分子质量为 232，其中含氧 27.6%、含铁 72.4%。赤铁矿含氧最多，氧化程度最高，衡量矿石氧化程度的指标称为矿石氧化度（D），其计算是：

$$D = 1 - \frac{w(Fe^{2+})}{3w(TFe)}$$

或
$$D = \left(1 - \frac{w(Fe^{2+})}{3w(TFe)}\right) \times 100\% \tag{3-3}$$

式中　$w(Fe^{2+})$——矿石中二价铁的质量分数（需由 FeO 含量折算），%；

　　　$w(TFe)$——矿石全铁的质量分数，%。

纯赤铁矿 $D = 100\%$，纯磁铁矿 $D = 88.9\%$，通常铁矿石的氧化度介于这两者之间。矿石氧化度高，表明矿石中三价铁多，容易还原，矿石的还原性好。

3.2.2 氧化铁还原的热力学

氧化铁的还原是由高价铁到低价铁逐级还原的，还原顺序是：
高于 570℃时　　　　　　　　$Fe_2O_3 \rightarrow Fe_3O_4 \rightarrow FeO \rightarrow Fe$
低于 570℃时　　　　　　　　$Fe_2O_3 \rightarrow Fe_3O_4 \rightarrow Fe$
许多科学研究和生产实践都表明，铁矿石的还原过程是分层进行的。假如从一还原实验中取出矿球，经处理解剖观察其断面，矿石最外层是还原好的金属铁层，里面是已还原到 FeO 的浮氏体层，再里面是还原到 Fe_3O_4 的矿层，最里面是尚未反应的 Fe_2O_3 核心部分。矿石还原的总体表现就是：矿石中不同种类、不同氧含量的氧化物的数量连续减少，金属铁层不断增厚，直至全部还原完毕。

氧化物的标准生成自由能与温度的关系图称为氧势图，而表明铁氧化物与有关还原剂生成氧化物的标准生成自由能图称为 Ellingham 图（见图 3-3）。图 3-3 揭示了氧化铁被 C、CO 和 H_2 三种还原剂还原的条件。

由氧势图可以判断氧化物在不同温度下被不同还原剂还原的难易程度。依据热力学理论，生成自由能负值越大（或氧势越低）的氧化物就越稳定，越不容易被还原。在 Ellingham 图上，Fe_2O_3 线的位置最高，即 Fe_2O_3 最不稳定；Fe_3O_4 次之；FeO 线最低，即 FeO 的稳定性最强。就还原剂而言，在低于 950K 时（图 3-3 中曲线簇交叉点温度），由 CO 生成的 CO_2 最稳定，即低温下 CO 的还原能力强于 H_2，H_2 又强于 C；而高于 950K 时的情况相反，即高温下 C 是最强的还原剂，它的还原能力强于 H_2，而 H_2 强于 CO。

Fe_2O_3 除了在低于 600K 的低温下还原有些困难外，在高炉冶炼情况下极易被上述三种还原剂还原。Fe_3O_4 在低温下能被气体还原剂还原，在高温下也是容易被还原的。对于 FeO，由图 3-3 判断，高于 950K 时其不可能被 CO 或 H_2 还原，这与实际不相符合。究其

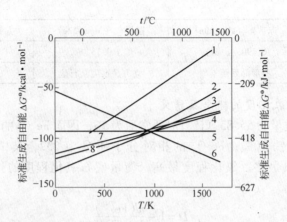

图 3-3 Ellingham 图

1—$4Fe_3O_4 + O_2 = 6Fe_2O_3$；2—$6FeO + O_2 = 2Fe_3O_4$；3—$2CO + O_2 = 2CO_2$；4—$2Fe + O_2 = 2FeO$；

5—$C + O_2 = CO_2$；6—$2C + O_2 = 2CO$；7—$2H_2 + O_2 = 2H_2O$；8—$\frac{3}{2}Fe + O_2 = \frac{1}{2}Fe_3O_4$

原因是 Ellingham 图的纵坐标为标准生成自由能 $\Delta G^{\ominus}$，参与反应的气体皆为标准状态压力（101.3kPa），即反应处于 $\dfrac{\varphi(CO_2)}{\varphi(CO)} = \dfrac{\varphi(H_2O)}{\varphi(H_2)} = 1$ 的气氛中；而在高炉冶炼的实际情况下，气氛的氧化性很低，且炉内位置越低（温度越高），$\dfrac{\varphi(CO_2)}{\varphi(CO)}$ 或 $\dfrac{\varphi(H_2O)}{\varphi(H_2)}$ 的比值越小，在高于1000℃的高温区里 CO_2、H_2O 已不能稳定存在，上两项的比值接近于0，而在高炉的中上部区域该比值为 1/10~1/5。在这种非标准状况下，反应能否发生要视其实际自由能的变化：

$$\Delta G = \Delta G^{\ominus} + RT\ln\frac{p_{CO_2}}{p_{CO}}$$

或

$$\Delta G = \Delta G^{\ominus} + RT\ln\frac{p_{H_2O}}{p_{H_2}}$$

由于 p_{CO_2}/p_{CO} 及 p_{H_2O}/p_{H_2} 的值皆小于1，故上式等号右端第二项为负值，因此 $\Delta G < \Delta G^{\ominus}$，或者说 ΔG 的负值更大。据此对图 3-3 进行修正，则 $CO \rightarrow CO_2$ 及 $H_2 \rightarrow H_2O$ 两条生成自由能线应以曲线与纵轴交点为轴顺时针旋转，而 $Fe \rightarrow FeO$ 线因 Fe 和 FeO 两者皆为固体而无需修正，生成自由能线不动。修正后 FeO 的生成自由能值高于 CO_2 和 H_2O，因此，高炉冶炼中 FeO 是可被 CO 和 H_2 还原的（见图 3-4）。

各种铁氧化物被还原剂 CO、H_2 还原的基本规律，也可用反应的经验方程式 $\lg K_p = f(T)$ 予以表达，见表 3-2。

表 3-2 CO 及 H_2 还原铁氧化物反应的基本热力学数据

反 应 式	$\Delta H^{\ominus}/J \cdot mol^{-1}$	$\lg K_p = f(T)$
$3Fe_2O_3 + CO = 2Fe_3O_4 + CO_2$	-67240	$\lg K_p = \dfrac{2726}{T} + 2.144$

反 应 式	$\Delta H^{\ominus}/J \cdot mol^{-1}$	$\lg K_p = f(T)$
$Fe_3O_4 + CO = 3FeO + CO_2$	+22400	$\lg K_p = -\dfrac{1645}{T} + 1.935$
$\dfrac{1}{4}Fe_3O_4 + CO = \dfrac{3}{4}Fe + CO_2$	-25290	$\lg K_p = -\dfrac{2462}{T} - 0.99T$
$FeO + CO = Fe + CO_2$	-13190	$\lg K_p = \dfrac{949}{T} - 1.14$
$3Fe_2O_3 + H_2 = 2Fe_3O_4 + H_2O$	-21810	$\lg K_p = -\dfrac{131}{T} + 4.42$
$Fe_3O_4 + H_2 = 3FeO + H_2O$	+63600	$\lg K_p = -\dfrac{3410}{T} + 3.61$
$\dfrac{1}{4}Fe_3O_4 + H_2 = \dfrac{3}{4}Fe + H_2O$	+20520	$\lg K_p = -3110 + 2.72T$
$FeO + H_2 = Fe + H_2O$	+28010	$\lg K_p = -\dfrac{1225}{T} + 0.845$

3.2.2.1 铁氧化物的间接还原

氧化铁被气体还原剂 CO、H_2 还原称为间接还原，被固体碳还原称为直接还原。由表 3 - 2 能够看出各反应有一共同特点，即反应前后都有气相，且其分子总数不变（体积不变），在参加反应的其他物质为纯固态的条件下，反应的平衡状态不受系统总压力的影响。

因此，这些反应的平衡常数可表示为 $K_p = \dfrac{p_{CO_2}}{p_{CO}}$ 或 $K_p = \dfrac{p_{H_2O}}{p_{H_2}}$。由于与系统总压力无关，其又可以表示为 $K_p = \dfrac{\varphi(CO_2)}{\varphi(CO)}$ 或 $K_p = \dfrac{\varphi(H_2O)}{\varphi(H_2)}$。在不计气相中其他气体（如 N_2）成分的情况下，$\varphi(CO_2) + \varphi(CO) = 100\%$ 或 $\varphi(H_2O) + \varphi(H_2) = 100\%$，则平衡常数可简化为以单一的煤气成分来表示，例如：

$$K_p = \frac{\varphi(CO_2)}{\varphi(CO)} = \frac{1 - \varphi(CO)}{\varphi(CO)}$$

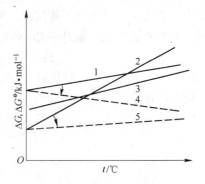

图 3 - 4　非标准状态下 CO_2 及
H_2O 生成自由能 ΔG 示意图
1—$2H_2 + O_2 = 2H_2O$；2—$2CO + O_2 = 2CO_2$；
3—$2Fe + O_2 = 2FeO$；4—$2H_2 + O_2 = 2H_2O$；
5—$2CO + O_2 = 2CO_2$

由此可得：
$$\varphi(CO) = \frac{1}{K_p + 1} \tag{3-4}$$

此即该反应平衡状态时的 CO 含量。由此可以算得表 3 - 2 中各反应在不同温度下的气相平衡成分，并可绘出平衡气相成分与温度的关系曲线图，图 3 - 5 即为有名的"叉子曲线"。

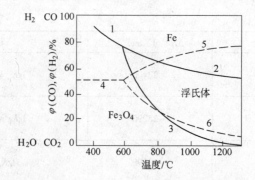

图 3 - 5 不同温度下 CO、H_2 还原铁氧化物的平衡气相成分

$1—Fe_3O_4 + 4H_2 = 3Fe + 4H_2O$; $2—FeO + H_2 = Fe + H_2O$; $3—Fe_3O_4 + H_2 = 3FeO + H_2O$;

$4—Fe_3O_4 + 4CO = 3Fe + 4CO_2$; $5—FeO + CO = Fe + CO_2$; $6—Fe_3O_4 + CO = 3FeO + CO_2$

图 3 - 5 中曲线的斜率与反应的热效应有关，对于放热反应，随温度升高，平衡气相中还原性气体（CO 或 H_2）的含量也要升高，而吸热反应相反。氧化铁被 CO 还原，除 Fe_3O_4 的还原是吸热反应（吸热不多）以外，其余都是放热反应。总体来说，用 CO 还原是放出热量的，可以减少高炉的热量消耗。H_2 的还原反应是吸热的，但比起固体碳的还原，消耗的热量要少得多。

对于间接还原反应，Fe_2O_3 的还原很容易进行，是不可逆的；而 Fe_3O_4 和 FeO 的还原均为可逆反应，有化学平衡问题，要求还原剂过量，这是其另一个特点。还原剂过量多少可由平衡常数计算，如对于 CO 还原 FeO 的反应，可以写作：

$$FeO + nCO = Fe + (n-1)CO + CO_2$$

式中，n 为还原剂"过量系数"。在反应达到平衡状态时，气相中 1 份 CO_2 与 $n-1$ 份 CO 组成平衡体系，因此：

$$K_{p1} = \frac{p_{CO_2}}{p_{CO}} = \frac{\varphi(CO_2)}{\varphi(CO)} = \frac{1}{n-1}$$

$$\lg K_{p1} = \frac{949}{T} - 1.14$$

得到：

$$n = 1 + \frac{1}{K_{p1}} \tag{3-5}$$

由于 K_{p1} 是温度的函数（$\Delta G^{\ominus} = -RT\ln K_p$），因此还原剂过量系数也是温度的函数。已知 K_p 与温度的关系式，可以算得某一温度时的 K_p 数值，再按式（3-5）即可算出 n 值。

高炉里还原浮氏体后的产物气体，在随后的上升过程中继续还原 Fe_3O_4，气相中 CO 含量 $\varphi(CO)$ 还要受到 Fe_3O_4 还原反应平衡的限制，即：

$$\frac{1}{3}Fe_3O_4 + (n-1)CO + CO_2 = FeO + \left(n - \frac{4}{3}\right)CO + \frac{4}{3}CO_2$$

$$K_{p2} = \frac{p_{CO_2}}{p_{CO}} = \frac{\varphi(CO_2)}{\varphi(CO)} = \frac{4/3}{n - 4/3}$$

$$\lg K_{p2} = -\frac{1645}{T} + 1.935$$

得到：

$$n = \frac{4}{3} \times \left(1 + \frac{1}{K_{p2}}\right) \tag{3-6}$$

因此，还原剂过量系数 n 还要满足从 Fe_3O_4 中还原出相应数量 FeO 的化学平衡需要。

为了区别两个反应的还原剂过量系数，这里将浮氏体还原（见式（3-5））的还原剂过量系数写作 n_1，Fe_3O_4 还原（见式（3-6））的还原剂过量系数写作 n_2，分别计算了不同温度时的还原剂过量系数，见表3-3。

表3-3　不同温度时的还原剂过量系数

温度/℃	570	600	650	700	800	900	1000
n_1	2.03	2.13	2.29	2.46	2.80	3.14	3.48
n_2	2.72	2.52	2.27	2.09	1.86	1.72	1.64

由计算结果（或作图）能够看出，在650℃时 $n_1 \approx n_2$，这是间接还原1kmol Fe 时的最小还原剂用量（$n_C = 2.29$kmol）。其他温度时要由两者中较大的决定，即高于650℃时 $n_1 > n_2$，还原剂的消耗由浮氏体还原反应的过量系数决定（$n = n_1$）；而低于650℃时 $n_1 < n_2$，还原剂的消耗由 Fe_3O_4 还原反应的过量系数决定（$n = n_2$）。不过现时的高炉冶炼，间接还原反应的还原剂用量还是由浮氏体的还原所决定（$n = n_1$）。

对于浮氏体的还原，平衡时的 $\varphi(CO_2)$ 就是煤气中 CO_2 所能达到的最高含量。之后有高价氧化铁还原的加入，煤气中 CO_2 含量要进一步升高。煤气中 CO_2 的多少能够反映间接还原发展及煤气能量利用的情况，将下面的比值定义为"煤气利用率"：

$$\eta_{CO} = \frac{\varphi(CO_2)}{\varphi(CO) + \varphi(CO_2)} \times 100\% \qquad (3-7)$$

式中，η_{CO} 称为 CO 利用率，%。相应的还有 H_2 利用率 η_{H_2}（%）：

$$\eta_{H_2} = \frac{\varphi(H_2O)}{\varphi(H_2) + \varphi(H_2O)} \times 100\%$$

实际生产中，由于煤气中的水蒸气不仅是由还原产生的，还有炉料物理水蒸发带入的，因此高炉煤气不分析水蒸气含量，在计算 H_2 利用率时多采用经验公式：

$$\eta_{H_2} = 0.88\eta_{CO} + 0.1 \qquad (3-8)$$

由 Ellingham 图看出 $2CO + O_2 = 2CO_2$ 线与 $2H_2 + O_2 = 2H_2O$ 线有交点，由图3-5也能清楚看到 $FeO + CO = Fe + CO_2$ 线与 $FeO + H_2 = Fe + H_2O$ 线有交点，$Fe_3O_4 + CO = 3FeO + CO_2$ 线与 $Fe_3O_4 + H_2 = 3FeO + H_2O$ 线也有交点，这些表明在交点温度时，CO 与 H_2 具有相同的还原能力，在低于交点温度时 CO 的还原能力强于 H_2，而高于交点温度时则相反，H_2 的还原能力强于 CO。高炉中存在着水煤气置换反应 $CO + H_2O = CO_2 + H_2$，该反应

$$\Delta H_{298}^{\ominus} = -4.18 \times 9870 \text{J/mol}$$

$$\lg K_p = \lg \frac{p_{CO_2} \cdot p_{H_2}}{p_{CO} \cdot p_{H_2O}} = \frac{1591}{T} - 1.469 \qquad (3-9)$$

若反应达到平衡，即 $K_p = 1$，则 $\lg K_p = 0$，由式（3-9）可以算得交点温度为 $T = 1083$K $= 810$℃。

3.2.2.2　铁氧化物的直接还原

A　固相区直接还原反应进行的途径及直接还原特点

在高炉冶炼过程中，铁的高价氧化物（Fe_2O_3、Fe_3O_4）在高炉中上部低温区域被 CO 还原成 FeO，而以固体碳还原的反应可以说并不存在。因此，有意义的直接还原仅是反应 $FeO + C = Fe + CO$。在高炉的干料区里，矿石与焦炭呈层状分布，碳与浮氏体直接接触发生还原反应的几率很小，但是铁的还原却是大量而迅速的，其反应是借助于碳的溶损反应及水煤气反应的发生而进行的：

$$\begin{array}{llll}
\text{间接还原} & FeO + CO = Fe + CO_2 & +4.18 \times 3250 \text{kJ} \\
+）\text{碳的溶损反应} & CO_2 + C = 2CO & -4.18 \times 39600 \text{kJ} \\
\hline
\text{直接还原} & FeO + C = Fe + CO & -4.18 \times 36350 \text{kJ}
\end{array}$$

或

$$\begin{array}{llll}
\text{间接还原} & FeO + H_2 = Fe + H_2O & -4.18 \times 6620 \text{kJ} \\
+）\text{水煤气反应} & H_2O + C = H_2 + CO & -4.18 \times 29730 \text{kJ} \\
\hline
\text{直接还原} & FeO + C = Fe + CO & -4.18 \times 36350 \text{kJ}
\end{array}$$

由于碳溶损反应的存在，碳的气化曲线与叉子曲线的交点温度（如图 3 - 6 所示），将铁氧化物的稳定存在区分成低于 t_b 的 Fe_3O_4 稳定存在区、高于 t_a 的 Fe 稳定存在区及两者之间的 FeO 稳定存在区。对应叉子曲线图，铁氧化物的稳定存在区是由温度和气相成分共同确定的，即有两个自由度；而当有碳的溶损反应存在时，铁氧化物的稳定存在区仅按温度划分，即只有一个自由度了。按热力学定律，在有碳存在的条件下，气相中（或环境中）CO 和 CO_2 的含量由碳的溶损反应（碳的气化曲线）所决定。

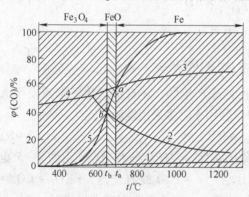

图 3 - 6　叉子曲线及碳的溶损反应曲线

当矿石进入较高的温度区域里，碳的溶损反应能够发生，这时间接还原产生的 CO_2 可与 C 发生反应生成 CO，CO 再去还原浮氏体，这两步反应都是气 - 固相间的反应，反应的条件很充分，CO 的间接还原成为一个中间环节。因此，在高炉里一旦碳的溶损反应开始了，铁的直接还原反应也就开始了；当碳的溶损反应充分发展，CO_2 已不能稳定存在时，高炉里就只有直接还原了。

碳的溶损反应也称 Boudouard 反应，其与水煤气反应的速度是直接还原反应得以合成的关键，这两个反应都是氧化性气体（CO_2 或 H_2O）与固体碳的多相反应，在高炉冶炼条件下气流速度远远超过临界速度，气体扩散到固体碳表面不会成为限制性环节，决定反应速度的主要因素是温度和焦炭的反应性。焦炭的反应性与炼焦配煤煤质及在炼焦过程中的石墨化程度有关，也与焦炭粒度及孔隙率有关。碳的溶损反应及水煤气反应在高于 950 ~ 1000℃ 时明显加速，通常情况下将该温度的等温线作为高炉内间接还原与直接还原区域的分界线。由于高炉煤气中 H_2 的比例很小，一般不超过 5%，所以水煤气反应远不如碳的溶损反应那样重要。

当矿石软熔成为液体后，流经焦炭层直至落入炉缸里，这时浮氏体可与碳直接反应，而不需经碳的溶损反应这一中间环节。因液态渣与焦炭表面的接触条件良好，又处于高温状态下，反应速率很高，致使终渣中 FeO 含量小于 0.5%，高炉冶炼铁的总回收率可达 99.7%。

对于反应 (FeO) + C = Fe + CO，只涉及一个气相产物 CO，反应的平衡常数可表示为：

$$K_p = \frac{p_{CO}}{a_{(FeO)}} = \frac{p_{总} \cdot \varphi(CO)}{a_{(FeO)}}$$

因此，K_p 既是温度的函数，也是系统总压力 $p_{总}$ 及 FeO 在渣中活度 $a_{(FeO)}$ 的函数。

直接还原是直接消耗固体碳及消耗热量较多的还原，还原每千克铁耗碳 12/56 = 0.214kg，耗热 4.18 × 649kJ，但这种还原反应不需还原剂过量。

B　直接还原度的概念及意义

在氧化铁的两类还原中，衡量直接还原发展程度的指标称为铁的直接还原度，用 r_d 表示，其定义是：从 FeO 开始，直接还原铁量 $m(Fe)_d$ 占全部还原铁量 $m(Fe)_r$ 的比例，即：

$$r_d = \frac{m(Fe)_d}{m(Fe)_r} \tag{3-10}$$

这是前苏联冶金学家 M. A. 巴甫洛夫定义的。之所以有"从 FeO 开始"的说法，是因为巴氏认为高炉里高价氧化铁的还原都是间接还原，仅是到了浮氏体阶段才有碳的直接还原。这一概念是符合高炉冶炼实际情况的。与之相对应的则是间接还原度 r_i，两者之和 $r_d + r_i = 1$，故它们之间存在着彼此消长的关系。

图 3-7 示出还原 1kg 铁时两种还原消耗碳量与直接还原度之间的关系。向右上方倾斜的直线为直接还原消耗碳量与直接还原度的关系线：

$$m(C)_d = m(Fe)_r \cdot r_d \times 12/56 = 1 \times r_d \times 0.214 = 0.214r_d$$

向右下方倾斜的直线是间接还原消耗碳量与直接还原度的关系线：

$$m(C)_i = m(Fe)_r \cdot (1 - r_d) \cdot n \times 12/56 = 0.214n - 0.214n \cdot r_d$$

间接还原消耗碳量由还原剂过量系数 n 决定，1000℃时平衡气相成分 $\varphi(CO) = 70\%$，则 $K_p = 30/70 = 0.428$，$n = 1 + 1/0.428 = 3.33$，故：

$$m(C)_i = 0.214 \times 3.33 - 0.214 \times 3.33r_d = 0.713 - 0.713r_d$$

由图 3-7 中两条直线交点 B 的坐标，即 $m(C)_d = m(C)_i$，可求得 $r_d = 0.769$，此时消耗碳量为 $m(C) = 0.165kg$。这是从还原角度考虑的反应在 1000℃条件下的最低碳量消耗，这时的直接还原度称为最佳还原度，C 直接还原产生的 CO 数量恰好满足剩余铁间接还原所需要的 CO 数量。对应其他直接还原度时的碳量消耗由折线 $AB - BC$ 确定，即还原 1kg 铁所需碳量由直接还原和间接还原两者中耗

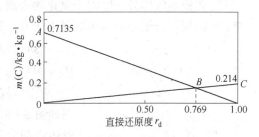

图 3-7　两种还原消耗碳量与
直接还原度之间的关系

碳量较大者决定，而不是两者的加和。这是由于高炉里矿石、焦炭共同存在，两种还原反应相互关联所致。

由于直接还原不仅消耗作为还原剂的碳量，还要消耗大量的热量，而高炉的热量也是

由碳的燃烧所提供，直接还原越多，所需提供的热量也就越多。因此，还存在一条与直接还原度相关的满足热量需要的碳量消耗线，这时冶炼 1kg 铁的碳量消耗就要由还原反应和热量供给共同决定，最佳的直接还原度和最低的碳量消耗将是另样的数值。这一问题将在本书 6.6.1 节中讨论。

3.2.3　气 – 固相还原反应的动力学

3.2.3.1　铁矿石还原机理研究及未反应核模型

研究铁矿石还原反应的动力学，探讨气 – 固相间反应的机理和速率，促进间接还原发展，提高煤气利用率，降低燃料消耗，是高炉炼铁理论的基础课题。

多年来在这方面的研究已积累了丰富成果，使人们对还原动力学的认识由浅入深、逐步完善，日趋接近实际状态。在铁矿石还原动力学研究中曾经经历的阶段介绍如下。

A　铁矿石还原的"两步理论"

1926 年，前苏联学者 A. A. 巴伊科夫等人提出铁矿石还原的两步理论。此理论认为：还原反应的第一步是氧化物首先分解为金属和氧，反应为 $MeO = Me + \frac{1}{2}O_2$；第二步是气体还原剂与氧结合，反应为 $\frac{1}{2}O_2 + CO = CO_2$ 或 $\frac{1}{2}O_2 + H_2 = H_2O$。

其后，人们对这种两步理论提出了许多质疑。例如，两步理论中第二步相当于气体的燃烧，其速率是很快的，那么还原速率则受第一步的氧化物分解所控制，而固相氧化物受热分解反应的速率是相当慢的，但实际上气 – 固相还原反应的速率远远超过固相热分解的速率。再如，在氧化物处于分解状态时，只要去除气相中的氧就可得到金属，但实际上用强力的惰性气体连续通过被加热的金属氧化物，除极少数分解压很高的金属氧化物以外，都不能得到金属。应该说，这种两步理论还是人们对动力学的研究处于初级阶段所提出的一种假说，主要是凭借还原热力学规律推想得出的。

B　铁矿石还原的"吸附自动催化理论"

铁矿石还原的吸附自动催化理论是 20 世纪 40 年代由前苏联学者邱发洛夫等人提出的，他们将还原反应分解为三步：

（1）还原剂气体分子吸附于氧化物表面，反应为 $MeO + A_{(g)} = MeO \cdot A$；

（2）还原剂分子与晶格中的氧原子发生反应 $MeO \cdot A = Me \cdot AO$；

（3）新相分子由固相表面解吸，反应为 $Me \cdot AO = Me + AO_{(g)}$。

吸附与自动催化全过程反应速率随时间的变化示意图如图 3 – 8 所示。反应处于第 1 阶段时称为孕育期，这时还原剂分子只能吸附在矿石表面某些"活化"中心，新相生成比较困难，因此总的反应速率较慢。第 2 阶段称为自动催化期，越过活化阶段，新相一旦生成就成为新的活化中心，活化点的数量急剧增加，新相对反应起到了催化作用，反应速率呈指数函数升高。第 3 阶段称为前沿会合期，由于反应逐渐向固相的核心推进，活化中心

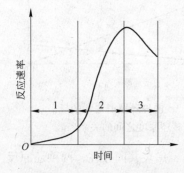

图 3 – 8　吸附与自动催化全过程
反应速率随时间的变化示意图

由孤立的点逐步发展扩大，当各个反应前沿面相互接触（即相互会合）时，形成以核为球心的球面，此时反应界面面积最大，反应速率达到了峰值。此后反应界面面积随着反应向内核推进而逐渐缩小，反应速度由峰值开始下降。

气－固相反应的吸附自动催化理论解释了在一定条件下铁矿石还原的某些特征，具有一定的正确性；但它只揭示了矿石还原全部过程的一部分环节，实际的还原过程还涉及其他一些物理化学过程，远比单纯的化学过程要复杂得多。

C　某些其他理论

随着炼铁生产的发展以及科技理论研究的深入，相继提出了一些新的理论、观点。例如瑞典学者的"固相扩散理论"，认为还原反应主要在最外层铁与浮氏体的交界面上进行，浮氏体的氧离子与还原剂结合而逸走，铁离子向内部扩散，造成高价氧化铁的还原。当矿石比较致密时，还原剂气体分子向矿石内部扩散比较困难，而低价铁离子向内部的扩散迁移是有可能的。也有学者认为，铁矿石还原具有分子扩散的特征，提出反应层内和气相边界层中分子扩散起着气－固相反应的控制作用。此外还有"缩壳理论"等。应该说这些理论只是涉及了复杂还原过程的某个环节，而远远不是问题的全部。

D　铁矿石还原的"未反应核模型理论"

20世纪六七十年代，出现了铁矿石还原的未反应核模型理论。这种理论认为：依据氧化铁还原的顺序性，还原过程中单体铁矿石颗粒的断面呈层状结构，未反应核随反应过程的进行逐渐缩小直至消失。还原的全过程是由一系列互相衔接的次过程组成，反应速率的控制环节往往不是某一个次过程，大多是由两个或多个次过程复合控制。这个理论比较完整、比较科学地揭示了铁矿石还原的机理，得到了大多冶金工作者的认同。

3.2.3.2　气－固相还原速率的数学模型

假设一半径为 r_0 的球形矿石（球团矿）在还原过程中没有收缩或膨胀，矿球还原呈层状结构，未反应核的半径为 r。由于浮氏体的还原是矿石还原进程中失氧量最多、还原最为困难的阶段，故忽略高价氧化铁到浮氏体阶段的还原过程，认为矿球仅有一个反应界面，矿球外有一吸附的、相对静止的还原气体边界层，如图 3-9 所示。铁矿石还原过程可以简化为五个次过程：

（1）还原剂气体分子由浓度为 c_A^0 的气相主流穿过气相边界层，到达矿球的外表面时浓度下降为 c_A^s，这一过程称为还原性气体的外扩散；

（2）还原剂气体分子穿过多孔的还原产物铁壳层，到达未反应核的外表面（即反应界面），浓度进一步下降为 c_A^i，这一环节称为还原性气体的内扩散；

（3）在界面上发生化学反应，这里忽略了还原剂气体分子的吸附及反应后氧化性气体的解吸等细节；

（4）氧化性气体解吸后在未反应核表面的浓度为 c_B^i，穿过还原产物金属铁层向外扩散（称为氧化性气体的内扩散），到达矿球表面时浓度降为 c_B^s；

（5）氧化性气体穿过气相边界层扩散到气相主流中（称为氧化性气体的外扩散），浓度降为 c_B^0。

气体分子浓度 c_A 与 c_B 沿传输路线的变化过程如图 3-9 中曲线所示。

按各环节次过程进行的顺序，依次列出每一步骤单位时间内传输或反应的物质数量（物质的量 n），可以得到各环节次过程的速率，进而得到总反应速率。这里应该明确，当

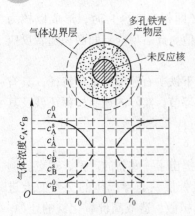

图 3-9　未反应核模型

反应稳定进行时，还原剂气体与氧化性气体的传输速率及化学反应速率应是相互衔接、协调一致的，否则将引起气体的聚积或脱节，阻碍反应的进行。因此，只要得到还原剂气体的外扩散、内扩散及化学反应三个次过程的速率，就可探讨铁矿石还原过程的整体速率，而不必再求出反应产物氧化性气体离开反应界面向外的内扩散及外扩散速率。

A　还原性气体分子通过气相边界层的外扩散速率

菲克（Fick）第一定律中表述：单位时间内物质在垂直于扩散方向上通过单位截面积扩散的物质的量，称为扩散通量。而且扩散通量 J（$\mathrm{mol/(s \cdot cm^2)}$）与扩散方向的浓度梯度成正比，即：

$$J = \frac{1}{A} \cdot \frac{\mathrm{d}n}{\mathrm{d}\tau} = -D\frac{\partial c}{\partial x}$$

还原性气体在气相边界层中的扩散可以认为属于稳定态的扩散，按菲克第一定律可以列出：

$$J_{A1} = 4\pi r_0^2 D_A \frac{c_A^0 - c_A^s}{\delta_C} = 4\pi r_0^2 \beta_A (c_A^0 - c_A^s) \tag{3-11}$$

式中　J_{A1}——每秒穿过气相边界层的还原性气体分子的物质的量，mol/s；

r_0——矿球原始半径，cm；

D_A——还原性气体分子的扩散系数，$\mathrm{cm^2/s}$；

δ_C——气相边界层厚度，cm；

β_A——气相边界层内传质系数，$\beta_A = D_A/\delta_C$，cm/s。

由式（3-11）可以得到：

$$c_A^0 - c_A^s = \frac{J_{A1}}{4\pi r_0^2 \beta_A} \tag{Ⅰ}$$

B　还原性气体分子在还原产物铁层中的内扩散速率

由于未反应核的半径 r 及相应的反应界面面积随着反应进行逐渐缩小，反应产物层不断增厚，则内扩散的路径逐渐增长，曲折度增大，因而内扩散过程处于非稳定状态，即气体的浓度梯度不是与时间无关的常数。但与气体扩散运动的速率相比，未反应核界面推进的速率要小几个数量级，因此在推导中为简化处理，仍将气体的内扩散过程看作稳定态的扩散过程。按菲克第一定律可以列出：

$$J_{A2} = 4\pi r^2 D_e \frac{\mathrm{d}c}{\mathrm{d}r}$$

式中　J_{A2}——每秒穿过还原产物铁层向内扩散的还原性气体分子的物质的量，mol/s；

D_e——还原性气体分子在反应产物铁层中的扩散系数，$\mathrm{cm^2/s}$。

D_e 也称为有效扩散系数，$D_e = D_A \varepsilon \xi$，$\varepsilon$ 为孔隙率，ξ 为迷宫度系数。迷宫度系数 $\xi = l/L$，l 为料块孔隙中两点间距离，L 为孔隙中两点间实际长度。由于 ε、ξ 都是小于 1 的数，因此 $D_e < D_A$。对于上面的 J_{A2} 式，因在气体扩散方向上反应界面的半径 r 数值在减

小，气体浓度也在降低，故该式未取负号。

对于稳定态的扩散，J 可视为常数。将上式分离变量积分，$r_0 \to r$ 时，$c_A^s \to c_A^i$，即：

$$\int_{r_0}^{r} J_{A2} \frac{\mathrm{d}r}{r^2} = \int_{c_A^s}^{c_A^i} 4\pi D_e \mathrm{d}c$$

得到：

$$J_{A2} = \frac{r_0 r}{r_0 - r} 4\pi D_e (c_A^s - c_A^i) \tag{3-12}$$

也可变化为：

$$c_A^s - c_A^i = \frac{J_{A2}}{\dfrac{4\pi r_0 r}{r_0 - r} D_e} \tag{II}$$

C 界面化学反应速率

对于还原反应 $FeO + CO = Fe + CO_2$（或 $FeO + H_2 = Fe + H_2O$），可按一级反应处理，则反应速率（$mol/(s \cdot cm^2)$）为：

$$\frac{\mathrm{d}c}{\mathrm{d}\tau}(\text{或 } v) = k_1 c_A - k_2 c_B$$

式中　k_1——正反应速率常数，cm/s；

　　　k_2——逆反应速率常数，cm/s。

因此，矿球在未反应核界面上的化学反应速率 R_i 为：

$$R_i = 4\pi r^2 (k_1 c_A^i - k_2 c_B^i) = 4\pi r^2 k_1 \left(c_A^i - \frac{k_2}{k_1} c_B^i\right) \tag{3-13}$$

当化学反应达到平衡时，反应速率 $v = 0 = k_1 c_A^* - k_2 c_B^*$，则 $k_1 c_A^* = k_2 c_B^*$（c_A^*、c_B^* 分别为反应平衡时还原性气体和氧化性气体的浓度），得到化学反应平衡常数为：

$$K = \frac{c_B^*}{c_A^*} = \frac{k_1}{k_2}$$

$$c_B^* = K c_A^*$$

因反应体系压力不变，$c_A^i + c_B^i = c_A^* + c_B^* = \text{const}$，可得到：

$$c_B^i = c_A^* (1 + K) - c_A^i$$

将上述有关关系式代入式（3-13），得到：

$$R_i = 4\pi r^2 k \left(1 + \frac{1}{K}\right)(c_A^i - c_A^*) \tag{3-14}$$

也可变换为：

$$c_A^i - c_A^* = \frac{R_i}{4\pi r^2 k \left(1 + \dfrac{1}{K}\right)} \tag{III}$$

这里 k 为化学反应的速率常数，通常以正反应速率常数表示。

D 总反应速率

当还原反应总体上处于稳定状态时，三个环节的反应速率应该满足：

$$J_{A1} = J_{A2} = R_i = R_A$$

将式（I）~式（III）相加，消去中间浓度，即可得到：

$$c_A^0 - c_A^* = \frac{J_{A1}}{4\pi r_0^2 \beta_A} + \frac{J_{A2}}{\frac{4\pi r_0 r}{r_0 - r} D_e} + \frac{R_i}{4\pi r^2 k \left(1 + \frac{1}{K}\right)}$$

由此得到气－固相还原反应的总反应速率 R_A（mol/s）：

$$R_A = \frac{c_A^0 - c_A^*}{\frac{1}{4\pi r_0^2 \beta_A} + \frac{1}{\frac{4\pi r_0 r}{r_0 - r} D_e} + \frac{1}{4\pi r^2 k \left(1 + \frac{1}{K}\right)}} \tag{3-15}$$

对于式（3-15），分子部分（$c_A^0 - c_A^*$）相当于还原反应的推动力，而分母部分相当于三项（外扩散、内扩散及界面化学反应）阻力之和，这与电路中的欧姆定律（电压除以电阻得到电流）相似。因此，欲使气－固相还原反应进行得快，就需要还原剂的浓度大，而还原的各次过程阻力要小。

E　用转化率表示的还原速率

铁矿石的还原过程就是矿石氧化铁中氧失去的过程，还原进程中失去的氧量与矿石氧化铁中含有的氧量之比即为还原度，也称为转化率，用 f 表示。若矿球是均质的，则矿石的氧密度可以单位体积内氧的物质的量表示，符号为 ρ_0，单位为 mol/cm^3。转化率的计算是：

$$f = \frac{\frac{4}{3}\pi r_0^3 \rho_0 - \frac{4}{3}\pi r^3 \rho_0}{\frac{4}{3}\pi r_0^3 \rho_0} = 1 - \left(\frac{r}{r_0}\right)^3 \tag{3-16}$$

由式（3-16）可以得到：

$$r = r_0 (1-f)^{1/3} \tag{3-17}$$

矿石还原过程中，未反应核的界面尺寸 r 是难以测定的，但转化率是可以测得的，两者相一致，因此可以用转化率来表示 r。将式（3-17）代入式（3-15）并整理，可得到用转化率表示的矿球还原速率为：

$$R_A = \frac{4\pi r_0^2 (c_A^0 - c_A^*)}{\frac{1}{\beta_A} + \left[(1-f)^{-1/3} - 1\right]\frac{r_0}{D_e} + (1-f)^{-2/3}\frac{K}{k(1+K)}} \tag{3-18}$$

由式（3-16）对转化率微分，也能得到还原速率的另一种表示：

$$\frac{df}{d\tau} = -3\left(\frac{r}{r_0}\right)^2 \cdot \frac{1}{r_0} \cdot \frac{dr}{d\tau}$$

由 $4\pi r^2 dr \cdot \rho_0 = -R_A d\tau$ 可得 $\frac{dr}{d\tau} = \frac{-R_A}{4\pi r^2 \rho_0}$，再代入上式得到：

$$\frac{df}{d\tau} = \frac{3}{r_0 \rho_0} \cdot \frac{c_A^0 - c_A^*}{\frac{1}{\beta_A} + \left[(1-f)^{-1/3} - 1\right]\frac{r_0}{D_e} + (1-f)^{-2/3}\frac{K}{k(1+K)}} \tag{3-19}$$

这是用转化率表示的还原速率公式，结果是无量纲的数，相当于单位时间内失去的氧的质量（摩尔）分数。

3.2.3.3　还原过程控制环节不同时反应速率的表达

矿石还原总反应速率由外扩散、内扩散及界面化学反应三项次过程的阻力控制，但在不同的还原条件下及不同的还原进程中，各次过程阻力所起的作用是不同的。判别还原过程控制环节的依据，应该是未反应核的界面沿矿球半径方向向核心推进的速度。

A 单一的界面化学反应控制

按式（3-19），忽略外扩散和内扩散两项阻力，该式成为：

$$\frac{\mathrm{d}f}{\mathrm{d}\tau} = \frac{3}{r_0\rho_0} \cdot \frac{c_A^0 - c_A^*}{(1-f)^{-2/3}\dfrac{K}{k(1+K)}}$$

为求还原度 f 随时间变化的规律，将上式分离变量积分：

$$\int_0^\tau \frac{3}{r_0\rho_0}(c_A^0 - c_A^*)\mathrm{d}\tau = \int_0^f \frac{K}{k(1+K)}(1-f)^{-2/3}\mathrm{d}f$$

得到：

$$\frac{1}{r_0\rho_0}(c_A^0 - c_A^*)\tau = \frac{K}{k(1+K)}[1-(1-f)^{1/3}] \qquad (3-20)$$

在一定的冶炼条件下（矿石、还原剂、还原温度等一定），r_0、ρ_0、c_A^0、c_A^*、k、K 皆为常数，则式（3-20）意为 $1-(1-f)^{1/3} \propto \tau$，而 $(1-f)^{1/3} = r/r_0$，因此式（3-20）可归结为：

$$\frac{r_0-r}{r_0} \propto \tau \qquad (3-21)$$

这表明反应界面位置的变化与反应时间成正比，这是反应处于界面化学反应环节控制的特征。

B 内扩散控制

当气体在多孔还原产物层中扩散的阻力最大时，可忽略式（3-19）中外扩散及界面化学反应两项阻力，得到：

$$\frac{\mathrm{d}f}{\mathrm{d}\tau} = \frac{3}{r_0^2\rho_0} \cdot \frac{c_A^0 - c_A^*}{[(1-f)^{-1/3}-1]\dfrac{1}{D_e}}$$

分离变量积分得到：

$$\frac{6D_e(c_A^0 - c_A^*)}{r_0^2\rho_0}\tau = 1-3(1-f)^{2/3}+2(1-f) \qquad (3-22)$$

同样，在特定的条件下，式（3-22）意为 $1-3(1-f)^{2/3}+2(1-f) \propto \tau$，经推导可变换为：

$$3\left(\frac{r_0-r}{r_0}\right)^2 - 2\left(\frac{r_0-r}{r_0}\right)^3 \propto \tau \qquad (3-23)$$

这表明反应界面相对位置（或还原度）与时间成幂函数的关系。

C 还原过程的实际控制

由于实际生产中高炉煤气流速远远超过临界流速，气相边界层的厚度达到很小的数值，外扩散的阻力已处于稳定的、可以忽略的状态。因此，在讨论矿石还原进程中的控制环节时，可以不考虑外扩散这一环节。

以时间 τ 为横坐标、$\dfrac{r_0-r}{r_0}$ 为纵坐标，将式（3-21）、式（3-23）所表示的关系作图（见图3-10），并与还原的实际情况相比较。由图3-10可以看出，当还原反应处于界面化学反应单一环节控制时，反应界面沿矿球半径方向匀速推进，呈一直线形态。而在内扩散环节控制条件下，反应界面的推进速度开始时很快，然后迅速变慢，到了一定还原度后

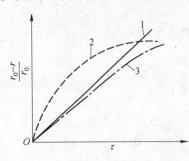

图 3 – 10　不同控制环节条件下
反应界面推进的特征图

1—界面化学反应控制；2—内扩散控制；
3—还原中实际反应界面的推进特征

近乎停滞。这是由于开始时反应在矿球表面进行，反应产物层从无到有刚刚形成，内扩散阻力很小，反应界面向球心推进的速度很快；随着反应进行，反应产物层逐渐增厚，迷宫度也逐渐变小，致使内扩散阻力迅速增加，反应界面的推进速度变慢。对于粒度相对大的矿石，在达到一定的还原度后，内扩散阻力增大到几乎使反应处于停滞的状态。由于总体的还原速率主要由阻力最大的环节所决定，仅当两种阻力的数值相差大时才由阻力最大的环节单独决定，因此实际的反应速率总要低于最慢环节的速率，如图 3 – 10 中 3 线所示，其在初始阶段的界面推进速度即比由界面化学反应控制的推进速度慢。而一旦两个环节的阻力数值相当、哪个也不能忽略时，反应的阻力为两者之和，还原反应就处于复合控制之下。

3.2.3.4　影响铁矿石还原速率的因素

（1）温度　在界面化学反应控制时，依据阿累尼乌斯（Arrhenius）定律，还原速率与 $\exp\left(-\dfrac{E}{RT}\right)$ 成正比增加，温度对反应速率有显著影响，且反应活化能 E 值越大，温度的影响也越大。在内扩散控制下，扩散系数与温度的 1.75 次方成比例变化。在复合控制下，还原速率与 T^n 成正比，n 在 0.75 ~ 3.0 范围内。

（2）压力　压力通过对还原性气体物质的浓度的影响起作用，压力增大时可提高反应速率。压力对扩散速率的影响不大。在复合控制下，压力与反应速率成 $R_A \propto p^n$ 的关系，$n = 0 \sim 1$（可按 0.5 选取）。

（3）矿石粒度　由还原速率公式可以知道，反应处于界面化学反应控制时，反应速率与粒度的 1 次方成反比；处于扩散控制时，反应速率与粒度的 2 次方成反比；处于复合控制时，反应速率与粒度的 1 ~ 2 次方成反比。

（4）煤气成分　H_2 的扩散系数（以及有效扩散系数）比 CO 大，是它的 3 ~ 5 倍，H_2 的反应速率常数也比 CO 高，因此不论反应处于何种控制范围，用 H_2 作还原剂时的反应速率均比用 CO 时明显增快。

（5）矿石种类和性质　矿石的形状、致密程度（孔隙率，特别是开口气孔）以及迷宫度等因素都能影响矿石反应界面的大小，也影响气体有效扩散系数的大小，进而影响矿石的还原速率。矿石的氧化程度和矿物组成是矿石还原性的重要表征，矿石氧化度高（三价铁多）时，与高价铁结合的氧容易被夺取，而组成复杂的化合物的铁（如硅酸铁）则较难被还原。

上述还原机理的研究只限于单体矿石颗粒的还原过程，且是在设定温度、还原剂成分不变的情况下进行的，这应该是在实验室进行的研究，而高炉冶炼的实际情况要远比这复杂。

还原气流在料层及散料孔隙中的分布是否均匀，每个颗粒得到的还原条件是否均等，

若用数学方法描述这种空间不均匀情况，需要建立三维模型，这涉及众多的过程参数，致使建模工作难以进行。即使气流在料层中分布均匀，矿石颗粒群体与单个颗粒的还原过程也是有很大差异的。散料层的还原过程受到料床温度场和还原剂浓度场的控制，而这两个场本身又是还原过程的函数，是随机变化的，将这种情况称为移动床的"派生效应"。即每个矿石颗粒在这两个变化的场中移动，其还原的外界条件变化更为复杂，若按单体颗粒还原模型的规律采取改善还原过程的一些措施，在散料床还原过程中得不到预期效果。例如，根据未反应核模型，缩小矿石粒度可加速还原过程，当界面化学反应控制时还原速率与颗粒粒度的 1 次方成反比，当内扩散控制时还原速率与颗粒粒度的 2 次方成反比；但实际效果是矿石还原度略有提高，远低于按未反应核模型计算的预期值。这是因为缩小矿石粒度后，最先接触还原气体的矿石还原速度加快，气相中氧化性气体增多、还原性气体浓度降低，改变了料层中还原剂的浓度场，减缓了后面矿石的还原速率（后面矿石遇到了氧化性成分增加了的气体）。再如，增大还原剂中氢的比例能够提高反应速率，但提高的效果并不是按未反应核模型预期的 3～5 倍。这是因为氢增多后，开始阶段的还原速率加快，但却引起料层中还原剂浓度场的变化；再者，氢的还原属于吸热反应，消耗了热量，降低了还原剂的温度（温度场也有改变），这双重原因造成了后面矿石还原过程的减缓。

3.2.4 其他元素的还原

一般的生铁除含 Fe 外，还溶入一定量的 C，以及含有少量的有益元素 Si、Mn 和有害元素 S、P，冶炼某些复合矿石时可能含有 V、Ti、Cu、Ni 等。

根据化学热力学的基本原理，查看多种氧化物的氧势图，或是通过有关反应的基本热力学数据的计算，可以了解高炉冶炼中某些合金元素的还原情况。图 3-11 为理查德森（Richardson）氧化物标准生成自由能图，表 3-4 列出了碳还原氧化物反应的标准自由能变化（$\Delta G^{\ominus}$）与温度的关系式以及 1800K 时反应的平衡常数 K_{1800} 值。

表 3-4 碳还原氧化物反应的 $\Delta G^{\ominus}$ 及 $K_{p(1800)}$

反 应 方 程 式	温度范围/K	$\Delta G^{\ominus} = A - BT/kJ \cdot mol^{-1}$		$K_{p(1800)}$
		A	B	
$Cu_2O_{(l)} + C = 2Cu_{(l)} + CO$	1502～2000	28260	144.70	5.5×10^6
$NiO_{(s)} + C = Ni_{(l)} + CO$	1726～2000	134610	179.08	2.8×10^5
$P_2O_{5(g)} + 5C = 2P_{(g)} + 5CO$	1500～2000	196240	180.96	5600
$FeO_{(l)} + C = Fe_{(l)} + CO$	1809～2000	120170	133.90	3200
$FeO_{(l)} + C = Fe_{(s)} + CO$	1665～1809	111580	128.25	2900
$\frac{1}{3}Cr_2O_3 + C = CO + \frac{2}{3}Cr_{(s)}$	1500～2000	259510	170.03	22
$MnO_{(s)} + C = Mn_{(l)} + CO$	1516～2000	290370	173.26	4.3
$VO_{(s)} + C = V_{(s)} + CO$	1500～2000	283980	158.85	1.2
$\frac{1}{2}SiO_{2(s)} + C = \frac{1}{2}Si_{(l)} + CO$	1686～1986	356100	183.85	0.19
$\frac{1}{2}SiO_{2(l)} + C = \frac{1}{2}Si_{(l)} + CO$	1883～2000	350450	180.88	0.19

反 应 方 程 式	温度范围/K	$\Delta G^{\ominus} = A - BT/kJ \cdot mol^{-1}$		$K_{p(1800)}$
		A	B	
$SiO_{2(s)} + C = SiO_{(g)} + CO$	1686 ~ 2000	666570	329.52	0.007
$\frac{1}{2}TiO_{2(s)} + C = \frac{1}{2}Ti_{(s)} + CO$	1500 ~ 1940	349820	171.42	0.063
$\frac{1}{3}Ti_2O_{3(s)} + C = \frac{2}{3}Ti_{(s)} + CO$	1500 ~ 1940	375990	165.85	0.0057
$TiO_{(s)} + C = Ti_{(s)} + CO$	1500 ~ 1940	384760	167.44	0.0038
$MgO_{(s)} + C = Mg_{(g)} + CO$	1500 ~ 2000	613610	289.95	0.0022
$\frac{1}{3}Al_2O_{3(1)} + C = \frac{2}{3}Al_{(1)} + CO$	1500 ~ 2000	442270	191.76	0.0016
$CaO_{(s)} + C = Ca_{(g)} + CO$	1765 ~ 2000	668660	275.76	1×10^{-5}

一些常见氧化物的还原情况是：

(1) 在高炉冶炼中容易被 CO 还原的金属有 Cu、Pb、Co、Ni 及 As 等，它们几乎 100% 被还原，其中 Cu、Co、Ni 可溶入铁水中形成合金。Pb 的密度比 Fe 大，还原后沉积于炉缸底部，对炉体维护不利。虽然少量 Cu 可以提高钢材的耐腐蚀性能，但 Cu 过多会引起钢材热脆。As 能引起钢材冷脆，Cu、As 均能降低钢材的焊接性能。因此，对这些易还原的金属，只能通过配矿限制它们入炉的数量。

对某些稀缺的有益元素，如 Cr、Nb 等，则可尽量促使其还原进入铁水中，以提高它们的回收率，为下道工序的提取创造条件。

(2) 在较高温度下可被固体碳还原的元素有 P、Zn、Mn、V、Si、Ti 等，在标准状态下，这些元素的氧化物与 C 发生还原反应的开始温度是：P 870℃，Zn 950℃，Mn 1380℃，V 1480℃，Si 1740℃，Ti 1770℃。其中 P 和 Zn 在高炉里几乎全部被还原，其他元素比 Fe 难还原，依据其还原的难易程度和高炉冶炼的具体操作条件，其还原率（或回收率）大致为：Mn 50% ~85%，V 80%，Si 5% ~ 15%（低值为普通生铁，高值为高炉铁合金），Ti 1% 左右。

(3) 在高炉里不能还原的元素有 Ca、Mg、Al 等，它们的氧化物 CaO、MgO、Al_2O_3 被固体碳还原的开始温度均在 2000℃ 以上，反应平衡常数很小，可以认为在高炉里不能被还原而进入炉渣之中。

3.2.4.1 锰的还原

A 高炉里锰的还原

已知锰的氧化物有 MnO_2、Mn_2O_3、Mn_3O_4 和 MnO 四种，锰氧化物的还原过程也是按顺序由高价氧化物到低价氧化物逐级还原。

MnO_2 和 Mn_2O_3 极不稳定，MnO_2 在 550℃ 时、Mn_2O_3 在 1100℃ 时的分解压均已达到 0.1013MPa，它们在高炉里被 CO 或 H_2 还原的反应都是不可逆的，还原产物中 CO_2 或 H_2O 的平衡成分接近 100%。Mn_3O_4 被 CO 还原也很容易，平衡气相中 $\varphi(CO)$ 可以小于 10%。这三种锰的氧化物在高炉上部均可全部间接还原为 MnO，并且它们被 CO 还原都是

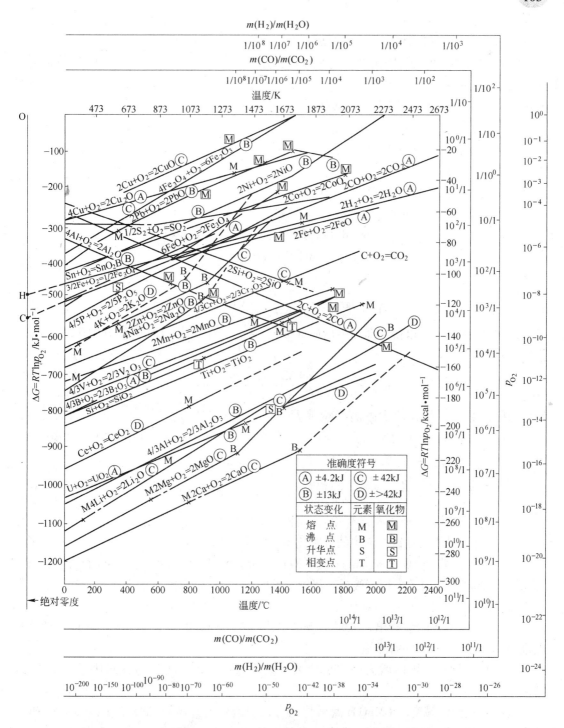

图 3-11　理查德森氧化物标准生成自由能图

放热反应，热效应值较大，这是冶炼锰铁高炉炉顶温度高（可达 500~700℃）的主要原因。MnO_2、Mn_2O_3、Mn_3O_4 还原反应热效应值如下：

$$2MnO_2 + CO = Mn_2O_3 + CO_2 \qquad +4.18 \times 54180kJ$$

$$3Mn_2O_3 + CO \Longrightarrow 2Mn_3O_4 + CO_2 \quad +4.18 \times 40660kJ$$

$$Mn_3O_4 + CO \Longrightarrow 3MnO + CO_2 \quad +4.18 \times 12400kJ$$

MnO 与高价氧化锰恰恰相反，比 FeO 更难还原，用 CO 还原 MnO 在 1200℃时的平衡气相成分 $\varphi(CO)/\varphi(CO_2)$ 值高达 10^4（平衡常数很小，$K_p = 10^{-4}$），因此高炉里 MnO 被间接还原是不可能的，只能用 C 直接还原。

B 锰在铁、渣中分配比的计算与控制

高炉冶炼中高价氧化锰很容易还原到 MnO，而 MnO 也容易与 SiO_2 结合成低熔点的硅酸锰（$2MnO \cdot SiO_2$），因此锰是从炉渣里还原出来的。成渣后，渣中 MnO 与炽热焦炭发生反应（或与碳饱和的铁水反应）：

$$(MnO) + C \Longrightarrow [Mn] + CO \quad -4.18 \times 68640kJ$$

$$\Delta G^{\ominus} = 4.18 \times (69050 - 50.20T) \quad (J/mol)$$

$$K_{pMn} = \frac{w[Mn]_\% f_{[Mn]} p_{CO}}{a_C a_{(MnO)}} \tag{3-24}$$

$$\lg K_{pMn} = -\frac{15090}{T} + 10.97 \tag{3-25}$$

由式（3-24）可以得到高炉中反应 $(MnO) + C \Longrightarrow [Mn] + CO$ 的锰分配比算式，其推导过程是：

$$K_{pMn} = \frac{w[Mn]_\% f_{[Mn]} p_{CO}}{w(MnO)_\% \gamma_{(MnO)} / (n \times 71) \times a_C}$$

锰的活度系数 $f_{[Mn]}$ 受铁液中碳的影响很大（$[C]$ 能降低 $f_{[Mn]}$），对于碳饱和的铁水，$f_{[Mn]} = 0.65 \sim 0.80$，计算时常取 $f_{[Mn]} = 0.8$。这里 $a_C = 1$，$n = 1.65$（通常 100g 高炉炉渣约有 1.65mol 的氧化物），因此：

$$\frac{w[Mn]_\%}{w(MnO)_\%} p_{CO} = \frac{w[Mn]}{w(MnO)} p_{CO} = 1.07 \times 10^{-2} \times K_{pMn} \gamma_{(MnO)} \tag{3-26}$$

当温度已知时，可通过式（3-25）得到 K_{pMn} 的数值，若 p_{CO} 和 $\gamma_{(MnO)}$ 也知道，就可利用式（3-26）计算锰在铁、渣中的分配比 $w[Mn]/w(MnO)$。

生产实践表明，分配比 $w[Mn]/w(MnO)$ 低于 $p_{CO} = 0.1013MPa$ 条件下的平衡值，而与 $p_{CO} = 0.2025MPa$ 时的平衡值接近，尽管实际的 CO 分压没有达到后者水平，Mn 的还原与平衡状态还有差距。

由式（3-26）能够看出，欲提高 Mn 在铁、渣中的分配比，即提高 Mn 的回收率，促进 Mn 的还原，应采取的措施是：

(1) 提高炉温，可以增大还原反应的平衡常数 K_{pMn}，使实际的分配比尽量接近平衡值；

(2) 提高炉渣碱度，(MnO) 属碱性组分，炉渣碱度升高则 CaO 增多，CaO 与 SiO_2 结合，使得 MnO 从硅酸盐中游离出来，有利于 MnO 在渣中活度系数 $\gamma_{(MnO)}$ 的提高；

(3) 提高生铁硅含量，可以促进渣-铁间的耦合反应 $2(MnO) + [Si] \Longrightarrow 2[Mn] + (SiO_2)$ 进行，以 $[Si]$ 的氧化使 (MnO) 还原为 $[Mn]$。

C 高炉锰铁的冶炼

对于高炉锰铁的冶炼，采取以下办法是必要的：

（1）选用 Mn 含量高、Fe 含量低以及 S、P 和 SiO_2 含量少的优质锰矿，有利于提高 Mn 的回收率，减少资源浪费，生产优质铁合金。对于 Fe、P 含量较多的锰矿石，难以达到冶炼规定牌号锰铁合金所需要的矿石锰铁比时，可以采用两步法冶炼：第一步采用低碱度酸性渣操作，使 Fe、P 还原进入铁中，而抑制 Mn 的还原使之尽量进入渣中，得到 Mn 元素富集的炉渣，然后铁水再去脱 P、S 炼钢。这一步相当于用高炉冶炼方法进行选矿。第二步是将富锰的炉渣作为原料，在高炉里冶炼高碳锰铁或用电炉冶炼低碳锰铁合金。

（2）采用高风温、高富氧技术，可使热量向炉缸集中，高炉中上部温度合适，减少 Mn 的挥发损失，节约能源消耗。

（3）选用合适的造渣制度，提高炉渣碱度，有利于 Mn 的还原、回收。

冶炼单位质量铁合金锰矿石用量 A(t/t 或 kg/kg) 的计算是：

$$A = \frac{w[\text{Mn}]}{w(\text{Mn})_A \cdot \eta_{\text{Mn}}} \qquad (3-27)$$

式中　$w[\text{Mn}]$——锰铁合金的锰含量，%；

　　　$w(\text{Mn})_A$——矿石锰含量，%；

　　　η_{Mn}——锰的回收率（一般为 0.8）。

为保证这类计算的正确，矿石和合金（生铁）的含量项应同时取用质量分数或同时取用质量百分数，两者要一致；而锰元素的回收率，计算时宜用小数，若用百分数，别忘了在式（3-27）分母中要除以 100（可移在分子上做乘法）。有的计算结果锰矿石用量 A 达到百位数，这是错误的。

3.2.4.2　硅的还原

A　高炉里硅的还原

SiO_2 是很稳定的氧化物，高炉里只能在高温下用固体碳还原，对于普通生铁，SiO_2 还原率仅有 5%~10%。Si 的氧化物有 SiO_2 和在高温下才存在的气态 SiO，在还原过程中也是逐级转化的，即：

高于 1500℃　　　　　　　　$SiO_2 \rightarrow SiO_{(g)} \rightarrow Si$

低于 1500℃　　　　　　　　　$SiO_2 \rightarrow Si$

用 C 作还原剂还原 SiO_2，生成 SiO 和 Si 的反应为：

$$SiO_{2(s)} + 2C = Si_{(s)} + 2CO \qquad -4.18 \times 150090\text{kJ} \qquad (3-28)$$
$$\Delta G^{\ominus} = (174300 - 90.6T) \times 4.18 \quad (\text{J/mol})$$

令 $\Delta G^{\ominus} = 0$，可求得反应开始温度 $T_b = 1923\text{K}$（1650℃）。

$$SiO_{2(s)} + C = SiO_{(g)} + CO \qquad (3-29)$$
$$\Delta G^{\ominus} = (159200 - 78.7T) \times 4.18 \quad (\text{J/mol})$$

反应开始温度 $T_b = 2022\text{K}$（1749℃）。

由上面计算可以看出，两个反应的开始温度都很高，高出炉渣温度 100~200℃，似乎只有在到达高炉风口前的高温区时，硅才能开始还原。但实际上高炉软熔带下液态的铁滴里就已含有硅了，在下降过程中 [Si] 含量升高，下降到风口水平面时 [Si] 含量值达到最大；而后铁滴穿过渣层进行炉缸反应，[Si] 含量又有所降低，直至达到出炉时的含量。这是 20 世纪 60 年代后开展的一些高炉解剖研究所得到的结果。

由此进而研究硅的还原途径，一些学者提出硅的还原（或转移）是通过气相中 SiO

及 SiS 等中间化合物进行的。在高炉风口带，由于焦炭及其灰分所含的 SiO_2 和 S 活度值大，与 C 的接触条件好，温度又高，生成 SiO 及 SiS 的反应条件比较充分。在随煤气上升过程中，SiO 及 SiS 遇到下落的渣铁液体时能被吸收，在软熔带至风口带的距离内，吸收的这两种气态物质逐渐增多，到风口带时达到最大值。SiO 及 SiS 遇到软熔带滴落的铁水而被吸收的反应是：

$$SiO_{(g)} + Fe === [Si] + FeO$$

$$SiS_{(g)} === [Si] + [S]$$

虽然气相中间化合物提供了 Si 的转移，但这并不是硅还原的唯一途径。在冶炼硅含量高的生铁（如高炉冶炼低硅铁合金）时，仅靠焦炭灰分中 SiO_2 的还原是不够的，需要加入酸性熔剂硅石，矿石中的 SiO_2 也是硅源之一，在炉缸里从炉渣中还原硅也是一种途径。

B　硅还原的特点与控制

硅的还原虽然困难，但在高炉里也有促进硅还原的有利条件，还原出的 Si 可与 Fe 组成多种稳定化合物，如 FeSi、Fe_2Si、Fe_3Si 等，可以降低还原反应的 ΔG 值，也相应降低了反应的开始温度，使得还原变得容易一些。

$$Fe + Si === FeSi \qquad \Delta G^{\ominus} = (-19200 - 1.0T) \times 4.18 \quad (J/mol)$$

上式与式（3-28）合并，经计算得到：

$$SiO_2 + 2C + Fe === 2CO + FeSi(含 Si\ 33\%) \qquad T_b = 1693K$$

考虑到形成 FeSi 使得反应 ΔG 变化，以 $w[Si] = 1\%$ 为标准态，（SiO_2）还原反应式写作：

$$(SiO_2) + 2[C] === [Si] + 2CO \qquad \Delta G^{\ominus} = (141525 - 93.58T) \times 4.18 \quad (J/mol)$$

$$K_{pSi} = \frac{w[Si]_\% f_{[Si]} p_{CO}^2}{a_{(SiO_2)} a_{[C]}^2} \qquad (3-30)$$

$$\lg K_{pSi} = -\frac{30935}{T} + 20.455 \qquad (3-31)$$

在碳饱和的铁液中，可取 $a_{[C]} = 1$，$f_{[Si]} = 15$，代入式（3-30）得：

$$K_{pSi} = \frac{w[Si]_\% f_{[Si]} p_{CO}^2}{w(SiO_2)_\% \gamma_{(SiO_2)}/(n \times 60) \times a_{[C]}^2}$$

得到硅的分配比算式为：

$$\frac{w[Si]}{w(SiO_2)} p_{CO}^2 = 6.73 \times 10^{-4} \times K_{pSi} \gamma_{(SiO_2)} \qquad (3-32)$$

对于硅的分配比算式（式（3-32））以及前面锰的分配比算式（式（3-26）），推导时都取 100g 炉渣氧化物总的摩尔数 $n = 1.65$，如果不是 1.65mol，将影响两分配比算式中系数项的数值。

$CaO-SiO_2-Al_2O_3$ 系炉渣中 SiO_2 活度系数 $\gamma_{(SiO_2)}$ 随炉渣成分的变化，如图 3-12 所示。当渣中 MgO 含量在 20% 以下时，将（MgO）计入（CaO）中对 $\gamma_{(SiO_2)}$ 并无影响。高炉冶炼实际表明，$w[Si]/w(SiO_2)$ 常低于按式（3-32）计算的值，硅的还原还没有达到平衡。

硅的还原消耗碳量和热量都是比较多的，还原每千克 Si 消耗 C 24/28 = 0.857kg，耗热 4.18×5360kJ。在高炉冶炼操作中，以生铁中硅的含量表示"炉缸热制度"，这是一项重要的操作制度。

在满足炼钢工艺对铁水成分要求的条件下，高炉冶炼尽量降低铁水硅含量，推行低硅生铁冶炼，对节能降耗是很有意义的。

高炉冶炼中改善与控制硅的还原需要做到：

（1）保证高炉高温区的温度水平。炉缸温度高有利于硅的还原，这是热力学及动力学两方面都有作用的因素，在推行低硅生铁冶炼时，炉缸物理热量充沛是极为必要的。因此，需要采用高风温和富氧鼓风技术。

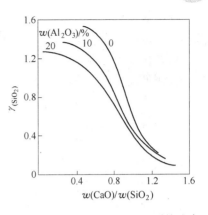

图 3 – 12　$CaO - SiO_2 - Al_2O_3$ 系炉渣中
SiO_2 活度系数 $\gamma_{(SiO_2)}$ 随炉渣成分的变化

（2）保持合适的炉渣碱度。炉渣碱度低，渣中 SiO_2 多，$a_{(SiO_2)}$ 大，有利于硅的还原。冶炼炼钢生铁时，炉渣碱度以 $R = 1.05 \sim 1.15$ 为宜；而冶炼铸造生铁时，应为 $R = 0.95 \sim 1.05$。在冶炼低硅生铁时要注意铁水脱硫的问题，中小型高炉炉料带入硫量多，硫负荷大，因此需要提高炉渣碱度，焦比也要增加。

（3）讲究精料方针，注意原料的选择。使用脉石难熔而容易还原的矿石，有利于炉缸温度的提高。使用低灰分而灰分中 SiO_2 含量高的焦炭以及使用硅石作熔剂，因其中的 SiO_2 是自由态的，可以提高活度系数 $\gamma_{(SiO_2)}$，有利于硅的还原。

（4）保持高炉行程中的稳定，精心操作，减少失误，这是实现低硅生铁冶炼所必需的。

3.2.4.3　磷的还原

A　高炉里磷的还原

磷以磷灰石（$3CaO \cdot P_2O_5$）或蓝铁矿（$3FeO \cdot P_2O_5 \cdot 8H_2O$）形态存在于矿石中，焦炭中含磷较少。蓝铁矿受热时结晶水分解，能形成多孔的结构而易被还原，在 700℃ 时可被 H_2 还原，在 900℃ 时可被 CO 还原，$1100 \sim 1300℃$ 下磷能完全还原，反应为：

$$2Fe_3(PO_4)_2 + 16CO = 3Fe_2P + P + 16CO_2$$

磷灰石比较稳定，在高温下被 C 还原，$1200 \sim 1500℃$ 时可发生反应：

$$Ca_3(PO_4)_2 + 5C = 3CaO + 2P + 5CO \qquad -4.18 \times 389100kJ$$

总的来说，磷是种难还原的元素，在高炉里以直接还原方式还原，还原 1kg 磷耗热 $4.18 \times 6275kJ$，耗碳 0.97kg。但在高炉冶炼中，炉料带入的磷却能全部还原进入生铁（仅在冶炼高磷生铁时有 5% ~ 10% 的磷进入炉渣），这是由于高炉里存在着诸多有利于磷还原的因素所致：

（1）由于炉渣中有大量 SiO_2 存在，可以提高 P_2O_5 的活度。有 SiO_2 存在时可发生反应：

$$2(3CaO \cdot P_2O_5) + 10C + 3SiO_2 = 3(2CaO \cdot SiO_2) + 4P + 10CO$$

使磷的还原耗热减为 $4.18 \times 5471kJ/kg$。

（2）还原出的磷能与铁组成化合物 Fe_2P、Fe_3P 等，这能降低 P 的活度，也促进了磷的还原。

（3）高炉里碳过剩、氧势低，P_2O_5 难以稳定存在，使得磷的还原变得容易。

除冶炼特殊生铁（磷铁合金以及用于薄壁铸件的铸造生铁）外，生铁中的磷属有害杂质，要求磷含量越低越好。要控制生铁的磷含量，应从原料入手，使用磷含量低的矿石，可按矿石允许磷含量公式计算所用矿石中磷的限界含量。如果受资源条件限制，只有搭配使用低磷矿石，方能保证生铁磷含量合乎要求。

B　矿石允许磷含量公式

以冶炼1t生铁作计算基准，由磷的平衡来计算矿石允许磷含量：

$$w(P)_{\%A}/100 \times A \times 1000 + m(P)_{其他} = w[P]_\%/100 \times 1000$$

式中　$w(P)_{\%A}$——矿石允许磷含量（质量百分数）；

$\quad\quad w[P]_\%$——生铁中磷的限界含量（质量百分数），计算时可按国家标准取磷的限界含量为0.4%；

$\quad\quad m(P)_{其他}$——冶炼1t生铁由燃料、熔剂带入的磷量，kg；

$\quad\quad A$——冶炼1t生铁的矿石用量，t，可由生铁铁含量与矿石品位粗略算得 $A = w[Fe]_\%/w(Fe)_{\%A}$。

上式经约简后得到：

$$w(P)_{\%A} = \frac{w[P]_\% - 0.1m(P)_{其他}}{A} = \frac{(w[P]_\% - 0.1m(P)_{其他}) \cdot w(Fe)_{\%A}}{w[Fe]_\%} \quad (3-33)$$

在这项计算中需要注意：

（1）式（3-33）的推导是以1t生铁作计算基准，其平衡算式是以磷量的千克数列出的，计算时各项含量均应取用质量百分数（$w[P]_\%$、$w[Fe]_\%$、$w(Fe)_{\%A}$），即计算时代入百分数，计算的结果矿石允许磷含量 $w(P)_{\%A}$ 已是百分数，不可再把它变成百分数。

（2）式（3-33）中的 $m(P)_{其他}$，为焦炭、熔剂等其他炉料带入的磷量（kg/t），把这个质量除以10即为这些炉料带入磷量占生铁量的百分数。有些文献直接给出"其他炉料带入磷量的百分数"，那么按式（3-33）计算时该项就不要再除以10了。

3.2.4.4　钒和钛的还原

我国钒钛磁铁矿储量较多（据不完全统计，保有储量达上百亿吨），主要分布在四川攀（枝花）西（昌）地区，其次是河北承德地区和安徽马鞍山地区。20世纪六七十年代开展的攀钢钒钛矿高炉冶炼的科学试验和技术攻关，经过20多年的艰苦努力，取得了高钛型钒钛磁铁矿高炉冶炼工艺技术的突破。

A　钒的还原

钒钛磁铁矿是一种多金属元素的复合矿，是以铁、钒、钛为主的共生磁性铁矿。钒和铁的矿物呈类质同象赋存于钛磁铁矿中，钒以 V^{3+} 的形态固溶于磁铁矿晶格内，形成钒尖晶石（$FeO \cdot (Fe, V)_2O_3$）。含钒氧化物的还原是在铁氧化物还原之后开始的，主要发生在软熔滴落带，其反应是：

$$FeO \cdot V_2O_3 + 2C = Fe + 2VO + 2CO \quad\quad \Delta G^\ominus = 426928 - 318.82T \quad (J/mol)$$

$$FeO \cdot V_2O_3 + 6C = Fe + 2VC + 4CO \quad\quad \Delta G^\ominus = 840410 - 624.21T \quad (J/mol)$$

$$VO + C = V + CO \quad\quad \Delta G^\ominus = 310493 - 154.62T \quad (J/mol)$$

后两个反应的开始温度为1103℃、1152℃，但受到反应动力学条件限制，生成金属钒的反应开始温度高达1598℃。

在有液态铁存在时能够改善钒的还原，其还原反应可按下式进行：

$$VO + C \Longrightarrow [V] + CO \qquad \Delta G^{\ominus} = 289768 - 210.64T \quad (J/mol)$$

$$FeO \cdot V_2O_3 + 4C \Longrightarrow Fe + 2[V] + 4CO \qquad \Delta G^{\ominus} = 993276 - 734.66T \quad (J/mol)$$

反应开始温度有所降低,在 $a_{FeO \cdot V_2O_3} = 0.1$、$a_{[V]} = 1$ 的条件下,$FeO \cdot V_2O_3$ 的还原反应开始温度为 1115℃。

在高炉冶炼中钒属于较难还原的元素,铁水中钒含量随炉温和碱度提高而增加,而炉温的影响大于碱度的影响。

B 钛的还原

钒钛磁铁矿中的钛主要以氧化物(TiO_2)形态存在于钛铁晶石($2FeO \cdot TiO_2$)和钛铁矿($FeO \cdot TiO_2$)中,在烧结矿中大多与 CaO 结合生成钙钛矿($CaO \cdot TiO_2$)。含钛矿物在高炉冶炼中有少量被还原,由高价钛氧化物还原为低价钛氧化物,最后生成钛和钛的碳、氮化物进入铁中。TiO_2 被碳还原的过程是:

$$TiO_2 \rightarrow Ti_3O_5 \rightarrow TiC_xO_y \rightarrow TiC$$

有研究证实,Ti_3O_5 进一步还原的平衡相不是过去认为的 Ti_2O_3,而是钛的碳氧化物 TiC_xO_y(1580K 时其化学组成为 $TiC_{0.67}O_{0.33}$),TiO_2 被碳还原的末级反应是:

$$TiC_xO_y + 2yC \Longrightarrow TiC + yCO \qquad (x + y = 1)$$

高炉冶炼过程中,因有过剩碳的存在以及良好的渣焦润湿,在高温条件下可以进行直接还原反应:

$$TiO_2 + 3C \Longrightarrow TiC + 2CO \qquad \Delta G^{\ominus} = 531304 - 339.88T \quad (J/mol)$$

$$TiO_2 + 2C + \frac{1}{2}N_2 \Longrightarrow TiN + 2CO \qquad \Delta G^{\ominus} = 379533 - 257.78T \quad (J/mol)$$

$$TiO_2 + 2C \Longrightarrow [Ti] + 2CO \qquad \Delta G^{\ominus} = 686886 - 397.96T \quad (J/mol)$$

高炉内钛的还原数量受炉内气氛、温度及 TiO_2 含量的影响,温度升高、还原气氛增强、渣中 TiO_2 含量增加都有利于钛的还原。

当钛含量超过其冶炼温度的溶解度时,将产生 TiC、TiN 的析出反应,它们可以固溶体形式存在于熔渣中,呈高度弥散状态,致使炉渣黏度急剧增加,铁损增加,高炉冶炼变得十分困难。

SiO_2 与 TiO_2 的性质相似,在炉内 TiO_2 的还原与 SiO_2 的还原密切相关,根据耦合反应的原理,可发生反应:

$$(TiO_2) + [Si] \Longrightarrow [Ti] + (SiO_2)$$

$$K_{pTi-Si} = a_{[Ti]} a_{(SiO_2)} / (a_{[Si]} a_{(TiO_2)}) \qquad (3-34)$$

在熔渣组分变化不大的范围内,其活度系数可视为常数,并将其合并到平衡常数 K'_{pTi-Si} 之中,这样可以得到钛的分配系数(分配比)为:

$$L_{Ti} = \frac{w[Ti]}{w(TiO_2)} = K'_{pTi-Si} \frac{w[Si]}{w(SiO_2)} = K'_{pTi-Si} L_{Si} \qquad (3-35)$$

式中,K'_{pTi-Si} 是用组分浓度表示的平衡常数,即:

$$K'_{pTi-Si} = w[Ti] / w(TiO_2) \cdot w(SiO_2) / w[Si]$$

由式 3-35 可知,L_{Ti} 与 L_{Si} 成正比关系。钛、硅的还原主要受温度的影响,冶炼 TiO_2 含量不同的炉渣时,铁水中 $w[Si]$、$w[Ti]$ 与以 $w[Ti] + w[Si]$ 表示的炉温之间的关系如图 3-13 所示。在中、低钛炉渣冶炼时,$w[Si]$、$w[Ti]$ 随炉温变化的回归直线没有交点，并且总是 $w[Si] > w[Ti]$，见图 3 – 13（b）、（c）。而冶炼含 TiO_2 26% ~30% 的高钛炉渣时，在正常的炉缸工作状态下，$w[Ti] > w[Si]$，随炉温降低两条直线有交点，在交点左侧变为 $w[Si] > w[Ti]$，该交点可作为炉温热凉转化的分界点。这个特点是高钛型炉渣冶炼判断炉温变化趋势的一个依据。

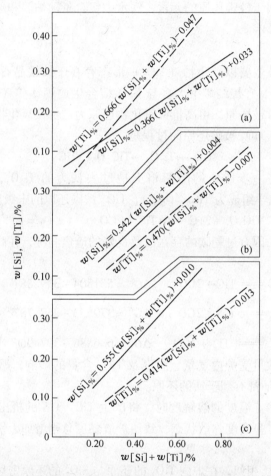

图 3 – 13　冶炼 TiO_2 含量不同的炉渣时，铁水中 $w[Si]$、$w[Ti]$ 与
以 $w[Ti] + w[Si]$ 表示的炉温之间的关系
（a）$w(TiO_2) = 26\% ~30\%$；（b）$w(TiO_2) = 13\% ~15\%$；（c）$w(TiO_2) = 8\% ~10\%$

　　欲解决钒钛矿高炉冶炼困难的问题，选择合理的热制度至关重要。高炉冶炼温度的控制应使铁、钒大量还原，硅、钛少还原，保证渣铁畅流，炉况稳定顺行。

3.2.5　铁水渗碳

　　在高炉固相区，当氧化铁还原出固态海绵铁时，海绵铁作为催化剂，能够促进析碳反应 $2CO == [C] + CO_2$ 的进行，析出的碳渗入海绵铁中。该反应的平衡常数为：

$$K_p = \frac{p_{CO_2}}{p_{CO}^2} a_{[C]}$$

$$\lg K_{\mathrm{p}} = \frac{8918}{T} - 9.11$$

由上式可导出海绵铁中的平衡碳量为：

$$x_{[\mathrm{C}]} = K_{\mathrm{p}} \frac{\varphi(\mathrm{CO})^2}{1 - \varphi(\mathrm{CO})} \cdot \frac{p}{f_{[\mathrm{C}]}} \tag{3-36}$$

式中 $x_{[\mathrm{C}]}$——固态海绵铁中碳含量（摩尔分数）；

     $\varphi(\mathrm{CO})$——析碳反应平衡时煤气中 CO 的体积分数，%；

     p——煤气总压力；

     $f_{[\mathrm{C}]}$——碳在铁中的活度系数。

碳在铁中的活度系数与铁中的碳、硅含量有关：

$$\lg f_{[\mathrm{C}]} = 0.47 + 12.67 x_{[\mathrm{Si}]} + 9.5 x_{[\mathrm{C}]} \tag{3-37}$$

由计算可以得出固态海绵铁在平衡状态下最多渗碳 1.5%，而实际上因反应动力学条件限制，远未达到这个水平。但在渗碳后海绵铁熔点降低，液态铁水与固体碳接触可以进一步渗碳，特别是在炉缸里，能够达到碳饱和状态。

饱和碳的溶解度可由 Fe-C 相图大体确定，此外，还与铁水中一些元素的含量有关。在估算生铁碳含量时，多采用前苏联学者 A. 高特里普提出的公式：

$$w[\mathrm{C}]_\% = 4.3 - 0.27 w[\mathrm{Si}]_\% - 0.32 w[\mathrm{P}]_\% - 0.032 w[\mathrm{S}]_\% + 0.3 w[\mathrm{Mn}]_\%$$

式中，$w[\mathrm{Si}]_\%$、$w[\mathrm{P}]_\%$、$w[\mathrm{S}]_\%$、$w[\mathrm{Mn}]_\%$ 分别为生铁中元素 Si、P、S、Mn 的质量百分数。

这个公式提出的时间较久，应用的范围也较广，但它有错误的地方。首先，将锰含量一项的系数"0.03"误写成"0.3"，这是编者的推断，可由高氏给出的实例计算得到证明。再者，硫含量对生铁碳含量的影响系数也值得商榷，一是生铁中硫的含量本来就少（万分之几），二是式中硫项系数"0.032"相对也小，如果按此计算，则硫对生铁碳含量的影响可以忽略，其实这项系数与其他文献相比较小了一个数量级。因此，在估算生铁碳含量时可采用经过修正的公式：

$$w[\mathrm{C}]_\% = 4.3 - 0.27 w[\mathrm{Si}]_\% - 0.32 w[\mathrm{P}]_\% - 0.32 w[\mathrm{S}]_\% + 0.03 w[\mathrm{Mn}]_\% \tag{3-38}$$

估算生铁碳含量还有其他相关的经验公式，例如：

$$w[\mathrm{C}]_\% = 1.34 + 2.54 \times 10^{-3} t + 0.04 w[\mathrm{Mn}]_\% - 0.30 w[\mathrm{Si}]_\% - 0.35 w[\mathrm{P}]_\% - 0.40 w[\mathrm{S}]_\%$$

$$\tag{3-39}$$

式（3-39）考虑了铁水温度 $t(℃)$ 对其碳含量的影响，某些元素对铁水碳含量的影响程度（系数）也有一定的理论依据。

高炉中铁水碳含量处于饱和状态，几乎无法调节控制，现代高炉冶炼条件下，炼钢生铁的碳含量在 4.3% ~5.4% 范围内。

3.3   高炉炉渣

3.3.1   高炉内成渣过程

3.3.1.1   炉渣在高炉冶炼中的作用

高炉炉渣是由矿石中的脉石及焦炭、煤粉中的灰分等成渣物质组成，其主要成分是

SiO_2、Al_2O_3、CaO、MgO，还有少量未还原的 MnO、FeO。这些物质组成的冶金熔体与还原熔化后的铁液，因密度差异而分离。

高炉冶炼要求炉渣具有如下性能：

（1）炉渣应具有合适的黏度，即要有良好的流动性，这是使渣铁容易分离、渣－铁间化学反应充分进行、保障高炉顺利出铁放渣、维持高炉冶炼正常进行所必需的。当然，流动性过大的炉渣（如过去含氟多的包钢炉渣）能加速对炉衬的侵蚀冲刷，降低炉衬寿命，也不是所希望的。后来出现的洗炉剂（利用某些物质具有稀释炉渣以及冲刷性强的性能，减少炉墙的黏结物）、护炉剂（利用某些物质难以还原熔化的性能，使炉墙、炉底砖衬增厚）就是炉渣流动性能的应用。

（2）炉渣应具有脱除有害杂质硫的能力，保证生铁质量合格。硫是钢材的有害杂质，会降低钢材的强度和力学性能。高炉冶炼具有较好的脱硫条件，在炼铁阶段应尽量脱除铁水中的硫，为冶炼优质钢创造条件。

（3）炉渣应具有控制生铁成分的功能，促进或抑制某些元素的还原，以冶炼出成分合乎要求的生铁。例如，冶炼铸造生铁时，要求炉渣能够促进较多的硅还原进入铁中；两步法冶炼锰铁时，在高炉里要抑制锰的还原，使之更多地进入渣中，得到富锰的炉渣，作为第二步冶炼锰铁的原料。

（4）为保证高炉冶炼稳定顺行，炉渣还应具有良好的稳定性，这包括在炉温波动时炉渣性能变动较小的热稳定性以及在炉渣成分波动时炉渣性能变动较小的化学稳定性。

3.3.1.2　炉渣形成过程

炉料自炉顶装入高炉后，受到煤气传给的热量温度升高，到达一定温度后矿石中的脉石开始软化熔融，从成渣开始至熔融完了，此阶段的炉渣称为初期渣（或初成渣）。由于未还原的 FeO、MnO 与 SiO_2 可以生成低熔点的硅酸盐 $2FeO \cdot SiO_2$、$2MnO \cdot SiO_2$（它们的熔点均在 1200℃ 左右），因而初期渣里 FeO、MnO 含量较多。高炉初期渣的形成影响料柱的透气性，因此高炉冶炼希望炉料不要过早熔化，成渣的位置靠下一些，这样可以扩大高炉的间接还原区，有利于煤气能量的利用；高炉冶炼还要求初渣形成的温度区间窄，软融状态的塑性层薄，以有利于降低煤气阻力。过去使用生矿冶炼、大量配加熔剂石灰石时，由于造渣组分分布稀散，成渣带很宽厚，高炉冶炼难以强化。现代高炉使用人造富矿，在烧结、球团过程中脉石已有部分成渣，改善了高炉初期渣的成渣过程，成渣区域大为缩小，有利于高炉冶炼的强化。炉渣一旦形成后，在下降过程中其中的 FeO、MnO 被还原，CaO、MgO 组分逐渐熔入，初期形成的炉渣组成在变化，熔化的温度也在升高，这一阶段的炉渣称为中间渣。高炉冶炼要求中间渣应有合适的组成及良好的理化性能，炉内要有足够的温度、热量以及稳定的炉况与之相配合，防止炉渣与煤气在相向运动中产生液泛，避免发生已熔炉渣重新凝结等恶性事故。当炉渣流过滴落带焦炭层到达风口区时，焦炭的灰分、喷吹煤粉的灰分进入渣中，聚集于炉缸里并浮在铁液上面，此时的炉渣称为终渣。通常所说的炉渣性能多指终渣性能，在炉缸里进行着渣－铁间的化学反应，完成最终的还原和生铁成分的调整、脱硫，炉渣定期排出炉缸。

3.3.2　炉渣碱度

炉渣由多种氧化物构成，其中碱性氧化物有 CaO、MgO、BaO、K_2O、Na_2O 等，它们易离解为金属阳离子 Me^{2+} 和氧离子 O^{2-}；酸性氧化物有 SiO_2、Al_2O_3、P_2O_5 等，它们易吸收氧离子形成复合阴离子团 SiO_4^{4-}、AlO_3^{3-}、PO_4^{3-}。

渣中碱性氧化物与酸性氧化物的数量比称为碱度，碱度决定了炉渣的性能。当氧化物数量用物质的量浓度表示时，则为摩尔碱度；通常所说的碱度是用氧化物的质量分数表示其相对比例。高炉冶炼采用的碱度有：

（1）二元碱度：
$$R = \frac{w(CaO)}{w(SiO_2)}$$

（2）三元碱度：
$$R_3 = \frac{w(CaO) + w(MgO)}{w(SiO_2)}$$

或
$$R_3 = \frac{w(CaO)}{w(SiO_2) + w(Al_2O_3)}$$

（3）四元碱度：
$$R_4 = \frac{w(CaO) + w(MgO)}{w(SiO_2) + w(Al_2O_3)}$$

二元碱度是高炉冶炼最常用的碱度，它用炉渣中含量最多、性质相反的两种氧化物 CaO、SiO_2 的数量比例表示，高炉炉渣通常为 $R = 0.9 \sim 1.2$。

由于包钢炉渣中含有 CaF_2，在炉渣成分化验分析时将 CaF_2 中钙离子视作 CaO，因此包钢高炉采用"自由碱度"来表示炉渣的二元碱度，其计算是：

$$R_0 = \frac{w(CaO) - 1.473w(F_2)}{w(SiO_2)} \qquad (3-40)$$

式中，分子部分意为扣除以 CaF_2 形态存在的（多算了的）CaO 后，渣中真正的（自由的）CaO 量。多算的数量由渣中氟含量折算，其系数是 $56/(19 \times 2) = 1.473$。

三元碱度也称总碱度，当渣中 MgO 含量或 Al_2O_3 含量较高、它们的影响需要考虑时应予以采用。四元碱度也称全碱度，当渣中 MgO、Al_2O_3 含量都要考虑时应予以采用。

3.3.3 炉渣性能

3.3.3.1 炉渣的熔化温度与熔化性温度

炉渣的熔化温度，理论上可定义为炉渣相图上液相线的温度，实践中定义为炉渣温度升高至固相完全消失的最低温度。炉渣的熔化温度表明炉渣熔化的难易程度，高炉冶炼希望炉渣的熔化温度不要太低。炉渣过早熔化，则液态的炉渣会很快穿过滴落带到达炉缸，炉缸温度不易提高，致使炉缸不活跃，渣－铁反应不充分，不利于冶炼高温生铁；反之，熔化温度过高也不好，炉渣难熔，炉渣流动性差，渣铁不易分离，给冶炼带来许多困难。炉渣的熔化温度应在 1350 ~ 1400℃，由炉渣相图（见图 3－14）可知，$w(Al_2O_3) = 10\% \sim 15\%$、$w(MgO) < 20\%$、$w(CaO)/w(SiO_2) \approx 1.0$ 的炉渣，其熔化温度是合适的。熔化温度高于 1450 ~ 1500℃ 的炉渣不能被高炉采用。

高炉冶炼更为重视炉渣的流动性，炉渣碱度低时尽管熔化温度不高，但流动性差。例如，玻璃（SiO_2 含量高）的理论熔点为 1720℃，但其黏很大（可达 $2.9 \times 10^5 Pa \cdot s$），在相当宽的温度范围内处于半流体状态。

炉渣能够自由流动时的最低温度称为熔化性温度，它是对高炉冶炼具有实际意义的炉渣温度。由渣样实验测定可以得到不同温度时炉渣黏度的变化曲线，熔化性温度可由炉渣

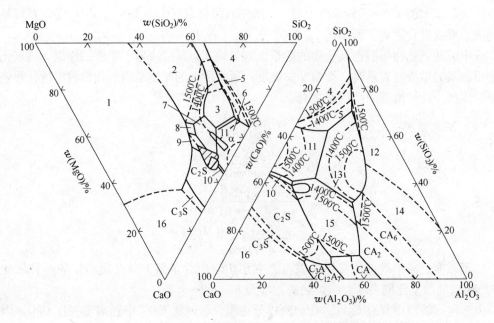

图 3-14　CaO-SiO₂-Al₂O₃ 和 CaO-SiO₂-MgO 三元系相图

的温度-黏度图确定。对于无明显拐点、变化比较平缓的温度-黏度曲线，可在图中作 45°切线，切点对应的温度便是该种炉渣的熔化性温度（见图 3-15（a））；而有明显拐点的温度-黏度曲线，其拐点所对应的温度就是该种炉渣的熔化性温度（见图 3-15（b））。炉渣从炉缸里顺利流出的最大黏度为 2.0~2.5Pa·s（20~25 泊），在炉内自由流动时，炉渣黏度应小于 1~1.5Pa·s。

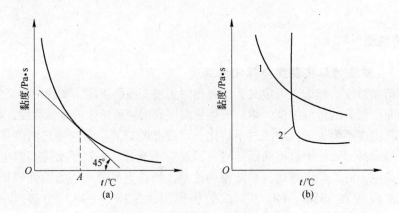

图 3-15　炉渣熔化性温度的确定
（a）炉渣熔化性温度的定义；（b）长渣与短渣示意图
1—长渣；2—短渣

　　通常对于高炉炉渣熔化温度的选择与调整，可以前人实践研究总结绘制的相图作为依据，而不必再做实验测定。一般高炉炉渣四个主要成分 CaO、SiO₂、Al₂O₃、MgO 之和已超过 95%，其余少量的 MnO、FeO、CaS 等组分在相图中可不予考虑。对于某些特殊矿石冶炼，炉渣中还会含有一些其他的化合物，如 TiO_2、BaO、CaF_2 等，现已研究出某些特定情况下的炉渣相图。

在平面相图中，以等边三角形表示三组元体系，图中每个点代表一个固定的组分。常将性能极其相近的 CaO 和 MgO 合并作为一个 CaO 组元，按三组元之和为 100% 再折算出各组元的新含量，确定点的位置。相图以液相等温线划分为若干区域，每个区域以在冷却过程中首先析出的矿物命名。图 3 – 14 为 $CaO – SiO_2 – Al_2O_3$ 和 $CaO – SiO_2 – MgO$ 两个三元系相图，图中阴影部分有低温的共晶点，可作为高炉选用的炉渣成分范围。

3.3.3.2 炉渣的黏度

A 黏度的概念及意义

流体流动过程中内部相邻各层间发生相对运动时，内摩擦力大小的度量称为黏度。无黏性流动的流体为理想流体，这是一种假想的流体，其规律适合黏性不大的流体。服从牛顿内摩擦定律的流体为牛顿型流体，水、油、一般的气体等均属于此种流体。而不服从牛顿内摩擦定律的流体，如泥浆、胶态溶液等，为非牛顿型流体。

根据牛顿的假说及实验证明，对流体施加一切向力（如图 3 – 16 所示），沿此力作用方向因内摩擦流体呈现层状流动，在垂直于运动方向上产生了速度梯度 dv/dz。对牛顿型流体，此速度梯度与所施加的力成正比，其比例系数 η 即为黏度：

$$\tau_{xz} = \eta A \frac{dv}{dz} \qquad (3-41)$$

式中，A 为流体层间接触面积。黏度的单位为 $Pa \cdot s$，量纲为 $g/(cm \cdot s)$ 或 $N \cdot s/m^2$。以往用"泊"（P）作黏度单位，$1P = 1dyn \cdot s/cm^2$，则 $1Pa \cdot s = 10P$。4℃时纯水的黏度为 1 厘泊（1cP，$1cP = 0.01P = 0.001Pa \cdot s$）。炉渣在炉内能够自由流动时的黏度应小于 1 ~ 1.5$Pa \cdot s$。

黏度 η 不随切向力大小而变化，为一常数，这是牛顿型流体的特征。硅酸盐系的高炉炉渣即属于牛顿型流体。

B 影响黏度的因素及炉渣结构理论

对于均相液态炉渣，其黏度主要取决于炉渣的成分和温度。而在非均相状态下，固态悬浮物的性质和数量对黏度有很大的影响。

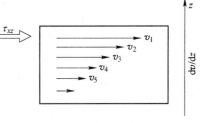

图 3 – 16 流体黏度定义

炉渣黏度可由实验测定，也可查阅相关炉渣等黏度相图。1400℃、1500℃时 $CaO – SiO_2 – Al_2O_3 – MgO$ 四元系炉渣等黏度图如图 3 – 17 所示。1600℃时 $CaO – SiO_2 – Al_2O_3 – TiO_2$ 假四元系炉渣等黏度图如图 3 – 18 所示。1500℃时 $CaO – SiO_2 – CaF_2$ 系炉渣等黏度图见图 3 – 19。

炉渣成分对其黏度影响的一般规律是：酸性渣虽然熔点不高，但在过热度相当大的区间内黏度都很大，随着碱性物质 CaO、MgO 的加入，炉渣黏度降低，在三元碱度 $\frac{w(CaO) + w(MgO)}{w(SiO_2)} = 0.9 \sim 1.1$ 范围内黏度最小。若碱性物质过多，则随碱度增加炉渣黏度升高，而且变化率大。当加入少量强碱性氧化物 K_2O、Na_2O 或负离子极性强的 CaF_2 时，炉渣黏度能显著降低。

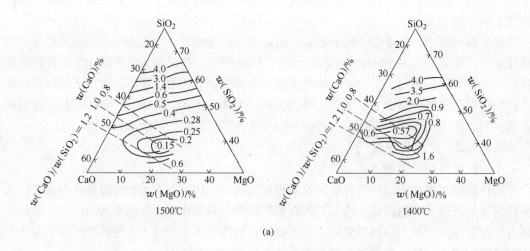

(a)

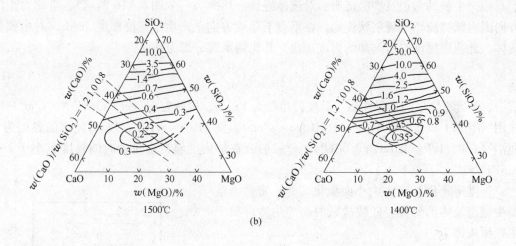

(b)

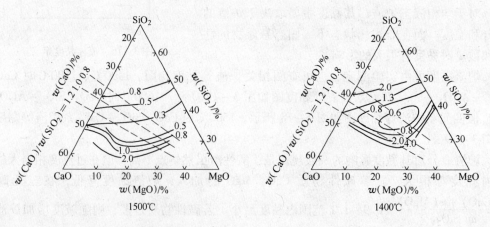

(c)

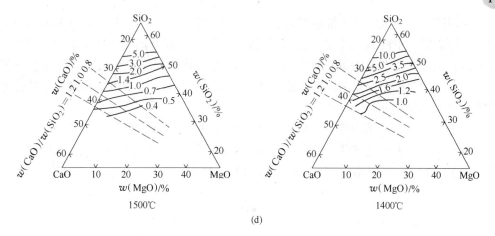

图 3 - 17　1400℃、1500℃时 CaO - SiO₂ - Al₂O₃ - MgO 四元系炉渣等黏度（Pa·s）图

（a）$w(Al_2O_3) = 5\%$；（b）$w(Al_2O_3) = 10\%$；（c）$w(Al_2O_3) = 15\%$；（d）$w(Al_2O_3) = 20\%$

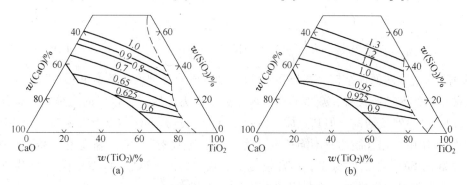

图 3 - 18　1600℃时 CaO - SiO₂ - Al₂O₃ - TiO₂ 假四元系炉渣等黏度（Pa·s）图

（a）1600℃，$w(Al_2O_3) = 10\%$；（b）1600℃，$w(Al_2O_3) = 20\%$

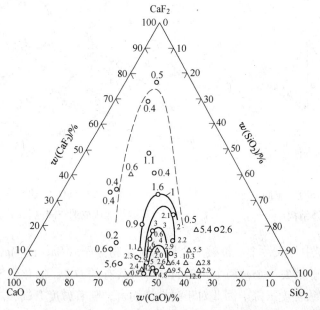

图 3 - 19　1500℃时 CaO - SiO₂ - CaF₂ 系炉渣等黏度（0.1Pa·s）图

　　上述规律可由炉渣的微观结构理论解释。"分子结构理论"认为：炉渣是由各种氧化物的分子构成的，不同的氧化物可构成复杂的化合物，如 $2CaO \cdot SiO_2$、$2FeO \cdot SiO_2$ 等，只有未形成化合物的"自由氧化物"的分子才能参与化学反应，并假定炉渣符合理想溶液的规律。这种理论出现较早，它只能解释炉渣的某些行为，如炉渣的脱硫、某些元素的还原等，而不能解释更多的炉渣行为和现象。

　　后来出现的"离子结构理论"认为：熔融炉渣由简单的、带不同电荷的正负离子构成，其间的作用力为电化学性质的离子键力，不同的阳离子与氧离子构成复杂程度不同的复合阴离子团 SiO_4^{4-}、AlO_3^{3-}、PO_4^{3-} 等，其结构式分别为：

O   O   O

—O—Si—O—   —O—Al—O—   —O—P—O—

O   O   O

(SiO_4^{4-})　　　　　　(AlO_3^{3-})　　　　　　(PO_4^{3-})

　　SiO_4^{4-} 为空间四面体结构（见图 3-20），是构成液态炉渣的基本单元。四面体角上的 O^{2-} 可被相邻的 Si^{4+} 所共有，众多的四面体在离子键力作用下，可以向三维空间延伸形成网状结构。虽为网状结构，但其总体上的化学成分依然是 SiO_2（见图 3-21），每个质点因离子键力作用而相互制约，不能任意移动，因此造成酸性炉渣的黏度大。由于高炉渣中 Al_2O_3 含量比 SiO_2 含量低得多，P 含量更少，而 AlO_3^{3-}、PO_4^{3-} 只能提供 3 个共价键的 O^{2-}，因此它们对熔态炉渣黏度的影响不及 SiO_2 那样重要。

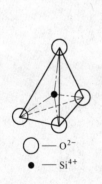
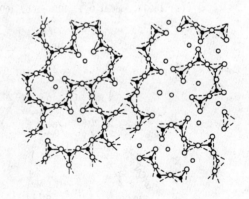

○ — O^{2-}

● — Si^{4+}

图 3-20　SiO_4^{4-} 空间　　　　　图 3-21　熔融 SiO_2 以四面体为
四面体结构　　　　　　　　基本单元构成的空间网状结构

　　当熔融的 SiO_2 中加入一个二价碱土金属的氧化物分子（CaO 或 MgO）时，提供了一个自由的 O^{2-}，能够消失一个被两个相邻的 Si^{4+} 所共有的 O^{2-}，简化了 SiO_4^{4-} 空间网络结构的复杂程度，导致黏度下降。因此对于酸性渣而言，随着碱度升高，炉渣黏度会有所降低。结构式的变化如下：

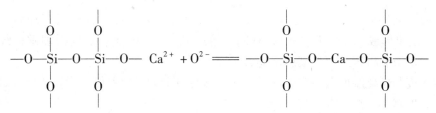

当加入一个碱金属氧化物分子（K_2O 或 Na_2O）时，可以提供两个一价阳离子（K^+ 或 Na^+）和一个 O^{2-}，会在网络结构中造成一个断口，使得炉渣黏度降低效果更为显著，这时结构式的变化如下：

当加入一个 CaF_2（萤石）分子时，不但提供了一个二价阳离子 Ca^{2+}，还提供了两个极强的一价阴离子 F^-，F^- 可取代网络结构中 O^{2-} 的位置，也造成了断口；同时还能置换出一个自由的 O^{2-}，它与 Ca^{2+} 再去破坏另一个共有的四面体，故其降低黏度的作用更为强烈。结构式的变化如下：

当液态渣中夹杂有固态物质质点时，将严重影响炉渣黏度。这可能是由于喷吹的煤粉没有燃尽或焦炭粉末混入渣中，或因炉内冶炼过程产生了高熔点的固态物质，呈现新相高度弥散分布于渣中等。

若固态物质的颗粒较大，但与渣中质点无较强的作用力，则炉渣黏度可服从爱因斯坦（Einstein）公式，即：

$$\eta = \eta_0(1 + 2.5\varphi) \tag{3-42}$$

式中　η——非均相炉渣的黏度，$Pa \cdot s$；

η_0——纯液态炉渣的黏度，$Pa \cdot s$；

φ——固态质点的体积分数（$\varphi = 0 \sim 1.0$）。

由式（3-42）可以看出，这是一条直线，纯液态炉渣黏度 η_0 为截距，直线的斜率不大，固态物质的数量不多（一般 $\varphi < 0.1$），因而此种情况对黏度影响较小。

如果固态物质质点很小（不大于 $1.0\mu m$），呈高度弥散状态，尽管其体积分数小，但因其质点绝对数量多，颗粒越细，比表面积越大，过剩的表面能能够强烈吸附周围介质中的质点，形成稳定的双电层，扩大了质点的体积，使得熔体黏度与质点体积分数 φ 之间的关系呈指数函数急剧增加。描述这种黏度变化规律的数学表达式是：

$$\eta = \eta_0(1 + a_1\varphi_1 + a_2\varphi_2 + a_3\varphi_3 + \cdots) \tag{3-43}$$

或

$$\eta = \eta_0 \exp(K\varphi)$$

这是形成胶体的特征，式中的 K 及 a_1、a_2、a_3 等皆为常数。含 TiO_2 炉渣在高温下还原出 Ti，若在炉缸里形成 TiC 或 Ti(CN)，它们的熔点很高，呈固态质点以极细微粒弥散分布于渣中，使炉渣变得很黏稠，就属于这种情况。

炉渣黏度与熔化温度有一定的联系，超过熔点以上的温度差值称为过热度，过热度越大，炉渣黏度越小。炉渣黏度与温度的关系式是：

$$\eta = A\exp\left[E_\eta/(RT)\right] \tag{3-44}$$

式中　A——系数；

　　　E_η——黏滞活化能；

　　　R——摩尔气体常数；

　　　T——温度，K。

美国 G. W. Healg 教授推荐黏度的计算公式为：

$$\ln\eta = \mathrm{const} + 24500/T \pm 0.2 \tag{3-45}$$

由式（3-45）可以通过计算求解黏度，其方法是：首先知道某一温度 T_1 时的黏度 η_1，由式（3-45）确定其常数（const）的值，然后再计算温度 T_2 时的黏度 η_2，即：

$$\ln\eta_2 = \left(\ln\eta_1 - \frac{24500}{T_1}\right) + \frac{24500}{T_2} = \ln\eta_1 + 24500 \times \left(\frac{1}{T_2} - \frac{1}{T_1}\right) \tag{3-46}$$

3.3.3.3　炉渣的稳定性

炉渣的稳定性也是炉渣的一项重要性能。炉渣稳定性包括炉渣的热稳定性和化学稳定性两个方面。炉渣热稳定性就是炉渣在温度变动时其性能变化的大小，性能变化小说明炉渣热稳定性好。高炉冶炼炉温难免有波动，炉渣性能应保证在炉温波动不是太大的情况下不发生显著的变化。炉渣化学稳定性就是当炉渣成分有变化时其性能变化的大小，性能变化小则称其化学稳定性好。高炉冶炼炉渣成分也难免有波动，炉渣性能应该有抵抗这种干扰的能力。炉渣具有良好的热稳定性和化学稳定性，是维持高炉炉况稳定顺行所需要的。这两个方面的稳定性基本上是统一的，酸性渣的稳定性优于碱性渣。

当炉渣碱度低时，渣中 SiO_2 多，炉前取渣样能看到拉出很长的玻璃丝，凝固的渣样呈玻璃状，因而现场常称酸性渣为长渣或玻璃渣。当炉渣碱度高时，渣中 CaO 多，渣样凝固成石头状，炉渣性能变化快、稳定性差，这种炉渣也称为短渣或石头渣。

炉渣稳定性可用炉渣的等熔化温度相图或等黏度相图进行判断，等值线分布稀疏区域对应成分的炉渣稳定性好，而密集区域对应成分的炉渣稳定性差。

3.3.3.4　炉渣的表面性质

钢铁冶炼过程的反应多发生在相界面上，是多相反应，故参与反应的相界面大小以及各相表面的性质对反应进行的过程和设备的生产率都有重大影响。高炉过程参与反应的相包括不同质的各种固态物料（矿石、焦炭、熔剂以及炉衬）、液态的炉渣和铁水、气态的煤气。其中液态炉渣随成分的不同，表面性质差异较大，炉渣与气相界面的表面张力以及渣－铁液体之间的界面张力成为研究重点。

表面张力的物理意义是：生成单位面积液相与气相的新界面所消耗的能量。如在渣液中生成气泡就是生成了新的渣－气界面，生成新界面需要消耗能量，表面张力的大小则表示生成气泡的难易程度。表面张力以 σ 表示，炉渣的 σ 值在 0.2~0.6N/m 之间，液态金属的 σ 值为 1~2N/m，是炉渣的 3~5 倍。金属质点的质量大，金属键作用力强，故表面张力大。

由多种氧化物组成的炉渣的表面张力可由各种纯氧化物的表面张力（σ_i），按其摩尔分数（x_i）加权求和得到，即：

$$\sigma = \sum(x_i\sigma_i) \tag{3-47}$$

不同温度下高炉炉渣主要组分的表面张力如表 3-5 所示。

表 3-5 不同温度下高炉炉渣主要组分的表面张力

氧化物	$\sigma/\times 10^{-3}\mathrm{N}\cdot\mathrm{m}^{-1}$			
	1300℃	1400℃	1500℃	1600℃
CaO		614	586	
MnO		653	641	
FeO		584	560	
MgO		512	502	
Al_2O_3		640	630	448~602
SiO_2		285	286	223
TiO_2		380		
K_2O	168	156		

某些炉渣组分（如 SiO_2、TiO_2、P_2O_5、CaF_2 等）的表面张力数值较小，而表面张力（表面能）又有自动降低的趋势，因此这些物质在表面层中的含量大于在液相内部的含量，将这些物质称为表面活性物质。

炉渣表面张力与其黏度的比值（σ/η）降低，是形成稳定泡沫渣的充分且必要条件。炉渣表面张力小，则渣中生成新相气泡耗能少，容易生成气泡；而炉渣黏度大使得气泡薄膜强韧、不易聚合，气泡在渣层内逸出困难，因此造成泡沫渣的形成。

高炉里有很多生成气体的化学反应，大量的煤气要穿过渣层，生成气泡在所难免。如果气泡容易生成却不易聚合，炉渣黏度大，气泡又不易逸出，气泡稳定存在于渣层之内，则形成泡沫渣，给高炉冶炼带来极大的麻烦。若在风口以上区域的疏松焦炭柱里生成泡沫渣，则渣液在焦炭块缝隙中如同沸腾一样上下浮动，形成所谓的液泛现象，会阻碍炉渣下流，造成难行和悬料；上浮的渣液如果温度降低多而凝固，则造成高炉的恶性悬料。对于 σ/η 值较小的炉渣，在放渣操作时由于大气压力低于炉内压力，渣中夹杂的气体体积迅速膨胀，造成渣沟及渣罐的外溢，出现大的炉前事故。我国钒钛矿石和含氟矿石的冶炼都曾遇到过这类问题，这与渣中组分 TiO_2、CaF_2 是表面活性物质有关，它们能够降低炉渣表面张力。这用实例的计算、对比即可说明：含 TiO_2 25% 的炉渣，$\sigma = 0.461\mathrm{N/m}$，$\eta = 1.5\mathrm{Pa\cdot s}$，则 $\sigma/\eta = 0.31$；普通炉渣，$\sigma = 0.485\mathrm{N/m}$，$\eta = 0.5\mathrm{Pa\cdot s}$，则 $\sigma/\eta = 0.97$。显然，两者相差较大，含 TiO_2 的炉渣 σ/η 值小，容易生成泡沫和形成泡沫渣。

界面张力是指液态炉渣、铁水两相间的表面张力，一般为 0.9~1.2N/m。界面张力与表面张力意义相似，界面张力小时，容易形成新的渣-铁间相界面。通常炉渣黏度比铁水黏度大很多（在 100 倍以上），当渣-铁间界面张力 $\sigma_{界}$ 小时，渣-铁间新相容易生成，即容易形成细小的液态铁珠。炉渣黏度大时，这些铁珠难以聚合而进入铁水之中，以乳化状态高度弥散分布于渣液之中。因此，$\sigma_{界}/\eta$ 值小也是形成铁水乳化现象、造成金属损失的必要条件。

对炉渣表面性质和炉渣－金属间界面性质的研究，在炼铁领域里是近年来才兴起、越来越受到重视的课题，无论是在理论上还是在实践中，今后都会有更大的进展。

3.4　炉渣脱硫

3.4.1　高炉内硫的来源及其分布

3.4.1.1　硫的来源及硫负荷的概念

硫是钢铁产品中的有害杂质，它使钢材在加工中产生热脆，降低钢材的强度和力学性能。因此，在钢铁冶炼的各个阶段都要努力降低它的含量，减少它的危害。由于高炉冶炼中脱硫的条件比炼钢阶段更为有利，所以降低铁水硫含量便成为炼铁工作者的一项重要任务。

高炉中的硫来自入炉原燃料。在使用人造富矿时，矿石带入的硫以 FeS 形态存在；而天然矿多为 FeS_2，也有以硫酸盐形态存在的。由于烧结和球团过程有脱硫作用，矿石带入的硫量已经不多了。高炉燃料中的硫是硫的主要来源，占入炉总硫量的 80% 以上，焦炭、煤粉中的硫主要以有机物形态存在，而无机物形态的硫不多。

冶炼 1t 生铁由炉料带入的硫量称为硫负荷。通常情况下硫负荷在 6～8kg/t，使用硫含量高的焦炭时硫负荷能够达到 10kg/t 以上，不过这种情况现时已不多了。

3.4.1.2　硫在炉内的分布

硫与铁能生成低熔点的化合物，并与铁水很好地相溶，故无机物形态的硫都容易进入铁水之中。焦炭的有机物形态硫在受热过程中会逐渐释放出来，其中少部分在高炉中上部以气态物质进入煤气，而较多部分及煤粉中硫在风口前碳燃烧时也能反应生成气态化合物（SiS、H_2S、CS、COS 等），在随煤气上升的过程中，与下降的炉料和滴落的渣铁相遇而被吸收。炉料中碱性熔剂越多，渣量越大，流动性越好，吸收的硫也越多。被炉料吸收的硫下降到燃烧带后，将再次燃烧气化、上升循环。由高炉解剖资料可知，软熔带、滴落带的硫量多于炉料带入的硫量，说明炉内高温及中温区域之间存在着硫的循环过程（见图 3-22）。高炉冶炼实践表明，通常有 5%～10% 的硫进入煤气逸出炉外，5% 左右的硫进入生铁，其余进入炉渣。进入生铁的硫量是高炉冶炼重要的控制目标。

3.4.1.3　生铁硫含量公式的推导与计算

高炉冶炼中由硫的来源与去向，按硫的平衡可以得到生铁硫含量的公式。在炼铁专业文献中，生铁硫含量

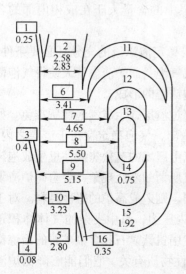

图 3-22　高炉内硫的循环图
（图中带小数点的数字表示吨铁
炉料的硫量，单位为 kg/t）

1—矿石；2—焦炭；3—喷油；4—铁水；
5—炉渣；6—块状带；7—软熔带；
8—滴落带；9—风口带；10—炉缸；
11—块状带吸收；12—软熔带吸收；
13—滴落带吸收；14—焦炭气化反应；
15—风口前燃烧；16—剩余部分

公式的表达不尽相同，这主要是由于推导时采用的计算基准不同所致。相对而言，下面的算式是比较简便实用的：

$$w[S]_\% = \frac{m(S)_料 - m(S)_g}{1 + nL_S} \qquad (3-48)$$

式中　$m(S)_料$——冶炼 100kg 生铁由炉料带入的硫量，kg；

　　　$m(S)_g$——冶炼 100kg 生铁由煤气带走的硫量，kg；

　　　n——渣比，kg/kg(或 t/t)；

　　　L_S——硫的分配系数。

硫的分配系数为渣中硫含量与铁水中硫含量之比，即：

$$L_S = \frac{w(S)}{w[S]}$$

式 (3-48) 的意义是：扣除煤气带走的硫量后，分子部分就是进入炉渣和生铁的硫量，而进入生铁的是 1 份，进入炉渣的则是 nL_S 份，计算的结果即为生铁硫含量。采用式 (3-48) 计算时需要注意：

(1) 这个算式是以 100kg 生铁作为基准导出的，因此炉料带入及煤气带走的硫量都是相对于 100kg 生铁的硫量，这里的 $m(S)_料$ 应是硫负荷的 1/10。

(2) 式中的 n 是渣比，意为每吨生铁的渣量 (t) 或每千克生铁的渣量 (kg)，生铁和炉渣要用相同的计量单位。

(3) 采用这个算式所得的计算结果就是生铁中硫的质量百分数，不可再把它变成百分数。

如果以冶炼 1t 生铁作为计算基准，所得的生铁硫含量公式应为：

$$w[S]_\% = \frac{0.1 \times (m(S)_{负荷} - m(S)'_g)}{1 + nL_S} \qquad (3-49a)$$

或

$$w[S]_\% = \frac{0.1 \times (m(S)_{负荷} - m(S)'_g)}{1 + 0.001UL_S} \qquad (3-49b)$$

式中　$m(S)_{负荷}$——冶炼 1t 生铁由炉料带入的硫量（即硫负荷），kg；

　　　$m(S)'_g$——冶炼 1t 生铁由煤气带走的硫量，kg，通常按硫负荷的 5%~10% 计算；

　　　U——冶炼 1t 生铁的渣量，kg。

式 (3-49a) 和式 (3-49b) 所得结果也是百分数，它们与式 (3-48) 实质上是一样的，表达起来稍显麻烦，计算时也要遵守相应的规定。

3.4.1.4　降低生铁硫含量的措施

由式 (3-48)、式 (3-49a) 和式 (3-49b) 可以探讨影响生铁硫含量的因素。

采用硫含量低的矿石、焦炭，尽量减少硫负荷，这是最为理想的，但要受到高炉所用原料资源条件的限制。在入炉前的准备处理阶段，必须努力改善原料的质量。现今的铁矿石经烧结或球团工艺，矿石硫含量已经很少了，矿石带进的硫量仅占硫负荷的 1/5 左右。焦炭（及煤粉）带进的硫量比矿石多，选用硫含量低的燃料对降低高炉硫负荷是大有作用的。但煤的洗选只能够减少灰分中的硫，有机物质中的硫去不掉，而这又占煤中硫的绝大部分，在炼焦时转成焦炭中的硫，所以炼焦用煤的硫含量决定了焦炭的硫含量。

增加煤气带走的硫量有利于降低生铁硫含量。煤气带走的硫量与许多因素有关，如硫存在的形态、炉内的温度分布、煤气的数量、炉渣的碱度等，不能单纯为降低生铁硫含量而增加煤气量，或降低炉渣碱度以求减少炉料拦截吸收硫的机会，实际上煤气带走的硫量也是有限的。

增加渣量也可以降低生铁的硫含量，但高炉冶炼也不能为降低生铁硫含量而增加渣量。因为渣量的增加会消耗更多的热量，要求有更大的焦比，而焦比的增加会带进更多的硫量。

因此，要降低生铁硫含量，需要增大硫在渣、铁间的分配系数 L_S。高炉冶炼实践表明，努力改善炉渣脱硫的热力学和动力学条件，增大炉渣的脱硫能力，是降低生铁硫含量最为有效的措施。

3.4.2　炉渣脱硫反应的热力学

3.4.2.1　高炉内的脱硫反应

高炉里炉渣脱硫的基本反应是 $(CaO) + [FeS] == (CaS) + (FeO)$，由于碳的存在致使渣中产生的 FeO 被还原，反应为 $(FeO) + C == [Fe] + CO$，因此要保证脱硫反应顺利进行，必须降低渣中氧势。高炉里有大量的碳存在，铁液中有硅、锰存在，它们都是炉渣脱硫的"动力"。高炉里炉渣脱硫的反应可以归结为：

$$(CaO) + [S] + C === (CaS) + CO$$

其平衡常数是：

$$K_{pS} = \frac{a_{(CaS)} p_{CO}}{a_{(CaO)} a_{[S]} a_C} \tag{3-50}$$

式中　$a_{(CaS)}$，$a_{(CaO)}$——分别为渣中 CaS、CaO 的活度；

　　　　$a_{[S]}$——铁水中 S 的活度；

　　　　p_{CO}——CO 分压。

为表示硫的分配系数 L_S 与脱硫反应平衡常数 K_{pS} 及相关因素之间的关系，对式（3-50）加以说明和变换：

（1）渣中 CaS、CaO 是以纯物质为标准态，服从拉乌尔定律，其活度应用摩尔分数及它们的活度系数表示，但生产中习惯用质量百分数，因此需将渣相组分的质量百分数转换成摩尔分数。如果知道炉渣全部组成及各组分的含量，则100g 炉渣的物质的量 n 及各组分的摩尔分数是可以算出的。美国研究者认为，100g 高炉渣中含有的氧化物总物质的量 $n \approx$ 1.65mol，在一些文献中有关算式都是采用这个数据进行处理的。渣中 CaO、CaS 的活度为：

$$a_{(CaO)} = x(CaO) \gamma_{(CaO)} = w(CaO)_\% / (n \times 56) \cdot \gamma_{(CaO)} \tag{3-51a}$$

$$a_{(CaS)} = x(CaS) \gamma_{(CaS)} = w(CaS)_\% / (n \times 72) \cdot \gamma_{(CaS)} = w(S)_\% / (n \times 32) \cdot \gamma_{(CaS)}$$

$$\tag{3-51b}$$

（2）铁水中的 S 服从亨利定律，以稀溶液（1%）为标准态，则：

$$a_{[S]} = w[S]_\% f_{[S]}$$

炉缸铁液中碳饱和时，$a_C = 1$，硫的活度系数 $f_{[S]} = 7$。

将上列有关参数代入式（3-50）得：

$$K_{pS} = \frac{w(S)_\% \gamma_{(CaS)} n \times 56 \times p_{CO}}{n \times 32 \times w(CaO)_\% \gamma_{(CaO)} w[S]_\% \times 7 \times 1} = \frac{w(S)_\%}{w[S]_\%} \cdot \frac{\gamma_{(CaS)} p_{CO}}{4 \times w(CaO)_\% \gamma_{(CaO)}} \tag{3-52}$$

由此得到：

$$L_S = \frac{w(S)}{w[S]} = \frac{w(S)_\%}{w[S]_\%} = 4 \times K_{pS} \frac{\gamma_{(CaO)} w(CaO)_\%}{\gamma_{(CaS)} p_{CO}} \tag{3-53}$$

式中

$$\lg K_{pS} = -\frac{6010}{T} + 5.935 \tag{3-54}$$

由式（3-53）、式（3-54）可以看出，影响硫分配系数的因素有：

（1）脱硫反应是耗热的，提高炉缸温度可以改善脱硫反应的热力学条件，提高反应的平衡常数，提高硫的分配系数；提高温度还可以降低炉渣黏度，改善炉渣脱硫的动力学条件。

（2）提高炉渣碱度，增加渣中 CaO 的含量及其活度系数，是提高硫分配系数的基本方面。高炉渣的脱硫是靠渣中自由 CaO 进行的，为保证炉渣具有足够的脱硫能力，炉渣碱度应满足 $w(CaO)/w(SiO_2) > 1.05$。

（3）降低炉渣氧势是炉渣充分脱硫的条件，炉缸中铁液与焦炭共存，铁水中硅、锰与碳的含量共同决定了炉渣氧势。在式（3-52）、式（3-53）中，气相 CO 分压代替基本反应式中的 FeO 含量。

（4）铁液中碳、硅、磷等元素可以与铁组成多种化合物，能够提高硫在铁中的活度系数，也有利于提高硫的分配系数。

3.4.2.2 炉渣脱硫的离子模型及硫容量

炉渣脱硫的离子反应式是：

$$\frac{1}{2}S_{2(g)} + (O^{2-}) \Longrightarrow \frac{1}{2}(O_2) + (S^{2-})$$

硫的蒸气压与铁水中的硫是相平衡的，因此得到：

$$K_{pS} = \left(\frac{p_{O_2}}{p_{S_2}}\right)^{1/2} \cdot w(S)_\% \cdot \frac{\gamma_{(S^{2-})}}{a_{(O^{2-})}} = C_S \frac{\gamma_{(S^{2-})}}{a_{(O^{2-})}}$$

上式中：

$$C_S = w(S)_\% \sqrt{\frac{p_{O_2}}{p_{S_2}}} \tag{3-55}$$

也可得到：

$$C_S = K_{pS} \frac{a_{(O^{2-})}}{\gamma_{(S^{2-})}}$$

C_S 称为硫容量，式（3-55）是其基本式，它反映了炉渣溶解硫化物的能力，与体系中氧势和炉渣成分有关，并随温度升高而增加。对于高炉炉渣，1500℃时硫容量与碱度的关系式为：

$$\lg C_S = -5.57 + 1.39B + 1.58 \times 10^{-3} \times (t - 1500) \tag{3-56}$$

式中，B 为用渣中组分的摩尔分数计算的 Bell 碱度：

$$B = \frac{x_{(CaO)} + x_{(MgO)}/2}{x_{(SiO_2)} + x_{(Al_2O_3)}/3}$$

由于 C_S 与 L_S 意义相近，都表示炉渣容纳硫的能力，两者有一定关系。有文献给出，高炉冶炼条件下的经验关系式为：

$$L_S = mC_S$$

式中，m 随冶炼条件不同可取不同数值，炼钢生铁取 2.2~2.8，铸造生铁取 5.0~5.5，炉况顺行时可取高值。

    高炉生产中硫分配系数实际达到的数值与理论值往往有不小的差距，L_S 的理论值可以达到 100 甚至更高些，而实际值仅能达到 50 左右，这是由于脱硫反应的动力学条件限制所致。转炉炼钢过程温度高，钢渣液体搅拌充分，反应界面多，脱硫反应动力学条件良好，尽管脱硫的热力学条件差，L_S 低，但却能接近理论平衡值。

3.4.3 高炉内的耦合反应

    高炉炉缸里同时存在着铁水的脱硫以及硅、锰的还原等反应，而硅、锰也能还原渣中氧化铁和对铁水脱硫，反应为：

$$2(CaO) + 2[S] + [Si] = 2(CaS) + (SiO_2)$$

$$(CaO) + [S] + [Mn] = (CaS) + (MnO)$$

$$2(MnO) + [Si] = 2[Mn] + (SiO_2)$$

$$2(FeO) + [Si] = 2[Fe] + (SiO_2)$$

硅、锰同铁、碳元素共存于同一体系中，同时受到这些反应化学平衡的约束。在钢铁冶金学中，将这类互相依存、相伴发生的反应称为耦合反应或共轭反应。

    对于由硅脱硫的耦合反应 $(CaO) + [S] + \dfrac{1}{2}[Si] = (CaS) + \dfrac{1}{2}(SiO_2)$，其平衡常数为：

$$K_{pSi-S} = \frac{a_{(CaS)}}{a_{(CaO)} a_{[S]}} \cdot \frac{a_{(SiO_2)}^{1/2}}{a_{[Si]}^{1/2}} = \frac{K_{pS}}{K_{pSi}^{1/2}} \tag{3-57}$$

已知

$$\lg K_{pS} = -\frac{6010}{T} + 5.935$$

$$\lg K_{pSi} = -\frac{30935}{T} + 20.455$$

因此

$$\lg K_{pSi-S} = \lg K_{pS} - \frac{1}{2}\lg K_{pSi} = \frac{9458}{T} - 4.293 \tag{3-58}$$

同式（3-52）那样，代入有关数据（这里 $f_{[Si]} = 15$，$f_{[S]} = 7$），得到硫的分配系数为：

$$L_S = \frac{w(S)}{w[S]} = 154.1 \times \frac{K_{pS}}{K_{Si}^{1/2}} \cdot \frac{\gamma_{(CaO)} w(CaO)_\% w[Si]_\%^{1/2}}{\gamma_{(CaS)} (\gamma_{(SiO_2)} w(SiO_2)_\%)^{1/2}} \tag{3-59}$$

由式（3-59）也可得到硅硫分配系数为：

$$L_{Si-S} = \frac{w(S)}{w[S]} \cdot \frac{w(SiO_2)^{1/2}}{w[Si]^{1/2}} = \frac{K_{pS}}{K_{pSi}^{1/2}} \times 154.1 \times \frac{w(CaO)_\% \gamma_{(CaO)}}{\gamma_{(CaS)} \gamma_{(SiO_2)}^{1/2}}$$

则：

$$\lg L_{Si-S} = \frac{9458}{T} - 2.105 + \lg \frac{\gamma_{(CaO)}}{\gamma_{(CaS)}} - \frac{1}{2}\lg\gamma_{(SiO_2)} + \lg w(CaO)_\% \tag{3-60}$$

    对于耦合反应 $(CaO) + [S] + [Mn] = (CaS) + (MnO)$，其平衡常数为：

$$K_{pMn-S} = \frac{a_{(CaS)}}{a_{(CaO)} a_{[S]}} \cdot \frac{a_{(MnO)}}{a_{[Mn]}} = \frac{K_{pS}}{K_{pMn}} \tag{3-61}$$

已知

$$\lg K_{pMn} = -\frac{15090}{T} + 10.970$$

同理得到：

$$\lg K_{pMn-S} = \lg K_{pS} - \lg K_{pMn} = \frac{9080}{T} - 5.035 \tag{3-62}$$

用同样方法得到硫的分配系数（其中用到 $f_{[Mn]} = 0.8$）为：

$$L_{\mathrm{S}}=\frac{w(\mathrm{S})}{w[\mathrm{S}]}=374.8\times\frac{K_{\mathrm{pS}}}{K_{\mathrm{pMn}}}\cdot\frac{\gamma_{(\mathrm{CaO})}w(\mathrm{CaO})_{\%}w[\mathrm{Mn}]_{\%}}{\gamma_{(\mathrm{CaS})}\gamma_{(\mathrm{MnO})}w(\mathrm{MnO})_{\%}} \tag{3-63}$$

而锰硫分配系数算式应为：

$$\lg L_{\mathrm{Mn-S}}=\lg\left(\frac{w(\mathrm{S})}{w[\mathrm{S}]}\cdot\frac{w(\mathrm{MnO})}{w[\mathrm{Mn}]}\right)=\frac{9080}{T}-2.461+\lg\frac{\gamma_{(\mathrm{CaO})}}{\gamma_{(\mathrm{CaS})}}-\lg\gamma_{(\mathrm{MnO})}+\lg w(\mathrm{CaO})_{\%}$$

$$\tag{3-64}$$

对于耦合反应 $2(\mathrm{MnO})+[\mathrm{Si}]=(\mathrm{SiO_2})+2[\mathrm{Mn}]$，硅锰分配系数算式应为：

$$\lg L_{\mathrm{Si-Mn}}=\lg\left(\frac{w(\mathrm{SiO_2})}{w[\mathrm{Si}]}\cdot\frac{w(\mathrm{MnO})^2}{w[\mathrm{Mn}]^2}\right)=\frac{755}{T}+0.716+\lg\frac{\gamma_{(\mathrm{MnO})}^2}{\gamma_{(\mathrm{SiO_2})}} \tag{3-65}$$

对于上面各公式，如果给出活度系数 $\gamma_{(\mathrm{CaO})}$、$\gamma_{(\mathrm{CaS})}$、$\gamma_{(\mathrm{SiO_2})}$ 及 $\gamma_{(\mathrm{MnO})}$ 的具体数值，就可以将耦合反应的分配系数表示成更为简单一些的关系式。

如果炉缸中这些高温反应能够充分进行，达到化学平衡，则由上述几个硫的分配系数算式计算得到的结果应该相同，但实际上存在着偏差。实验研究及生产实践表明，当系统中有多种元素存在时，其间的相互反应应首先满足耦合反应平衡常数的要求，而偏离简单反应的平衡常数。例如，$w[\mathrm{Si}]/w(\mathrm{SiO_2})$ 及 $w[\mathrm{Mn}]/w(\mathrm{MnO})$ 两个分配比的值均低于简单氧化还原反应按热力学计算的平衡值，但两者组合成的耦合反应的平衡常数却与理论值接近。

高炉里 Si、Mn 的还原及 S 的脱除反应既没有按照耦合反应的要求达到平衡，也没有按照与 C 反应的要求达到平衡，生铁中实际的 Si、Mn 含量低于实验室测定值，而 S 含量高于实验室测定值，这是因为反应受到动力学条件的影响限制。

对于上述三个耦合反应的分配系数，有些文献写成如下形式：

$$\lg L_{\mathrm{Si-S}}=\frac{9080}{T}-5.832+\lg w(\mathrm{CaO})_{\%}+1.396R_3$$

$$\lg L_{\mathrm{Mn-S}}=\frac{9080}{T}-5.832+\lg w(\mathrm{CaO})_{\%}$$

$$\lg L_{\mathrm{Si-Mn}}=2.792R_3-1.16$$

$$\left(\text{炉渣三元碱度 } R_3=\frac{w(\mathrm{CaO})+w(\mathrm{MgO})}{w(\mathrm{SiO_2})}\right)$$

显然它们与本书导出的算式不一样，其实里面存在错误。例如，此处的硅硫分配系数与锰硫分配系数，两式前三项完全相同，只差第四项，对于两个不同的反应，其第一（温度）项、第二（数值）项是不会相同的；而硅锰分配系数算式也是明显错误的。此外，将这类复合分配系数写成下面的形式也不好，容易引起歧义：

$$\lg\frac{w(\mathrm{SiO_2})}{w[\mathrm{Si}]}\cdot\left(\frac{w(\mathrm{MnO})}{w[\mathrm{Mn}]}\right)^2=2.792R_3-1.16$$

这里所列出的几个分配系数（分配比）算式可能来源于文献《美国炼铁理论研究——高炉反应》，这是美国学者 20 世纪 70 年代的研究成果，由我国冶金专家翻译整理而成，可能原文有误，以致造成译文的错误。

3.4.4 炉渣脱硫的动力学及影响脱硫的因素

高炉炉缸里脱硫的过程是：铁水中的硫向渣－铁界面扩散，在界面上进行脱硫反应生

成炉渣中的硫,然后再由渣-铁界面向渣里扩散,完成铁水的脱硫。脱硫反应的动力学表达式应为:

$$\frac{\mathrm{d}w[\mathrm{S}]}{\mathrm{d}\tau} = \frac{A}{m} \cdot \frac{w[\mathrm{S}] - \dfrac{w(\mathrm{S})}{L_\mathrm{S}^0}}{\dfrac{1}{k_\mathrm{m}} + \dfrac{1}{k_\mathrm{s}L_\mathrm{S}^0}} \tag{3-66}$$

式中 A——铁水与渣的接触面积;

      m——铁水质量;

      k_m——硫在铁液中的传质系数;

      k_s——硫在炉渣中的传质系数;

      L_S^0——平衡状态时硫在渣、铁间的分配系数。

式(3-66)是按动力学的双膜理论,由脱硫的三个环节速率得到的。

(1)铁水中硫向渣-铁界面的扩散。单位时间里,单位质量铁水的扩散硫量 Q_1 为:

$$Q_1 = k_\mathrm{m}(w[\mathrm{S}] - w[\mathrm{S}]^0)A/m$$

因此得到:

$$w[\mathrm{S}] - w[\mathrm{S}]^0 = \frac{Q_1 m}{k_\mathrm{m}A} \tag{I}$$

(2)硫由渣-铁界面向渣中的扩散。其扩散硫量 Q_2 为:

$$Q_2 = k_\mathrm{s}(w(\mathrm{S})^0 - w(\mathrm{S}))A/m$$

因此得到:

$$w(\mathrm{S})^0 - w(\mathrm{S}) = \frac{Q_2 m}{k_\mathrm{s}A} \tag{II}$$

(3)硫在渣-铁界面上的反应。因界面化学反应速度(Q_r)相对较快,可认为达到平衡状态,因此得到:

$$\frac{w(\mathrm{S})^0}{w[\mathrm{S}]^0} = L_\mathrm{S}^0$$

则

$$w[\mathrm{S}]^0 = \frac{w(\mathrm{S})^0}{L_\mathrm{S}^0}$$

当脱硫反应处于稳态进行时,硫在铁液、炉渣两相中的扩散量与反应脱掉的硫量应该相等,即 $Q = Q_1 = Q_2 = Q_\mathrm{r}$。因此,式(II)两边除以 L_S^0,然后再与式(I)相加,消去中间含量 $w[\mathrm{S}]^0$ 及 $w(\mathrm{S})^0$,得到:

$$w[\mathrm{S}] - \frac{w(\mathrm{S})}{L_\mathrm{S}^0} = Q \times \frac{m}{A}\left(\frac{1}{k_\mathrm{m}} + \frac{1}{k_\mathrm{s}L_\mathrm{S}^0}\right) \tag{III}$$

由式(III)变化即可得到高炉铁水脱硫速率模型的式(3-66)。这个模型中有些参数(如渣、铁间接触面积 A)难以准确确定,因此多用该式定性地探讨影响和改善铁水脱硫的动力学因素问题。

3.4.5   铁水的炉外脱硫

铁水的炉外脱硫过去常常是在生铁硫含量出格时,为挽救质量所采取的一种补救措施。在高炉出铁过程中,将苏打(也称碱面)撒进铁水沟里进行脱硫,脱硫剂苏打实质

为 Na_2CO_3，除硫反应是 $[FeS] + Na_2CO_3 \Longrightarrow Na_2S + FeO + CO_2$。这是一种很简单的炉外脱硫方式，脱硫剂利用率低（30%左右），有烟尘污染，温度高于900℃时 Na_2S 呈液态，温度低时易回硫。当然，如果炉料含硫多（例如使用高硫焦炭时），硫负荷很高，高炉冶炼变得困难，炉内脱硫受到限制，为保证生铁质量而需采取炉外脱硫措施，则需增加炼铁生产的一道工序。

高炉冶炼的炉渣碱度虽然比炼钢的炉渣碱度低，但炉内的还原性气氛强，使得炉渣氧势很低而具有脱硫的优势。但在炉内脱硫要求渣中有较多的自由 CaO 和较高的炉缸温度，这应以较高的焦比作为保障。对于原料含钾、钠多（碱负荷高）的高炉冶炼，为了排碱的需要，需要降低炉渣碱度而采用酸性渣操作，在排碱阶段铁水中硫的含量难以保证，这时就需要进行炉外脱硫予以补救。随着高炉冶炼的技术进步，为减轻保证铁水质量条件下高炉所承担的压力，也为给炼钢提供优质的铁水，铁水预处理技术得到发展。在一些企业装备了处理设备，可以做到铁水的炉外脱硫、脱磷、脱硅（或增硅）。若配有炉外处理工艺，则高炉冶炼可以采用较低碱度炉渣、较低炉温操作，这样可以减轻高炉冶炼负担，有利于高炉顺行，节约能耗，降低焦比。但增加铁水预处理工艺需要增加设备和投资，需要注意企业的综合效益问题。

炉外脱硫工艺就是在铁水进入炼钢炉之前，在铁水罐或专用设备里加入脱硫剂与铁水中的硫反应，使硫进入渣中予以脱除。曾经用过的脱硫剂有金属镁、石灰、电石、苏打等，为改善渣的流动性，增强脱硫效果，加进萤石（CaF_2）组成复合脱硫剂。虽然金属 Ca、Mg 的脱硫能力很强，但烧损大、成本高，现已很少使用。Na_2CO_3 的脱硫效果一般，有烟尘污染问题且易回硫，现时也很少使用。比较经济实用的炉外脱硫方法有：

（1）石灰脱硫　反应为：

$$CaO_{(s)} + [S] + C \Longrightarrow CaS_{(s)} + CO$$
$$\Delta G^{\ominus} = 25320 - 26.33T \quad (J/mol)$$

$$\lg K_p = -\frac{5540}{T} + 5.755$$

用氮气或还原性气体作载体，喷射经煅烧过的石灰粉（粒度为 $0.08 \sim 0.5mm$），因其与铁水有良好的接触，脱硫率较高。为改善脱硫效果，在石灰粉中加入8%萤石、5%炭粉，组成复合脱硫剂。萤石可以稀释炉渣，改善其流动性；炭粉可以回收铁，并具有保温作用。这种复合脱硫剂的脱硫率可达80%以上。

（2）电石粉（CaC_2）脱硫　反应为：

$$CaC_{2(s)} + [S] \Longrightarrow CaS_{(s)} + 2C_{(s)}$$
$$\Delta G^{\ominus} = -86900 + 28.72T \quad (J/mol)$$

$$\lg K_p = \frac{19000}{T} - 6.28$$

CaC_2 具有很强的脱硫能力，1300℃时上式反应的平衡常数达到 6.35×10^5。用 N_2 作为载气喷射电石粉，在机械搅拌条件下，可获得含硫低于0.01%的铁水。

炉外脱硫有多种方法，选用价廉有效的脱硫剂、采用简便实用的脱硫设备、操作简单并能在处理中尽量减少铁水温度的降低，仍是需要努力探索的问题。

3.5　炉渣排碱

3.5.1　碱金属的来源及危害

3.5.1.1　碱金属存在形态及碱负荷

炼铁原料中的碱金属通常指 K 和 Na，它们大多以硅铝酸盐形态存在于铁矿石中，常见的有钠霞石（$Na_2O \cdot Al_2O_3 \cdot 2SiO_2$）、钾霞石（$K_2O \cdot Al_2O_3 \cdot 2SiO_2$，可简写作 KAS_2）、白榴石（$K_2O \cdot Al_2O_3 \cdot 4SiO_2$，可简写作 KAS_4）、钾长石（$K_2O \cdot Al_2O_3 \cdot 6SiO_2$，可简写作 KAS_6）、硅酸钾（$K_2O \cdot SiO_2$，可简写作 KS）、霓石（$Na_2O \cdot Fe_2O_3 \cdot 4SiO_2$）、黑云母（$K_2O \cdot 6FeO \cdot Al_2O_3 \cdot 6SiO_2 \cdot 2H_2O$）等。在铁矿石里，K 与 Na 的含量大体相等。

冶炼 1t 生铁由炉料带入的碱金属（K_2O 和 Na_2O）数量称为碱负荷。有些地区的铁矿石中碱金属含量较高，高炉的碱负荷能够达到 10kg/t 左右。

碳与钾的硅铝酸盐发生还原反应，生成金属钾，由金属钾蒸气压 p_K 的大小可以看出碱金属钾的硅铝酸盐的稳定性。p_K 递减（即钾的硅铝酸盐的稳定性增强）的规律是：$KAS_2 \rightarrow KS \rightarrow KAS_4 \rightarrow KAS_6$。

3.5.1.2　碱金属在炉内的循环及危害

K_2O 和 Na_2O 比氧化铁稳定，在高炉高温区内待铁还原后才被 C 还原，反应为：

$$K_2SiO_3 + C = 2K_{(g)} + CO + SiO_2$$

$$Na_2SiO_3 + C = 2Na_{(g)} + CO + SiO_2$$

由于 K、Na 的沸点低（K 为 766℃，Na 为 890℃），它们还原成金属后立即气化进入煤气，在随煤气流上升过程中，在不同区域里发生不同的反应，形成不同的化合物，具体如下：

在高温区

$$K_{(g)} + C + \frac{1}{2}N_2 = KCN_{(g)}$$

$$K_2SiO_3 + 2HF + C = 2KF_{(g)} + SiO_2 + H_2 + CO$$

在中温区

$$2K_{(g)} + SiO_2 + FeO = K_2SiO_3 + Fe$$

$$2K_{(g)} + 2CO_2 = K_2CO_3 + CO$$

$$2K_{(g)} + 3CO = K_2CO_3 + 2C$$

$$2K_{(g)} + FeO = K_2O + Fe$$

在高温区形成的氰化物、氟化物的沸点都不高，又以气态进入煤气，然后在较低温度区冷凝成液体或固体。在中温区生成的 K_2CO_3 及 K_2O 皆为固相。这些产物沉积于炉料表面和孔隙以及炉衬缝隙中，也能溶入初渣被炉渣所吸收。

高炉冶炼表明，在正常情况下，炉料带入的碱金属大部分进入炉渣排除炉外，小部分还原气化后被炉衬、炉料吸收，极小部分随煤气逸出。被炉料吸收的碱金属下行到高温区风口带时再次还原气化，然后随煤气流上升，形成循环富集。

碱金属在炉料孔隙中沉积会引起体积的膨胀，造成料块破裂，恶化料柱透气性。碱金属渗透或矿石中 K、Na 含量高会使矿石强度降低，引起球团矿的异常膨胀（膨胀率超过 40%）。焦炭吸收碱金属后能够生成 KC_3、KC_8 类的插入式化合物，造成体积膨胀、强度降低，并使焦炭的反应性增高，促进碳的溶损反应发展。碱金属与耐火材料的渣化作用以及碱金属在炉衬缝隙的沉积膨胀，均能降低耐火砖衬的强度，并能形成低熔点物质的黏附，导致炉墙结厚、炉瘤形成。20世纪七八十年代，包钢高炉的"三口一瘤"问题（风口、渣口易坏，铁口难以维护，高炉容易结瘤）曾长期困扰包钢炼铁生产，致使事故频发、指标低下，其主要原因是包钢矿石中K、Na和F的含量高。后来经科技攻关，很好地解决了这一问题。

据高炉解剖取样测试，高炉内碱金属的分布与循环如图3-23所示。研究表明，矿石和焦炭中碱含量在1000℃左右时开始升高，在滴落带达到最高值，碱金属的循环就存在于温度高于1000℃至风口的区域里。通常情况下，循环富集的碱量能达到炉料带入碱量的2.5~3倍，高者甚至达到5~6倍。

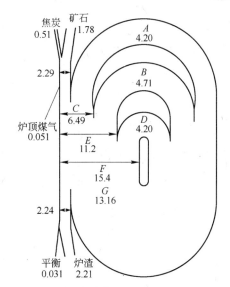

图3-23 高炉内碱金属的分布与循环
（日本广畑厂1号高炉，单位为kg/t）
A—块状带吸附；B—软熔带吸附；C—块状带；
D—滴落带吸附；E—软熔带；F—滴落带；
G—挥发循环（滴落带的碱金属氧化物扣除进渣碱金属氧化物）

3.5.2 碱金属危害的防治及炉渣排碱

3.5.2.1 高炉碱金属危害的防治及炉渣排碱

碱金属对高炉冶炼有严重的危害，如何防治是高炉工作者极为关心的问题。首先应从原料着手，最好选用碱含量少的矿石，以减少高炉的碱负荷，但这往往受到矿产资源条件的限制，使得高炉入炉碱量难以控制。在冶炼中防治碱害比较有效的措施是：采用较低的火焰温度，即理论燃烧温度不要过高，减少碱金属被还原气化的数量；采用高压操作，提高气相中CO分压（p_{CO}），有利于阻碍碱金属的气化反应；增加渣量，降低碱金属氧化物的活度，也是有益的。更为有效的措施应是降低炉渣碱度，采用偏酸性炉渣操作。这是因为渣中CaO、MgO与SiO_2的亲和力比K_2O、Na_2O的强，降低碱度可以降低K_2O、Na_2O在渣中的活度，提高渣中钾、钠硅铝酸盐的稳定性，减少它们的还原气化，促进炉渣吸收碱金属而排出炉外。

3.5.2.2 炉渣排碱程度的计算与判断

设冶炼每吨生铁由炉料带入的碱负荷为Q_K^0（kg/t），终渣碱含量为$w(K)_s$，渣量为U（kg/t），循环碱量为Q_K^r（kg/t），依据碱金属平衡可以列出进渣碱量为：

$$(Q_K^0 + Q_K^r)(1-\alpha) = w(K)_s U \qquad (3-67)$$

式中 α——碱金属从炉渣中还原气化的比例。

当循环碱量被炉料吸收的比例为β时（即上部炉料从煤气总碱量吸收的比例），则循环的碱量为：

$$Q_K^r = (Q_K^0 + Q_K^r)\alpha\beta$$

整理后得到循环碱量与入炉碱量（碱负荷）之间的关系式为：

$$Q_K^r = \frac{\alpha\beta}{1-\alpha\beta} Q_K^0 \tag{3-68}$$

将式（3-68）代入式（3-67）得到：

$$w(K)_s = \frac{1-\alpha}{1-\alpha\beta} \cdot \frac{Q_K^0}{U} \tag{3-69}$$

令式（3-69）中的 $Q_K^0/U = w(K)_s^0$，可以认为它是渣中无循环富集时的理论碱含量，可由炉料的碱负荷及渣量随时算出；而 $w(K)_s$ 为炉渣的实际碱含量，由炉渣取样分析得到。将两者进行比较即可了解炉内碱金属的情况，具体如下：

（1）如果 $w(K)_s = w(K)_s^0$，则式（3-69）中的 $\frac{1-\alpha}{1-\alpha\beta} = 1$，即 $\beta = 1$。表明循环上升的碱金属全部被炉料吸收回来，炉内没有积存，亦可说明这一阶段高炉冶炼由炉料带入的碱金属全部被炉渣排出。

（2）如果 $w(K)_s < w(K)_s^0$，则 $\frac{1-\alpha}{1-\alpha\beta} < 1$，即 $\beta < 1$。表明循环上升的碱金属部分被炉料所吸收，炉内碱金属有积累；也可说明这一阶段由炉料带入的碱金属只被炉渣带出一部分，炉内有积累，高炉操作需要注意防止碱害发生。

（3）如果 $w(K)_s > w(K)_s^0$，则 $\frac{1-\alpha}{1-\alpha\beta} > 1$，即 $\beta > 1$。表明除循环上升的碱金属全部被炉料吸收外，下降的炉料还多带了碱金属，炉内原来积累的碱金属在减少，高炉冶炼炉渣排碱阶段操作即属于此种情况。

练习与思考题

3-1　石灰石分解反应有何特点？高炉冶炼大量使用石灰石入炉有何不利影响，怎样避免？

3-2　简述直接还原度的概念，试比较铁的直接还原与间接还原的各自特点。

3-3　什么是还原剂过量系数 n？已知反应 $FeO + CO = Fe + CO_2$ 的 $\lg K_p = \frac{949}{T} - 1.14$，试计算 1000℃时的 n 及平衡状态时的煤气利用率 η_{CO}。

3-4　在固相区里铁的直接还原反应是怎样进行的？已知某温度时下列两个反应的平衡常数为：

$$FeO + CO === Fe + CO_2 \qquad K_{p1} = 0.727$$
$$CO_2 + C === 2CO \qquad K_{p2} = 0.570$$

试从热力学角度计算说明该温度下的 FeO 直接还原能否进行？

3-5　以 CO 作还原剂，推导界面上 FeO 化学反应速率 R_i 的算式，说明式中 k、K 的意义及单位。

3-6　设矿球半径为 r_0，氧含量密度为 ρ_0，试推导矿石还原过程转化率 f 的算式。这个公式能够说明什么问题？在内扩散环节控制情况下由分离变量积分后得到的关系式（式（3-22）），请进一步推导得到还原进程 τ 与 $(r_0 - r)/r_0$ 的关系式（式（3-23））。

3-7　以浮氏体还原反应为例，试从热力学及动力学角度比较 CO 和 H_2 还原的特点。

3-8　试比较高炉冶炼中 Si、Mn 还原的异同点。高炉冶炼低硅生铁应该注意哪些问题？

3-9　什么是耦合反应，耦合反应的实质是什么，在什么条件下需要考虑它的影响？

3-10　什么是熔化温度及熔化性温度，炉渣熔化性温度怎样确定？

3-11　简述黏度的概念。黏度的单位怎样得出，炉渣黏度对高炉冶炼有何影响？

解释炉渣碱度低时炉渣黏度大的原因。当碱度高时炉渣黏度也高,这又是什么原因?

3-12 解释炉渣稳定性的意义与内容。为什么当高炉冶炼炉况不好时高炉工长把炉渣碱度做得低些?

3-13 什么是液态炉渣的表面性质,表面性能不好的炉渣会给高炉冶炼带来哪些危害?

3-14 简述硫在高炉里的行为,写出高炉炉渣脱硫的反应式。

3-15 什么是硫负荷?推导生铁硫含量公式。已知冶炼每吨生铁由炉料带入硫量8kg,煤气带走硫量按硫总量的10%考虑,每吨生铁渣量为420kg,当硫的分配系数 $L_S = 20$ 时,生铁硫含量是多少?为保证生铁硫含量合格($w[S] < 0.07\%$),L_S 至少要达到多少?

3-16 依据图3-22中数据,计算:(1)高炉的硫负荷;(2)进入生铁、炉渣和煤气的硫量以及它们各自占硫负荷的比例;(3)炉内循环的硫量以及它与硫负荷的比例。

3-17 试述碱金属 K、Na 在高炉里的行为与危害,如何防治高炉的碱害?

4 燃料燃烧与煤气、炉料运动

4.1 高炉风口前碳的燃烧

4.1.1 燃料燃烧的作用

高炉冶炼使用焦炭和喷吹燃料煤粉，它们在风口前的燃烧为高炉冶炼提供了热量和还原剂，其中碳燃烧放出的热量占高炉热收入总量的 70% ~ 80%。入炉的碳及其燃烧产物 CO 是使铁及合金元素还原的还原剂，并为铁水渗碳提供了碳源。风口前焦炭的燃烧也为炉料下降提供了空间。

高炉是一竖炉，煤气在风口区形成，在上升过程中要穿过下部的固－液两相区、软熔区以及上部的固体炉料区，与下降的炉料进行着热量和物质的交换。能够允许煤气顺利通过高炉料柱，这是焦炭起到的而其他燃料难以替代的料柱骨架作用，因此高炉冶炼是离不开焦炭的。

4.1.2 碳燃烧反应的一般规律

碳与氧气可以发生两种燃烧反应，产物是 CO_2 或 CO，反应式为

$$C + O_2 \longrightarrow CO_2 \qquad +4.18 \times 7980 kJ/kg \qquad (4-1)$$

$$C + \frac{1}{2}O_2 \longrightarrow CO \qquad +4.18 \times 2340 kJ/kg \qquad (4-2)$$

生成 CO_2 的反应称为碳的完全燃烧，放热较多；生成 CO 的反应称为不完全燃烧，放热较少。这两个反应为初级反应（或主反应），反应时 CO 和 CO_2 同时生成，而最终的产物取决于反应环境的氧势和温度。图 3-11 所示的氧势图包括了碳的两种氧化物的氧势变化规律，由图能够看出高温下 CO 远比 CO_2 稳定，高温有利于碳的不完全燃烧。

碳燃烧反应过程的机理是：首先氧分子吸附于碳的表面，随温度升高，碳原子与氧分子的吸附增强，由物理吸附转化为化学吸附；氧原子间的键弱化，氧键拉长，最终断裂，氧原子与表面碳原子形成络合物；由于周围气流的冲击及高温作用，氧－碳络合物分解成 CO 和 CO_2。这一过程与温度的关系为：

低于1300℃时　　　　　$4C + 2O_2 \longrightarrow (4C) \cdot (2O_2)$

$$(4C) \cdot (2O_2) + O_2 \longrightarrow 2CO + 2CO_2$$

高于1600℃时　　　　　$3C + 2O_2 \longrightarrow (3C) \cdot (2O_2)$

$$(3C) \cdot (2O_2) \longrightarrow 2CO + CO_2$$

由上面反应过程可以看出，在低于1300℃时，碳氧燃烧初级反应生成 CO 和 CO_2 的几率相等；在高于1600℃时，生成的 CO 多于 CO_2，两者比例为 2:1；而在 1300 ~ 1600℃

之间，上述反应同时进行，络合物的分解是共同的控制环节。

初级反应的产物 CO 和 CO_2 继续与碳或氧反应，称为碳氧燃烧的次级反应（或副反应），反应式为：

$$CO + \frac{1}{2}O_2 =\!=\!= CO_2 \qquad +4.18 \times 5640 kJ/kg \qquad (4-3)$$

$$CO_2 + C =\!=\!= 2CO \qquad -4.18 \times 3300 kJ/kg \qquad (4-4)$$

碳燃烧反应因温度的差异会出现两种反应机构：

（1）碳燃烧的单膜理论　当温度较低时，在碳表面由主反应生成 CO 和 CO_2，环境中 O_2 继续扩散至碳表面反应形成的气膜，与 CO 反应生成 CO_2，致使最终产物中 CO_2 多于 CO。

（2）碳燃烧的双膜理论　当温度较高时，表面反应生成的 CO_2 会与碳进一步反应生成 CO，在碳表面多形成一层膜，而这些 CO 再向外扩散，与环境中扩散来的 O_2 反应，一部分 CO 转化为 CO_2，最终产物以 CO 为主。

碳燃烧的两类反应机理如图 4-1 所示。

4.1.3　碳在风口前的燃烧

4.1.3.1　鼓风中碳的燃烧反应

高炉风口区焦炭和喷吹燃料煤粉中的碳与风中的氧迅速结合燃烧，由于这个区域温度很高，碳又相对过剩，因而最终的产物是 CO 而没有 CO_2。碳在鼓风中的燃烧反应是：

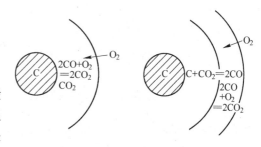

图 4-1　碳燃烧的两类反应机理

$$2C + O_2 + \frac{79}{21}N_2 =\!=\!= 2CO + 3.762N_2 \qquad (4-5)$$

因鼓风中还含有湿分，碳与水蒸气也要发生如下反应：

$$C + H_2O =\!=\!= CO + H_2 \qquad (4-6)$$

因此，高炉风口区碳燃烧产生的煤气仅由 CO、N_2、H_2 三种组分构成。

4.1.3.2　炉缸煤气量和煤气成分计算

碳在风口前燃烧产生的炉缸煤气量及煤气成分，与风中氧含量和鼓风湿度有关。设鼓风湿度为 φ，不富氧时鼓风氧含量为：

$$\varphi(O_2)_b = (1-\varphi) \times 0.21 + \varphi \times 0.5 = 0.21 + 0.29\varphi \qquad (4-7)$$

鼓风氮含量为：

$$\varphi(N_2)_b = (1-\varphi) \times 0.79 = 0.79 - 0.79\varphi \qquad (4-8)$$

当风量为 V_b（m^3）时，燃烧产物的数量（m^3）是：

$$V_{CO} = V_b \varphi(O_2)_b \times 2 = 2 \times (0.21 + 0.29\varphi)V_b \qquad (4-9)$$

$$V_{N_2} = V_b(N_2)_b = 0.79 \times (1-\varphi)V_b \qquad (4-10)$$

$$V_{H_2} = V_b \times \varphi \qquad (4-11)$$

如果按燃烧碳的质量计算，此时燃烧 1kg 碳需要风量（m^3/kg）为：

$$v_b = \frac{22.4}{2 \times 12 \times \varphi(O_2)_b} = 0.933/\varphi(O_2)_b \qquad (4-12)$$

燃烧 $m(C)$ kg 碳生成的煤气组分量（m^3）为：

$$V_{CO} = m(C) \cdot v_b \cdot \varphi(O_2)_b \times 2 = 1.866 \times m(C) \qquad (4-13a)$$

$$V_{N_2} = m(C) \cdot v_b \cdot \varphi(N_2)_b \qquad (4-13b)$$

$$V_{H_2} = m(C) \cdot v_b \cdot \varphi \qquad (4-13c)$$

上列算式是炉缸煤气量和煤气成分的基本算式，可以 1kg 碳或 1t 铁为基准，也可以 $100m^3$ 鼓风为基准进行计算。因计算基准不同，会有不同的煤气数量，但对于同一鼓风条件来说，算出的炉缸煤气成分应是一样的。例如，鼓风湿度为 $\varphi = 0.01$ 时，$100m^3$ 鼓风生成的炉缸煤气量及煤气成分是：

$$V_{CO} = 100 \times (0.21 + 0.29 \times 0.01) \times 2 = 42.58m^3$$

$$V_{N_2} = 100 \times (1 - 0.01) \times 0.79 = 78.21m^3$$

$$V_{H_2} = 100 \times 0.01 = 1m^3$$

$$V_g = V_{CO} + V_{N_2} + V_{H_2} = 42.58 + 78.21 + 1 = 121.79m^3$$

$$\varphi(CO) = \frac{V_{CO}}{V_g} \times 100\% = \frac{42.58}{121.79} \times 100\% = 34.96\%$$

$$\varphi(N_2) = \frac{V_{N_2}}{V_g} \times 100\% = \frac{78.21}{121.79} \times 100\% = 64.22\%$$

$$\varphi(H_2) = \frac{V_{H_2}}{V_g} \times 100\% = \frac{1}{121.79} \times 100\% = 0.82\%$$

在同样鼓风湿度条件下，燃烧 1kg 碳需要风量：

$$v_b = 0.933/\varphi(O_2)_b = 0.933/0.2129 = 4.382m^3/kg$$

此时若按燃烧 1kg 碳计算，得到的炉缸煤气量及煤气成分则为：

$$v_{CO} = 1 \times 1.866 = 1.866m^3$$

$$v_{N_2} = 1 \times 4.382 \times (0.79 - 0.79 \times 0.01) = 3.427m^3$$

$$v_{H_2} = 1 \times 4.382 \times 0.01 = 0.044m^3$$

$$v_g = 1.866 + 3.427 + 0.044 = 5.337m^3$$

$$\varphi(CO) = 34.96\%$$

$$\varphi(N_2) = 64.21\%$$

$$\varphi(H_2) = 0.83\%$$

当高炉喷吹煤粉时要考虑其带入的氢和氮，这时炉缸煤气组分的数量和成分都要有所变化，比较方便的是以冶炼 1t 生铁为基准进行计算，算式是：

$$V_{CO} = 1.866 \times m(C)_b \quad (m^3/t)$$

$$V_{N_2} = V_b \varphi(N_2)_b + m(N)_M \times 22.4/28 \quad (m^3/t)$$

$$V_{H_2} = V_b \varphi + m(H)_M \times 22.4/2 \quad (m^3/t)$$

式中　　　$m(C)_b$——冶炼每吨生铁风口前燃烧的碳量，kg；

$m(N)_M$，$m(H)_M$——分别为冶炼每吨生铁由喷吹煤粉带入的氮量和氢量，kg，需由炼铁煤比及煤粉的氮、氢含量计算；

V_b——冶炼每吨生铁的风量，m^3。

V_b 可参考式（4-12），由 $m(C)_b$ 及鼓风氧含量计算：

$$V_b = m(C)_b \times 0.933 / \varphi(O_2)_b \quad (m^3/t) \tag{4-14}$$

4.1.4 燃烧带的作用与控制

4.1.4.1 燃烧带的概念与作用

A 燃烧带与炉缸煤气曲线

碳与鼓风中氧反应而气化的区域称为燃烧带。焦炭在风口前的燃烧有两种状态。一种是当冶炼强度低、风量少、鼓风速度慢时，焦炭处于相对静止的层状燃烧，这种情况在较早时候的小高炉上出现过。通过风口取样分析得到层状燃烧时的气相成分变化曲线，如图4-2（a）所示。

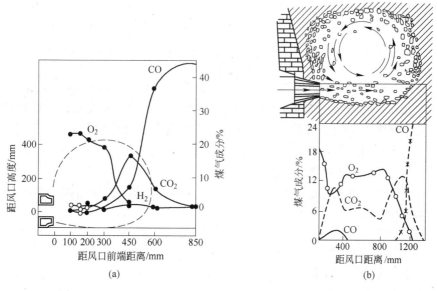

图4-2 风口前焦炭燃烧的气相成分变化曲线
(a) 层状燃烧；(b) 在回旋运动中燃烧

这种燃烧的特点是：沿风口中心线由炉缸边缘向中心 O_2 逐渐消失，CO_2 随 O_2 的减少而增多，达到一个峰值后再下降直至消失，CO 在 O_2 消失时出现，在 CO_2 消失处其含量达到最高值。由图4-2（a）可以确定风口前燃烧带的区域和构成，通常将 CO_2 消失的区域定义为燃烧带，这相当于风口前一个椭球形的区域。对应于 CO_2 含量最多的位置称为燃烧焦点，即高炉里温度最高的地方，因为这里燃烧产生的 CO_2 最多，放出的热量最多，温度也就最高。燃烧带中由风口起端至 O_2 消失的区域称为燃烧带的氧化区，在这个区域里有自由氧存在（整个硕大的高炉仅有此处而已），进行的反应是 $C + O_2 = CO_2$，落入此区的还原了的金属有再被氧化的可能。由 O_2 消失至 CO_2 消失的区域称为燃烧带的还原区，在这个区域里进行的反应是 $C + CO_2 = 2CO$，碳被氧化所消耗的氧还是鼓风中的氧。

另一种燃烧状态是当风量增多、冶炼强度提高、风速达到一定数值后，风口前的焦炭被鼓风吹动，形成一近似于球形的回旋区，焦炭在回旋运动中与氧结合而燃烧。回旋区外是一层厚 100~200mm 的疏松中间层，该层的焦炭逐渐进入回旋区里补充燃烧掉的焦炭。当今的高炉冶炼，焦炭都处在这种回旋运动中燃烧的。与层状燃烧相似，回旋区是燃烧带的氧化区，中间层相当于燃烧带的还原区，两者合起来构成燃烧带。

焦炭处于回旋运动燃烧时的特点是：鼓风一进入炉内，O_2 的含量因燃烧和回旋过来的气体混合而迅速下降，在向中心运动的一段距离内其含量变动不大，而后出现一个峰值，这是由于到达回旋区末端的气体被外层焦炭阻挡，然后 O_2 和 CO_2 相继消失，CO 增加。之所以在回旋区内它们的含量呈现相对较小的变化，是由于回旋运动气体的混合与反应的叠加所致。

B 燃烧带的作用及影响燃烧带的因素

燃烧带在高炉冶炼中具有十分重要的作用。它是高炉煤气的发源地，燃烧带的分布决定了高炉里煤气流的初始分布。燃烧带是焦炭燃烧气化的区域，它为炉料的连续下降提供了空间。因此，燃烧带的大小及其分布的均匀性，对煤气流在高炉内的分布以及炉料的运动状况都能产生极大影响。高炉煤气在炉内圆周方向上的均匀分布与半径方向上的合理分布，是高炉冶炼稳定顺行和节能降耗的基本保障。

燃烧带的大小主要取决于气体向炉缸中心的穿透能力，这由鼓风动能所决定。鼓风动能大，则鼓风及所形成的炉缸煤气具有强的穿透能力，O_2、CO_2 就可向炉缸中心渗透，燃烧带就大。此外，燃烧反应的速度也影响燃烧带的大小，燃烧速度加快，燃烧带将缩小。碳的燃烧速度取决于碳的反应能力、温度及风中氧含量，高风温和富氧鼓风会使燃烧带缩小。

4.1.4.2 鼓风动能的概念与计算

鼓风动能，顾名思义就是鼓风所具有的动能。鼓风动能是高炉冶炼一个重要的控制参数，它由物理学中的动能公式推导得来：

$$E = \frac{1}{2}mv^2$$

式中　m——鼓风具有的质量；

$\quad\quad$ v——鼓风风速。

在高炉冶炼条件下，鼓风质量由标准风量及鼓风密度得到，即：

$$m = \frac{Q_0\rho_0}{60 \times n} \tag{4-15}$$

式中　m——高炉冶炼鼓风质量，kg/s；

$\quad\quad$ Q_0——标准状态下鼓风流量，m^3/min；

$\quad\quad$ ρ_0——标准状态下鼓风密度，$\rho_0 = 1.293 kg/m^3$；

$\quad\quad$ n——工作风口数。

这是单位时间（每秒钟）内由一个风口进入炉内的鼓风质量。

鼓风速度要由标准风速 v_0 按理想气体状态方程转化为工作（状态）风速 v 得到，即：

$$v = v_0\frac{p_0 T}{p T_0} = \frac{Q_0}{60 \times nf} \cdot \frac{p_0 T}{p T_0} \tag{4-16}$$

式中　v——工作（状态）风速，m/s；

$\quad\quad$ f——一个风口截面积，m^2；

$\quad\quad$ T——热风绝对温度，K，$T = T_0 + t_b = 273 + t_b$（$t_b$ 为热风温度，℃）；

$\quad\quad$ p_0——标准状态下大气压力，取 0.1013MPa；

p——热风绝对压力，MPa，$p = p_0 + p_b = 0.1013 + p_b$（$p_b$ 为热风仪表读数，MPa）。

因此有：

$$E = \frac{1}{2} \times \frac{Q_0^3 \rho_0}{60^3 n^3 f^2} \cdot \left(\frac{p_0 T}{p T_0} \right)^2 \quad (\text{J/s})$$

当把已知数据代入上式中，得到：

$$m = 2.155 \times 10^{-2} \times \frac{Q_0}{n}$$

$$v = 6.184 \times 10^{-6} \times \frac{Q_0}{nf} \cdot \frac{T}{p}$$

$$E = 4.121 \times 10^{-13} \times \frac{Q_0^3}{n^3 f^2} \cdot \frac{T^2}{p^2} \quad\quad (4-17)$$

过去传统的算法是由鼓风重量除以重力加速度得到鼓风质量，再去计算鼓风动能，如下式：

$$E = \frac{1}{2} \times \frac{Q_0 \gamma_0}{60 \times ng} \left(\frac{Q_0}{60 \times nf} \cdot \frac{p_0 T}{p T_0} \right)^2 \quad (\text{kgf} \cdot \text{m/s})$$

式中　γ_0——标准状态下鼓风重度，$\gamma_0 = 1.293 \text{kgf/m}^3$；

　　　g——重力加速度，$g = 9.81 \text{m/s}^2$；

　　　p——热风压力，kgf/cm^2，$p = p_0 + p_b = 1.033 + p_b$（这里 p_0 及 p_b 均采用工程压力，若换用 MPa 也可）。

当把已知数据代入式中后得到：

$$E = 4.368 \times 10^{-12} \times \frac{Q_0^3}{n^3 f^2} \cdot \frac{T^2}{p^2} \quad (\text{kgf} \cdot \text{m/s}) \quad\quad (4-18)$$

为便于传统的重力单位"kg"与鼓风质量单位"kg"相区别，这里将鼓风重量及鼓风动能单位中的"千克力"写作"kgf"。

在一些文献中常看到鼓风动能公式写成下面形式：

$$E = \frac{1}{2} m v^2 = \frac{1}{2} \times \frac{1.293 Q}{9.8 n} \left(\frac{Q}{nA} \cdot \frac{273 + t}{273} \cdot \frac{1}{p} \right)^2 \quad (\text{kg} \cdot \text{m/s})$$

式中　Q——每秒钟的风量，m^3/s；

　1.293——鼓风密度，kg/m^3；

　　　A——风口截面积，m^2；

　　　p——鼓风工作压力，MPa。

上式的写法是不对的，其主要的问题有：既然式中的 1.293 是鼓风密度，密度是单位体积物质的质量，那么它就不该再用重力加速度 9.8（m/s^2）去除。物理学中重量（力）$G = mg$，质量 $m = G/g$，而"m/g"并不是质量，这是一个基本概念的问题。再者，鼓风压力 p 选用"MPa"作单位，那么工况折算系数中标准状态大气压 p_0 用 1（atm）代入就不对了，而应该用 $p_0 = 0.1013$（MPa）的数据。对于理想气体状态方程，热风压力 p 与标准状态大气压力 p_0 的单位必须一致才行。由于鼓风压力可有多种单位，因而过去的鼓风动能公式就有多种系数项数值不同的表达式，应用时需注意转换，几种压力单位之间的关系是：

$$1atm = 760mmHg = 1.033kgf/cm^2 = 0.1013MPa = 101.3kPa$$

此外还应该明确，凡在鼓风动能算式中用到重力加速度的计算，得到的应是以"kgf·m/s"为单位的鼓风动能数值；只有在直接采用鼓风质量（即不用重力加速度）的鼓风动能算式计算时，得到的才是以"J/s"（或 W）为单位的鼓风动能数值，而要想得到以"kW"为单位的数值也需经转换才行。在通常（标准）情况下，每立方米的鼓风重量与鼓风质量具有相同的数值，因此对于同一条件的高炉冶炼，按两种方法计算的鼓风动能数值成 9.81 倍的关系，即 1kgf·m/s = 9.81J/s。

高炉鼓风动能中的质量 m 是单位时间（每秒钟）的鼓风质量，因此炼铁工艺中这一概念是单位时间的鼓风能量，实际上表示的是功率。有学者建议将鼓风动能改为"鼓风功率"更为确切，应该说这是一项合理的、科学的建议。鼓风动能的概念与计算应该脱离传统观念、算法的影响，进入一个规范的、科学的状态。

由式（4 - 17）、式（4 - 18）能够看出，影响鼓风动能的因素有风口数目、风口面积、风量、风温、风压等。风口数目是在高炉设计时要慎重考虑的因素，风口多些有利于燃烧带分布均匀，但鼓风动能变小；为保持合适的鼓风动能，应使用直径小些的风口，"多风口、小风口"的使用正是现代高炉的设计理念。高炉日常操作变动的因素是风量、风温、风压，它们构成了高炉的送风制度，是高炉下部调剂的主要手段。风口直径的选择是调节改善炉况常用的措施，而风口凸入炉内的长度以及倾斜的角度也在考虑之内。

在一定的冶炼条件下，每座高炉都有合适的鼓风动能，这是保证高炉稳定顺行、热状态合理充沛所必需的。鼓风动能偏小，则高炉边缘气流发展，煤气能量利用差，冶炼焦比高；鼓风动能过大，则高炉中心气流过吹，也将导致煤气流失常，炉况恶化。高炉适宜的鼓风动能与炉缸直径 $d(\mathrm{m})$ 之间的关系有如下经验公式：

$$E = 86.5d^2 - 313d + 1160 \quad (kgf·m/s)$$

这一公式适用于 2000m³ 级以下的高炉，由它可以选择高炉合适的风口尺寸，进行高炉的下部调剂。

4.1.4.3　理论燃烧温度及其计算

A　理论燃烧温度的概念与意义

理论燃烧温度表示某种成分的燃料在一定的燃烧条件下（即一定的空气过剩系数，一定的燃料、空气温度等），燃烧产物所能达到的最高温度，用 t_f 表示。在通常的热工计算中，都有燃料完全燃烧和燃烧过程不向外散热的假定条件。因此，理论燃烧温度是一理想化的而非实际的燃烧温度。高炉炼铁中碳在风口区域的燃烧是在含有湿分的热风中不完全燃烧，燃烧的最终产物是 CO、H_2 及 N_2。因此，这里的理论燃烧温度是指燃料在风口区不完全燃烧，燃料和鼓风所含热量及燃烧反应放出的热量全部传给燃烧产物时所能达到的温度。

理论燃烧温度也称为碳燃烧的"理论火焰温度"，它是风口前燃料燃烧状态的标志，是高炉操作判断炉缸热状态的一项重要参数。在我国炼铁界多采用中等理论燃烧温度操作，即 t_f 按 2050 ~ 2150℃ 控制，随着高炉喷吹量的增加，理论燃烧温度有向低限发展的趋势。前苏联高炉采用较低的 t_f 操作，一般为 1950 ~ 2050℃，现在俄罗斯有提高的趋势，以满足富氧时炉缸煤气量减少而炉缸要有足够热量的需要。日本高炉习惯上采用高理论燃烧温度操作，t_f 达到 2300～2350℃，与较高的炉渣碱度相配合，使铁水温度达到 1500℃。

B　理论燃烧温度的计算

a　常用算法——按冶炼 1t 生铁计算

理论燃烧温度是由风口区域热平衡计算得到的，通常以冶炼 1t 生铁作为计算基准，可以列出算式：

$$[(V_{CO} + V_{N_2}) \cdot \bar{c}_{p1} + V_{H_2} \cdot \bar{c}_{p2}] \cdot t_f = Q_C + Q_b + Q_w - Q_s - Q_m$$

得到：

$$t_f = \frac{Q_C + Q_b + Q_w - Q_s - Q_m}{(V_{CO} + V_{N_2}) \cdot \bar{c}_{p1} + V_{H_2} \cdot \bar{c}_{p2}} \tag{4-19}$$

式中　Q_C，Q_b，Q_w——分别为吨铁风口前碳燃烧生成 CO 放出的热量和鼓风、焦炭带入的物理热，kJ；

　　　Q_s，Q_m——分别为吨铁鼓风中湿分分解耗热和喷吹燃料分解耗热，kJ；

　　　$\bar{c}_{p1}$，$\bar{c}_{p2}$——分别为高炉炉缸煤气中 CO、H_2 的平均比热容，kJ/(m³·℃)，CO 与 N_2 两者的平均比热容极为相近，可取同值；

　　　V_{CO}，V_{N_2}，V_{H_2}——分别为吨铁炉缸煤气中 CO、N_2、H_2 的数量，m³，三者之和即为每吨生铁的炉缸煤气量。

由式（4-19）可以看出，当热风温度提高时，鼓风带进热量 Q_b 增多，t_f 会有所提高；当富氧率增加时，虽然吨铁风量减少，Q_b 有所减少，但因氮气数量减少的效果更为显著，致使 t_f 也会提高；而喷煤量增加及鼓风湿分增加都会造成 t_f 的降低。

按式（4-19）进行 t_f 的计算，需要知道焦炭在风口前的燃烧率 K_ϕ，以确定到达风口区的焦炭数量，计算焦炭带入的物理热。K_ϕ 这一数值通常按经验选取，为 65%～70%，也可由计算确定，只是较为繁琐。

b　其他算法——按风口前燃烧 1kg 碳计算

由风口区燃烧 1kg 碳的热平衡可以导出：

$$t_f = \frac{q_C}{\bar{c}_{pg} \cdot v_g} - \frac{q'_m + q_k}{\bar{c}_{pg} \cdot v_g} \cdot C_b^m \tag{4-20}$$

式中　q_C——风口前燃烧每千克焦炭碳的热量，kJ；

　　　q_k——每千克焦炭碳进入风口区带入的物理热，可取焦炭 1500℃时的比焓，$q_k = 4.18 \times (540～550)$ kJ/kg；

　　　q'_m——每千克碳的煤粉分解耗热，通常取 $q'_m = 4.18 \times (300～350)$ kJ/kg（这里已折算成煤粉，烟煤取高值）；

　　　v_g——每千克碳在风口区燃烧所生成的炉缸煤气量，m³；

　　　$\bar{c}_{pg}$——t_f 时炉缸煤气的平均比热容，kJ/(m³·℃)；

　　　C_b^m——风口前燃烧碳量中煤粉碳所占的比例（焦炭碳占的比例为 C_b^k）。

式（4-20）中 q_C 的计算是：

$$q_C = 4.18 \times 2340 + q_k + v_b(\bar{c}_{pb}t_b - 4.18 \times 2580 \times \varphi) \tag{4-21}$$

式中　v_b——风口区燃烧每千克碳所需风量；

　　　$\bar{c}_{pb}$——热风温度时鼓风平均比热容；

　　　t_b——热风温度；

　　　φ——鼓风湿度。

风口前燃烧每千克碳形成的炉缸煤气量 v_g（m^3）的计算是：

$$v_g = 2 \times 0.933 + v_b \varphi(N_2)_b + v_b \varphi + 11.2 w(H)_M C_b^m / w(C)_M \qquad (4-22)$$

式中 $w(C)_M$，$w(H)_M$——分别为煤粉中碳、氢（包括煤粉水分中氢在内）含量；

$\varphi(N_2)_b$——鼓风氮含量。

在喷吹煤粉条件下，高炉风口前燃烧的碳包括进入风口区的焦炭碳及喷入的煤粉碳两部分，计算 t_f 时可取它们有相同的燃烧热，并且这两部分碳应有 $C_b^k + C_b^m = 1$ 的关系。C_b^m 可由冶炼每吨生铁的煤比 M、煤粉碳含量 $w(C)_M$ 以及每吨生铁的风口碳量 $m(C)_b$ 或气化碳量 $m(C)_g$ 来计算：

$$C_b^m = \frac{M w(C)_M}{m(C)_b} = \frac{M w(C)_M}{n m(C)_g} \qquad (4-23)$$

式中，n 为碳燃烧率系数，它要由炉顶煤气成分和鼓风成分计算：

$$n = 2 \times \frac{\varphi(N_2)}{\varphi(CO) + \varphi(CO_2) + \varphi(CH_4)} \cdot \frac{\varphi(O_2)_b}{\varphi(N_2)_b} \qquad (4-24)$$

式（4-20）比较透彻地揭示了喷吹煤粉对理论燃烧温度的影响。式中第一项就是纯焦炭冶炼时的理论燃烧温度；而式中第二项则是喷吹煤粉使理论燃烧温度降低的程度。当然，纯焦炭冶炼与喷煤时每千克碳的炉缸煤气量（v_g）不会是同一数值，煤气平均比热容（$\bar{c}_{pg}$）也会稍有变化，这些都会对 t_f 计算结果有所影响。风口前燃烧碳量中煤粉碳所占的比例（C_b^m）是个有用的概念，它具有喷煤率的意义，可以设想高炉喷煤的极限情况应是 $C_b^m = 1$。

此外，理论燃烧温度还可以按 $1m^3$ 鼓风进行计算。几种算法虽然不同，但计算原理一样，只要计算无误，选取的参数合理，算出的理论燃烧温度就会是一样或相近的。

对于纯焦炭冶炼的高炉，其 t_f 的高低与焦比的高低无关，虽然焦比高时燃烧的焦炭多，放出的热量多，但 t_f 算式的分母部分煤气量也成比例增加。要提高理论燃烧温度，应从使用质量优良的燃料、改善燃料的燃烧条件入手。在高炉冶炼条件下，尤其要注意提高风温和富氧鼓风的使用。

理论燃烧温度是高炉冶炼的一项重要参数，它影响到高温生铁的冶炼及高炉的行程，是炉热水平的一个标志。但应指出，理论燃烧温度是一强度因素，而炉缸热量是一容量因素，炉缸热量的多少还取决于高温煤气的数量，即煤气数量、温度及比热容三者的乘积，这才是炉缸热量的全部。

4.1.5 煤气上升过程中煤气数量和成分的变化

4.1.5.1 炉缸煤气量的计算

风口前燃烧带形成的煤气量可由燃烧反应计算，其算式前面已经列出，设煤气组分 CO、N_2、H_2 的数量（m^3/t）分别为 $V_{CO}^{(0)}$、$V_{N_2}^{(0)}$、$V_{H_2}^{(0)}$，三者之和 $V_g^{(0)} = V_{CO}^{(0)} + V_{N_2}^{(0)} + V_{H_2}^{(0)}$ 就是冶炼每吨生铁风口区碳燃烧产生的煤气量，通常称为炉缸煤气量。这种称谓虽然不够严格准确，但也还可以采用，而将 $V_g^{(0)}$ 称为"炉腹煤气量"就不够准确了。

4.1.5.2 高温区煤气量的计算

燃烧带形成的煤气进入炉缸、炉腹区域，因发生铁及合金元素的还原、脱硫反应，致使煤气数量和成分都在发生变化，煤气离开高温区时各组分数量的计算是：

$$V_{CO}^{(1)} = V_{CO}^{(0)} + m(C)_d \times 22.4/12 + \Phi w(CO_2)_\Phi \alpha \times 22.4/44$$

$$V_{N_2}^{(1)} = V_{N_2}^{(0)}$$

$$V_{H_2}^{(1)} = V_{H_2}^{(0)}$$

式中 $m(C)_d$——冶炼每吨生铁的直接还原耗碳量，kg，其计算可参阅 6.1.2 节中式 (6-4)；

Φ——冶炼每吨生铁的熔剂用量，kg；

$w(CO_2)_\Phi$——熔剂中 CO_2 含量，%；

α——石灰石在高温区的分解率，$\alpha = 0.4 \sim 0.6$，常取 $\alpha = 0.5$。

因此，高温区的煤气量为：

$$V_g^{(1)} = V_{CO}^{(1)} + V_{N_2}^{(1)} + V_{H_2}^{(1)} \quad (m^3/t)$$

4.1.5.3 炉顶煤气量的计算

在间接还原区内，煤气中的 CO、H_2 参加间接还原转化成 CO_2、H_2O（减少同样体积的 CO、H_2），石灰石（或其他熔剂、生矿）分解出 CO_2，焦炭挥发分析出进入煤气，它们形成炉顶煤气量。各组分的计算是：

$$V_{CO_2}^{(2)} = V_{CO_2}^i + \frac{22.4}{44} \times \left[\Phi w(CO_2)_\Phi (1-\alpha) + K w(CO_2)_K \right]$$

$$V_{CO}^{(2)} = V_{CO}^{(1)} - V_{CO_2}^i + K w(CO)_K \times 22.4/28$$

$$V_{H_2}^{(2)} = V_{H_2}^{(1)} - V_{H_2O}^i + K w(H_2)_K \times 22.4/2$$

$$V_{N_2}^{(2)} = V_{N_2}^{(1)} + K w(N_2)_K \times 22.4/28$$

式中，$V_{CO_2}^i$、$V_{H_2O}^i$ 分别为间接还原生成的 CO_2、H_2O 量，它们的计算是：

$$V_{CO_2}^i = 22.4 \times \left[10w[Fe]_\% \times (1 - r_d - r_{i(H_2)})/56 + A(w(Fe_2O_3)_A/160 + w(MnO_2)_A/87) \right]$$

$$V_{H_2O}^i = 22.4 \times 10w[Fe]_\% \times r_{i(H_2)}/56$$

式中 A——吨铁矿石用量，kg；

$w(Fe_2O_3)_A$，$w(MnO_2)_A$——分别为矿石中 Fe_2O_3、MnO_2 的含量，%；

$w[Fe]_\%$——生铁中铁含量（质量百分数）。

因此，高炉炉顶煤气量（即通常所说的每吨生铁的煤气量）为：

$$V_g = V_g^{(2)} = V_{CO_2}^{(2)} + V_{CO}^{(2)} + V_{H_2}^{(2)} + V_{N_2}^{(2)} \quad (m^3/t)$$

过去认为高炉里有 $0.8\% \sim 1.2\%$ 的 C 与 H_2 反应生成 CH_4 进入煤气，实际上这是由于采用传统的气体分析方法而产生的一种假象，现时采用气相色谱仪分析煤气并没有发现 CH_4。高炉喷吹天然气时，CH_4 会在高炉内裂解成 H_2 和炭黑，喷吹煤粉时煤中有机物质在风口前热分解，这些也能说明煤气中不含有 CH_4。如果高炉煤气中存有少量 CH_4，可按由焦炭挥发分带入炉内的情况处理。

高炉内煤气总量及各个组分沿高炉高度的变化情况如图 4-3 所示。

由于风中 1mol O_2 燃烧生成 2mol CO，1mol H_2O 与 C 反应生成 2mol CO + H_2，因此煤气量要比风量多，当风中湿分多时煤气量会更多。对于风口区，$V_g^{(0)} = (1.21 \sim 1.25)V_b$；而对于炉顶煤气，由于高炉反应生成 CO、熔剂析出 CO_2 及焦炭挥发分析出等引起体积增加，$V_g = (1.37 \sim 1.42)V_b$。

炉顶煤气中 $\varphi(CO) + \varphi(CO_2)$ 通常达到 $40\% \sim 43\%$，随冶炼条件不同，各组分的含

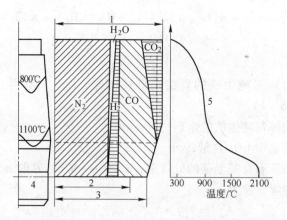

图 4 - 3　高炉内煤气总量及各个组分沿高炉高度的变化情况

1—炉顶煤气量 V_g；2—风量 V_b；3—炉缸煤气量 $V_g^{(0)}$；4—风口水平；5—煤气温度

量会有变化，具体如下：

（1）吨铁热量消耗增大、焦比升高时，由于风口前燃烧碳量的增加，风量随之增加，煤气中 $\varphi(N_2)$、$\varphi(CO)$ 增大，而 $\varphi(CO_2)$ 减小，煤气利用变差。

（2）矿石还原性变差时，直接还原度升高，煤气中 $\varphi(CO)$ 增大、$\varphi(CO_2)$ 减小；而矿石氧化程度增加（即 Fe_2O_3 含量增加）时，煤气中 $\varphi(CO_2)$ 增大。

（3）富氧鼓风时，因风中 N_2 减少（氮氧体积比为 3.76），吨铁煤气总量减少，煤气中 $\varphi(N_2)$ 也减小，而 $\varphi(CO) + \varphi(CO_2)$ 增大。

（4）喷吹含氢多的燃料或高炉加湿鼓风时，煤气中 $\varphi(H_2)$ 增大，其他成分相对减少。

（5）石灰石用量增多时，$\varphi(CO) + \varphi(CO_2)$ 增大，$\varphi(N_2)$ 减小。

4.2　高炉内热交换

高炉是一竖炉，炉料、煤气逆向运动，属移动床逆流热交换。在风口区碳燃烧形成 1900 ~ 2000℃ 的高温煤气，在上升过程中将矿石还原，并把热量传给炉料，使之升温和提供各种物理化学变化所需的热量，最后以 200 ~ 300℃ 的炉顶煤气离开高炉。炉料以常温从炉顶装入，在下降过程中温度升高，完成一系列物理化学变化，形成 1450 ~ 1550℃ 的液态渣铁存于炉缸内，定期排出炉外。

大量研究表明，高炉内部的温度场分布虽因冶炼情况的不同而不同，沿圆周及半径方向随煤气流的分布不同也千差万别，但它们却具有共同的规律，图 4 - 4 示出高炉内各区域的状态及沿高炉高度的煤气、炉料温度分布。

在高炉上部，炉料刚进入炉内，冷的炉料与热的煤气温差大；在高炉下部，风口区碳燃烧，煤气刚刚生成，高温煤气与液态的渣铁温差也大。这两个区域热交换强烈，分别称为高炉的上部热交换区和下部热交换区。而高炉中部区域炉料与煤气温差小（不超过 50℃），热交换进行得缓慢，称为热交换的空区或热储备区。在这个区域里矿石铁氧化物已全部还原为浮氏体，并有少量金属铁出现，但因煤气还原势不足而不能进行更多的还原，也将此区域靠上面的一段称为化学储备区。高炉内炉料及煤气的温度分布特征可由传热方程得出。

4.2.1 传热方程

取炉身一段微元体，由填充床中气流与散料在传热过程中的热平衡，可分别列出如下方程：

对于炉料

$$\lambda_s \frac{\partial t_s^2}{\partial z^2} + \alpha_{g-s}(t_g - t_s) + \sum R(-\Delta H) - G_s c_s \frac{\partial t_s}{\partial z} = (1-\varepsilon)\rho_s c_s \frac{\partial t_s}{\partial \tau} \qquad (4-25)$$

对于煤气

$$\lambda_g \frac{\partial^2 t_g}{\partial z^2} - \alpha_{g-s}(t_g - t_s) + G_g c_g \frac{\partial t_g}{\partial z} = \varepsilon \rho_g c_g \frac{\partial t_g}{\partial \tau} \qquad (4-26)$$

式中　λ_s，λ_g——分别为炉料、煤气的内部导热系数；

α_{g-s}——煤气与炉料间的对流传热系数；

t_s，t_g——分别为炉料、煤气的温度；

G_s，G_g——分别为炉料、煤气的质量流量；

c_s，c_g——分别为炉料、煤气的比热容；

ρ_s，ρ_g——分别为炉料、煤气的密度；

ε——炉料孔隙度；

$R(-\Delta H)$——化学及物理变化的热效应；

$\sum R(-\Delta H)$——一定温度区间内所有热效应之和。

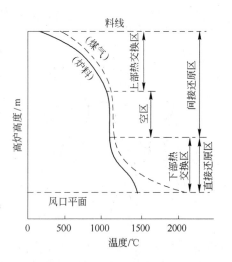

图 4-4　高炉内各区域的状态及沿高炉高度的煤气、炉料温度分布

对于式（4-25），第一项为以传导方式传给炉料的热量，第二项是煤气与炉料间的对流传热量，第三项主要是由炉料里反应数量及热效应决定的化学反应放热量，第四项是炉料离开微元体带走的热量。前三项为炉料得到的热量，扣除带走的热量后，便是炉料蓄积的热量，即公式等号右侧项。对于式（4-26）也可同样解释，只是式中第三项因与 z 方向相反而取正号。

由高炉冶炼的实际情况，为简化求解方程，可以认为炉料和煤气内部没有温差，高炉内为稳定态传热，式（4-25）和式（4-26）中的 $\frac{\partial^2 t}{\partial z^2}$、$\frac{\partial t}{\partial \tau}$ 两项皆为零，则可简化为一维方程。当积分区段内反应热效应较小时，式（4-25）的 $\sum R(-\Delta H)$ 项也可忽略；如果反应热效应大，则可视为常数并入 c_s 之中，作为广义的炉料比热容。因此，高炉热交换的传热方程可表示成：

对于炉料

$$\alpha_{g-s}(t_g - t_s) = G_s c_s \frac{\partial t_s}{\partial z} \qquad (4-27)$$

对于煤气

$$\alpha_{g-s}(t_g - t_s) = G_g c_g \frac{\partial t_g}{\partial z} \qquad (4-28)$$

由式（4-27）和式（4-28）可以看出，在稳定态传热的条件下，煤气传来的热量就等于炉料带走的热量，由它们即可求出 t_g 和 t_s 沿高炉高度变化的规律。

4.2.2 水当量及高炉热交换曲线

4.2.2.1 水当量

在上述基本传热方程中，流量与比热容的乘积在热工学里称为水当量，即：

炉料水当量 $$w_s = G_s c_s \qquad (4-29)$$

煤气水当量 $$w_g = G_g c_g \qquad (4-30)$$

水当量的准确定义应该是：单位时间内通过单位截面积的物料温度升高（或降低）1℃吸收（或放出）的热量，单位是 kJ/(m²·h·℃)。在炼铁学里也曾笼统地将水当量定义为：单位时间通过某一截面的物料温度升高1℃吸收的热量。实际上还是采用热工学上的定义更好，这在后面的公式推导中能够看到。

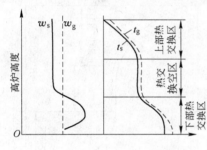

图 4-5 炉料和煤气的水当量
w_g—煤气水当量；w_s—炉料水当量；
t_g—煤气温度；t_s—炉料温度

炉料和煤气的水当量与高炉高度及它们温度的对应关系如图 4-5 所示。煤气水当量基本为一常数，而炉料水当量在高温区有突变并有一峰值。在高炉上部区炉料水当量比煤气水当量小（$w_s < w_g$），在下部区恰恰相反（$w_s > w_g$），在中间部位两者能够相等。

煤气水当量之所以沿高炉高度变化不大，可视为常数，是因为构成水当量的两项因素沿高炉高度恰好有相反的变化。在高炉风口区燃料燃烧产生的煤气量是风量的 1.21~1.25 倍，到高炉上部因有高炉反应产生的气体及焦炭挥发分加入，煤气体积增加，是风量的 1.37~1.42 倍；而煤气的比热容 c_g 值在高炉下部区因温度高而变大（达到 1.51kJ/(m³·℃)），到上部区时煤气温度降低，比热容值也变小（1.34~1.38kJ/(m³·℃)）。因而在高炉上下部区域里，它们的乘积（即水当量 $w_g = G_g c_g$）也就相差不多，大体上一样。

炉料水当量的变化比较复杂，在高炉上部区域反应不多，热效应不明显，虽然发生一些水分蒸发、分解及少量碳酸盐分解等吸热反应，但也还有间接还原的放热反应，这个区域里主要是炉料的升温耗热，因而上部区的炉料水当量小且变化不大。进入下部高温区，由于大量吸热反应（碳的溶解损失反应、铁及合金元素的直接还原反应）的存在以及炉料软化、渣铁熔融的大量耗热，使得炉料的比热容 c_s 值大大增加，到达炉缸后主要是液态渣铁提高过热度，强烈吸热的反应减少，因而出现炉料水当量曲线的峰值。

4.2.2.2 高炉热交换曲线

前已述及，沿高炉高度存在三个热交换区，它们的特点是：

（1）高炉上部热交换区炉料水当量比煤气水当量小（$w_s < w_g$），煤气温度降低1℃放出的热量可使炉料温度升高多于1℃，即在高炉上部区煤气降温慢而炉料升温快。

（2）高炉下部热交换区恰好相反，炉料水当量比煤气水当量大（$w_s > w_g$），因此炉料升温慢而煤气降温快。

（3）在上下部热交换区中间存在一过渡区域，即热交换的空区，在这个区域里炉料水当量与煤气水当量接近以至相等，高炉热量交换进行缓慢，炉料与煤气的温差很小，仅在 20~50℃ 的范围内。

由于热交换空区的存在，高炉炉身的高度可以降低，这为现代高炉向矮胖型发展提供了理论支持。当然，为了使高炉炉料升温及化学反应充分、均匀，有一段空区存在也是必要的。高炉热交换空区何时结束，下部热交换区何处开始，取决于炉料比热容明显变化的情况。当高炉大量使用石灰石时，下部热交换区开始的位置对应于石灰石大量分解（温度为 800~900℃）的位置。现在的高炉冶炼多使用熔剂性烧结矿，下部热交换区开始的位置则对应于直接还原反应充分进行、碳的溶损反应明显开始（温度为 900~1000℃）的位置。

4.2.3　高炉上下部热交换

4.2.3.1　高炉上部区热交换

A　高炉上部热交换区炉顶煤气温度 t_{g0} 与煤气温度 t_g

由高炉上部热交换区煤气与炉料间的热平衡，可以得到煤气温度 t_g 的算式。在上部区取某一截面（如图 4-6 所示），由此截面向上至炉顶，列出热平衡方程：

$$w_g(t_g - t_{g0}) = w_s(t_s - t_{s0})$$

当采用冷料时，可以认为 $t_{s0} = 0$，得到炉顶煤气温度 t_{g0} 算式：

$$t_g = t_{g0} + t_s \frac{w_s}{w_g} \qquad (4-31a)$$

或

$$t_{g0} = t_g - t_s \frac{w_s}{w_g} \qquad (4-31b)$$

也可由任一截面与空区间的热平衡得到煤气温度的算式：

$$t_g = t_{g1} - (t_{s1} - t_s)\frac{w_s}{w_g} \qquad (4-32)$$

对上部区而言，t_{s0} 是已知的（一般为冷料，可取 $t_{s0} = 0$），人们更多关注的是煤气温度 t_g 及炉顶煤气温度 t_{g0}，因此常常求出它们的算式。

式（4-31a）、式（4-31b）和式（4-32）表示高炉上部区炉顶煤气温度 t_{g0}、煤气温度 t_g 与空区煤气温度 t_{g1} 及炉料温度 t_{s1} 之间的关系。可以证明式（4-31）与式（4-32）是等价的，并应注意在各算式中煤气温度与炉料温度是要相对应的，即为同一截面上的各自温度。

有文献给出公式 $t_g = t_{g1} - t_s w_s / w_g$，是推导不出来的。

通常采用式（4-31b）讨论高炉操作条件变化时对炉顶（煤气）温度的影响以及炉顶温度变化的趋势。例如，当焦比增加时，由于煤气水当量增大，致使炉顶温度升高；而当风温提高（往往焦比降低）时，煤气水当量减小，炉顶温度要有所降低。

B　由传热速率方程推导炉料温度 t_s 与煤气温度 t_g 的关系式

沿高炉高度方向由上向下取一微元高度，炉料温度有微小变化 dt_s，在 $d\tau$ 时间内，煤气与炉料间交换的热量为：

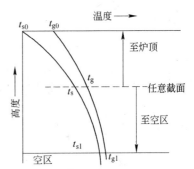

图 4-6　上部热交换区的计算

t_{s0}—炉顶炉料温度；t_{g0}—炉顶煤气温度；t_s—上部区任意截面上炉料温度；t_g—上部区任意截面上煤气温度；

t_{s1}—空区内炉料温度；

t_{g1}—空区内煤气温度

$$w_s \mathrm{d}t_s = \alpha_F F V_s (t_g - t_s) \mathrm{d}\tau \qquad (4-33)$$

式中 α_F——传热系数，$kJ/(m^2 \cdot h \cdot ℃)$；

       F——炉料表面积，m^2/m^3；

       V_s——炉料体积流量，$m^3/(m^2 \cdot h)$。

这里需注意：F 表示每立方米散料的表面积，即热交换面积，非比表面积；式（4-33）两边的量纲均为 $kJ/(m^2 \cdot h)$。

由式（4-31a），用 t_s 代替 t_g 代入式（4-33），并令 $B = \alpha_F F V_s$，该式两边除以 $w_s \mathrm{d}\tau$，移项后得到：

$$\frac{\mathrm{d}t_s}{\mathrm{d}\tau} + \frac{B}{w_s}\left(1 - \frac{w_s}{w_g}\right)t_s = \frac{B}{w_s}t_{g0} \qquad (4-34)$$

这是个一阶线性方程，其形式为：

$$\frac{\mathrm{d}y}{\mathrm{d}x} + Py = Q$$

式（4-34）中，t_s 相当于 y，τ 相当于 x，$\frac{B}{w_s}\left(1 - \frac{w_s}{w_g}\right)$ 相当于 P，$\frac{B}{w_s}t_{g0}$ 相当于 Q。该方程的通解为：

$$y = \exp\left(-\int P \mathrm{d}x\right)\left[\int Q \exp\left(\int P \mathrm{d}x\right)\mathrm{d}x + C\right]$$

积分后得到：$t_s = \exp\left[-\frac{B}{w_s}\left(1 - \frac{w_s}{w_g}\right)\tau\right] \cdot \left\{\frac{t_{g0}}{1 - w_s/w_g} \cdot \exp\left[\frac{B}{w_s}\left(1 - \frac{w_s}{w_g}\right)\tau\right] + C\right\}$

当边界条件 $\tau = 0$ 时，$t_s = t_{s0} = 0$，得到积分常数 $C = -\dfrac{t_{g0}}{1 - w_s/w_g}$，则：

$$t_s = \frac{t_{g0}}{1 - w_s/w_g} \cdot \left\{1 - \exp\left[-\frac{B}{w_s}\left(1 - \frac{w_s}{w_g}\right)\tau\right]\right\} \qquad (4-35)$$

当热交换时间足够时，可以认为 $t_{g1} = t_{s1} = t_空$，$t_{g0} = t_空(1 - w_s/w_g)$，代入式（4-35）得到：

$$t_s = t_空 \left\{1 - \exp\left[-\frac{\alpha_F F V_s}{w_s}\left(1 - \frac{w_s}{w_g}\right)\tau\right]\right\} \qquad (4-36)$$

式（4-35）和式（4-36）都是关于高炉上部热交换区炉料温度 t_s 的算式，前者是用炉顶煤气温度 t_{g0} 来计算的，后者用热交换空区温度 $t_空$ 计算。

C   高炉上部热交换区高度的计算

在高炉冶炼中，一般将上部热交换区终止于 $t_s = 0.95 \times t_空$ 处。设炉料被加热到 $0.95t_空$ 的高度时所用的时间为 $\tau_h = Z_h/u_s$（u_s 为炉料运行速度），采用式（4-36）即可求出高炉上部热交换区的高度 Z_h：

$$0.95 \times t_空 = t_空 \left\{1 - \exp\left[-\frac{\alpha_F F V_s}{w_s}\left(1 - \frac{w_s}{w_g}\right)\frac{Z_h}{u_s}\right]\right\}$$

得到：

$$\exp\left[-\frac{\alpha_F F V_s}{w_s}\left(1 - \frac{w_s}{w_g}\right)\frac{Z_h}{u_s}\right] = 0.05$$

两边取自然对数：

$$-\frac{\alpha_F F V_s}{w_s}\left(1-\frac{w_s}{w_g}\right)\frac{Z_h}{u_s} = -2.996 \approx -3$$

得到:

$$Z_h = 3u_s\frac{\rho_s c_s}{\alpha_F F}\cdot\frac{w_g}{w_g - w_s} \tag{4-37}$$

式中 ρ_s——炉料的堆积密度,kg/m^3,推导时用到 $w_s = G_s c_s$,$G_s = V_s \rho_s$。

高炉体积庞大,热交换复杂,采用式(4-37)计算仅是粗略的。

4.2.3.2 高炉下部区热交换

A 高炉下部热交换区炉料温度 t_s 与炉缸温度 t_{s2}

由高炉下部热交换区两个截面间的热平衡,可以得到下部区炉料温度 t_s 的算式。例如,由炉缸与任意截面间热平衡得到:

$$t_s = t_{s2} - (t_{g2} - t_g)\frac{w_g}{w_s} \tag{4-38a}$$

或

$$t_{s2} = t_s + (t_{g2} - t_g)\frac{w_g}{w_s} \tag{4-38b}$$

或由空区至某一截面间热平衡得到:

$$t_s = t_g\frac{w_g}{w_s} + t_{g1}\left(1 - \frac{w_g}{w_s}\right) - \Delta t_1 \tag{4-39}$$

式中,Δt_1 为空区温差,$\Delta t_1 = t_{g1} - t_{s1}$。式(4-38)与(4-39)也是等价的。

对于高炉冶炼,炉缸煤气温度 t_{g2} 是已知的(常以理论燃烧温度 t_f 表示),而炉缸(炉料)温度 t_{s2} 关系炉缸冶炼状态,是一重要参数,应更加关注,因此求出 t_s 及 t_{s2} 的算式,并探讨影响它们的因素。例如,当风温提高而焦比不变时,w_g/w_s 基本不变,但 t_{g2} 升高使得炉缸温度提高;如果风温提高、焦比降低,则炉缸温度可能变化不大。再如,富氧鼓风时,因单位生铁的炉缸煤气量减少,水当量比值 w_g/w_s 减小,但理论燃烧温度提高,比 w_g/w_s 降低的影响更大,因而炉缸温度仍会提高。

B 高炉下部热交换区煤气温度 t_g 的算式

利用传热方程,采用 4.2.3.1 节解一阶线性方程的方法,同样也能求出下部热交换区煤气温度 t_g 的算式:

$$t_g = t_{g2} - (t_{g2} - t_{s1})\left\{1 - \exp\left[-\frac{\alpha_F F V_s}{w_g}\left(1 - \frac{w_g}{w_s}\right)\tau\right]\right\} \tag{4-40}$$

由于高炉下部热交换区 $w_g < w_s$,因而 $1 - w_g/w_s > 0$,exp 项的写法有了变化,是应当注意的。

4.2.4 高炉冶炼条件下的传热方式和传热系数

高炉体系中传热过程是极其复杂的,沿高炉高度以及横截面上炉料的形态及其分布以及煤气流的数量、成分及其分布都是不一样的,温度也是不同的。为了微分方程的求解,常做出许多假定以简化问题。在传热上存在传导、对流及辐射三种方式,但高炉里因料块之间属于点接触,传导传热可以忽略;除风口前焦炭回旋区,高炉大多区域内料块间距离不大,气相中三原子气体数量不多(高温区里更少),辐射传热很少,常将其合并在对流传热中考虑。

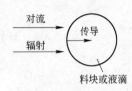

图4-7 煤气对炉料
的传热方式

在热交换过程中,三种传热方式里速率最慢或最快的在不同情况下将处于主导地位,而其他方式则处于次要地位,有时还可忽略,此种情况要看具体的传热过程及其传热系数的大小。如图4-7所示,由煤气向炉料传热,当辐射与对流两种方式平行共存时,传热速率快者为决定性环节,因此在高炉绝大部分区域里对流传热都是起主导作用的。而对于加热料块整体而言,炉料本身的热传导与外部的传热构成相互衔接的连续过程,这时传热速率最慢的环节起了决定性作用。

4.2.4.1 传热系数

A 传导传热

在凝聚相内部,传导传热过程可用下式描述:

$$Q_c = -\lambda \frac{\partial t}{\partial y} \tag{4-41}$$

式中　Q_c——单位面积单位时间内传导的热量,kJ/(m²·h);

λ——物质的导热系数,kJ/(m·h·℃);

$\partial t/\partial y$——在传热方向(y轴)上的温度梯度,℃/m。

不同物质导热系数λ值的范围是:纯金属45~357kcal/(m·h·℃),合金10~105kcal/(m·h·℃),炉渣0.15~0.6kcal/(m·h·℃),气体0.006~0.15kcal/(m·h·℃)。使用上列数据时需转换单位。

B 对流传热

流体能进行对流传热,其一般规律为:

$$Q_1 = \alpha(t_g - t_s) \tag{4-42}$$

式中　Q_1——对流传热量,kJ/(m²·s);

α——对流传热系数,kJ/(m²·s·℃)。

对流传热系数α的大致范围是:空气自然对流时4.18×(5~25)kJ/(m²·s·℃),管内强制对流时4.18×(5~500)kJ/(m²·s·℃)。

对流传热与对流传质相似,其强度与流体的运动状态有很大关系。传热系数α值与流体运动状态的关系为:

$$\alpha = Nu\lambda/d \tag{4-43a}$$

或

$$Nu = \frac{\alpha d}{\lambda} \tag{4-43b}$$

式中　Nu——努塞尔(Nusselt)数;

d——固体颗粒直径,m。

努塞尔数是对流与传导传热系数之比,它反映了对流换热的强弱。Nu可用雷诺(Reynolds)数Re计算:

$$Nu = 1.5 Re^{0.5~0.6} \tag{4-44}$$

$$Re = \frac{wd}{\nu}$$

式中　w——流体速度,m/s;

ν——流体的运动黏度，m^2/s。

C 辐射传热

辐射传热量可用下式表示：

$$Q_r = C_r(T_g^4 - T_s^4) \tag{4-45}$$

式中 C_r——辐射传热系数，$kJ/(m^2 \cdot h \cdot K^4)$；

$\quad\quad T_g$——作为辐射体的高温煤气的绝对温度，K；

$\quad\quad T_s$——作为受热体的炉料的绝对温度，K。

4.2.4.2 三种传热系数的比较

为使三种传热方式具有可比性，可将传导及辐射传热的表达式（式（4-41）及式（4-45））统一成对流传热表达式（式（4-42））的形式，这就需要对传导及辐射传热的传热系数做以变化：

$$Q_c = \frac{\lambda}{r}(t_{表} - t_{核}) = h_c(t_{表} - t_{核}) \tag{4-46}$$

$$Q_r = C_r(T_g^2 + T_s^2)(T_g + T_s)(T_g - T_s) = h_r(t_g - t_s) \tag{4-47}$$

式中 r——炉料颗粒半径，即传导传热距离，m；

$\quad t_{表}, t_{核}$——分别为炉料表面及核心的温度，℃；

$\quad\quad h_c$——导出的导热系数，$kJ/(m^2 \cdot h \cdot ℃)$；

$\quad\quad h_r$——导出的辐射传热系数，$kJ/(m^2 \cdot h \cdot ℃)$。

为进行比较，还需将以 $kJ/(m^2 \cdot s \cdot ℃)$ 为单位的对流传热系数转换成与 h_c 及 h_r 具有相同单位 $kJ/(m^2 \cdot h \cdot ℃)$ 的对流传热系数（这里书写形式未做变化）：

$$Q_c = h_c(t_{表} - t_{核})$$

$$Q_1 = \alpha(t_g - t_s)$$

$$Q_r = h_r(t_g - t_s)$$

这样三种传热方式就有了统一的形式，其传热系数表示单位温差下的传热能力。h_c 和 h_r 是导出的传热系数，前者与料块尺寸有关，后者与煤气及炉料表面温度有关，图4-7、图4-8所示为在包含了这些因素的情况下三种传热系数的比较。

由图4-8可知，矿石的导热系数高于焦炭，它们又都高于对流传热系数；仅当焦炭半径大于60~70mm时，焦炭的导热系数才会小于对流传热系数而成为限制性环节。但高炉冶炼入炉焦炭的粒度一般为60~80mm（半径为30~40mm），远小于上面的尺寸，因此对流传热还是限制性因素。至于矿石，其本身的导热性能良好，且粒度小（半径为5~15mm），因此它不能成为限制性环节。

由图4-9可以看出，不同温度下矿石的导热系数远高于对流传热系数和辐射传热系数，甚至高于它们的和；但焦炭的导热系数在较高温度下（约高于600℃）小于对流传热系数，更小于对流及辐射传热系数的和，从而成为限制性环节。焦炭导热能力差，升温慢，为加速热交换，缩小焦炭粒度是有利的。

由式（4-43）、式（4-44）可知，增大煤气流速，减少煤气的黏度（提高煤气中氢的含量），能够增加雷诺数、努塞尔数，可以增大对流传热系数。缩小炉料粒度也可增大对流传热系数，但其影响较弱（对流传热系数与炉料粒度的0.4~0.5次方成反比）。上

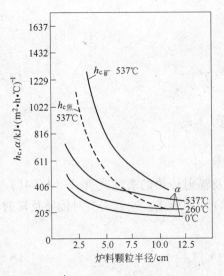

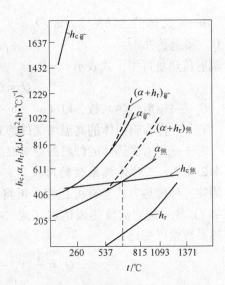

图 4 – 8   炉料不同粒度及温度下 h_c 与 α 的对比

图 4 – 9   不同温度下 h_c、α、h_r 的比较

述增大对流传热系数的措施都会引起高炉煤气压差的增加,因此要改善高炉的传热过程,还要兼顾煤气压降的变化,注意维持高炉的稳定顺行。

4.3   高炉中煤气与炉料运动

4.3.1   炉料运动

4.3.1.1   炉料下降的力学分析

炉料装入高炉后,在下降过程中被上升的煤气流预热和还原。炉料之所以能够下降,是因为高炉内存在使炉料下降的空间。形成这一空间的因素有:风口前燃料燃烧,焦炭占料柱总体积的 50% ~60% ,其中 70% 左右在风口前燃烧,形成较大的空间;炉料中的碳参加直接还原的消耗;固体炉料在下降过程中因还原、熔化,形成液态渣铁以及炉料再分布等,引起炉料体积的缩小;定期出铁放渣,也为炉料下降腾出空间。

高炉炉料是由矿石、熔剂、焦炭组成的散料,散料不同于刚体,料块间不存在结合力;散料也有别于液体,料块间有摩擦力,因此高炉里散料的下降有其自身的规律。

设有一块炉料,能否顺利下降需看它的受力情况(如图 4 – 10 所示):

$$F = G_{料} - P_{墙} - P_{料} - P_1 + P_2 = (G_{料} - P_{墙} - P_{料}) - \Delta P$$
$$= G_{有效} - \Delta P \tag{4 – 48}$$

式中 $G_{料}$——料块自身重量;

       $P_{墙}$——炉墙对炉料的摩擦阻力;

       $P_{料}$——料块相对运动时它们之间的摩擦阻力;

       ΔP——煤气对料块的浮力,$\Delta P = P_1 - P_2$;

       $G_{有效}$——扣除炉墙、炉料对料块的摩擦阻力后料块的有效重量。

因此，料块能够下降的力学条件是：

$$F = G_{有效} - \Delta P > 0$$

可见，炉料的有效重量 $G_{有效}$ 越大，煤气对料块的浮力 ΔP 越小，F 则越大，越有利于炉料下降。当 $\Delta P \to G_{有效}$ 时，$F = G_{有效} - \Delta P \to 0$，炉料难行；当 $\Delta P = G_{有效}$ 时，$F = 0$，高炉处于悬料状态；当 $\Delta P > G_{有效}$ 时，$F < 0$，料块会被煤气吹走。当然，从料层整体来讲，不会有炉料被煤气带走的现象；但对小块的炉料个体来说是有这种可能的，逸出炉外的炉尘就是由这种原因所致。

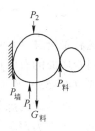

图 4 – 10　料块
受力分析

料块的受力状况是时刻变化的，在受力平衡时（$F = 0$），它处于静止状态；但当下部腾出空间时，导致与该料块接触的其他料块的运动，其他料块对该料块的摩擦阻力消失，料块受到一个合力或合力矩作用，沿其作用方向运动或滚动，产生加速度。由于时间很短，速度不大，运动的距离也不会很远，该料块与新位置处料块接触，体系又回到了平衡状态。所以，散料的下降是间断的、跳跃式的，炉内料块这种运动的叠加在宏观上表现为炉料的缓慢下降，而在微观上，料块由静止到运动必须满足的条件是受到经常的、间断的、向下的合力作用。

如果由于某种原因（如煤气浮力过大、上部形成料拱等）使料块之间的摩擦阻力增加，虽然下面的炉料已脱离接触，但在料块间的摩擦阻力及煤气浮力作用下，炉料仍不能下降，出现了悬料状况。当有较大的空间时，因炉料受力状况随时变化，会产生料块的突然下落，形成塌料、崩料，造成炉况的波动和恶化。炉料运行中的悬料、塌料及崩料是要努力避免的，当有此种倾向时，就要采取有效措施及时处理调整。

4.3.1.2　逆流运动中散料的有效重量

逆流运动中散料的有效重量是从无气流流动的料仓中，料重随料层高度变化的简单情况导出的。

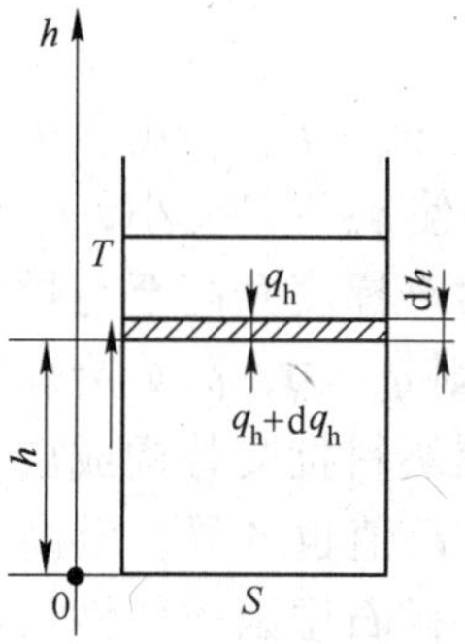

设料仓截面积为 S，周长为 u，沿料仓高度于 h 处取一微元散料，料层厚度为 dh，dq_h 是微元散料引起的对下部料层有效重量的增量，依据图 4 – 11 所示的该微元散料受力分析可列出微分方程：

$$Sdq_h = \gamma_m Sdh - fp_e udh \qquad (4-49)$$

式中　γ_m——散料的堆积重度；

　　　f——仓壁对散料的摩擦系数；

　　　p_e——散料对仓壁的侧压力。

为简化求解，可设 $p_e = \xi q_h$（ξ 为侧压力系数），并设料仓为圆形，其直径为 d。将式（4 – 49）两边同时除以 S，变换为：

图 4 – 11　无气流料仓微
元散料的受力分析

$$dq_h = \gamma_m dh - f\xi q_h \frac{4}{d} dh \qquad (4-50)$$

分离变量得：

$$\frac{dq_h}{dh} + f\xi \frac{4}{d} q_h = \gamma_m \qquad (4-51)$$

式（4 – 51）具有一阶线性方程 $\dfrac{dy}{dx} + Py = Q$ 的形式，其通解在 4.2.3.1 节中给出。当以 $h = 0$ 时、$q_h = 0$ 为边界条件时，得到方程的解为：

$$q_h = \frac{d\gamma_m}{4f\xi}\left[1 - \exp\left(-4f\xi\frac{h}{d}\right)\right] \tag{4-52}$$

这就是杨森（Janssen）公式。它计算的是一定规格的料仓内，料层装到一定高度时传给料仓底面的有效重量。这里 q_h 的单位是 N/m^2，实为压强而不是"有效质量"。从下面的式（4-53）更能看出，该式是力的平衡，而不是质量的平衡。

在高炉冶炼条件下，炉料与煤气流逆向运动，煤气的压力降对炉料产生了向上的浮力，其受力情况更为复杂，此时料层中微元散料的受力分析变为：

$$\frac{\pi}{4}d^2 dq_h = \frac{\pi}{4}d^2\gamma_m dh - f'\xi' q_h \pi d dh - \frac{\pi}{4}d^2 \cdot \frac{dp}{dh}dh \tag{4-53}$$

式中　f'，ξ'——分别为料层处于运动时对仓壁的摩擦系数和侧压力系数；

　　　　dp/dh——煤气的压力降梯度，可视为常数并记作 Γ。

对式（4-53）化简并分离变量得：

$$dh = \frac{1}{\gamma_m - \dfrac{4f'\xi'}{d}q_h - \Gamma}dq_h \tag{4-54}$$

在同样的边界条件（$h=0$，$q_h=0$）下，对式（4-54）积分得到：

$$q_h = \frac{d(\gamma_m - \Gamma)}{4f'\xi'}\left[1 - \exp\left(-4f'\xi'\frac{h}{d}\right)\right] \tag{4-55}$$

以料层高度 h 为横坐标、q_h 为纵坐标，按式（4-55）绘制出图 4-12。由式（4-55）和图 4-12 可做如下讨论：

（1）当料层高度增加时，$\exp\left(-4f'\xi'\dfrac{h}{d}\right)$ 项变小，炉料的有效重量增加，但后来增加缓慢。到达一定高度后 $\exp\left(-4f'\xi'\dfrac{h}{d}\right)$ 项趋近于零，q_h 不再增加而趋于一常量 $q_h = \dfrac{d(\gamma_m - \Gamma)}{4f'\xi'}$。

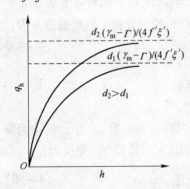

图 4-12　散料层中随料层高度
料柱有效重量的变化

（2）炉料得以下降的原动力是 $\gamma_m - \Gamma$，若由于某种原因煤气流的压力降梯度升高，则使 $\gamma_m - \Gamma$ 变小，q_h 变小，炉料下降缓慢、难行；当压力降梯度升高至与炉料的堆积重度相等时，$\gamma_m - \Gamma = 0$，则 $q_h = 0$，高炉冶炼发生悬料故障。高炉料柱由矿石、焦炭料批交替构成层状分布，由于炉料特性不同，γ_m 及 Γ 值也各异，沿高炉高度煤气静压力可能呈折线分布，矿石层因透气性指数低，压力降梯度大；而焦炭透气性指数高，压力降梯度小，此时式（4-55）可以分段运用。

（3）要使炉料顺利下降，高炉冶炼顺行，应使炉料的有效重量 q_h 值增大，可以采取的措施有：增大高炉直径，降低 h/d 值，现今矮胖型高炉是有利于顺行的；当原料可选时，采用堆积重度 γ_m 大的矿石是有利的；改善原料性能，采取整粒措施（筛除粉末、提高粒度下限、矿石分级入炉等），可以减少煤气阻力 Γ。

4.3.1.3　炉料下降速度及冶炼周期

通常高炉冶炼条件下，炉料在炉内的停留时间为 6～8h，中小型高炉冶炼强度高，炉料停留时间短些，炉料下降速度一般为 2.5～3.5m/h（40～60mm/min）。炉料平均下降速度 $\bar{u}$（m/h）的计算是：

$$\bar{u} = \frac{\sum V_{料}}{24 \times \pi d_1^2/4} = \frac{\sum V_{料}}{6\pi d_1^2} \qquad (4-56)$$

式中　$\sum V_{料}$——每昼夜装入炉内炉料的总体积，m^3；

　　　d_1——高炉炉喉直径，m。

这是按炉喉面积计算的炉料平均下降速度。也可采用高炉有效容积及利用系数进行计算：

$$\bar{u} = \frac{V_u \eta_V v'}{6\pi d_1^2} \qquad (4-57)$$

式中　v'——冶炼 1t 生铁的炉料体积，m^3/t。

高炉断面上各点炉料的实际下降速度是不同的，靠近炉墙和炉子中心速度较慢些，而风口回旋区对应的位置下料较快。但处于正常冶炼情况下，高炉料柱仍然是焦炭、矿石呈层状交替分布的。

高炉操作中还采用"冶炼周期"来表示炉料的运行速度，以进行高炉冶炼的控制与调剂。冶炼周期 τ（h）表示正常冶炼条件下炉料在炉内的停留时间，其计算是：

$$\tau = \frac{24V_u}{Pv'(1-c)} \qquad (4-58)$$

式中　P——高炉日产生铁量，t/d；

　　　c——炉料在炉内的压缩率，$c=0.12～0.14$，常取 0.13。

现场生产中也常用由料线到风口中心线其间容积（即高炉的工作容积）的装料批数以及炉料到达风口区的时间来表示冶炼周期，即：

$$N = \frac{V_0}{v''(1-c)} \qquad (4-59)$$

式中　N——装料批数，批；

　　　V_0——高炉工作容积，m^3；

　　　v''——每批炉料的体积，m^3。

每批炉料的体积可由料批质量及炉料的堆积密度计算：

$$v'' = \frac{G_A}{\rho_A} + \frac{G_\Phi}{\rho_\Phi} + \frac{G_K}{\rho_K}$$

式中　G_A，G_Φ，G_K——分别为每批炉料的矿石、熔剂、焦炭质量，t；

　　　ρ_A，ρ_Φ，ρ_K——分别为矿石、熔剂、焦炭的堆积密度，t/m^3。

在通常情况下，装料批数 N 变化不大（或可随时计算），当每小时装料批数 n 已知时，就可算出炉料由装炉到达风口区的时间 τ'（h）为：

$$\tau' = N/n \qquad (4-60)$$

高炉冶炼在调剂炉缸热制度时常用到以 N、τ' 表示的冶炼周期，而在改变铁种、调节炉渣碱度时要用到以 τ 表示的冶炼周期。此外，冶炼周期也是评价高炉冶炼强化程度的指标之一，冶炼周期缩短，就可提高利用系数，增加产量。而冶炼周期能够缩短主要是强化燃料燃烧的结果，这就需要改善料柱的透气性，改善高炉的冶炼过程，保障高炉炉况的稳定顺行。

4.3.2 固体散料层中气体流动的一般规律

4.3.2.1 散料层的流体力学参数

高炉煤气在散料层的孔隙中流过，炉料颗粒的尺寸和表面积、颗粒间的空隙等特性都将影响料柱的透气性，影响高炉冶炼的顺行及生产指标。

A 孔隙率

单位体积散料中颗粒之间的孔隙所占的体积称为孔隙率，通常用 $\varepsilon(\mathrm{m^3/m^3})$ 表示：

$$\varepsilon = \frac{V_{孔}}{V_{散}} = \frac{V_{散} - V_{料}}{V_{散}} = 1 - \frac{V_{料}}{V_{散}} = 1 - \frac{G_{料}/\rho_{料}}{G_{散}/\rho_{散}} = 1 - \frac{\rho_{散}}{\rho_{料}} \qquad (4-61)$$

推导中用到散料的堆积密度（$\rho_{散}$）和炉料的真密度（$\rho_{料}$），因孔隙可看作没有质量，所以散料的质量与散料中炉料的质量一样，即 $G_{料} = G_{散}$。由于料块本身的（真）密度与物料属性有关，通常是已知的，而散料的堆积密度随时可测，因此散料的孔隙率是个容易测定的参数。对于均匀球形物料，在正规排列时有最大的孔隙率 $\varepsilon = 0.476$（见图 4-13 (a)），而在紧密排列时有最小的孔隙率 $\varepsilon = 0.260$（见图 4-13 (b)），这两种情况都需经外力加工；而在随意堆放情况下，均匀料块散料层的孔隙率为 $\varepsilon = 0.37 \sim 0.40$。

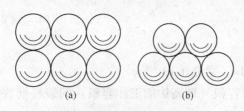

图 4-13 料球空隙率
（a）正规排列；（b）紧密排列

B 比表面积

单位体积料块所具有的表面积称为比表面积，用 $S(\mathrm{m^2/m^3})$ 表示。对于直径为 $d(\mathrm{m})$ 的球形颗粒，其表面积为 πd^2，而其体积为 $\frac{1}{6}\pi d^3$，因此，料球的比表面积为：

$$S = \frac{\pi d^2}{\pi d^3/6} = \frac{6}{d} \qquad (4-62)$$

比表面积也有用单位质量料块所具有的表面积（$\mathrm{cm^2/g}$）表示的。物料粒度越细，比表面积越大，其表面能量也就越多。

这里应该注意表面积与比表面积概念的区别，不要混淆。表面积是指含孔隙在内的一定体积的散料所具有的表面积，而比表面积是一定粒度的料块本身按单位体积计算的表面积。它们的关系是：设填充床孔隙率为 ε，$1\mathrm{m^3}$ 散料内有 n 个直径为 d 的料球，所占体积为 $(1-\varepsilon)\mathrm{m^3}$，其表面积 $S_0(\mathrm{m^2/m^3})$ 为：

$$S_0 = n\pi d^2 = \frac{1-\varepsilon}{\frac{1}{6}\pi d^3}\pi d^2 = \frac{6}{d}(1-\varepsilon) = S(1-\varepsilon) \qquad (4-63)$$

C 形状系数

对于非球形物料，计算比表面积时要用形状系数加以修正。形状系数 ϕ 就是与料块体积相等的圆球表面积与料块实际表面积之比。因球的表面积最小，故形状系数总是 $\phi < 1$，实际上 ϕ 是表明物料颗粒接近于球形程度的参数。对形状系数有算式：

$$\phi = \frac{d_0}{d_P} = \frac{1}{d_P}\left(\frac{6G}{\pi N\rho}\right)^{\frac{1}{3}} \qquad (4-64)$$

式中　G——料层中试样质量；

　　　ρ——料块密度；

　　　N——料块个数；

　　　d_P——料块平均粒径（采用加权调和平均值）。

D　当量直径

气体在散料的孔隙中流动，那些相连接、串通的孔隙就相当于一组管束，管束的直径在流体力学中用当量直径 d_e（或水力学直径）表示如下：

$$d_e = \frac{4A}{u} = \frac{4AH}{uH} = \frac{4 \times 孔隙体积}{料层表面积}$$

式中　A——料层孔隙截面积；

　　　u——湿周；

　　　H——料层高度。

上式是按当量直径的定义"4倍的流通截面积除以湿周"得到的。再进一步推导便得到当量直径的算式：

$$d_e = \frac{4A}{u} = \frac{4AH}{uH} = \frac{4V_散 \varepsilon}{V_散(1-\varepsilon)\dfrac{6}{d}} = \frac{2}{3} \times \frac{\varepsilon}{1-\varepsilon}d \tag{4-65}$$

这是用料块尺寸（粒径）来计算散料层的水力学直径，表示出两者间的关系。

E　比表面平均直径

散料通常由不同粒度的料块组成，其平均粒度有如下两种表示方法：

（1）算术平均值直径：

$$d_P = \sum (w(i)d_i)$$

（2）加权调和平均值直径：

$$d_P = 1/\sum (w(i)/d_i) \tag{4-66}$$

式中　d_i——散料中 i 级颗粒粒径；

　　　$w(i)$——散料中 i 级颗粒质量分数。

在研究流经散料气体的阻力时，多采用料块的加权调和平均值直径，其也称为比表面平均直径。这种直径靠近细粒度一端，而影响料层透气性的主要也是细粒度部分含量，因此比表面平均直径更能真实反映客观规律。

F　平均流速

设通过散料层每平方米截面积的煤气质量流量为 $G(\mathrm{kg/(m^2 \cdot s)})$，煤气的密度为 ρ（$\mathrm{kg/m^3}$），则煤气的平均流速为：

$$w_0 = \frac{G}{\rho} \tag{4-67}$$

式中，w_0（或 w）是按容器全部截面积计算的流速，m/s，也称空炉（塔）流速。而穿过料柱孔隙气体的实际流速 w_e（m/s）则为：

$$w_e = \frac{w_0}{\varepsilon} = \frac{1}{\varepsilon} \cdot \frac{G}{\rho} \tag{4-68}$$

4.3.2.2　气流经固体散料层的压力降

气体在管长为 H、管径为 D（cm）的圆形空管里流动时，描述其压力降的公式是：

$$\frac{\Delta p}{H} = \frac{1}{2}\lambda\frac{\rho w^2}{D} \qquad (4-69)$$

式中　Δp——气体压力降，$g/(cm \cdot s^2)$；

　　　λ——摩擦系数，无量纲；

　　　ρ——气体密度，g/cm^3；

　　　w——气流的工作流速（此时为空炉流速），cm/s。

摩擦系数是雷诺数的函数：

$$\lambda = f(Re) = f\left(\frac{wD\rho}{\eta}\right) = f\left(\frac{wD}{\nu}\right)$$

式中　η——流体黏度，$g/(cm \cdot s)$；

　　　ν——流体运动黏度，cm^2/s。

当气体在由直径均为 d 的球体填充的规则散料层里流动时，有卡曼（Carman）公式、扎沃隆科夫公式等描述了压力降的规律：

卡曼公式
$$\frac{\Delta p}{H} = f_c\rho w^2\frac{S(1-\varepsilon)}{\varepsilon^3} \qquad (4-70)$$

扎沃隆科夫公式
$$\frac{\Delta p}{H} = f\frac{2\rho_0 w^2}{gd\varepsilon^3} \qquad (4-71)$$

式中　$\Delta p/H$——单位料柱高度上的压力降；

　　　f_c，f——阻力系数，与 λ 相同，也是雷诺数的函数；

　　　S——料球的比表面积，$S = 6/d$。

式（4-71）中的 ρ_0，有文献注释为气体的密度，在该式中应为气体的重度。

可以证明式（4-70）与式（4-69）是相通的，由式（4-70）可以得到：

$$\frac{\Delta p}{H} = f_c\rho\left(\frac{w}{\varepsilon}\right)^2\frac{S(1-\varepsilon)}{\varepsilon}$$

式中，w/ε 为料层中气体实际流速（工作流速）；而 $\dfrac{S(1-\varepsilon)}{\varepsilon}$ 用当量直径替代料球直径及比表面积时，则可以变成：

$$\frac{S(1-\varepsilon)}{\varepsilon} = \frac{6}{d} \cdot \frac{1-\varepsilon}{\varepsilon} = \frac{2 \times \varepsilon \times 6}{d_e \times 3 \times (1-\varepsilon)} \cdot \frac{1-\varepsilon}{\varepsilon} = \frac{4}{d_e}$$

代入前式得到：

$$\frac{\Delta p}{H} = f_c\rho\left(\frac{w}{\varepsilon}\right)^2\frac{4}{d_e} = \frac{1}{2} \times 8f_c\frac{\rho w_e^2}{d_e} \qquad (4-72)$$

这里令 $8f_c = \lambda$，则卡曼公式（式（4-70））与基本关系式（式（4-69））是一致的。

4.3.3　煤气运动

4.3.3.1　煤气流在散料层中的压力降

高炉里煤气在固体散料层的孔隙中流动，可以看作是在近似于平行的、断面形状多变的管束里的流动，其首尾交汇于炉缸风口区和炉喉料线上的空间。煤气流经管束时，由于与炉料及炉墙表面的摩擦以及气流本身的涡流运动，逐渐将其本身的动量传递出去，煤气的静压力逐渐下降。热风压力与炉顶煤气压力两者之差即为高炉压差（压力降）Δp，通常采用埃根（Ergun）公式来描述高炉散料床的这个压力降。埃根研究了阻力系数与雷诺数的关系，得到：

$$f_c = 1.75 + \frac{150}{Re} \qquad (4-73)$$

将式（4-73）代入式（4-70），可以得到高炉散料层压力降的表达式：

$$\frac{\Delta p}{H} = 150 \frac{\eta w (1-\varepsilon)^2}{(\phi d_p)^2 \varepsilon^3} + 1.75 \frac{\rho_g w^2 (1-\varepsilon)}{\phi d_p \varepsilon^3} \qquad (4-74)$$

式中　　η——煤气黏度；

　　　　ϕ——料块形状系数；

　　　　d_p——料块平均粒径；

　　　　ρ_g——煤气密度；

　　　　w——煤气的空炉流速。

式（4-74）中第一项为黏滞阻力项，主要是由于煤气的黏度引起的压力降，这一项与煤气（空炉）流速 w 的一次方成正比。第二项为动能项，与煤气流速 w 的二次方成正比。高炉中煤气的实际流速可达 $10 \sim 20 m/s$，相应的雷诺数值为 $1000 \sim 3000$，这种情况下散料层中的压降梯度主要由第二项决定，第一项的黏滞阻力项可以略去，则式（4-74）变为：

$$\frac{\Delta p}{H} = 1.75 \frac{\rho_g w^2 (1-\varepsilon)}{\phi d_p \varepsilon^3} = 1.75 \times \frac{1-\varepsilon}{\phi d_p \varepsilon^3} (\rho_g w^2) \qquad (4-75)$$

之所以写成如上形式，是可以将影响压降的因素分成两部分：一部分是 $\frac{1-\varepsilon}{\phi d_p \varepsilon^3}$ 项，是由炉料及散料层的特性决定的，可以作为炉料阻力的指数；另一部分是 $\rho_g w^2$ 项，是由煤气的密度、速度等状态参数决定的。对式（4-75）做以变化，得到：

$$K = \frac{\rho_g w^2}{\Delta p / H} = 0.57 \times \frac{\phi d_p \varepsilon^3}{1-\varepsilon} \qquad (4-76)$$

式中，K 称为透气性指数，它仍然是炉料特性的函数。

实测的不同炉料的特性如表 4-1 所示。

表 4-1　实测的不同炉料的特性

炉料种类	息止角/(°)	孔隙率 ε	比表面平均直径 d_e/mm	形状因子 ϕ	透气性指数 K/mm
焦　炭	36～44	0.50	39	0.72	4.0
球团矿	28～32	0.36	12.7	0.92	0.48
烧结矿	32～36	0.48	7～10	0.65	0.59
白云石	36～38	0.41	30.5	0.87	1.75

从数值上来看，料层的孔隙率对透气性指数影响最大。由图 4-14 可以看出，ε 的微小变化能够引起炉料阻力因子 $(1-\varepsilon)/\varepsilon^3$ 的显著变化。

由表 4-1 可见，焦炭的透气性指数显著优于烧结矿、球团矿，也优于熔剂白云石。因此，炉内固相区里决定煤气分布的是焦炭层与矿石层的相对厚度，改善料柱透气性最为有效的措施应是去除矿石粉末、提高粒度下限和炉料筛分分级入炉。

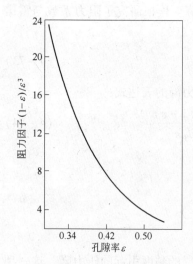

图 4 - 14　孔隙率 ε 与炉料阻力
因子 $(1-\varepsilon)/\varepsilon^3$ 的关系

在生产现场，高炉操作参数中"单位压差的风量"（$Q/\Delta p$）也称为透气性指数。由于煤气流速 w 与高炉风量 Q 是相对应的，而料柱的高度 H、煤气的密度 ρ_g 两者变化不大，可视为常量，因此现场这一透气性指数的定义与式（4 - 76）的意义是相近的。高炉冶炼中这一指数的变化就表明料层性状的变化，为操作者掌控高炉提供一有力参数。

4.3.3.2　散料的流态化

对于散料床而言，气流的运动速度对压降 Δp 的影响很大。由有关公式，将其他参量视为常数，可以将 Δp 与煤气流速 w 的关系归结为：$\Delta p \propto w^{1.7 \sim 2.0}$。有实验研究将其结果绘制成 $\lg\Delta p$ - $\lg w$ 图（如图 4 - 15 所示），其左侧形式（A 点之前阶段）是在固定床操作气流速度较低的情况下得到的。此阶段的特点是虽然炉料在下降，但料块间的孔隙率 ε 基本上是固定的。

当气流速度进一步增加，压差 Δp 达到一定程度时，能将料块吹动，料块间失去接触而呈悬浮状态，散料层体积膨胀孔隙率 ε 增加，这时 Δp 就不再明显增加，散料层进入流化床操作阶段。如果炉料粒度不够均匀，则 Δp 的曲线不够平直，散料的流态化是由小块料到大块料逐渐进行的，如图 4 - 15 中 CB 阶段所示。当气流速度增大到能使料粒被气流带走的"淘析速度"时，便形成了"气力（动）输送"。

正常的高炉冶炼，散料层处于固定床操作。但因某种缘故局部区域料层过于疏松时，致使气流增多，料层极不稳定；情况再进一步恶化，以致形成局部通道，大量煤气从该区域逸出，随之高炉压差降低，炉况恶化，成为"管道行程"，这是应该避免的。

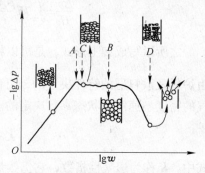

图 4 - 15　不同煤气流速（w）时的
压降（Δp）及炉料状态

4.3.3.3　通过软熔带时的煤气流动

当炉料下降、温度升高到一定程度时，固态的矿石、熔剂开始软化、熔融、成渣，出现液态渣铁，而焦炭仍保持固体状态。随温度进一步升高，矿石、熔剂全部成为液态物质向下滴落。炉料开始软化到熔化终了的区域即为软熔带，它是煤气通过时压力降较大的区域。

从滴落带上升来的煤气流只能在像气窗似的焦炭夹层中流动，通过软熔带进入块状带。软熔带起到煤气分配器的作用，在这里形成了高炉煤气的第二次分布。因此，软熔带中的焦炭夹层数目及其总截面积对煤气流的阻力有很大的影响。

A　软熔带形状的影响

由高炉解剖知道，高炉软熔带大体有三种形式，即 V 形、倒 V 形及 W 形软熔带，如图 4 - 16 所示。V 形软熔带（见图中 4 - 16（b））是因中心负荷过重、边缘气流过分发展所形成，这种情况下中心堆积，大量煤气从边缘逸出，对高炉强化与顺行都是不利的。倒

V 形软熔带（见图 4 - 16（a））是由于疏松中心料柱、发展中心气流所致，有利于高炉冶炼的强化。W 形软熔带（见图 4 - 16（c））是适当发展中心和边缘两道气流的结果，能够稳定高炉的顺行和煤气能量的利用。在软熔带高度大致相同的情况下，煤气通过倒 V 形软熔带时压差 Δp 较小，而 W 形软熔带压差 Δp 较大。

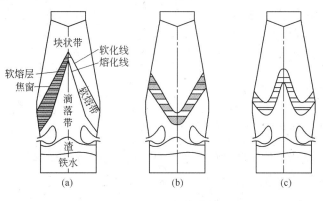

图 4 - 16 三种软熔带形式
（a）倒 V 形；（b）V 形；（c）W 形

B 软熔带高度、宽度及焦炭夹层厚度的影响

形状相同的软熔带，如果高度较高，则含有较多的焦炭夹层，供煤气通过的截面积大，煤气通过的阻力小。但软熔带的高度增大使块状带占有的体积减小，矿石间接还原区缩小，煤气能量利用变差，焦比会升高；反之，软熔带高度降低虽可提高煤气能量利用率，降低焦比，但煤气压差要有所增加。在软熔带焦炭夹层数目减少不多的情况下，适当增加焦炭夹层厚度（而不使焦炭夹层总截面积减小），能够降低煤气通过的压差。软熔带的宽度由矿石的软熔性能所决定，使用软熔性能好的矿石可以降低软熔区间，减薄软熔带的宽度，有利于降低煤气通过的阻力。

有实验研究提出气流通过软熔带的阻力损失与各参数之间存在下述关系：

$$\frac{\Delta p_{软}}{H} = k(\rho_g w^2) \cdot \frac{1}{\varepsilon^{3.74}} \cdot \frac{L^{0.183}}{n^{0.46} h_c^{0.93}} \qquad (4-77)$$

式中 $\Delta p_{软}/H$——气流通过软熔带单位高度上的压降梯度；

$\quad\quad k$——系数；

$\quad\quad \varepsilon$——焦炭夹层的孔隙率；

$\quad\quad L$——软熔带宽度；

$\quad\quad n$——软熔带焦炭夹层数目；

$\quad\quad h_c$——焦炭夹层的厚度。

显然，软熔带越窄，焦炭夹层数目越多，夹层越厚，孔隙率越大，则软熔带透气阻力越小，软熔带透气性越好；反之，透气性越差。从各因素的幂指数来看，ε 的影响最大，而焦炭夹层厚度的影响比其数目要大，焦炭夹层对软熔带透气性有决定性影响。

4.3.3.4 充液散料层的流体力学现象

高炉自软熔带开始有液相产生，在滴落带，液态渣铁穿过固体焦炭的孔隙向下流动，汇集于炉缸。与固相区不同，向上运动的煤气流在穿过向下移动的焦炭孔隙时，还会遇到孔隙中充填的液态物质，这时的流体力学现象就更为复杂了。因此在研究这类问题时，除需考虑固体散料层的特性外，还要考虑向下流动的液态物质的数量及其特性。

在充液的散料层里，当气流速度增大到一定数值时，会将孔隙中向下流动的液体完全托住，甚至还会将其带走而出现液泛现象。当有液泛发生时，因被气流带走的液体到达上部温度低处时会重新凝结，使料柱严重堵塞，高炉发生恶性悬料。这种恶性事故严重影响高炉生产，是要努力避免的。

高炉操作能否出现液泛，要看两个参量及它们之间的关系：

流体流量比（Fluid Ratio）
$$K = \frac{L}{G} \cdot \left(\frac{\rho_g}{\rho_1} \right)^{1/2} \tag{4-78}$$

液泛因子（Flooding Factor）
$$f = \frac{w^2}{g} \cdot \frac{S}{\varepsilon^3} \cdot \frac{\rho_g}{\rho_1} \cdot \eta^{0.2} \tag{4-79}$$

式中　L，G——分别为液体、气体的质量流量，$kg/(m^2 \cdot h)$；

   ρ_1，ρ_g——分别为液体、气体的密度，kg/m^3；

   w——煤气的空炉流速，m/s；

   g——重力加速度，$9.81 m/s^2$；

   S——焦炭的比表面积，m^2/m^3；

   ε——焦炭层孔隙率；

   η——液体黏度，$10^{-3} Pa \cdot s$。

式（4-78）相当于高炉滴落带中液态渣铁与气态煤气两种流体的体积流量之比。如果流量比 K 值大，表明液态渣铁数量相对较多，对煤气上升的阻力也就较大。而式（4-79）相当于煤气的浮力与液体的重力之比。显然，煤气浮力大，液泛因子 f 大，液体下流便困难，发生液泛的几率就大。

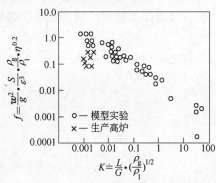

图 4-17　正常情况下高炉冶炼流体流量比与液泛因子的对应关系

由高炉冶炼实践，按式（4-78）和式（4-79）计算，并以流量比为横坐标、液泛因子为纵坐标的图上得到对应的点群（见图 4-17），对这些点群回归得到：

$$\lg f = -0.559 \lg K - 1.519 \tag{4-80}$$

这条直线可视为产生液泛的界限，凡液泛因子超过此界限时就可能发生液泛现象。

由图 4-17 和式（4-79）、式（4-80）可知，流体流量比 K 值越大（液态物质流量多且密度小），则允许的液泛因子越小；当气流速度大、煤气密度大、焦炭粒度小以及液态物质黏度大时，液泛因子 f 值大，容易产生液泛，特别是对于高炉冶炼容易产生泡沫渣（炉渣黏度大而表面张力小）的情况；而焦炭料层孔隙率大、液态物质密度大，则使 f 值小，不易引起液泛。

将式（4-80）两端同时乘以 2：

$$2 \times \lg f = 2 \times (-0.559 \lg K) - 2 \times 1.519$$

近似得到：
$$\lg f^2 + \lg K \approx -3$$

或
$$f^2 K \approx 10^{-3} \tag{4-81}$$

式（4-81）表明，$f^2K < 0.001$ 是高炉冶炼不易产生液泛的安全界限，这就要求流体流量比 K 和液泛因子 f 两项参量的数值都不过大。

练习与思考题

4-1 推导富氧鼓风时鼓风氧含量及鼓风氮含量的计算公式。设大气湿度为 φ（体积分数），每立方米鼓风（混合风）中富氧气体积为 $W m^3$，富氧气体氧的纯度为 a（富氧气体由 O_2、N_2 组成）。

4-2 以 $100 m^3$ 鼓风为计算基准，计算不富氧情况下鼓风湿度为 0（干风）和 2% 时的炉缸煤气量及炉缸煤气成分，再计算炉缸煤气量与风量的比值。

4-3 鼓风动能是一重要参数，它对高炉冶炼有何影响，如何控制鼓风动能的大小？若 Q_0 为每分钟的风量，热风压力以 MPa 为单位，重力加速度 $g = 9.81 m/s^2$，试推导鼓风动能的计算式，并写明单位。

4-4 什么是理论燃烧温度？写出以吨铁为基准的理论燃烧温度的算式，说明各项的意义、单位。当高炉富氧鼓风时理论燃烧温度如何变化，为什么？

4-5 试说明高炉风口前燃烧带的构成，写出燃烧带氧化区和还原区进行的燃烧反应。燃烧带有何意义，怎样控制？

4-6 什么是水当量？写出炉料水当量及煤气水当量的定义式，解释它们沿高炉高度变化的原因。

4-7 画出沿高炉高度的热交换曲线图，说明高炉上下部区域热交换的特点。根据高炉上部区的热平衡，推导炉顶煤气温度的表达式。讨论当鼓风条件不变而焦比升高时，炉顶（煤气）温度 t_{g0} 将如何变化？

4-8 说明高炉内的三种传热方式及其进行的条件。在不同条件下，哪种方式成为控制性环节？

4-9 什么是冶炼周期，怎样计算，它在高炉操作中有何作用？

4-10 什么是料块的比表面积 S 和形状系数 ϕ？设球团矿料层孔隙率 $\varepsilon = 0.4$，当球团直径为 8mm 及 16mm 时，分别计算它的表面积 S_0 和比表面积 S（注意应以 m 为单位）。

4-11 设同种气体在三个等高度料层中流动，气体流量 Q_0 相同，进口压力 $p_1 = p_2 = p_3$，管道直径 $D_1 = 2D_2 = D_3$，管内充填等径球，$d_1 = d_2 = 2d_3$（料层孔隙率相同）。试根据 Ergun 公式按紊流状态讨论 Δp_1、Δp_2、Δp_3 的相对大小。

4-12 煤气在散料层中流动，分析影响 $\Delta p/H$ 的因素。什么是透气性指数？试述高炉上下部发生悬料的机理。

4-13 说明高炉中软熔带的成因及结构。软熔带的形状、位置对高炉冶炼有何影响，如何监测和调节？

4-14 试分析流体流量比 K 和液泛因子 f 的物理意义，探讨高炉冶炼出现液泛现象的原因。

5 高炉操作与强化

5.1 高炉炼铁生产原则

在长期的高炉冶炼实践中，炼铁工作者一直在追寻"优质、低耗、高产、长寿、高效益"的目标。如何处理这五者之间的关系，人们仍在思考、探索，其焦点聚集在提高生铁产量、降低炼铁焦比以及处理焦比与产量之间的关系。

高炉炼铁生产有三个重要的技术经济指标，即高炉有效容积利用系数 η_V、冶炼强度 I、焦比 K，这三个指标表明了高炉冶炼产量与消耗之间的关系：

$$\eta_V = \frac{I}{K}$$

从上面的关系式可以看出，提高高炉的生铁产量有下面几种途径：

（1）在焦比不变的情况下，提高冶炼强度；

（2）在冶炼强度不变的情况下，降低焦比；

（3）在冶炼强度提高的同时，降低焦比；

（4）冶炼强度和焦比都有提高，但冶炼强度提高的幅度要大于焦比提高的幅度，使得冶炼强度与焦比的比值上升。

在高炉炼铁的发展进程中，以上四种途径都曾经用过。需要注意的是途径（4），其产量的增加是在消耗昂贵焦炭的代价下取得的，并且产量提高得不多，在冶炼过程中，一旦冶炼强度升高的速率不及焦比提高的速率，生铁产量就会降低。因此，冶炼强度对焦比的影响成为高炉炼铁增产的关键。

在高炉炼铁的发展进程中，一些国家的炼铁工作者总结出冶炼强度与焦比的关系，基本上有共同的规律，如图 5-1 所示。从图中可以看出，在一定的冶炼条件下，存在一个与最低焦比相对应的最适宜的冶炼强度 $I_{适}$。当冶炼强度低于或者高于 $I_{适}$ 时，焦比都会升高，而产量会在比焦比稍推后时下降。这样的一种规律与高炉内煤气流和炉料流之间复杂的传热和传质息息相关。在冶炼强度比较低的情况下，高炉的鼓风量比较少，相应产生的炉缸煤气量也较少，此时煤气流速比较低，动压头小，煤气吹不到炉缸中心，大多分布在炉缸边缘，致使煤气在

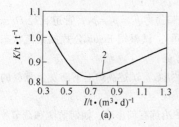

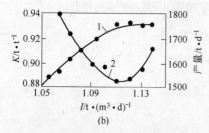

图 5-1　冶炼强度与产量和焦比的关系

（a）美国资料；（b）前苏联资料

1—冶炼强度与产量的关系；

2—冶炼强度与焦比的关系

高炉截面上分布不均匀，使得矿石与煤气流之间不能充分接触，煤气的热能和化学能得不到充分利用。而在高炉上部没有获得良好还原的矿石进入高温区后，直接还原大量发展，大量地消耗宝贵的高温区热量，使得焦比很高。随着冶炼强度的提高，风量和煤气量相应增大，煤气流速提高，动压头增大，使得煤气不断向炉子中心发展，煤气在高炉截面上的分布得到改善，趋于均匀化。由于煤气与炉料的接触逐步改善，煤气中的热能和化学能利用改善，矿石的间接还原发展，直接还原减少，焦比逐渐下降，直到获得与最适宜冶炼强度 $I_{适}$ 相对应的最低焦比。当超过最适宜冶炼强度 $I_{适}$ 之后，冶炼强度继续提高，过多的煤气量、过高的煤气流速会使边缘煤气流不足，中心煤气流过分发展，煤气在高炉截面分布的均匀性遭到破坏，炉料得不到良好的预还原，直接还原度上升，焦比提高，更有甚者出现管道行程和悬料，炉况顺行状况受到破坏，高炉不能正常生产。

应针对具体的生产条件，确定与最低焦比相适应的冶炼强度，使高炉稳定顺行，煤气能量利用良好，高炉稳产、高产。随着高炉冶炼条件的逐步改善以及高炉冶炼技术的不断进步，如加强原料准备、发展精料技术、采取合理的炉料结构、改善炉料在高炉内的分布、提高炉顶煤气压力、采用综合鼓风技术、改进高炉装备水平等，高炉操作条件大大改善，使得相应的冶炼强度一步步提高，与之相对应的最低焦比一步步下降（见图 5 - 2）。在一定的冶炼条件下，冶炼强度与焦比之间虽然保持着极值关系，但是不能简单地认为产量随冶炼强度的提高成正比增长，从而盲目地去追求高冶炼强度，超越冶炼条件允许的过高冶炼强度将使焦比大幅度上升。

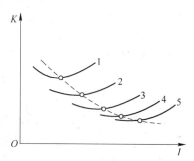

图 5 - 2　不同冶炼条件下的冶炼强度（I）与焦比（K）的关系

（1~5 表示冶炼条件不断改善）

上述有关高炉重要技术经济指标 η_V、I、K 之间关系的探讨，还未解决经济效益最佳的冶炼强度问题。在市场对钢铁产品需求大于供给的条件下，尽管焦比的消耗对生铁成本有着重要影响，但在一定的操作情况下，产品的最低成本并不是在最低焦比相对应的冶炼强度下取得的，而是略高一点。这是因为最高产量是在比最低焦比相对应的冶炼强度稍高的情况下达到的（见图 5 - 3）。随着产量的提高，单位生铁成本中不随时间变化的费用总和不断降低。在 $K = f(I)$ 曲线的最小值附近，随着冶炼强度的提高，焦比上升比较缓慢，在这个区域内多消耗焦炭的费用能够被节省下来的加工费用所补偿，可能还有剩余。实践表明，从经济角度来讲，生铁成本最低时取得的产量并不是最合算的产量，经济上最合算的产量要略高于生铁成本最低时的产量。炼铁厂（或车间）经济上最合算的产量是在当前所具有的设备条件下，单位时间内达到最高利润总和时的产量。图 5 - 3 中包含生铁成本和经济效益两条曲线，在以产量为变量的生铁成本函数 $S = f(P)$ 曲线上，生铁最低成本是在 P_0 产量下获得的，而且在曲线的最低处附近

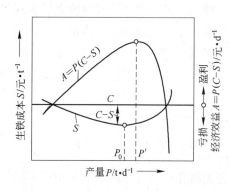

图 5 - 3　日产量（P）对产品成本（S）和生产盈利性的影响

C—生铁出厂价格

生铁成本上升缓慢，这样就使得生铁出厂价与成本之差（$C-S$）减小的幅度比产量增加的幅度要小，所以在某种 $P > P_0$ 的情况下，经济效益 $A = P(C-S)$ 仍能达到最大值。但是，在市场对钢铁需求小于供给的条件下，炼铁厂（或车间）应当选择最低的生铁成本作为追求的目标，否则一味地盲目追求产量，势必给企业经营造成困难。

随着冶炼强度的不断提高，高炉设备，特别是高炉本体的寿命越来越短，大修和中修费用不断增加，严重影响高炉增产的效益，这个问题越来越引起人们的重视。高炉长寿是一项综合性的系统工程，必须从高炉的设计施工、材质设备的选择、生产操作以及高炉的维护管理等多方面考虑才有可能实现，高炉长寿是炼铁技术理论中的一个重要课题，也是炼铁技术发展、进步的标志。

高炉生产是钢铁联合企业中的重要一环，必须最大限度地满足企业的整体需要，才能发挥炼铁工序的效益。高炉生产在任何时候都要注重优质、低耗和长寿，追求企业的高效益，这是高炉炼铁得以生存的根本。

5.2　高炉操作制度

理论研究与生产实践一致证明，只有在高炉炉况顺行、炉温合适稳定的基础上才能实现高炉的稳产、高产、优质、低耗。在原燃料质量、高炉装备和生产管理水平一定的条件下，选择合理的操作制度是实现高炉炉况顺行和炉温合适稳定的重要手段。

高炉操作的主要内容有：

（1）运用高炉冶炼的基本原理、基本规律，根据冶炼条件的变化，制订合理的操作制度，这是高炉操作的基础性工作。

（2）利用各种手段准确判断高炉冶炼状况，及时准确调整工艺参数，保证高炉冶炼行程的热量收支平衡，炉料与煤气运动稳定顺行，这是高炉操作的日常性工作。

高炉操作制度就是对炉况有决定性影响的一系列工艺参数的集合。高炉基本操作制度包括装料制度、送风制度、造渣制度及热制度。合理的操作制度是依据原燃料的理化性能、炉容大小、炉型特点、设备情况、大气温度和湿度变化、冶炼生铁的品种以及企业生产经营计划的要求等加以选择、制订的。

各项操作制度之间既密切相关，又相互影响。合理的送风制度和装料制度能够实现煤气流合理分布，炉缸工作良好，炉况稳定顺行。而造渣制度和热制度不合适也会影响煤气流的分布和炉缸工作状况，从而引起炉况的不顺。确定各项操作制度时应留有一定余地，使之处于灵活可调的范围内，严禁处于极限状态。高炉操作制度确定以后，高炉操作者的任务就是根据外部条件变化对炉况影响的大小，在遵循基本操作制度的原则下进行定性和定量的调节，保持炉况稳定顺行，使高炉冶炼获得最佳的经济效益。

5.2.1　装料制度

装料制度是炉料装入炉内方式的总称。它决定着炉料在炉内分布的状况。由于不同炉料对煤气流阻力的差异，炉料在高炉横截面上的分布状况对煤气流在高炉上部的分布有重大影响，进而影响炉料的下降状况、煤气的利用程度乃至软熔带的位置和形状。利用装料制度的变化来调节炉况，称为高炉的"上部调节（剂）"。

高炉模型试验和高炉解剖研究表明,炉料从装入至熔化前,其在炉内下降过程中的分布始终保持着清晰可辨的焦矿分层结构。只是由于从炉喉到炉身下部高炉横截面逐渐扩大,料层发生横向位移,使料层变薄;由于风口循环区焦炭的燃烧,边缘料速与中心料速相比较快,炉料堆角趋于平坦。在软熔带以上的区间,矿、焦层厚度相对比例大体与炉喉相近,因此,矿石和焦炭在炉喉水平面上各点的比例就成为影响煤气流分布的重要因素。由于炉顶装料设备的密闭性,炉料在炉喉处分布的实际情况无法直接看到。目前许多高炉都安装了炉顶红外摄像装置,可以观察炉喉处大体状况,对炉料分布情况有所参考。生产中可以炉喉处煤气中 CO_2 含量分布曲线、煤气温度分布曲线或煤气流的速度分布作为上部调节的依据。一般来说,矿石分布少的区域或炉料中透气性好的焦炭分布多的区域,煤气流过的数量多,相对而言煤气中 CO_2 含量低,煤气温度高,煤气流速也快。因此,在生产中只要有上述三个依据之一,就可判断煤气流在高炉上部的分布。

从煤气利用角度出发,炉料和煤气在炉子横截面上分布均匀,煤气对炉料的加热和还原就充分。但是从炉料下降、炉况顺行角度考虑,则要求炉子边缘和中心气流适当发展。边缘气流适当发展有利于降低固体炉料与炉墙间的摩擦力,使炉子顺行;适当发展中心气流能使炉缸中心活跃,也是炉况顺行的重要措施。在生产中由于原燃料条件的差异和操作技术水平的不同,存在四种类型高炉煤气分布,见表 5-1。

表 5-1　高炉煤气分布类型

类型名称	炉顶煤气 CO_2 分布曲线	炉顶十字测温温度曲线	煤气上升阻力	煤气流利用程度	软熔带类型	形成的原因和条件	采用的装料制度	高炉寿命
边缘发展型（馒头型）	(曲线)	(曲线)	小	差,$\eta_{CO} < 0.3$	V形	原燃料条件差、粉末多,渣量大,在 500kg/t 以上	小料批,低负荷,以倒装为主	短
两条通路型（双峰型）	(曲线)	(曲线)	较小	较差,$\eta_{CO} < 0.4$	W形	原燃料粒度组成差,渣量大,为 400~500kg/t	料批不大,负荷不高,正倒混合循环装料	短
中心发展型（喇叭花型）	(曲线)	(曲线)	较大	较好,$\eta_{CO} \approx 0.45$	倒V形	原燃料质量好,粉末筛除,高炉较强化,渣量在 350kg/t 左右	较大料批,负荷较高,正装比例大	较长
平坦型	(曲线)	(曲线)	大	好,$\eta_{CO} > 0.5$	平坦倒V形	原燃料质量很好,渣量为 250kg/t,冶炼强度在 0.95~1.05 之间	大料批,高负荷,以正装为主	长

操作者应根据各自高炉的生产条件,选定适合于高炉生产的煤气分布类型,然后根据炉料在炉喉的分布规律,采用不同的装料制度来达到炉况的顺行和煤气的良好利用。高炉装料制度包括批重、装料顺序、料线、装料装置的布料功能变动(例如双钟炉顶旋转布料器工作制度、无钟炉顶布料溜槽工作制度)等内容。

5.2.1.1　批重

高炉炉料是按料批装入高炉的，每批炉料中的焦炭重量称为焦炭批重，矿石重量称为矿石批重。矿石批重对炉料在炉喉的分布影响很大，小料批边缘矿石分布得多，抑制边缘气流发展。刘云彩教授对高炉布料规律做了大量研究，指出每座高炉都应有一个临界批重，当批重大于临界值时，随矿石批重增加而加重中心；当批重小于临界值时，矿石布不到炉子中心；批重过大则炉料分布趋向于均匀，会出现中心和边缘均加重的现象。

《高炉炼铁设计规范》推荐不同炉容级别高炉矿石批重的范围列于表 5-2。

表 5-2　高炉矿石批重范围

炉容级别/m³	1000	2000	3000	4000	5000
正常矿石批重/t	30~60	50~95	80~125	115~140	135~170
最大矿石批重/t	35~70	60~100	90~140	126~160	150~170

我国鞍钢总结的矿石批重 $W_{矿}(t)$ 与高炉炉喉直径 $d_1(m)$ 的统计关系为：

$$W_{矿} = 0.43d_1^2 + 0.02d_1^3 \tag{5-1}$$

日本的关系式为：

$$W_{矿} = kd_1^3 \quad (k = 0.11 \sim 0.15) \tag{5-2}$$

他们认为矿石批重与炉喉直径成 3 次方的关系。实际上料层的厚度应占有炉喉的一定体积，获得炉料的合适分布，以影响煤气流的分布与流动。

在冶炼条件允许的情况下，应尽量采用较大的批重。加大批重的优越性体现在：可以稳定上部煤气流，增加煤气与矿料接触时间，改善煤气利用；加大焦炭料层厚度，使软熔带焦窗的面积变大，有利于改善透气性；使整个料柱的层数减少，减少了界面效应，也有利于改善透气性。但过大的批重在增大中心气流阻力的同时，也会增大边缘气流的阻力，随批重增加高炉压差会有所增加。合适的矿石批重与下列因素有关：

（1）随着冶炼强度的提高，矿石批重也应相应扩大。提高冶炼强度后，中心气流发展，需要扩大矿石批重以抑制中心气流。

（2）高炉喷吹燃料后负荷增加，批重要调整，此时应保持焦批不动，扩大矿石批重。这样可保持软熔带焦窗的面积，使煤气能顺利通过。如果保持矿批不动，缩小焦炭批重，不仅焦层变薄，而且由于矿焦层的界面混料效应，使焦窗面积缩小，增大煤气通过的阻力，不利于炉况顺行。

（3）随着炉容的增加，矿石批重必须相应扩大。因为炉容增加，炉喉面积相应加大，扩大矿石批重能够保证煤气的合理分布，有利于煤气能量利用。

（4）矿石的品位和焦炭的强度越高，粉末越少，则料柱的透气性越好，批重可适当扩大。当焦炭的强度降低、粉末增加，料柱的透气性变差时，则应适当缩小批重。

装料批重总的调整原则是：在高炉冶炼强度一定的条件下，以矿石批重为基础，根据所定的矿石批重，按合适的焦炭负荷计算出焦炭批重（也应考虑焦炭批重有合适的范围）。炉喉的焦批层厚度一般控制在 0.65~0.75m，中小高炉控制在 0.5~0.6m。随着喷煤量的提高，炉内矿焦比大幅度上升，对于受炉顶设备限制，矿石批重不能增加而缩小焦批的情况，可能会造成焦层厚度不够，影响高炉透气性，此时焦批层厚度不宜小于 0.50m。

5.2.1.2 装料顺序

装料顺序是指每批料中焦炭和矿石装入高炉时的顺序，矿石先装、焦炭后装的程序称为正装，反过来称为倒装。装料顺序对布料的影响，通过矿石和焦炭的堆角不同以及装入炉内时原料面（上一批料下降后形成的旧料面）的不同而起作用。实际生产中，不同料速时形成的原料面不同，焦炭和矿石在炉喉形成的堆角也有差别。一般是焦炭的堆角略小于大块矿石的堆角，接近于小块矿石的堆角。从这个基本情况可以知道装料顺序对布料有明显的影响，而且矿石粒度的影响起着更重要的作用。

装料顺序还分为同装和分装。对于双钟炉顶装料，同装是一批料的矿石和焦炭全都装在大料斗里，大钟开启一次，将矿和焦炭同时装入炉喉；而分装是矿石开一次大钟，焦炭再开一次大钟，两次开钟间隔一定时间。对于无钟炉顶装料，两罐的下密封阀也是间隔一定时间开启。分装的特点是：焦炭或矿石入炉时的实际料线和原料面不同，影响炉料在边缘料层的厚度分布，如正分装因为焦批隔了一段时间装入，炉子边缘焦炭相对于正同装分布得多些，对边缘气流的抑制就轻一些；分装能减少矿焦层的界面混合效应，有利于减少煤气流动阻力。

生产中一般是在相同冶炼条件下考虑装料顺序的影响。加重中心的装料顺序是：正同装，正分装，倒分装，倒同装；加重边缘的装料顺序是：倒同装，倒分装，正分装，正同装。

5.2.1.3 料线

料钟式高炉以大钟下降位置的下沿为料线零位，无料钟高炉常以炉喉钢砖的上沿为料线零位，从零位到料面的距离称为料线。料线的深度是用探尺测定的，每次装料完毕大钟关闭或无钟炉顶的下密封阀关闭后，探尺砣下放到料面并随料面下降，当降到规定的位置时，提起探尺再行装料。

炉料从大钟面上滑落，与炉墙相碰撞。为避免布料混乱，料线一般选在碰撞点以上某一高度。料线一般不宜选得太深，因为过深的料线不仅使炉喉部分容积得不到利用，而且矿焦层的界面混合效应加大，不利于煤气流动和炉况顺行。料线对炉料分布影响的一般规律是：料线越深，堆尖越靠近炉墙，分布的炉料越多；而且堆尖部位小块料多，堆脚处大块料多，边缘透气性差。料线对布料的影响示于图 5-4。

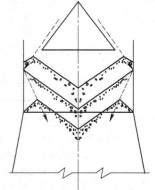

变化料线深度是料钟式高炉调剂炉顶布料的一个重要手段。提高料线，炉料堆尖向中心移动，有疏松边缘的作用；降低料线，堆尖移向边缘，有加重边缘作用。当料线在炉喉碰撞点位置时，边缘最重。对于无钟炉顶来说，堆尖位置可

图 5-4 料线对布料的影响

用溜槽角度（α角）控制，找到适宜的料线以后，一般不再变动。料线不同，装入的炉料在料面上的分布也不同。当料线适中时，炉料堆尖基本上落在炉墙附近，与焦炭或矿石的平台宽度相一致。料线深度与高炉上部内型、炉料性能等有关，一般为 1~2m，在操作中应根据开炉前所做的料面测试结果，结合无料钟的布料模式，找出最适合本高炉的料线。

5.2.1.4　无钟炉顶布料

随着高炉容积的大型化及炉顶压力的提高，传统的马基式双钟炉顶装料设备已经不能满足布料和密封的要求，同时高炉容积的不断扩大也给大钟和大漏斗的制作、运输、安装及维修带来很大困难。为了解决上述问题，相继出现了三钟式、钟阀式炉顶以及可调炉喉，但这些也只是对传统钟式装料系统的改良，不能从根本上解决炉顶高压的密封和布料的灵活调节问题。

1972年，由卢森堡保尔·沃特公司发明了无钟炉顶装料（PW）设备（见图5-5），解决了密封和布料功能完全分开的问题，是高炉炉顶装料设备具有变革性的创举。无钟炉顶料仓上下密封阀密封面积小，易于密封，可实现高压操作；利用旋转溜槽既可以围绕高炉中心线旋转，又可以在旋转时上下倾动进行布料，布料灵活，手段多，效果好，因而得到了广泛应用。无钟布料器的四种典型布料方式示于图5-6。

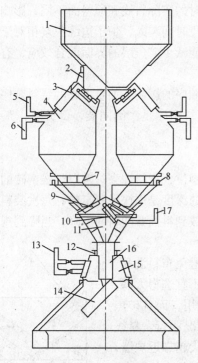

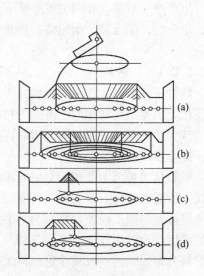

图5-5　无钟炉顶　　　　　　　　图5-6　无钟炉顶的四种
1—受料漏斗；2—液压缸；3—上密封阀；4—料仓（料罐）；　　　典型布料方式
5—放散管；6—均压管；7—波纹管弹性密封；8—电子秤；　　（a）环形布料；（b）螺旋布料；
9—节流阀；10—下密封阀；11—汽封漏斗；12—波纹管；　　（c）定点布料；（d）扇形布料
13—均压煤气或氮气；14—摆动旋转溜槽；15—布料器
传动气密箱；16—中心喉管；17—蒸汽管

初期的无钟炉顶装置中两个料罐是并列的，两罐轮流装料，由于炉料在中心喉管内沿一侧偏行，造成炉料在炉喉内分布不够均匀（见图5-7），在炉料粒度差别大时，这种偏析比钟式炉顶还要严重些。为克服无钟炉顶这种布料上的缺点，在并列罐的结构上做了许多改进，也出现了三罐并列式和双罐串罐式无钟炉顶的开发与应用。串罐式无钟炉顶的下罐排料口与中心喉管同在高炉中心线上，因而能够克服炉料偏行的缺点（见图5-8），但其生产的灵活性要差些。

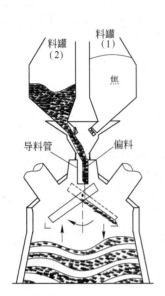

图 5-7　并罐式无钟布料不均匀的图解

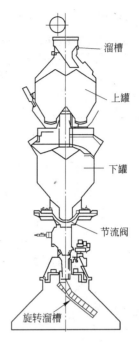

图 5-8　串罐式无钟炉顶结构示意图

5.2.2　送风制度

送风制度是指通过风口向高炉内送入具有一定能量鼓风的各种控制参数的总称。它包括风量、风温、风压、风中氧含量、湿度以及风口直径、风口中心线与水平的倾角、风口前端伸入炉内的长度等。调节上述参数以改变或适应炉况需要，保持高炉冶炼的顺利进行，这种操作常称为"下部调节（剂）"。下部调节是通过上述有关参数的变动，来保持适宜的风速和鼓风动能以及合适的理论燃烧温度，使初始煤气流分布合理，炉缸工作均匀活跃，热量充沛稳定。高炉上、下部调节相配合是控制炉况顺行、煤气流合理分布和提高煤气利用率的关键。一般来说，下部调节的效果比上部调节来得快，因此它是生产者常用的调节手段。

5.2.2.1　鼓风动能

高炉鼓风通过风口时所具有的速度称为风速，其表示方法有标准风速和实际风速两种。鼓风在一定速度下运动所具有的能量称为鼓风动能，表示鼓风具有的克服风口前料层阻力向炉缸中心穿透的能力。鼓风动能对高炉冶炼的影响主要是：

（1）适宜的鼓风动能有利于炉缸工作均匀活跃，炉况稳定顺行；有利于生产优质生铁，高炉冶炼取得良好的技术经济指标。

（2）适宜的鼓风动能可以使煤气流的初始分布合理，提高煤气利用率，有利于高炉长寿。

对于炉缸直径一定的高炉，在正常冶炼中对应有一个相适应的鼓风动能（见图5-9）。尽管冶炼条件经常变化，但鼓风动能只是在一定的范围内变动，即有一个保持炉况稳定顺行的最低值和最高值。若低于最低值或超过最高值，无论怎样进行其他的调节，都难以维持炉况稳定顺行。不同高炉容积和炉缸直径的鼓风动能范围列于表 5-3。

表 5-3 不同高炉容积和炉缸直径的鼓风动能范围（冶炼强度为 0.9~1.2$t/(m^3 \cdot d)$）

高炉容积/m^3	1000	1500	2000	2500	3000	4000
炉缸直径/m	7.2	8.6	9.8	11.0	11.8	13.5
鼓风动能 E/kN·m·s^{-1}	39.5~59.0	49.0~68.5	59.0~78.5	68.5~98.0	88.0~108.0	108.0~137.5

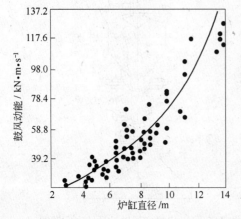

图 5-9 炉缸直径与鼓风动能的关系

鼓风动能不仅与高炉容积和炉缸直径有关，还与原燃料条件和高炉冶炼强度等有关。原燃料条件差时，应保持较低的鼓风动能，取表 5-3 中的低值；而原燃料条件好时，则需要较大的鼓风动能以维持合理的燃烧带，应取表 5-3 中的高值。风口面积一定时，增加风量可提高冶炼强度，风速、鼓风动能相应增加，可促使中心煤气流发展。在提高冶炼强度时，为保持煤气流的合理分布，维持适宜的风口回旋区深度，必须相应扩大风口面积。

喷吹燃料以后，风口前端的鼓风动能变得比较复杂，主要是喷吹的燃料离开喷枪后，在直吹管至风口端的范围内已部分燃烧，使原来的鼓风变成由部分燃料燃烧形成的煤气和余下的鼓风所组成的混合气体，它的体积和温度都比原鼓风增加较多，而究竟有多少喷吹燃料在这区间内燃烧是很难测得的，所以精确计算喷吹燃料后的鼓风动能是困难的。但可以肯定的是，喷吹燃料后的鼓风动能必定高于全焦冶炼时的鼓风动能，因此喷吹燃料后应相应扩大风口面积，以维持合适的鼓风动能。有经验表明，每增加 10% 喷煤量，风口面积应扩大 8% 左右。

5.2.2.2 理论燃烧温度

风口前燃烧燃料放出的热量全部用来加热燃烧产物时所能达到的最高温度，称为风口前理论燃烧温度。理论燃烧温度的计算可按照第 4 章相关公式进行计算。理论燃烧温度在生产中一般是指燃烧带燃烧焦点的温度，而炉缸温度一般是指炉缸渣铁的温度，两者是有区别的。

适宜的理论燃烧温度应既能满足高炉正常冶炼所需要的炉缸温度和热量，以保证液态渣铁的充分加热，又能使炉缸热交换和直接还原反应正常进行以及喷吹燃料在回旋区迅速燃烧。理论燃烧温度过高，则高炉压差高，长期高压差操作容易引起下料不畅，甚至导致悬料等事故发生；理论燃烧温度过低，则渣铁物理温度不足，长期低炉温操作使炉缸热储备不足，容易引起炉温大凉，处理不好会出现炉缸冻结事故。

影响理论燃烧温度的因素有：

（1）热风温度 热风温度提高，带入炉缸的物理热增加，从而使理论燃烧温度升高。一般每改变 100℃ 风温，影响理论燃烧温度约 70℃。

（2）鼓风湿度 鼓风湿度增加，则由于水分分解吸热，使理论燃烧温度降低。鼓风中每增加 1g/m^3 湿分，相当于降低约 9℃ 风温。

（3）鼓风富氧率　鼓风氧含量增加，则 N_2 含量降低，从而使理论燃烧温度提高。鼓风氧含量每增加 1%，理论燃烧温度升高 35~45℃。

（4）喷吹燃料　各种燃料由于分解热不同，对理论燃烧温度的影响也不一样。每喷吹 10kg/t 煤粉，降低理论燃烧温度 13~18℃（无烟煤取低值，烟煤取高值）。

5.2.3　造渣制度

造渣制度是指根据高炉的冶炼条件和对生铁的质量要求，从脱硫和顺行角度出发，使炉渣的流动性、稳定性和软熔性都能满足高炉冶炼需要所确定的炉渣组成。在第 3 章中对炉渣性能做了详细介绍，它们是选择造渣制度的依据。

造渣制度就是控制造渣过程和终渣性能的制度。为控制造渣过程，应对使用原料的冶金性能做全面了解，特别是它们的软熔开始温度、软熔温度区间以及软熔过程的压降等。所推广的合理炉料结构就是要将这些性能合理搭配，使软熔带的宽度和位置合适，料柱透气性良好，煤气流分布合理。终渣性能控制是使炉渣具有良好的热稳定性和化学稳定性，以保证良好的炉缸热状态、合理的渣铁温度以及控制好生铁成分（主要是生铁中的 $w[Si]$ 和 $w[S]$）。

高炉渣主要来源于矿石中的脉石、焦炭及煤粉中的灰分和熔剂中的氧化物。高炉渣主要由 SiO_2、Al_2O_3 等酸性氧化物和 CaO、MgO 等碱性氧化物组成，因此，炉渣碱度最能反映炉渣成分的变化和性质的差异，对高炉冶炼效果有直接影响。在高炉生产中，对造渣制度的调整主要体现在对炉渣碱度的调整方面。确定高炉炉渣碱度主要考虑以下几个方面：

（1）冶炼生铁品种　冶炼硅铁、铸造生铁时，需要促进硅元素的还原，此时应选择较低的炉渣碱度。冶炼炼钢生铁时，既要控制硅的还原，又要保持较高的铁水温度，宜选择较高的炉渣碱度。冶炼锰铁时，炉渣含有较多的 CaO 有利于促进锰的还原。生铁品种与炉渣碱度的关系见表 5-4。

表 5-4　生铁品种与炉渣碱度的关系

铁　种	硅　铁	铸造生铁	炼钢生铁	低硅铁	锰　铁
$w(CaO)/w(SiO_2)$	0.6~0.9	0.95~1.10	1.05~1.25	1.10~1.25	1.20~1.50

（2）原料条件　炉料含硫较多时，提高炉渣碱度有利于脱硫反应的进行，但不利于硅的还原。当矿石中碱金属含量较高时，为了减轻碱金属在高炉内循环富集产生的危害，应该适当降低炉渣碱度，以促进炉渣排碱。适当增加炉渣中 MgO 含量（以 7%~10% 为宜），确保炉渣的流动性和稳定性，对脱硫、排碱和低硅生铁冶炼均有好处。

（3）渣量　如果每吨生铁的渣量少，渣中 Al_2O_3 含量偏高，应适当提高 MgO 含量（8%~12%），保持较高的二元碱度，一般为 1.15~1.20；反之，若渣量大，渣中 Al_2O_3 含量偏低，二元碱度应低些，一般为 1.05~1.10。

（4）生产情况　处理一般的炉缸堆积时，可用高炉温、含萤石和氧化锰的炉渣洗炉；处理碱度过高造成的炉缸堆积时，应采用比正常生产碱度低的炉渣洗炉，即用低碱度、高炉温炉渣洗炉。

正常冶炼时，炉渣碱度应保持相对稳定。调整炉渣碱度常用的方法是增加或减少熔剂用量。增加碱性熔剂（如石灰石），可以提高炉渣碱度；增加酸性熔剂（如硅石），可以降低炉渣碱度。

5.2.4　热制度

　　高炉热制度是在工艺操作上控制高炉内热状态的方法的总称。高炉热状态是指炉子各部位具有足够的温度与热量，以满足冶炼过程中加热炉料、过热渣铁和进行各种物理化学反应的需要。通常用热量是否充沛、炉温是否稳定来衡量热状态。由于决定高炉热量需求和吨铁燃料消耗的主要是高炉的下部，因此人们特别重视炉缸热状态，采用能够说明炉缸热状态的一些参数作为稳定热制度的调节依据。判断炉缸热状态的方法有直观地从风口窥视孔观察、出渣出铁时观察、渣铁样观察等，但是后两种方法观察到的是热状态的结果，而不是实际热状态的瞬时反映。现代高炉冶炼采用风口前的理论燃烧温度 $t_{理}$、燃烧带的炉热指数 t_c 以及保证炉缸正常工作的最低（临界）热储量 $\Delta Q_{临}$ 来判断，它们能及时反映炉缸热状态。

　　炉缸热状态是由强度因素——高温及容量因素——热量两个因素合在一起来描绘的，它们合起来就是高温热量。单有高温而无足够的热量，高温是维持不住的；单有热量而无足够高的温度，也无法保证高温反应的进行和液态渣铁的过热。高温是由风口前焦炭和喷吹燃料燃烧所能达到的温度来衡量，一般以理论燃烧温度来说明。热量是由燃料燃烧放出足够的热量来保证，燃烧带的炉热指数 t_c 在某种程度上表征了这个热量，因为持续保证 t_c 稳定在所要求的温度上说明热量是充沛的，否则 t_c 将下降。

　　临界热储量 $\Delta Q_{临}$ 是用来保证炉缸能承受一定冶炼条件的临时变化，使炉温在允许范围内波动所应含有的最低热量，它应满足：

$$\Delta Q_{临} = \overline{Q}/G_{当} \geqslant 630 \qquad (5-3)$$

式中　$\overline{Q}$——离开燃烧带的炉缸煤气所含有的热量，即用于加热焦炭和过热渣铁的煤气含热量，可按 t_c 算出 $\overline{Q} = V_g(i_{t_{理}} - i_{t_c})$，$i_{t_{理}}$、$i_{t_c}$ 分别为理论燃烧温度和炉热指数下炉缸煤气的焓（单位均为 kJ/m³），如果没有 t_c，可用 $t_c = 0.75t_{理}$ 计算；

　　　　$G_{当}$——高温区内冶炼单位生铁被加热物料（铁水、炉渣和焦炭）的总量，即被加热物料按比热容折算成铁水质量的总和；

　　　　630——冶炼单位生铁的 $G_{当}$ 所要求的最低热储量，kJ/kg。

$G_{当}$ 可按下式计算：

$$G_{当} = 1 + \frac{c_{渣}}{c_{铁}} \cdot U + \frac{c_{焦}}{c_{铁}} \cdot K_{风} \qquad (5-4)$$

式中　$c_{铁}$，$c_{渣}$，$c_{焦}$——分别为 t_c 下铁水、炉渣和焦炭的比热容，kJ/(kg·℃)，可以采用 $0.75t_{理}$ 温度下的比热容；

　　　　　　　　U——渣量，kg/kg；

　　　　　　　　$K_{风}$——风口前燃烧的焦炭量，kg/kg，$K_{风}$ = 焦比 × 风口前的燃烧率，风口前的燃烧率可由计算或经验确定，一般为 0.65 ~ 0.75。

　　通过计算机可将瞬时的 $t_{理}$、t_c、$\Delta Q_{临}$ 算出并显示出来，供生产者判断炉缸热状态。

　　炉缸温度可以用铁水（或熔渣）温度来表示，称为铁水（或熔渣）的物理温度。但一般常用生铁硅含量 $w[Si]$ 来表示，称为铁水的化学温度。它是过去传统的炉缸热制度表示方法，通常生铁硅含量升高 1%，需要增加焦比 40 ~ 60kg。只要炉渣碱度变化不大，这两种温度基本上是一致的。

5.2.4.1 影响热制度的因素

影响热制度的主要因素有:

(1) 原燃料物理性质及化学成分的变化 原燃料物理性质及化学成分的变化都会引起热制度的波动。如矿石铁含量的增加会使炉温向凉;矿石平均粒度缩小,在不影响高炉顺行的条件下则炉温向热;改善矿石的还原性会使炉温向热;焦炭灰分、硫分、挥发分以及水分含量的升高使固定碳含量或干焦量降低,会引起炉温向凉,尤其是焦炭水分含量的变动对炉温影响很大。

(2) 原料称量的准确程度 正常生产时,向高炉中加入的每一批炉料都应该符合装料制度的规定。因此,称量炉料用的磅秤必须定期校核,以防止由于称量误差引起炉温的变化;更换计量秤时也应该核对两者的误差,以便加以调整。每批料的称量误差范围一般不应超过 1.0%。称量原料的准确程度对炉温影响很大,应予以足够重视。尤其需要注意的是,焦炭称量必须与焦炭水分的检验及时结合起来,以便准确调剂补水焦炭的数量。

(3) 设备失常对炉温的影响 冷却设备漏水对炉温也有严重的影响,大量漏水会造成炉缸大凉甚至冻结。因此,必须重视冷却设备的检查,一旦发现漏水就必须及时处理。因上料系统故障造成低料线时,必须按处理低料线的规定果断处理,以免造成炉温的大幅波动。

(4) 送风制度的影响 高炉正常生产时,送风制度基本维持稳定,只在一定适宜的范围内随炉况变动而进行调整。风量和风温的稳定、喷吹燃料的均匀稳定都会稳定高炉的煤气流分布、成渣带的位置以及炉料的下降速度,因而会稳定铁氧化物的还原过程和促进高炉的顺行。

但是,如果频繁、大幅度地变动风量、热风温度、喷吹量等,则会打乱已经合理的煤气流分布,改变高炉内铁氧化物的正常还原过程,最终导致炉缸温度发生大幅度波动,造成炉料难行,甚至出现崩料、悬料等失常炉况,这是应该极力避免的。维持送风制度的稳定与根据炉况需要做出合理的调整,是保障高炉冶炼稳定顺行、获得良好技术经济指标所必需的。

(5) 装料制度的影响 装料制度的变更会使炉料沿炉喉截面的分布发生变化,从而使煤气流分布发生变化,这将影响煤气能量的利用,最后引起炉缸温度的变化。

(6) 造渣制度的影响 提高炉渣碱度,则高炉中硅的还原受到抑制,会降低生铁中硅含量。适当地降低炉渣碱度有利于顺行,但碱度下降幅度过多会使生铁中的硅含量升高,这在冶炼炼钢生铁时并不是所希望的。增加 MgO 含量以置换 CaO 时,有利于炉渣流动性的改善,可适当降低生铁中硅含量而对顺行无碍。

5.2.4.2 热制度的选择

热制度是在一定的原料条件下,根据高炉的具体特点以及冶炼生铁的种类来确定的。

(1) 在冶炼规定种类生铁的前提下,应控制生铁中硫含量,使之符合冶炼生铁的标准。

(2) 在保证生铁质量和炉渣具有良好流动性及稳定性的条件下,应尽可能地降低冶炼该种生铁的硅含量,以利于降低焦比。

(3) 要在固定风量、稳定风温、稳定装料制度和造渣制度的条件下,寻求煤气流分布的稳定，以利于创造顺行和稳定炉缸热制度。

（4）要根据原燃料的质量来选择合适的炉缸温度。如冶炼难还原的矿石、高硫矿石或用高硫焦炭时，需要采取比较高的炉温来操作；相反，如用还原性良好以及低硫原燃料时，可以选取较低炉温操作。

（5）要结合高炉设备情况来考虑炉缸温度。当炉缸侵蚀不太严重而原燃料条件许可时，可采用较低炉温操作；当炉缸、炉底侵蚀严重时，为防止烧穿事故的发生，除采取其他维护措施外，还应提高炉温，冶炼铸造生铁，以利于在炉缸、炉底多生成石墨碳来保护炉缸、炉底；而当炉况长期不顺行或发生事故时，应采用较高炉温操作，待顺行后再恢复正常炉温操作。

5.2.4.3 热制度的调剂

高炉热制度的调剂必须与送风制度、装料制度、造渣制度紧密结合起来，才能达到稳定炉缸温度和保证炉料顺行的目的。在高炉操作中，控制炉温的主要手段有控制喷吹燃料数量、风温、风量和焦炭负荷，有的高炉还控制鼓风湿度。调剂炉温应遵循的原则有：

（1）固定最高风温水平，用喷吹物调剂炉温。变更喷吹量时，应注意喷吹燃料的热滞后现象和对风口前理论燃烧温度的影响，要考虑风量变更引起喷吹强度变化对置换比的影响。因此，要求高炉操作者判断炉温变化趋势要正确，提前调剂量要准确。加湿鼓风的高炉可先考虑用变更湿度的方法调剂炉温。

（2）炉温高导致炉况难行，单用喷吹物调剂来不及时，为稳定顺行，减少喷吹量后降低热风温度会比较快地收到效果。炉况好转顺行后，要防止炉温下降过快，应先提高风温，炉况接受后再增加喷吹量。

（3）炉温低于规定的下限水平，风温和喷吹物已调节到极限，估计炉温下降趋势较大、持续时间较长时，要减轻焦炭负荷。但在轻负荷料还没有下达炉缸时，为抑制炉温继续下降，要做减风降压处理。

（4）生铁硫含量升高，出现险情甚至号外铁时，要及时调整风温、风量、喷吹量，使炉温尽快升高，排除连续号外险情；上部调剂要酌情减轻负荷和调整炉渣碱度。

（5）各项调剂参数起作用由快到慢的顺序是：风量，风温，湿度，喷吹物，焦炭负荷。

5.2.5 炉况判断

高炉冶炼是在密闭竖炉内连续进行的极为复杂的物理化学变化过程，它的顺利进行需要原料供应系统、送风系统、喷煤系统、煤气除尘系统、渣铁处理系统等辅助系统的正常工作和协调配合，同时应有良好的生产组织与管理。因此，整个过程会受到内部、外部、主观和客观众多因素的影响，造成高炉炉况的波动是绝对的、经常性的。生产者的重要任务就是及时准确地判断炉况，并在此基础上采用各种调节措施保证高炉顺行，避免因炉况剧烈波动而造成炉况失常和事故发生。

影响高炉炉况波动的因素很多，常见的主要因素有：

（1）原燃料物理性能和化学成分的变化　如原料粉末含量增多、铁含量和烧结矿碱度波动以及粒度变化，焦炭灰分和水分含量波动、焦炭强度下降等。

（2）气候条件的变化　如气温高低、大气湿度影响鼓入炉内的实际风量，雨雪天气影响焦炭水分含量等。

（3）计量工具、监测仪表、自动控制设备的变化　如上料计量设备、各种监测仪表的误差和失灵，风量和风温等自动控制仪表的调节误差过大等。

（4）设备工作条件的变化　如热风炉设备和装料设备发生故障、冷却设备漏水、喷吹设备堵塞等。

（5）操作的偏差与失误　如操作人员可能因技术水平问题，在判断和调剂炉况时出现错误；辅助工段的工作配合不好，如炉前事故、渣铁出不净、铁罐和渣罐调配不及时而影响正点出铁和放渣等。

由上述可知，影响炉况波动的因素很多，炉况随时都会发生变化，因此能否做到准确判断和及时调剂就变得极为重要。

5.2.5.1　高炉炉况观察判断的方法

高炉炉况的判断有直接观察和监视仪表指示、数据分析两种方法。

直接观察是指用目力直接观察判断高炉行程，主要包括看渣、看铁、看风口和看料速。虽然现代高炉已经有了比较完善的了解高炉炉况的各种计器仪表和计算机监测系统，但目力直接观察仍是目前判断高炉炉况的一种主要手段。它与各种计器仪表相比，可得出较为肯定的结论。因此，用目力直接观察高炉炉况仍是高炉工作者所必须熟悉和掌握的手段。

利用计器仪表判断炉况，是指利用安装在高炉各部位的计器仪表所测量出的数据来分析判断炉况。它早于目力直接观察，可灵敏和及时地反映出炉况的变化。判断炉况时两种方法要密切结合起来。

在判断炉况时，主要应抓住炉温与煤气流分布两个方面。一切因素的变化经常是通过这两方面反映出来的，或是最终归结到这两方面上来。

炉况判断要注意观察炉况的动向与波动幅度。首先是掌握炉况的动向，这样才能对症下药，使调剂不发生方向性的差错。其次也要了解波动幅度的大小，有了量的概念才能做到适时、适量的调剂。

5.2.5.2　直接观察判断炉况

直接观察判断炉况是建立在实践经验不断积累的基础上的，只有在长期实践中对观察到的现象进行仔细的分析比较，并同化验分析的结果对照比较，不断积累经验、资料，才能得出规律性的结论。这种判断方法的标准也不是一成不变的，会受到原燃料及高炉冶炼不同情况的影响，所以要根据情况的变化随时总结归纳，找出它们的规律性，不断地提高直接观察判断炉况的水平。

（1）看原燃料及上料情况　原燃料的情况主要指冶金性能及配比的变化等，要看原燃料的品种、成分、理化性能指标以及槽存量、称量和配料比是否有变化。在正常生产中，只要外部条件稳定，高炉上料的配料比和装料制度基本上就是稳定的。如果外部条件发生变化，必须进行变料（改变配料比）操作并相应调整负荷。如果上班没有变料，则对本班的影响会相对小些。另外，还要看上班是否有附加焦，如果有，在附加焦下达时炉内热量将增加，可根据当时的炉温水平确定是否降低风温，以保持炉况和炉温的稳定。

（2）看炉喉料面　通过炉顶摄像装置可以观看炉顶料流轨迹和炉喉料面形状、中心煤气流和边缘煤气流的分布情况，还能看到管道、塌料、坐料和料面偏斜等炉内现象。观察时要注意摄像装置安装位置与料面的对应关系，保证采取的布料措施合适。

（3）看料速的变化并观察料尺的运行状态 炉况正常时料尺下降均匀、顺畅，下料速度均匀、稳定。料尺停止不动（超过 10min），应是发生悬料；料尺突然陷落很深，说明为崩料；两个料尺下降不均衡（偏差连续超过 500mm）属于偏料；料尺下降不顺畅，有短时间的停滞（类似于卡的现象），表明下料不顺畅，炉况难行。

正常情况下，每小时的下料批数基本上是稳定的。在正常生产中，不仅要保持每班前期和后期料批的相对稳定，还要保持每班料批的相对稳定。如果料批数减少，表明炉温向热；如果料批数增加，表明炉温向凉。

（4）看风口工作情况 观察风口的工作状况是否发生异常变化。风口明亮，则炉温高，炉况热行；风口暗红，则炉温低，炉况向凉；若风口见到生降（软融状态的矿石，在风口前呈黑色），表明气流分布和矿石还原不正常，炉温向凉；风口前有涌渣或挂渣现象，表示炉温大凉；风口前焦炭跳动迟缓，表明鼓风动能不足；风口前焦炭呆滞，表明炉况难行或悬料。

（5）看出渣、出铁状态 炉温充沛时，炉渣流动性良好，碱度高时断口呈石头状，碱度在 1.10~1.15 范围内时断口呈褐花玻璃状。炉温向热时，炉渣白亮、耀眼；向凉时，炉渣流动性变差，断口发黑。炉温向热时，铁水明亮、火花减少，硫含量降低；向凉时，铁水暗淡，火花增多，硫含量增加。

5.2.5.3 利用计器仪表判断炉况

欲更准确地掌握炉况的变动趋势和幅度，只用直接观察判断方法是不够的，还必须借助计器仪表和计算机来监测和调控。它们能够测试高炉某些内部的变化，这是人们直接观察根本办不到的。随着科学技术的发展，高炉计器仪表监测范围越来越大，精确程度越来越高，预见性越来越强，已成为观察判断炉况的主要手段。

监测高炉生产的主要计器仪表有：检测压力的计器仪表，如热风压力表、冷风压力表、炉顶煤气压力表、炉身静压力计、压差计、冷却水压力表、蒸汽压力表等；检测温度的计器仪表，如热风温度表、炉顶煤气温度表、炉喉温度表、炉身炉墙温度表、炉喉十字测温计、炉基温度计、冷却水温度与温差表等；检测流量的计器仪表，如风量表、氧气流量表、蒸汽流量表、冷却水流量表等。此外，还有炉顶和炉喉煤气成分分析仪、透气性指数仪、料面测试仪及料尺等。目前大多数高炉均已使用计算机监控技术。

（1）热风压力表 热风压力表是显示鼓入高炉热风所具有压力的仪表。它能反映煤气与炉料相适应的情况，表明炉况稳定的程度，是判断炉况重要的计器仪表之一。每一座高炉根据自身的具体情况，都有一定的风压水平及其允许的波动范围。当风压逐渐下降至低于正常水平时，可能是炉凉或有管道产生的征兆；风压逐渐上升至高过正常水平时，可能是炉热或炉料透气性恶化的征兆。由于热风压力是高炉行程的综合反映，同样的压力波动、同样的波动图形可能代表不同的意义。

（2）风量表 高炉风量表安装在冷风管道上，也是判断炉况的重要仪表。风量表和热风压力表相配合，可以判断出料柱透气性的变化和热制度的发展趋势。一般情况下，风压升高时，风量缓慢减少；风压降低时，风量会增加。当料柱透气性变差或炉子行程向热时，风压升高，风量相应减少；炉料透气性改善或炉子行程向凉时，则风压降低，风量相应增加。当有管道行程时，会出现风量突然增加而风压锐减的表象。

（3）炉顶煤气压力表　炉顶煤气压力反映煤气流经过料柱的总压头损失及煤气管道系统的通畅情况。对炉内来说，炉顶煤气压力表与其他计器仪表指示相结合，可以判断煤气流分布情况。

一般情况下，煤气流分布均匀合理与煤气管道系统正常时，炉顶煤气压力均匀稳定。当煤气有较大通路，如边缘煤气流和中心煤气流过分发展或管道行程时，炉顶煤气压力有向上尖峰；料柱透气性恶化时，对煤气流动阻力增大，表现为煤气压头损失增多，热风压力表现为上升，但炉顶煤气压力下降。当炉况难行时，炉顶煤气压力下降；变为悬料时，炉顶煤气压力继续下降，在悬料严重时，炉顶煤气压力可能接近于零。

（4）炉顶煤气温度表　炉顶煤气温度表安装在煤气上升管道上，测量炉顶煤气温度。从四个上升管内煤气的温度及它们之间的差别，可以判断煤气流热能和化学能利用的程度，判断炉内煤气流的分布情况。煤气能量利用好，焦比低，煤气分布均匀，则炉顶煤气温度低而稳定，各上升管内煤气温度差别很小。煤气分布不均匀，如边缘和中心的煤气流过分发展时，各上升管内煤气温度接近，煤气能量利用变差，炉顶煤气温度升高。而管道行程时，靠近管道处的上升管内煤气温度升高，与其他各点温差大。

（5）炉喉 CO_2 分布曲线与炉顶煤气成分分析仪　以往的炉喉 CO_2 分布曲线，是在炉喉四个方向上（间隔 $90°$）进行煤气取样，每个半径上取样 5 点分析 CO_2 含量，将其结果绘成曲线。常见的四种炉顶煤气 CO_2 分布曲线见表 5 – 1。CO_2 含量在炉喉半径上的高低反映出煤气流在半径上的分布情况，煤气通过多的地方 CO_2 含量低，煤气通过少的地方 CO_2 含量高。各个方向上所测结果差异小，说明沿高炉圆周炉料分布均匀合理，煤气能量利用好。当煤气曲线图形脱离正常形态时，表明炉况发生变化。通过炉喉 CO_2 分布曲线的不同样式，可以判断高炉出现偏行、管道行程等情况。

从炉顶煤气上升管中取样，对煤气进行全分析或 CO 和 CO_2 含量分析，可以判断煤气在炉内总的利用情况。如果煤气 CO 含量少、CO_2 含量多，表明高炉焦比低，煤气利用好。

（6）炉喉十字测温计　炉喉十字测温计由安装在炉喉的十字测温梁与装在值班室的温度表所组成。十字测温梁由 4 根耐高温的测温梁构成，沿炉喉圆周间隔 $90°$ 布置，其中一根为长测温梁，5 点测温，伸至炉喉中心；其余三根为短梁，4 点测温。与炉喉 CO_2 含量分析相比，十字测温梁具有测取温度数据量大的优点，可以避免偶然因素瞬时产生的影响，比较真实地反映出炉内煤气温度的分布情况。在实际生产中，经常将炉喉十字测温数据与炉喉煤气 CO_2 分布曲线进行比对验证。当边缘煤气流发展时，炉喉煤气 CO_2 分布曲线边缘降低、中心升高，曲线最高点向中心移动，混合煤气 CO_2 含量降低，而相应的十字测温温度边缘升高、中心降低；当边缘煤气流不足时，炉喉煤气 CO_2 分布曲线边缘升高、中心降低，曲线最高点移向边缘，而相应的十字测温温度边缘降低、中心升高。当管道行程时，炉喉煤气 CO_2 分布曲线在管道部位降低得多，十字测温温度则升高得多；当中心出现管道行程时，炉喉煤气 CO_2 分布曲线在中心 4 点的含量均低，炉喉十字测温温度中心升高。

（7）红外测温设备　目前许多高炉都安装炉顶红外测温设备。根据炉喉圆截面上的亮度和温度颜色可判断煤气流的分布。刚布完料时，整个圆截面呈黑色。通过的煤气流多时，由黑到亮所需时间较短，温度和亮度成正比；通过的煤气流少时，由黑到亮需要的时间较长，亮度也相对偏低。从炉喉圆截面测温曲线上也可以判断煤气通过的多少，曲线的高点部位表明煤气通过得多，曲线的低点部位表明煤气通过得少。

不同的炉况变化可能有相似的表现，而炉况发生变化时也不可能只有一种表现。因此，利用计器仪表判断炉况时不能只根据一种仪表就得出结论，必须将各种仪表的表象综合起来，并配合直接观察，然后进行逻辑思维缜密分析，得出炉况的走向以及可能发生的波动性质和幅度，从而采取正确的措施。现代先进高炉还借助于计算机高炉数学模型及人工智能专家系统等进行炉况的分析判断。

5.2.5.4　炉况正常的标志

高炉操作者结合直接观察和计器仪表监测显示来综合判断炉况是否正常，高炉炉况正常的征象示于表 5 - 5。

表 5 - 5　高炉炉况正常的征象

项　目	征　象
煤气流分布	(1) 炉喉、炉身各层圆周和径向的温度分布基本均匀稳定，波动范围小； (2) CO_2 分布曲线和红外成像测定的温度分布稳定合理，与装料制度相适应； (3) 煤气利用率好，炉顶温度呈之字形波动，4 点温差小； (4) 在原燃料稳定的条件下，炉尘量不超量且稳定； (5) 炉墙各层温度以及炉腹、炉腰、炉身各部位冷却设备水温差都稳定在规定范围内，波动小
风量、风压	(1) 风量、风压稳定，波动小； (2) 风量与风压相互适应
透气性指数	稳定在适宜的范围内，波动小
探尺、料批	(1) 探尺下移均匀、顺畅，无停滞、滑落、崩料现象； (2) 两尺偏差小（一般不超过 0.5m），料面不偏斜； (3) 每小时下料批数基本稳定，与冶炼强度相对应
风　口	(1) 各风口工作均匀、活跃、明亮、不耀眼，无生降、挂渣、涌渣现象； (2) 喷吹时无结焦现象； (3) 风口破损少，正常休风时风口无来渣现象
炉　渣	(1) 炉渣温度适宜、流动性好，渣中带铁少； (2) 渣样断口与冶炼品种及碱度相适应； (3) 放上渣时，渣中带铁少，渣口破损少
铁　水	(1) 铁水明亮、流动性好、物理温度充沛，$w[Si]$、$w[S]$ 符合要求； (2) 出铁始末铁水温度、成分波动小，相邻铁次温度、成分波动小； (3) 每次出铁量与理论出铁量相近，各铁口之间出铁量差别小
炉顶压力	炉顶压力稳定，波动小，无大的向上或向下尖峰
炉顶温度	随装料前后有规律地均匀波动，带宽小

5.2.5.5　炉况失常

在生产中由于原燃料质量变差、透气性变坏、设备缺陷损坏或操作失误等原因，造成炉况失常。常见的炉况失常有低料线、管道行程、崩料、悬料等，这些失常如果采用上下部调节及时处理，能较快地恢复炉况；如果处理不及时或处理不当，则会发展成为更为严重的失常，例如炉缸堆积、大凉、炉缸冻结等。此外，由于煤气流长期分布不合理、炉温大幅度波动，还会出现炉墙结厚与结瘤。炉况失常造成的最为严重的事故是炉缸和炉底烧穿。高炉操作者的任务就是根据冶炼条件变化对高炉行程的影响，进行及时、准确的调节，疏解矛盾，维系平衡，保持炉况稳定顺行。

一旦由于某些原因导致事故发生时，高炉操作者要及时、果断、正确地进行处理，避免事故扩大，努力将事故造成的损失降到最低。处理事故的原则是：

（1）事故发生后要准确地把握处理时机，果断地进行处理，避免事故扩大。

（2）根据事故对炉况影响的大小采取适宜的调节措施，使炉况尽快恢复正常。

（3）处理完事故后要认真分析事故发生的原因并总结经验教训，制订预防措施，避免事故的重复发生。

有关炉况失常和事故产生的征兆及处理方法、措施，在各工厂的工长手册、操作规程中都有详细的说明，读者可在那里了解这方面的内容。

5.3　高炉强化冶炼

5.3.1　高压操作

提高炉顶煤气压力的操作称为高压操作，这是相对于常压操作而言的，一般常压高炉的炉顶压力（表压）低于30kPa。早在1915年俄国工程师叶思曼斯基就提出在高炉上采用高压操作的设想，直到1940年才在前苏联的一座高炉上实现。美国于1941年在高炉上采用高压操作，并取得了良好效果。日本采用高压操作技术较晚，但是发展迅速。我国从20世纪50年代后期开始也先后在1000m³级高炉上实现高压操作，同样取得了很好的效果。但是，我国高炉的炉顶压力长时间维持在50~80kPa水平，直到70年代以后才逐步提高到100~150kPa，宝钢1号高炉的炉顶压力近年来已达到250kPa，进入世界先进行列。

要实现高压操作应当具备以下条件：

（1）鼓风机能在高压条件下向高炉提供足够的风量。

（2）整个送风系统、炉顶煤气系统和高炉本体及相关设备、构件必须具有足够的强度和可靠的密封，以满足高压操作的要求。

（3）高炉稳定顺行是实现强化冶炼的前提，因此只有在炉况顺行、风量已达全风量的60%以上时，才可从常压转为高压操作状态。

5.3.1.1　高压操作系统

高炉炉顶煤气压力是由安装在煤气系统管道上的高压调节阀组控制的（见图5-10）。长期以来，由于大多高炉采用双钟马基式炉顶装料设备，既要密封炉顶，布料器又要旋转布料，阻碍了炉顶压力的提高。直至20世纪70年代以后，无钟炉顶出现并被广泛采用，炉顶煤气压力才得以大幅度提高。现今高炉炉顶压力普遍在100~150kPa水平，高者达到250kPa。

高压操作时，消耗在调压阀组上的剩余压力是由风机提供的，风机为高压鼓风要消耗大量能量（由电动机或蒸汽透平提供）。为有效利用这部分剩余压力能，出现了高炉炉顶

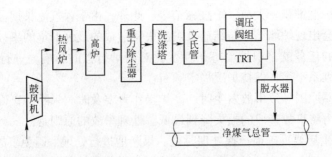

图 5 – 10　高压操作工艺流程图

煤气余压发电（TRT 装置），采用这项技术后可回收风机用电的 25% ～ 30%，降低了企业的能量消耗。

5.3.1.2　高压操作对高炉冶炼的影响

A　燃烧带缩小

高压操作后由于炉内压力提高，在鼓风量相同的情况下，鼓风因被压缩而体积变小，引起鼓风动能的下降。根据计算，炉顶压力由 15kPa 的常压提高到 80kPa 的高压后，鼓风动能降到原来的 76%。同时，由于鼓风压力的提高，促使燃烧速度加快。这两方面因素都导致了高压操作后风口前燃烧带的缩小。为维持合理的燃烧带以利于煤气流的分布，需要增加鼓风量，因而起到了增加产量的作用。

B　料柱阻力损失下降

高压操作可以降低料柱阻力损失，有利于高炉顺行，这是高压操作对高炉冶炼最为重要的影响。由卡曼公式：

$$\frac{\Delta p}{H} = \left[K_1 \frac{(1-\varepsilon)^2}{\varepsilon^3} \mu w_0 S^2 + K_2 \frac{1-\varepsilon}{\varepsilon^3} \rho_0 w_0^2 S \right] \frac{p_0}{p} \left(1 + \frac{t}{273} \right) \tag{5-5}$$

式中　ε——散料的孔隙率；

　　　μ——煤气黏度；

　　　w_0——煤气的空炉流速；

　　　S——料块比表面积；

　　　ρ_0——煤气密度；

　　　p——煤气压力；

　　　t——煤气温度；

　K_1，K_2——系数。

可以看出，料层的阻力损失与气流的压力成反比。在其他条件不变的情况下，式（5 – 5）可简化为：

$$\Delta p_{常} / \Delta p_{高} = p_{高} / p_{常} \tag{5-6}$$

高压操作以后，炉内的总压力 $p_{高}$ 比常压操作时的 $p_{常}$ 有所提高，即 $p_{高} > p_{常}$，因此高压操作时煤气通过料柱的阻损 $\Delta p_{高}$ 就小于常压操作时的阻损 $\Delta p_{常}$。这就使得在常压操作时因 Δp 过高而引起的诸如管道行程、崩料等炉况失常现象，在高压操作时大为减少，而且还可弥补其他一些强化高炉冶炼技术使 Δp 升高的缺陷。研究者们用不同的方式对高压操作后 $\Delta p_{高}$ 的下降值进行了测定和计算，所得结果不尽相同，但其平均值约为顶压每提高

100kPa，料柱阻损可降低3kPa。

实际上，高压操作以后炉内上下部料柱阻损的下降值并不是相同的，研究表明，炉子上部阻损下降得多，下部阻损下降得少（见图5-11）。造成这种现象的原因是料柱上下部透气性不同，高炉上部温度较低，炉料呈固态，孔隙率比较大；而高炉下部由于被还原矿石的软熔，孔隙率显著降低，压力对 Δp 的作用由于孔隙率的下降而减弱。

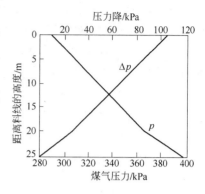

图5-11　高压高炉高度上的
煤气压力变化

高压操作以后，煤气通过料柱的阻损下降，炉况顺行，如果 Δp 维持在实现高压操作以前的水平，就可以增加风量，提高高炉的冶炼强度。生产实践表明，在由常压改为80kPa的高压后，鼓风量可增加10%~15%，相当于每提高10kPa压力（以往经验数据为 $0.1kg/cm^2$，即9.8kPa），增加风量2%左右；再从100kPa往上提高时，风量提高的幅度降为1.7%~1.8%。这比理论计算的3%左右要低得多，造成这种差别的原因在于：

（1）高炉内限制冶炼强度提高的部位是高炉下部，而高炉下部 Δp 降低的数值较小；

（2）高压以后焦比有所降低，炉尘量大幅度降低，在入炉原料准备水平相同的条件下，高炉块状带内料柱的透气性下降。

为此，欲充分发挥高压对增产的作用，需要改善炉料的性能，特别是焦炭的高温强度、矿石的高温冶金性能和品位（降低渣量），并掌握燃烧带和布料变化规律，应用上下部调剂手段加以控制。

C　炉尘吹出量减少

高压操作降低了离开料柱和炉顶的煤气的动压头：

$$h_{动} = \frac{1}{2}\rho w^2 = \frac{1}{2}\rho_0 w_0^2 \cdot \frac{p_0 T}{p T_0} \qquad (5-7)$$

式中　w，w_0——分别为煤气的实际流速和标准流速，m/s；

　　　ρ，ρ_0——分别为煤气的实际密度和标准密度，kg/m^3；

　　　T，T_0——分别为煤气的实际温度和标准状态下温度，K；

　　　p，p_0——分别为煤气的实际压力和标准状态下压力，N/m^2。

这首先影响到炉尘的吹出量，在冶炼强度和炉料粒度结构相同的情况下，被吹出炉尘的粒度变小、数量减少。按斯托克斯定律进行计算，从常压提高到250kPa，炉顶煤气能带走的最大颗粒的直径缩小了一半，颗粒的质量减到原来的12.5%。据统计，由常压改为高压操作后，炉尘的吹出量降低20%~50%。在目前炉顶煤气压力达到150~250kPa的高炉上，吹出的炉尘量一般在10kg/t以下。

高压操作后动压头的减小，对炉料从装料设备（大钟或布料溜槽）落到料面的运动有着一定的影响。根据测定和计算，这种影响表现为边缘料层加厚、料面漏斗加深，而影响的程度则取决于炉料准备情况（小于5mm粒级的含量和大小粒度的组成）和炉顶煤气压力提高的幅度。这种炉料在炉喉径向上分布的变化有可能恶化边缘区域的炉料透气性，从而使炉内压降增大，削弱了顶压提高的作用。

D 焦比降低

高压操作以后炉况顺行，煤气分布合理，煤气利用程度改善，有利于炼铁焦比的降低。高压操作可以降低焦比的原因有：

（1）高压操作后煤气流速降低，煤气在炉内停留时间延长，增加了矿石与煤气的接触时间，同时减少或消除了管道行程，改善了煤气分布，从而改善了铁矿石的还原条件，使块状带内间接还原得到充分发展，煤气能量得到充分利用。

（2）采用高压操作后，抑制了碳的气化反应进行，即抑制了直接还原反应，有利于间接还原的发展，提高了 CO 的利用率。由于高压操作对碳的气化反应的抑制作用，减少了碳的溶解损失，有利于提高焦炭高温强度，改善软熔带和滴落带的透气（液）性，有利于炉况的顺行。

（3）高压操作可以抑制硅的还原，有利于降低生铁硅含量，可以节约碳的消耗。

（4）提高炉顶压力后炉尘量减少，单位生铁的矿石消耗降低，每批料的出铁量增加，铁的回收率提高。

（5）实现高压操作后生铁产量提高，单位生铁的热损失减少，热效率提高。

高压操作的主要优点是降低料柱阻损，改善炉况顺行，增加高炉产量。随着炉内压力的提高，矿石的还原条件得到改善，高炉冶炼进程更为优化，炼铁焦比视具体情况能有不同程度的降低。

5.3.1.3 高压操作时的注意事项

（1）提高炉顶压力后，煤气流速降低，边缘气流发展，要相应缩小风口面积，保持足够的风速（或鼓风动能），控制压差略低于或接近常压操作时的压差水平。

（2）炉况不顺时不要盲目提高炉顶压力，应该保持适宜的压差。

（3）高炉发生崩料或悬料时必须改常压操作，待炉况转顺后再逐渐提高炉顶压力。

（4）高压操作时高炉悬料往往发生在炉子下部，因此要特别注意改善软熔带的透气性。要注意改善原燃料质量，提高矿石、焦炭的高温冶金性能。

（5）设备出现故障，需要大量减风以致休风时，减风后要及时改为常压，然后再减风到零（休风）。

（6）提高炉顶压力后炉内压力增加，因此作用在炉缸铁水表面上的压力也相应增加，铁水的流出速度提高，出铁时铁流对铁口孔道的冲刷磨损加剧。炉前操作中必须注意铁口的维护，保持足够的铁口深度，适当缩小铁口孔径，提高铁口炮泥质量，以保证铁口正常工作。

5.3.2 高风温冶炼

最初阶段的高炉是用冷风炼铁的。1828 年，英国第一次使用149℃的热风炼铁，节约燃料30%。由于鼓风预热可以大量降低燃料消耗，因而加热鼓风技术便很快推广开来。采用鼓风预热后热风炼铁是高炉发展史上的一大进步。

高炉冶炼所需热量的主要来源是燃料在炉缸的燃烧放热和鼓风带入的物理热。鼓风带入的热量越多，所需燃料燃烧热就越少，因此，提高风温能够降低燃料比和节约生铁成本。在喷吹燃料的高炉上，提高风温可以提高风口前理论燃烧温度，有利于煤粉充分燃烧，增加喷煤量，风温提高对降低焦比有双重效应。风温提高后焦比降低，单位生铁煤气量减少，使高温区下移，有利于维持较好的炉缸热状态；而煤气量减少又使得煤气水当量减少，炉顶煤气温度降低，煤气带走的热量也将减少。高炉风温的提高有利于低碳炼铁的推行。

5.3.2.1 风温对降低焦比的影响

热风带入的热量约占高炉热收入的30%。风温提高增加了鼓风的显热，降低了作为发热剂的燃料消耗。风温水平不同，提高风温的节焦效果是不同的。在风温水平较低时节省的焦炭要比风温高时多，随着风温的提高，降低焦比的效果是递减的。

热风带入的热量可表示为：

$$Q_b = c_b V_b t_b \tag{5-8}$$

提高风温后鼓风多带入的热量为：

$$\Delta Q_b = c_{b2} V_{b2} t_{b2} - c_{b1} V_{b1} t_{b1}$$

式中　c_{b1}，c_{b2}——分别为风温 t_{b1} 和 t_{b2} 时的鼓风比热容；

　　　V_{b1}，V_{b2}——分别为风温 t_{b1} 和 t_{b2} 时单位生铁的风量。

当风温提高100℃时，考虑到鼓风比热容变化不大，上式可以简化成：

$$\Delta Q_b = c_{b2} V_{b2} \times 100 - c_{b1} t_{b1} (V_{b1} - V_{b2}) \tag{5-9}$$

从式（5-9）不难看出，随着风温提高，焦比降低，V_{b2} 值减小，因而 ΔQ_b 也逐渐变小。因此，随着风温水平的提高，提高同样风温所能节约的焦比越来越少，其效果是递减的，如表5-6所示。

表5-6　提高100℃风温的节焦效果

风温水平/℃	约950	950~1050	1050~1150	>1150
节焦效果/kg·t^{-1}	20	15	10	8

宝钢2号高炉风温与焦比的实际对应关系见图5-12，可以看出，随着风温的提高，高炉焦比的降低是明显的。

虽然风温提高，降低焦比的效果变小，但国内外炼铁界仍在致力于继续提高风温。其原因是高炉喷吹燃料后必须有高风温相配合，风温越高，燃烧温度越高，燃料燃烧越完全，喷吹效果越好；另外，喷吹燃料本身又有降低燃烧带温度的作用，为高炉接受高风温创造了良好的条件。

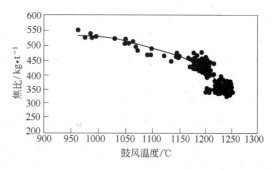

图5-12　风温与焦比的对应关系

宝钢高炉风温与喷煤量的关系见图5-13。目前世界上喷煤量超过200kg/t的高炉，其风温都在1200℃以上，并尽量提高到1250℃或更高。

5.3.2.2 风温对高炉冶炼的影响

风温提高引起高炉冶炼过程发生以下几个方面的变化：

（1）在热收入不变的情况下，提高风温带入的热量替代了部分风口前焦炭燃烧放出的热量，使单位生铁风口前燃烧碳量减少，生成的煤气量随之减少。

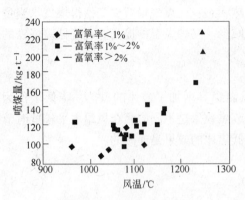

图 5 – 13　风温与喷煤量的关系

（2）高炉高度上的温度分布发生变化，炉缸温度上升，炉身和炉顶温度降低，中温区略有扩大。这是因为风温提高以后风口前的理论燃烧温度上升，每提高 100℃ 风温，$t_{理}$ 升高 60 ~ 80℃；而风口前碳燃烧产生的煤气量减少，煤气和炉料水当量的比值下降，使得炉身煤气温度和炉顶煤气温度均有所下降。

（3）风温提高以后风口前燃烧的碳及生成的 CO 减少，同时炉身温度降低，两者均使间接还原减少，尽管中温区扩大有利于间接还原进行，但前两者的影响大于后者的影响。因此，随着风温的提高，间接还原度有所降低，而直接还原度有所升高。

（4）风温提高以后炉内料柱阻损增加，煤气压差升高，特别是炉子下部的压差会明显上升，这将使炉内（尤其是炉腹部位）炉料下降的条件变差。如果高炉是在顺行的极限压差下操作，则风温的提高将迫使冶炼强度降低。据统计，风温每提高 100℃，炉内压差升高约 5kPa，冶炼强度下降 2% ~ 2.5%。炉内压差升高的原因是焦比降低，焦炭在料柱中所占体积减小，使料柱透气性变差；炉子下部温度升高，煤气实际流速增大。也有这样的情况：炉子下部温度过高时硅还原增多，生成大量 SiO 气体，它随煤气上升后在炉腰、炉身下部凝聚，在焦炭间隙分解成固态，恶化料柱的透气性，造成炉子难行甚至悬料。

（5）风温提高以后焦比降低，由焦炭带入炉内的灰分和硫量减少，从而减少了单位生铁的渣量和脱硫耗热，使高炉冶炼所需的有效热消耗相应减少。

5.3.2.3　高炉接受高风温的条件

生产实践表明，风温的提高还要受到高炉冶炼能否接受的限制。有时风温超过某一限度时炉况开始不顺或难行，严重时引起悬料，这样不但不能节焦，反而会造成产量下降。这一"高风温的极限"是与冶炼条件有关的，随着冶炼条件的改变，它可以向更高的水平方向移动。

使高炉冶炼接受更高风温的条件是：

（1）加强原料准备，提高矿石品位，减少渣量，筛除小于 5mm 的粉末，以改善料柱的透气性。特别要注意提高矿石和焦炭的高温强度，采用合理的炉料结构，改善炉腹和软熔带的工作条件。

（2）对比高压和高风温对高炉冶炼的影响可以看出，提高炉顶煤气压力，实行高压操作，有利于进行间接还原和降低炉内煤气压差，可以弥补高风温对高炉还原和顺行的不利影响。

（3）向高炉喷吹燃料和加湿鼓风可降低风口前理论燃烧温度，可以解决由于风温提高使炉子下部温度升高而造成炉况难行的问题，是高炉强化冶炼接受高风温的有力措施。在大力喷吹煤粉的高炉上，风温已十分宝贵，高炉不再加湿，有条件时还要脱湿鼓风。而在富氧率较高时，鼓风加湿仍不失为控制风口前理论燃烧温度的一种有效配合手段，通常风中每加湿 $1g\ H_2O$，其分解耗热需用 9℃ 风温热量补偿。

5.3.2.4 提高鼓风温度的措施

在现代高炉冶炼的条件下，不喷吹燃料的高炉可使用1150℃风温正常操作，湿度为1%~2%；在采用大喷吹量，尤其是喷吹氢含量高的燃料时，极限风温完全取决于热风炉的能力。目前世界上绝大部分高炉都在喷吹燃料，因此提高鼓风温度就成为人们共同追求的目标。

提高鼓风温度的措施有：

（1）提高热风炉拱顶温度 据高炉生产实践，热风炉拱顶温度比热风温度高150~200℃，提高拱顶温度，热风温度则随之提高。由热风炉煤气的理论燃烧温度计算分析，可以找出提高热风温度的措施。热风炉煤气理论燃烧温度$t_{热理}$的算式为：

$$t_{热理} = \frac{Q_燃 + Q_空 + Q_煤 - Q_水}{V_气 c_产} \qquad (5-10)$$

式中 $Q_燃$——煤气燃烧放出的热量，kJ/m³；

$\quad\quad Q_空$——助燃空气带入的物理热，kJ/m³；

$\quad\quad Q_煤$——燃烧用煤气带入的物理热，kJ/m³；

$\quad\quad Q_水$——煤气中水分的分解热，kJ/m³；

$\quad\quad V_气$——燃烧产物体积，m³；

$\quad\quad c_产$——燃烧产物的平均比热容，kJ/(m³·℃)。

从式（5-10）看出，影响理论燃烧温度的因素及提高措施主要有：

1）提高煤气发热值（$Q_燃$） 目前高炉焦比大幅度降低，高炉煤气发热值相应降低。仅用单一高炉煤气燃烧很难获得高温。目前使用比较多的方法是用高热值煤气富化高炉煤气，例如加入焦炉煤气（热值为16300~17600kJ/m³）或天然气（热值为33500~41900kJ/m³）。

2）预热助燃空气和煤气 据统计，煤气温度每提高100℃，理论燃烧温度可提高40~50℃；助燃空气温度在100~800℃范围内每提高100℃，相应提高理论燃烧温度30~35℃。目前普遍利用热风炉烟道废气余热预热助燃空气和煤气，另外还有附加炉加热法和热风炉自身预热法预热助燃空气和煤气。

3）减少燃烧产物（$V_气$） 在有条件时采用富氧燃烧或减小空气过剩系数的方法来降低$V_气$，从而获得较高的理论燃烧温度，如图5-14所示。在相同条件下，理论燃烧温度随着空气过剩系数n的减小而升高。但这一措施使废气量减少，对热风炉中下部的热交换不利。

4）降低煤气水分含量 煤气经过湿法除尘后含有不少机械水和饱和水，其含量随煤气温度升高而增加。使用高炉煤气干法布袋除尘后，煤气水分含量可显著降低。

（2）缩小拱顶温度与热风温度的差值 采用增大热风炉蓄热室面积和格子砖重量、加强绝热保温、改善热风炉的气流分布、实现热风炉自动控制等措施，均有利于缩小拱顶温度与

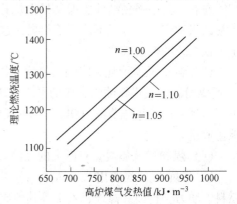

图5-14 高炉煤气发热值与
理论燃烧温度的关系

热风温度的差值。

（3）采用新式热风炉（如马琴式或新日铁式外燃热风炉、克鲁金式顶燃热风炉等），改造老式热风炉，选择合理的热风炉工作制度。

5.3.3　喷吹燃料

在 20 世纪 50～60 年代，高炉喷吹燃料作为炼铁新技术在许多国家兴起，到了 80 年代各国高炉进入一个喷吹煤粉的时代，而现在月平均吨铁喷煤量达到或超过 200kg 的高炉已不占少数。高炉喷吹燃料的种类很多，多是根据各自的资源状况或可以购买到的合适燃料来决定，如前苏联、美国天然气资源丰富，高炉以喷吹天然气为主；从中东廉价进口石油的国家（如日本、法国、德国等）在石油危机前大量喷吹重油，后来转为喷吹煤粉以适应国际市场上油、煤价格的变化。

我国是高炉喷吹煤粉较早的国家，1964 年首钢、鞍钢的高炉就已经采用了煤粉喷吹技术，但是初期发展比较缓慢，以喷吹无烟煤为主，煤比仅有 60～70kg/t。1990 年，鞍钢高炉大剂量喷吹烟煤试验成功，其他厂矿也开始喷吹烟煤或与无烟煤混合喷吹，随着高炉原燃料条件的改善和风温的提高，喷煤量不断提高。1999 年，全国重点企业年平均煤比突破 100kg/t，达到 114kg/t，宝钢高炉吨铁喷煤量超过 200kg。2001 年 12 月，我国正式加入世界贸易组织，煤、焦价格逐渐与国际接轨，喷煤的经济效益大幅度提高，使我国高炉喷煤进入了一个新的发展阶段。

5.3.3.1　喷吹燃料的意义

目前世界各国多以喷吹煤粉为主，下面以喷吹煤粉为例说明高炉喷吹燃料的意义。

（1）减少炼焦过程对环境的污染　焦化厂是钢铁企业及其周围环境的最大污染源。不用或少用焦炭的熔融还原炼铁工艺固然可以较好地解决焦化厂的污染问题，但其因规模、冶炼技术与装备等方面的原因，要在我国占炼铁生产的主导地位尚需时日。高炉喷吹煤粉代替焦炭，减少了高炉炼铁对焦炭的需求，则可减少焦炭生产或少建焦炉，从而减少炼焦过程对环境的污染。

（2）节约炼焦煤资源　众所周知，煤炭是不可再生资源。炼焦配煤一般需要配 50% 以上的主焦煤，以满足高炉冶炼对焦炭质量的要求。我国炼焦煤资源只占煤炭储量的 27% 左右，其中强黏结性焦煤又只占炼焦煤资源的 20% 左右，焦煤资源非常有限。喷吹煤粉的煤种广泛，可以不使用炼焦煤，这就缓解了我国焦煤资源短缺的问题，同时也降低了炼铁系统的燃料成本。

（3）减少能源消耗和降低二氧化碳排放量　炼焦工序平均能耗（标煤）约为 130kg/t，而煤粉制备及煤粉喷吹工序的平均能耗（标煤）只有 30kg/t。高炉每喷吹 1t 煤粉，就可以达到使炼铁系统节约 100kg/t 标准煤的效果。工序能耗的大量降低相应降低了二氧化碳排放量。

（4）煤粉代替焦炭会有巨大的经济效益　高炉喷煤的经济效益来自以下几个方面：

1）每炼 1t 焦炭要用 1.4t 左右的洗精煤（干）。焦炭成本中除了原料成本以外，还有燃料、动力、折旧、修理、人工等其他成本。炼焦工艺是一个高温化学干馏过程，能源消耗多，环保要求严，基建投资高。而喷吹的煤粉只是经过物理加工和输送过程，能源消耗少，喷煤系统的基建投资只有焦化厂的 15%～25%，折旧修理费用也低。因此，炼焦工序成本比磨煤输粉的高得多。

2）喷吹用煤可以是各种非炼焦煤，在相同质量（灰分、硫分等）条件下，价格比炼焦煤便宜得多，且产地分布广，便于就近取用，还可节省运费。如果钢铁厂使用外购焦炭，还要加上供焦企业的利润和运输过程中的破碎及其他损耗。

3）冶金焦加入高炉之前要筛除 5% ~ 10% 的碎焦，不能入炉的碎焦降价回收作为他用，提高了入炉焦炭的成本，而煤粉几乎没有损失。

高炉喷煤的经济效益来自焦、煤的差价，所以无论煤价是涨是跌，焦与煤之间总有差价，喷煤总有经济效益。煤炭价格上涨，则喷煤的经济效益更为明显。

（5）高炉喷煤已是十分成熟的技术，是高炉操作中调节热制度的一种重要、方便的手段。

5.3.3.2　喷吹燃料对高炉冶炼的影响

A　喷吹燃料在风口前的燃烧

喷吹燃料在风口前的燃烧与焦炭的燃烧相比，燃烧的最终产物仍然是 CO、H_2 和 N_2，并放出一定热量，这点是相同的。两者不同之处是：

（1）焦炭在炼焦过程中已完成煤的脱气和结焦过程，风口前的燃烧基本上是碳的氧化过程，而且焦炭粒度较大，在炉缸内不会随煤气流上升。喷吹煤粉则不同，煤粉在风口前要经历脱气、结焦和残焦燃烧三个过程，并且要在从喷枪出口到循环区内停留的千分之几到百分之几秒内瞬间完成。天然气、重油气化和煤粉脱气的碳氢化合物燃烧时，碳氧化成 CO 放出的热量有一部分被碳氢化合物分解耗热所抵消，这种分解耗热随 H、C 质量比的增加而增大。因此，随着这一比值的增加，风口前燃料燃烧的热值降低（见表 5 - 7）。

表 5 - 7　不同燃料 1kg 碳在风口前燃烧放出的热量

燃　料	$w(H):w(C)$	燃烧放出的热量	
		热值/kJ·kg^{-1}	比例/%
焦　炭	0.002 ~ 0.005	9800	100
无烟煤	0.02 ~ 0.03	9400	96
气　煤	0.08 ~ 0.10	8400	85
重　油	0.11 ~ 0.13	7500	77
甲烷（天然气）	0.333	2970	30

碳氢化合物与氧的反应仅在它的热解温度下明显进行，如果重油未能很好地雾化而迅速变成蒸气并达到其热解温度，就会产生烟炭，未燃烧的 CH_4 也能裂解为烟炭。这种烟炭在燃烧带内未气化就会被煤气流带走，这不仅导致炉缸热收入减少，而且这些碳质点（包括喷吹煤粉时的未燃煤粉）还会大量混入炉渣，使炉缸工况恶化，造成炉缸堆积、炉腹渣皮脱落、风口和渣口烧坏。因此，为避免形成烟炭，必须使燃料与鼓风尽可能完全和均匀地混合，重油应采用雾化良好的喷枪，煤粉则应细磨。富氧鼓风和提高风温能够改善燃料在燃烧时的供氧和温度条件，可促进喷吹燃料的充分气化。

（2）炉缸煤气量增加，燃烧带扩大。喷吹燃料因含碳氢化合物，在风口前气化后产生大量的 H_2，使炉缸煤气量增加（见表 5 - 8），并且喷吹燃料的 $w(H)/w(C)$ 值越高，增加的煤气量就越多。无烟煤的煤气量略低于焦炭，这是由于无烟煤灰分含量高、固定碳含量低于焦炭所造成。如果喷吹低灰分、高挥发分的烟煤，则喷吹煤粉产生的煤气量将大于焦炭燃烧所形成的煤气量，煤气量的增加将扩大燃烧带。而且由于 H_2 的黏度和密度小，其穿透能力强于 CO，煤气中 H_2 含量的增加也能扩大燃烧带。造成燃烧带扩大的另一原因是：部分喷吹燃料在直吹管内就开始燃烧，在管路内形成高温（高于鼓风温度 $400 \sim 800{}^{\circ}\!C$）燃烧产物和热风的混合气流，它的流速和动能远大于全焦冶炼时的风速和鼓风动能。

表 5 -8　风口前每千克燃料产生的煤气体积

燃　料	CO/m^3	H_2/m^3	还原气总和		N_2/m^3	煤气量/m^3	$CO + H_2/\%$
			体积/m^3	比例/%			
焦　炭	1.553	0.055	1.608	100	2.92	4.528	35.5
重　油	1.608	1.29	2.898	180	3.02	5.918	49.0
煤　粉	1.408	0.41	1.818	113	2.64	4.458	40.8
天然气/$m^3 \cdot kg^{-1}$	1.370	2.78	4.15	258	2.58	6.73	61.9
天然气/$m^3 \cdot m^{-3}$	0.97	2.00	2.97	185	1.83	4.80	61.9

（3）理论燃烧温度下降，而炉缸中心温度略有上升。理论燃烧温度降低的原因是：燃烧产物的数量增加，用于加热产物到燃烧温度的所需热量增多；喷吹燃料气化时碳氢化合物分解吸热，燃烧放出的热量减少；再者，焦炭到达风口燃烧带时已被上升煤气加热（约达到 $1500{}^{\circ}\!C$），可为燃烧带来部分物理热，而喷吹燃料以冷态进入风口区，温度仅在 $100{}^{\circ}\!C$ 左右。

炉缸中心温度和两风口间的温度略有上升，其主要原因是：煤气量增多，鼓风动能增大，燃烧带扩大，使炉缸中心的煤气量增多，中心部位的热量收入增加；上部还原得到改善，在炉子中心进行的直接还原数量减少，热支出减少；高炉内热交换改善对其也有影响。

高炉喷吹燃料后理论燃烧温度降低，为保持正常的炉缸工作状态，需要进行热补偿，而提高风温则是最好、最直接的热补偿措施。

B　料柱阻损与热交换

喷吹燃料以后，煤气量增加，而料柱中焦炭量的减少和矿焦比的升高使料柱透气性变差，这两方面的作用使得炉内的压差升高。此外，因煤气与炉料的水当量比值增大，导致炉身温度和炉顶温度略有升高。但是，喷吹燃料带入高炉的 H_2 增多，而它的黏度和密度较小（可降低煤气的黏度和密度），对压差和顶温的升高起到缓和作用。H_2 也能提高煤气的导热能力，加速煤气向炉料的热量传递。

C　对于还原的影响

喷吹燃料以后改变了铁氧化物还原和碳气化的条件，有利于间接还原的发展和直接还原度的降低，这是由于：

（1）单位生铁的还原性气体绝对量增加，并且煤气中还原性组分 CO + H_2 的含量增加，N_2 的含量降低，特别是 H_2 的数量和含量显著增加，这均有利于间接还原反应的进行。

（2）炉内温度场变化使焦炭中碳与 CO_2 发生反应的下部区温度降低，而氧化铁间接还原的区域温度升高，这样前一反应速度降低，后一反应速度则提高。

（3）焦比降低减少了焦炭与 CO_2 反应的表面积，同时也减小了单位生铁的炉料容积，使炉料在炉内停留的时间延长。

D　热滞后性

由于煤粉在风口区分解吸热，喷煤初期炉缸温度有所降低，而新增加的煤气量和煤气中氢含量的提高改善了上部矿石的加热与还原，直到这部分炉料下达到炉缸后，炉缸转热，温度开始提高，才能显示出喷吹燃料的效果。此段过程经历的时间就是热滞后时间，其简略计算如下：

$$\tau = \frac{V_{下}}{V_{批}} \cdot \frac{1}{n} \tag{5-11}$$

式中　τ——热滞后时间，h；

$V_{下}$——高炉下部 1000~1200℃ 的高温区至风口平面之间的容积，m^3，$V_{下}$ 可计为从炉腰至风口中心线之间的容积；

$V_{批}$——每批料的体积，m^3；

n——平均每小时下料批数。

此外，由于喷吹煤粉替代了焦炭，炉料在高炉内的停留时间增加，冶炼周期有所延长。

5.3.3.3　置换比与喷吹量

喷吹燃料的主要目的是用价格相对低廉的燃料代替价格昂贵的焦炭，因此，喷吹 1kg（或 $1m^3$）补充燃料能替换焦炭的数量称为置换比。置换比的高低是衡量喷吹效果好坏的重要指标。

影响置换比的因素有：

（1）喷吹燃料的种类　碳和氢含量高的燃料，置换比就高。重油碳和氢含量最高，置换比最高，一般为 1.2~1.4kg/kg；无烟煤灰分多，含氢少，置换比低，一般在 0.8 左右。

（2）喷吹燃料在风口前气化的程度　如前所述，喷吹燃料气化时可能产生烟炭，不仅燃烧放出热量和还原性气体减少，还可能恶化炉况，影响喷吹效果，使置换比降低。

（3）鼓风参数　对比高风温、高压、富氧和喷吹燃料对高炉冶炼的影响可以看出，它们的作用和影响有相同也有相反之处，例如，提高风温和富氧鼓风可提高理论燃烧温度，降低炉顶煤气温度；而喷吹燃料则降低理论燃烧温度，提高炉顶煤气温度。又如，高风温和富氧能使直接还原度升高，而喷吹燃料则可降低直接还原度。再如，高风温、富氧和喷吹燃料都使 Δp 上升，而高压却可使 Δp 降低。因此，风温的高低、是否富氧等都能影响置换比的高低。

（4）煤气利用程度　喷吹燃料可以改善高炉煤气的还原能力，在操作上改进煤气流与矿石的接触是发挥喷吹作用的重要方面。高炉间置换比的差异与这一点有很大关系，这就要改进炉料的质量和调剂好炉况，使炉内 η_{CO} 和 η_{H_2} 同时提高而提高置换比。

在一定的冶炼条件下，保持合理的置换比、扩大喷吹量一直是炼铁工作者的任务。由于喷吹燃料不能代替焦炭的料柱骨架作用，所以最大喷吹量（即最低焦比）应由焦炭骨架作用所决定。实际生产中限制喷吹量的因素有：

（1）风口前喷吹燃料的燃烧速率 喷吹燃料应在燃烧带停留的短暂时间里全部生成 CO 和 H_2，否则重油、天然气形成的烟炭和未完全气化的煤粉颗粒将给高炉操作带来不良后果。影响燃烧速率的因素主要是温度、供氧、燃料与鼓风的接触界面等。实践证明，提高风温和富氧鼓风可以有效提高煤粉燃烧速率。喷吹的煤粉在风口燃烧带内的燃烧率保持在 85% 以上时，剩余的未气化煤粉不会给高炉带来明显的影响，因为它们在随煤气流上升过程中能继续气化。少量的未气化煤粉，若黏附在焦炭上，则随焦炭下降进入燃烧带再次气化；若黏附在矿石上，成为直接还原碳而气化；若进入渣中，可成为渣中还原剂；遇到滴落的铁珠时，还可以渗碳。

（2）高温区热量和热交换状况 高炉冶炼需要有足够的高温区热量，以保证炉子下部物理化学反应顺利进行。允许的炉缸煤气温度下限应能保证过热铁水和炉渣以及其他吸热的高温过程（例如硅、锰的还原，脱硫等）的进行。喷吹燃料将降低 $t_{理}$，这样允许的最低 $t_{理}$ 就成为喷吹量的限制环节。采用高风温或富氧鼓风等措施可以提高 $t_{理}$，以扩大喷吹量。

（3）流体力学因素 高炉上部料柱透气性变差、下部软熔带 Δp 显著升高和滴落带出现局部液泛征兆，是常遇到的限制高炉增加喷煤量的情况。遇此情况可考虑采用提高炉顶压力、增加富氧等措施改善炉况，炉况稳定顺行后再寻求煤比的增加。

（4）产量和置换比降低 实践表明，随着喷吹量的增加，喷吹燃料的置换比下降。置换比的降低将导致燃料比升高，造成经济上不合算，这时进一步扩大喷吹量只能造成喷吹燃料的浪费。在风中氧含量固定和综合冶炼强度一定的情况下，随着喷吹量的增加，高炉产量如同置换比那样也呈下降趋势。高炉工作者应努力探寻适合自身状况的经济喷煤比，以发挥高炉喷煤的最佳效益。

5.3.4 富氧鼓风

富氧鼓风是往高炉鼓风中加入工业氧气，使鼓风氧含量增加。富氧鼓风的程度常用"富氧率"来表示，富氧率是指富氧后鼓风中氧含量提高的幅度。富氧鼓风的主要作用是提高冶炼强度以增加高炉产量，是强化高炉冶炼的有效措施之一。

富氧鼓风后，由于风中氧的含量增加，氮的含量减少，致使单位生铁的风量、煤气量都要减少；而对于同样体积的鼓风，因氧的含量增加，则燃烧的碳量增加，生成的煤气量也要增多，因而高炉冶炼强度提高，产量增加。不同鼓风氧含量的燃烧计算列于表 5 – 9。从中可以看出富氧率对风量、煤气量的影响。

表 5 – 9 不同鼓风氧含量的燃烧计算

鼓风氧含量（未计湿分）/%	按 1m³ 鼓风计算							按燃烧 1kg 碳计算			
	燃烧碳量		炉缸煤气量						鼓风量		炉缸煤气量	
	质量/kg	变化率/%	CO 体积/m³	CO 含量/%	N_2 体积/m³	N_2 含量/%	总量/m³	变化率/%	体积/m³	变化率/%	体积/m³	变化率/%
21	0.2250		0.42	34.71	0.79	65.29	1.21		4.443		5.376	
22	0.2357	4.76	0.44	36.06	0.78	63.94	1.22	0.83	4.241	-4.55	5.174	-3.76
23	0.2464	9.51	0.46	37.40	0.77	62.60	1.23	1.65	4.056	-8.71	4.989	-7.20

| 鼓风氧含量（未计湿分）/% | 按 1m³ 鼓风计算 | | | | | | | | 按燃烧 1kg 碳计算 | | | |
| | 燃烧碳量 | | 炉缸煤气量 | | | | | | 鼓风量 | | 炉缸煤气量 | |
	质量/kg	变化率/%	CO 体积/m³	CO 含量/%	N₂ 体积/m³	N₂ 含量/%	总量/m³	变化率/%	体积/m³	变化率/%	体积/m³	变化率/%
24	0.2571	14.26	0.48	38.71	0.76	61.29	1.24	2.48	3.887	-12.51	4.820	-10.34
25	0.2678	19.02	0.50	40.00	0.75	60.00	1.25	3.31	3.732	-16.00	4.665	-13.22
26	0.2786	23.81	0.52	41.27	0.74	58.73	1.26	4.13	3.558	-19.24	4.521	-15.90

注：变化率是以含氧21%时的相应值作为比较基准的。

对于同样的鼓风量，随着鼓风氧含量（或富氧率）的提高，则有：

（1）燃烧的碳量增多，每富氧1%可多烧碳量4.76%（0.01/0.21 = 0.0476），如果高炉碳比不变，产量也能提高4.76%；

（2）生成的炉缸煤气量增多，每富氧1%能增加0.83%；

（3）煤气中的CO含量提高，煤气的还原势增强。

由表5 - 9也能看出，若高炉冶炼燃烧同样的碳量，则随富氧率的提高会有：

（1）所需风量减少，在表5 - 9所示的富氧范围内，随鼓风含氧程度的不同，富氧率每增加1%使风量减少3.85% ~ 4.55%；

（2）产生的炉缸煤气量也减少，富氧率每增加1%能使炉缸煤气量减少3.18% ~ 3.76%；

（3）比较起来，富氧鼓风时风量减少的幅度大于煤气量减少的幅度。

由此应明确，高炉采用富氧鼓风能够具有减少风量及煤气量的作用，仅是对燃烧同样碳量或者对单位生铁而言。在保持（单位时间内）高炉风量不变或在一定限度内稍有减少时，高炉煤气量是随富氧率的提高而增加的。

5.3.4.1 富氧率的计算

这里以通常的大气（即所谓的"湿风"）为基准，设大气湿度为 φ，$1m^3$ 鼓风里兑入的富氧气体量为 $W(m^3/m^3)$，富氧气体氧的纯度为 a，这时鼓风的氧含量应为：

$$\varphi(O_2)_b = (1 - W)(1 - \varphi) \times 0.21 + (1 - W)\varphi \times 0.5 + Wa \tag{5 - 12}$$

经整理得到：

$$\varphi(O_2)_b = 0.21 + 0.29\varphi + (a - 0.21)W - 0.29\varphi W$$

对于上式，由于 φ 及 W 都是百分之几的小数，它们的乘积（式中第四项）是很小的数，数量级在 10^{-4}，对 $\varphi(O_2)_b$ 影响不大，可以忽略。因此，在有湿分和富氧的情况下，鼓风氧含量可以表示成：

$$\varphi(O_2)_b = 0.21 + 0.29\varphi + (a - 0.21)W \tag{5 - 13}$$

式（5 - 13）即是鼓风氧含量计算的通式，式中第二项为鼓风湿分引起的氧的增量（数量级为 10^{-3}），第三项为富氧引起的氧的增量（数量级为 10^{-2}）。这里还应提及，式（5 - 13）与式（5 - 12）相比较有舍弃的部分，因此在有关算式的推导过程中应该采用式（5 - 12），而式（5 - 13）方便计算。

高炉炼铁中所说的富氧率就是式（5 - 13）中的第三项，这里用 f_0 表示，即：

$$f_0 = (a - 0.21)W \qquad\qquad (5-14)$$

当高炉冶炼富氧率确定后，可由式（5-14）来计算所需的富氧气体数量，即：

$$W = f_0/(a - 0.21) \qquad\qquad (5-15)$$

这里的 W 是每立方米混合风中富氧气体的数量（m^3/m^3），若规定高炉每分钟或每小时的风量，就可以计算出每分钟或每小时的富氧气体数量。

包钢由富氧后氧气平衡关系式：

$$0.99V_0 + 0.21 \times (60V - V_0) = (0.21 + f_0) \times 60V$$

得出高炉富氧率：

$$f_0 = \frac{0.78 \times V_0}{60 \times V}$$

式中　V_0——富氧气体量，m^3/h；

　　　V——包括 V_0 在内的高炉风量，m^3/min。

包钢氧气纯度 a 取为 99%。

包钢算式中的"$V_0/(60 \times V)$"就是富氧率算式中的"W"，它是按每分钟的风量和每小时的氧量计算的。有将"W"定义为富氧率的，这不符合炼铁界的规范。

对于富氧工艺，氧气多在高炉放风阀前兑入冷风内，这样能保持高炉风量波动时富氧率不变，但在放风时也放掉了一些氧气，有些浪费；也有采用放风阀后（靠近高炉侧）兑入氧气的，其特点与前者相反。对于富氧气体实际数量 W 的计算，要视风量仪表的流量孔板位置而定，如图 5-15 所示。

5.3.4.2　富氧鼓风对高炉冶炼的影响

A　理论燃烧温度提高，燃烧带缩小

富氧鼓风后，鼓风中氧含量增加、氮含量降低，燃烧 1kg 碳所需风量减少，相应地，风口前燃烧产生的煤气量也减少，而风口煤气中 CO 含量增加、氮含量减少（见图 5-16）。

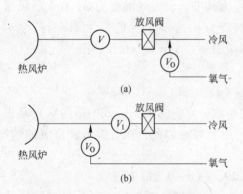

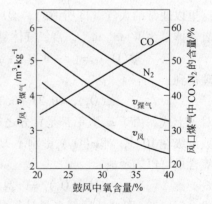

图 5-15　氧气兑入高炉冷风位置示意图

　　（a）氧气在流量孔板前兑入，$W = V_0/V$；

　（b）氧气在流量孔板后兑入，$W = V_0/(V_1 + V_0)$

　　V_1—冷风量；V_0—富氧气体量；V—高炉

（混合）风量（$V = V_1 + V_0$，它们取用相同单位）

图 5-16　鼓风中氧含量对风量（$v_{风}$）、

风口煤气量（$v_{煤气}$）和风口

煤气中 CO、N_2 含量的影响

如同提高风温一样，富氧也会使理论燃烧温度升高，但是升高的原因并不相同。提高风温使得鼓风带入的物理热增加，导致理论燃烧温度提高；而富氧时虽然由于鼓风量减少，使之带入的热量有所减少，但燃烧产生的煤气量减少得更多，因而造成理论燃烧温度升高。每富氧1%，理论燃烧温度提高40~45℃，当热风温度在1000~1100℃范围内、风中湿度为1%、富氧到26%~28%时，理论燃烧温度能超过2500℃。生产实践表明，过高的理论燃烧温度会导致高炉冶炼十分困难，可以采用增加鼓风湿度的方法来降低理论燃烧温度，但最好的办法还是向炉缸喷吹燃料。

富氧以后，风中氧含量的增多和理论燃烧温度的提高大大加快了碳的燃烧过程，这会导致风口前燃烧带缩小，并引起边缘气流的发展。但是富氧鼓风使冶炼强度提高，单位时间内的煤气生成量增加，削弱了燃烧带缩小的程度。

B 高温区下移，炉身温度和炉顶温度下降

富氧对高炉内温度场分布的影响与提高风温时的影响相似。但是富氧造成燃烧1kg碳产生的煤气量减少，其对煤气和炉料水当量比值降低的影响超过了提高风温的影响，因此富氧时炉身煤气温度降得更为严重，煤气带入炉身的热量减少，有可能造成该区域内的热平衡紧张，特别是当炉料中配入大量石灰石时尤为严重。图5-17示出富氧鼓风时炉身温度下降情况。如同高风温的影响那样，富氧也降低了炉顶煤气温度。

C 对还原的影响

富氧对间接还原发展有利的方面是，炉缸煤气中CO含量的提高与氮含量的降低。但在焦比接近于保持不变的情况下，富氧并没有增加消耗于单位被还原铁的CO数量，而且CO含量对氧化铁还原度的影响有递减的特性，因此这种影响是有限的。而炉身温度的降低、间接还原强烈发展的温度带（700~1000℃）高度的缩小、产量增加时炉料在间接还原区停留时间的缩短，均对间接还原的发展不利。上述两方面因素共同作用的结果是使间接还原度略有降低。

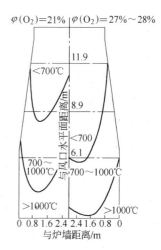

图5-17 富氧鼓风时
炉身温度下降情况

5.3.4.3 富氧鼓风操作特点

（1）对于1m³鼓风，富氧1%可多烧碳4.76%，即高炉冶炼强度提高4.76%。如果鼓风氧含量提高前后综合焦比（确切说应为碳比）保持不变，这时高炉利用系数可提高同样的数值，即产量可以增加4.76%。也就是说，在采用固定风量操作并保持碳比不变的条件下，富氧1%才有可能增产4.76%。这种情况的操作主要是维持鼓风动能的稳定，并发挥富氧的最大效果，但随富氧率的提高，高炉煤气量要有所增加。由于高炉冶炼情况复杂，影响因素较多，富氧后高炉的实际增产幅度是不同的。

（2）富氧鼓风后由于单位生铁的煤气量减少，使风口前理论燃烧温度提高，高炉热量向炉子下部和炉缸区域集中，这有利于高温生铁的冶炼，也有利于改善喷吹煤粉的燃烧条件，提高煤粉的燃烧率及喷煤置换比。同时，富氧也能弥补喷吹煤粉对理论燃烧温度降低的影响，保持理论燃烧温度在合适的水平上。富氧鼓风后炉顶煤气温度要有所降低，当富氧率过高时，高炉中部、上部热量会显不足，出现"冷化"现象。富氧鼓风并没有为高炉开辟新的热源，只是出现热量的转移。

（3）富氧鼓风强化冶炼后，炉内煤气量增多，高炉料柱透气性可能成为限制性环节。为达到煤气量不变或增加不多的目的，高炉风量应有所减少，这时富氧的增产效果要有所降低。当原料条件较差、高炉料柱透气性不好时，常采用固定煤气量的操作。若按维持炉缸煤气量不变考虑，在喷煤不多时，富氧 1% 需相应减风 0.80% ~ 0.85%，能够增产 3.80% ~ 3.85%；若按维持炉身煤气量不变来操作，需减风更多一些，增产效果也更小些，这与具体冶炼条件有关。据生产数据，富氧 1% 约减风 1.50%，增产 2.90% ~ 3.20%。

（4）富氧鼓风后由于高温热量向炉缸集中，并且炉顶温度明显降低，有利于 Mn、Si 等元素的还原和高温生铁的冶炼。对于铁合金生产，富氧 1% 可降低焦比 1.5% ~ 2.4%，增产 5% 左右。

（5）把富氧与喷吹燃料结合起来，不论是对高炉生产应用氧气还是对扩大喷吹量都是有利的。喷吹燃料和富氧对高炉冶炼过程的影响大多是相反的（见表 5 – 10），它们的结合可以取长补短，充分发挥各自的优点。如果高炉鼓风不富氧，较高的煤比高炉难以接受；如果高炉不喷煤，富氧率也不能太高。只有把两者很好地结合起来，保持煤、氧间的合适比例，高炉冶炼才能进入一个更佳的状态，获得更好的技术经济指标，得以实现强化冶炼，达到增产、节焦、降耗的目的。富氧喷煤是发展炼铁生产的必由之路。

表 5 – 10　富氧、喷吹燃料冶炼特征的比较

鼓 风 技 术	富 氧	喷吹燃料	富氧喷煤
理论燃烧温度	提高	降低	互补
炉顶温度	降低	升高	互补
间接还原	基本不变	提高	提高
燃烧 1kg 碳的煤气量	减少	增加	互补
未燃煤粉	—	有一定比例	减少
焦 比	变化不大	降低	降低

5.3.5　鼓风湿度的控制与综合鼓风技术

在高炉炼铁技术的发展进程中，经历了一个从自然湿度鼓风到加湿鼓风，又发展到后来的脱湿鼓风的过程。

在长期的生产实践中人们发现，阴雨潮湿的天气与晴热干燥的天气相比，高炉炉料跑得快，产量多，但炉温也容易向凉，究其原因主要是鼓风湿分对高炉冶炼产生影响。后来高炉工作者为减少大气湿度波动对炉缸热制度的影响，采取向鼓风中加入少量水蒸气的方法，使鼓风湿度维持在一定水平上，以利于高炉行程的稳定，这便是初期的加湿鼓风工艺。加湿鼓风为高炉热制度的调剂增添了一种有效的手段，为高炉高风温的使用创造了条件。

20 世纪 70 ~ 80 年代之后，高炉已普遍喷吹燃料，为提高燃料喷吹数量，必须提高风口前的理论燃烧温度。这时鼓风湿分分解耗热降低理论燃烧温度的缺点便凸显出来，为向高炉提供足够的热风温度，高炉停止了加湿鼓风的操作，一些先进的高炉增添冷冻设备或

化工脱湿设备，对鼓风进行脱湿处理，降低风中的水蒸气含量。脱湿鼓风既能稳定鼓风湿度，又可减少湿分分解耗热，增加鼓风带入高炉的有效热量，是实现大喷煤量的高炉应该采用的技术。

5.3.5.1 鼓风湿度的概念及相关计算

A 鼓风湿度的两种表示方法及有关计算

空气中总是含有水蒸气的，水蒸气的含量称为湿度。炼铁界常用两种方法表示鼓风湿度：

（1）每立方米鼓风中水蒸气所占的体积，这种鼓风包括湿分在内（或称之为"湿风"），这种鼓风湿度常用 φ 表示；

（2）每立方米干风所带有的水蒸气质量（克数），这里用 q 表示。

鼓风湿度 φ 常在炼铁工艺计算中使用，用体积分数（小数）参与各项计算较为方便；鼓风湿度 q 在高炉热能利用、热平衡研究上有其方便之处。

鼓风湿分在高炉风口区分解（按第一种全炉热平衡考虑，详见 6.5.1.1 节），其反应是：

$$H_2O \Longrightarrow H_2 + \frac{1}{2}O_2 \qquad -4.18 \times 3211 kJ/kg(H_2O)$$

分解出的氧能够燃烧碳，强化高炉过程；氢能够参加还原，改善高炉冶炼。其缺点是湿分分解要消耗风口区的宝贵热量。

由鼓风氧含量算式（式（5 - 13））$\varphi(O_2)_b = 0.21 + 0.29\varphi + (a - 0.21)W$ 可知，式中第二项是鼓风湿度引起的氧的增量，每增加 1% 的湿分将多烧碳，提高冶炼强度的幅度为 $(0.29 \times 0.01/0.21) \times 100\% = 1.38\%$，在高炉焦比不变的情况下，产量也能提高 1.38%。因此，在高炉采用喷吹燃料技术之前，加湿鼓风也是强化高炉冶炼的一种手段。对于现时仍用纯焦炭冶炼的高炉，应该重视鼓风湿分的作用。

在某些热工计算与分析上，采用鼓风湿度 q 是方便的。据经验数据，每克水蒸气分解耗热约用 9℃ 风温的热量来补偿，其算式是：

$$\Delta t \bar{c} = 4.18 \times 3.21$$

式中 $\bar{c}$——热风温度时干空气的比热容，其值参阅本书附表 1。

可以算得，当热风温度为 1000℃ 时，$\Delta t = 9.6℃$；当热风温度为 1050℃ 时，$\Delta t = 9.1℃$；当热风温度为 1100℃ 时，$\Delta t = 8.6℃$。如果考虑到分解出的氢参加 FeO 还原，比用碳还原节约热量，H_2 有 1/3 参加还原而被利用（回收），则有每克 H_2O 分解要降低 6℃ 干风温度的经验数据。用 9℃ 风温补偿每克 H_2O 的分解耗热相当于降低了实际的干风温度，这是湿分分解在炉缸风口区产生的影响；而降低 6℃ 风温的作用是对全炉而言的。

B 两种湿度之间的换算

设 $1m^3$ 干风带有 qg 水蒸气，标准状态下 qg 水蒸气的体积是：

$$22.4q/(1000 \times 18) = 0.00124q \quad (m^3)$$

因此，鼓风湿度 φ 应为：

$$\varphi = \frac{0.00124q}{1 + 0.00124q} \quad （湿风，m^3/m^3） \tag{5 - 16}$$

反之：

$$q = \frac{18000\varphi}{22.4 \times (1 - \varphi)} = \frac{803.6\varphi}{1 - \varphi} \quad （干风，g/m^3） \tag{5 - 17}$$

当鼓风湿度 $\varphi = 1\%$ 时，$q = 8.036/0.99 = 8.12 \text{g/m}^3$。通常采用的数据是：$1\%$ 的鼓风湿度相当于每立方米干风带有 8g 水蒸气。

5.3.5.2　鼓风湿分对高炉冶炼的影响

A　对风口前燃料燃烧的影响

鼓风湿分在风口前与碳发生反应 $H_2O + C = CO + H_2$，生成还原性气体，同时也吸收了热量（10800kJ/m^3），这样造成风口燃烧带的变化是：

（1）燃料中 1kg 碳消耗的风量略有减少，燃烧形成的煤气量也有所减少；煤气中 CO、H_2 的含量增加，N_2 含量降低。

（2）风口前理论燃烧温度降低，在湿度较低时，每 1% 湿分降低 $t_{理}$ $40 \sim 45℃$；而湿度很高时，每 1% 湿分降低 $t_{理}$ $30 \sim 35℃$。

（3）风口前的燃烧带有所扩大，这是由于水蒸气反应耗热降低了燃烧温度，使碳的燃烧过程变慢；同时，H_2 和 H_2O 的扩散能力比 CO 和 CO_2 大，燃烧带会向炉缸中心延伸。

B　对高炉内还原的影响

风口前燃烧形成的煤气中，还原性气体及氢的数量和含量增加，使矿石中氧化铁的还原过程加快，直接还原度降低，有利于燃料比降低。但是对难还原的元素来说，并不能得到这样的效果。

C　对炉况顺行的影响

脱湿和加湿都可保持大气湿度固定不变，消除湿度波动对炉缸热制度的影响，有利于炉况稳定顺行，崩料和悬料炉况大为减少。

D　对焦比的影响

加湿鼓风时水蒸气分解要消耗热量，相当于减少了鼓风带入的热量，生产中需用提高风温来补偿，因此风温对焦比的影响效果，要由加湿后间接还原增多、直接还原减少对焦比的影响综合考虑。有经验数据：1% 的湿分，如无风温补偿，焦比增加 $4 \sim 5 \text{kg}$；如果用风温补偿，风温提高 $25℃$ 时焦比可基本保持不变，风温提高 $50℃$ 时焦比会下降 $4 \sim 5 \text{kg}$。

鼓风脱湿后，由于节省了水蒸气分解消耗的热量和改善了炉况，焦比会下降，脱除 1% 的湿分可节约焦比 $1.5\% \sim 2.0\%$。

E　对产量的影响

脱湿和加湿鼓风都能使高炉产量有所增加，其原因有两个：一是两者都消除了湿分波动对炉况的不利影响，使炉况顺行，可以相应地提高冶炼强度，从而实现增产；二是焦比降低。对于加湿鼓风的高炉生产，产量的提高取决于能否用风温来补偿湿分分解消耗的热量。前苏联的实践表明，在湿分分解耗热完全由风温补偿的条件下，每增加 1% H_2O 的节焦量为 0.9%，增产量为 3.2%；而不用风温补偿时，产量基本不变，即因炉况改善而提高冶炼强度所得的产量被焦比的升高所抵消。对于脱湿鼓风的高炉冶炼，因上述两方面原因提高的产量很明显，尤其是风温的提高不用去补偿水蒸气分解消耗的热量，而完全用来代替焦炭在风口前燃烧放出的热量，使焦比降低，焦比降低总是可以提高产量的。脱湿鼓风使焦比降低和产量提高的效果要比加湿鼓风大一些。

5.3.5.3　综合鼓风技术

鼓风是高炉冶炼的另一物质基础，风量、风温、风压是高炉冶炼最重要的基本参数，它们主要决定了高炉的产量、能源的消耗等。随着高炉冶炼理论的深化与科学技术的进步，高炉鼓风本身也经历了众多的变化，其宗旨都是为了高炉冶炼的优化。例如，从鼓风的加湿到脱湿，实质是鼓风湿度的合理控制，当人们认识了湿分的"本质"后，就不再盲目地追求加湿或是脱湿，当高炉需要湿分时就加湿，不需要时就脱湿，现今的高炉冶炼就应该进入这样的状态。

本章前面几节介绍了各项强化高炉冶炼的工艺措施，从中能够看到：提高炉顶压力进行高压操作，煤气体积被压缩，流速变慢，高炉压差变小，能够改善炉况，使高炉顺行，有利于增加风量、提高产量，这是现代高炉利用系数大幅度提高的原因之一。风温的提高为高炉多带入热量，可以有效地降低焦比，直接提高理论燃烧温度；但煤气体积增大、阻力增加，高炉有不接受高风温的情况。富氧鼓风增加了风中的氧含量，是高炉增产的主要措施，它可以减少单位生铁的煤气量，提高理论燃烧温度；但富氧太多时炉缸过热，而高炉上部冷化。鼓风湿度的稳定有利于炉缸热制度的稳定，加湿鼓风虽然可以增加氧量、氢量，有利于增产、顺行，但水蒸气的分解耗热降低了热风的实际温度，也降低了理论燃烧温度，其可作为一种控制炉缸温度的方便灵活的手段。喷吹燃料既是高炉冶炼节能降焦的主要措施，又能成为高炉热制度调控的有效手段；但是喷煤后煤气量增多，理论燃烧温度降低，欲多喷煤则需有高风温、富氧及高压操作与之配合。高炉冶炼是一项系统性工程，需要各项技术措施综合使用、合理搭配，才能使高炉达到理想运行状态。

根据高炉冶炼的条件（原料情况、设备情况等），融会贯通高炉冶炼的基本理论、规律，考虑到各项鼓风参数、各种强化冶炼措施的长处和短处，将它们优化组合起来实行综合鼓风，为高炉送出适宜的、高品质的鼓风，使高炉能够在更高的技术水平上冶炼，获得更好的技术经济指标，这应该是现代高炉冶炼追求的目标。其实综合鼓风技术就是将高炉鼓风的各项参数（风量、风温、风压、富氧率及湿度等）与高炉的喷煤量紧密结合起来，做到优势互补、相互促进、协调一致，使高炉冶炼处于稳定顺行、高产低耗的最佳冶炼状态。

综合鼓风技术可以在保持高炉冶炼基本条件不变的情况下，以高产、低耗、多喷煤为目标，实行富氧、湿分、风温与高炉喷煤有机组合，即尽量利用热风炉送出的高风温，以多用氧气（有较高的富氧率）、合理地调控湿度为主要手段，努力提高喷煤量，达到目标煤比。该技术要求保持合适的理论燃烧温度，保证炉缸具有足够的热量；保持合理的炉缸煤气量及高温区煤气量，维持煤气与炉料的顺利运动；充分利用煤气能量，实现低焦比炼铁，达到高炉冶炼顺行、高产的目的。

练习与思考题

5-1 由高炉有效容积利用系数、冶炼强度、焦比三者之间的关系讨论提高产量的途径。

5-2 装料制度包括哪些主要内容，它们如何影响高炉内煤气分布？

5-3 试从高炉炉顶装料设备的发展历程说明高炉冶炼的进步。

5-4 什么是上部调剂和下部调剂，各起什么作用，两者为何要相互配合？

5-5 如何确定高炉炉渣碱度？

5-6 影响热制度的因素有哪些，确定热制度时应该主要考虑哪些方面？

5-7 炉况判断有哪些方法，如何判断炉况？

5-8 高压操作对高炉冶炼过程有哪些影响，如何实现高压操作？

5-9 高风温对高炉冶炼产生哪些影响，如何提高热风温度？

5-10 高炉喷吹燃料有什么现实意义？

5-11 喷吹燃料对冶炼过程产生哪些影响，其原因是什么？

5-12 影响置换比的因素有哪些，如何提高喷煤置换比？

5-13 限制高炉提高喷煤量的因素有哪些？说明其限制的原因。

5-14 富氧鼓风对高炉冶炼行程有什么影响？

5-15 采用富氧鼓风对喷吹燃料有什么好处？解释其原因。

5-16 调湿鼓风对高炉冶炼过程有什么影响？在当前高炉普遍喷煤的情况下，如何调整鼓风湿度？

6　高炉炼铁工艺计算

6.1　计算前的准备

6.1.1　原料成分的整理计算

在进行炼铁工艺的配料计算、物料平衡计算、热平衡计算时，需要用到完整的物料化学成分，但是现场给出的成分往往是不全的。比如铁矿石（天然矿或烧结矿）给出的成分常常是 Fe、Mn、P、S 等元素含量和 FeO、CaO、MgO、SiO_2、Al_2O_3 等几种化合物含量。直接用它们计算往往会造成较大的偏差。因此，要进行准确的工艺计算，就需要对提供的原料成分进行整理，把成分补齐并平衡成 100%。

6.1.1.1　元素存在的形态

要进行原料成分的补齐和平衡计算，首先要明确物料中各种元素存在的形态。只有将它们存在的形态确定后，才能根据化学式进行定量计算。要确定元素存在的形态，应该了解掌握矿物学的有关知识。在补齐成分时，将复杂化合物按其组成分解为简单化合物，然后按简单化合物进行计算。

A　铁矿石

通常的天然铁矿石中，硫多以黄铁矿（FeS_2）形态存在，有的以硫酸盐（如 $CaSO_4$）形态存在；磷以磷酸盐（如 $Ca_3(PO_4)_2$、$Fe_3(PO_4)_2$（蓝铁矿））形态存在。对于含有硫酸盐、磷酸盐的矿石，在其成分表中应有 SO_3、P_2O_5 项。

天然矿中的锰主要以软锰矿（MnO_2）、硬锰矿（$kRO \cdot lMnO_2 \cdot nH_2O$，其中 RO 可能是 CaO、MgO、BaO 或 MnO）形态存在，其他的赋存形态褐锰矿（Mn_2O_3）、黑锰矿（Mn_3O_4）等较少。

对于人造富矿，矿石中的硫以 FeS 形态存在，烧结矿、球团矿中不存在 FeS_2；锰以 MnO 形态存在。

对于含铜的矿石，天然矿中铜可能以黄铜矿（$FeCuS_2$）形态存在，填写成分表时分写成 FeS、CuS 两项。

对于含钒、钛的矿石，钛可能以钛铁矿（$FeTiO_3$）、金红石（TiO_2）形态存在，而钒则以 V_2O_5 形态存在。

对于某些生矿的烧损项，如果未指明是结晶水（或褐铁矿），当数量不多时，可按 CO_2（碳酸盐）处理；当数量较多时，可先按与其中 CaO 及 MgO 结合的 CO_2 处理，其余为结晶水。

B　焦炭

按以往的炼铁工艺计算，要求给出焦炭全分析成分，它们是：

（1）固定碳（$C_{固}$）；

（2）灰分（A）　其中有 SiO_2、Al_2O_3、CaO、MgO、FeO、FeS、P_2O_5 等；

（3）挥发分（V）　其中有 CO_2、CO、H_2、N_2、CH_4 等；

（4）有机物（O）　其中有有机的氢、氮、硫等；

（5）游离水（H_2O）。

前四项为焦炭的干基分析，其含量应满足 $w(C)_固 + w(A) + w(V) + w(O) = 100\%$。湿法熄焦的焦炭所含有的游离水是外算的，它不包含在干基成分之内。

焦炭中的硫绝大部分以有机硫形态存在，少量硫以 FeS 形态存在于灰分中。硫是焦炭的有害杂质，为表明焦炭质量的好坏及计算方便，焦炭的全硫含量常常单独给出，应为：

$$w(S)_{\%全} = w(S)_{\%有机} + w(FeS)_\% \times 32/88$$

要对焦炭做上述成分的全分析是比较麻烦且困难的，也并非十分必要。现场多提供焦炭的工业分析项目，包括固定碳、灰分、挥发分、全硫和物理水等项含量以及焦炭的氢、氮元素分析。作为焦炭的工业（干基）分析应有如下关系：

$$w(C)_{\%固} = 100 - w(A)_\% - w(V)_\% - w(S)_\%$$

此式虽非十分正确，但能简化焦炭分析程序，适应现场生产需要，对炼铁工艺计算并无大的影响，这也是炼铁能源测定工作规定和允许的。

C　煤粉

现代高炉冶炼多喷吹煤粉，煤是由复杂的碳氢化合物构成的。一般给出煤粉的工业分析，有碳含量及灰分、挥发分、硫、水分等含量，有时也给出煤粉的碳、氢、氧、氮、硫的元素分析。应该提及的是，煤粉工业分析的碳含量与元素分析的碳含量是不同的，要注意它们的使用。

虽然煤粉制备时经加热烘干，但仍含水 1% 左右，为简化计算，可将煤粉中的 H_2O 按化合水处理。

6.1.1.2　矿石成分的补齐和平衡计算

为便于应用计算机进行工艺计算，有必要将使用原料的化学成分列成规范的表格，表6-1 列出了普通铁矿石可能含有的成分。

表6-1　普通铁矿石成分样表

项	1	2	3	4	5	6	7	8	9	10
成分	TFe	Mn	P	S	Fe_2O_3	FeO	CaO	MgO	SiO_2	Al_2O_3
项	11	12	13	14	15	16	17	18	19	20
成分	MnO	MnO_2	FeS	FeS_2	SO_3	P_2O_5	CO_2	H_2O	Σ	游离水

A　矿石成分的补齐计算

以烧结矿为例，矿石补齐成分的计算如下：

（1）由 Mn 计算 MnO

$$w(MnO)_\% = w(Mn)_\% \times 71/55$$

（2）由 P 计算 P_2O_5

$$w(P_2O_5)_\% = w(P)_\% \times 142/62$$

（3）由 S 计算 FeS

$$w(FeS)_\% = w(S)_\% \times 88/32$$

如果矿石含有硫酸盐，则应预先给出 SO_3 含量，这时要计算 SO_3 中的硫量，再从总硫量中扣除，然后去计算 FeS 含量。

(4) 由 FeO、FeS 及 TFe 计算 Fe_2O_3

$$w(Fe_2O_3)_\% = \left(w(Fe)_\% - w(FeO)_\% \times \frac{56}{72} - w(FeS)_\% \times \frac{56}{88} \right) \times \frac{160}{112} \qquad (6-1)$$

经过以上计算，烧结矿（或者球团矿）的成分就补齐了。如果是天然矿，应由 Mn 计算 MnO_2，由 S 计算 FeS_2，计算方法类似。对于天然矿石的烧损项（第 17、18 项），应注意矿石的种类，可能同时含有 CO_2 和结晶水。

B 矿石成分的平衡计算

矿石成分补齐后要进行求和。表 6 – 1 中第 1 ~ 4 项为元素含量，第 5 ~ 18 项为化合物含量（元素含量寓于化合物含量之中），第 19 项为组成矿石的各种物质之和，它应为：

$$w_{19} = \sum_{i=5}^{18} w_i$$

一般来说，补齐后的矿石成分之和（w_{19}）不等于 100%。如果用这样的成分进行后面的工艺计算，会产生一些偏差。因此，要对矿石成分进一步加工，把它们平衡成 100%。平衡前先要对补齐后的矿石成分进行判断，检验原始数据是否可靠。如果 $|100\% - w_{19}| > 3\%$，表明该种矿石的化验分析不够准确，偏差过大，应该重新分析；如果 $|100\% - w_{19}| \leqslant 3\%$，表明偏差较小，在允许的范围内，可以进行矿石成分的平衡计算。

矿石成分的平衡计算通常有两种方法：

(1) 按各组分的分析误差进行调整 采用这种方法时，尽量选用造渣组分的分析误差来调整，因为分析中各造渣组分的相对误差比 TFe 大，同时它们对物料平衡中矿石用量及热平衡中铁氧化物分解（或还原）耗热影响较小。矿石成分的分析误差范围见表 6 – 2。

表 6 – 2　矿石成分的分析误差范围　　　　　　(%)

成　分	TFe	SiO_2	Al_2O_3	CaO	MgO	MnO	P	S
误　差	± 0. 50	± 0. 30	± 0. 25	± 0. 40	± 0. 25	± 0. 05	± 0. 005	± 0. 005

当各组分之和小于 100% 时，按正偏差进行调整，若调整后仍不足 100%，可把偏差归入成渣物质项；如果各组分之和大于 100%，则按负偏差调整。

对焦炭灰分分析也可采用此法调整。

(2) 按矿石各组分均衡扩大或缩小进行调整 这种方法就是把误差均衡分摊在各项组分中，其计算式是：

$$w_i' = \frac{w_i}{w_{19}} \times 100\%$$

式中　w_i——平衡前的各项成分含量；

w_i'——平衡后的相应项成分含量。

需要注意的是，无论采用哪种方法调整，当矿石中化合物项含量变动后，相应的元素含量也要随之变动，只有这样矿石的成分才是正确的。

6.1.2　高炉内几项碳量的计算及碳平衡图

要正确进行炼铁工艺计算，了解高炉中有关碳量的计算是必要的，而了解碳平衡图是有益于这些计算的。

高炉中碳平衡图如图 6-1 所示，它是依据高炉冶炼 1t 生铁的碳收入和支出项目绘制的。这个碳平衡图仅起示意作用，碳量间并无严格的比例关系。了解了碳平衡图，也就知道了高炉内碳的来源去向，对参与鼓风燃烧的碳、参与直接还原的碳、形成煤气的碳等几项主要碳量以及吨铁风量、煤气量和直接还原度的计算，也就容易掌握了。

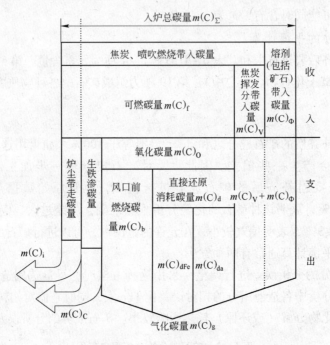

图 6-1　高炉中碳平衡图

图 6-1 中各项碳量的意义介绍如下。

6.1.2.1　收入项碳量

(1) 可燃碳量 $m(C)_f$　可燃碳量表示高炉过程中能够燃烧的碳量，它由焦炭固定碳及喷吹燃料的碳构成，即：

$$m(C)_f = Kw(C)_K + Mw(C)_M \quad (kg/t) \tag{6-2}$$

式中　K——冶炼每吨生铁的焦炭用量（焦比），kg；

　　　M——冶炼每吨生铁的喷煤量（煤比），kg；

　$w(C)_K$——焦炭中固定碳的质量分数，%；

　$w(C)_M$——煤粉中碳的质量分数，%。

(2) 焦炭挥发分带入碳量 $m(C)_V$　此项碳量由焦比及焦炭挥发分中 CO、CO_2、CH_4 的含量计算，在计算煤气量时用到这项碳量。

(3) 熔剂（包括矿石）带入碳量 $m(C)_\Phi$　此项碳量计算如下：

$$m(C)_\Phi = \frac{12}{44} \times (\Phi w(CO_2)_\Phi + Aw(CO_2)_A) \quad (kg/t) \tag{6-3}$$

式中　　　　　　　　Φ——每吨生铁的熔剂用量，kg；

　　　　　　　　　　A——每吨生铁的矿石用量，kg；

$w(CO_2)_\Phi$，$w(CO_2)_A$——分别为熔剂、矿石（生矿）中 CO_2 的质量分数，% 。

6.1.2.2　支出项碳量

（1）炉尘带走碳量 $m(C)_i$　它应由炉尘量及炉尘碳含量计算。在做炼铁设计的工艺计算时，常把这项碳量排除在外，即焦比、煤比是参加高炉冶炼过程的实际数量，炉尘量由入炉焦炭、矿石量外扩而成，如图 6 – 1 左侧虚线所示。

（2）生铁渗碳量 $m(C)_C$　它由生铁成分确定。

（3）氧化碳量 $m(C)_O$　氧化碳量表示高炉过程中因鼓风燃烧和还原反应而转变成 CO、CO_2 的碳量，它等于风口前燃烧碳量与直接还原消耗碳量的和。

（4）直接还原消耗碳量 $m(C)_d$　它包括铁的直接还原耗碳量 $m(C)_{dFe}$ 及其他因素直接还原耗碳量 $m(C)_{da}$，后者包括生铁中合金元素 Si、Mn、P 等的还原耗碳量，熔剂在高温区分解出 CO_2 参与溶损反应消耗的碳量以及生铁的脱硫耗碳量等。其计算是：

$$m(C)_d = m(C)_{dFe} + m(C)_{da}$$
$$= 12 \times 10 \times (w[Fe]_\% r_d/56 + w[Si]_\% \times 2/28 + w[Mn]_\%/55 + w[P]_\% \times 5/62) +$$
$$12 \times \Phi w(CO_2)_\Phi \alpha/44 + 12 \times U w(S)/32 \quad (kg/t) \tag{6-4}$$

式中　$w[Fe]_\%$，$w[Si]_\%$，$w[Mn]_\%$，$w[P]_\%$——分别为生铁中相应元素的质量百分数；

　　　　　　　　　　　　　　α——石灰石在高温区的分解率，$\alpha = 0.4 \sim$
　　　　　　　　　　　　　　　　0.6，常取 $\alpha = 0.5$；

　　　　　　　　　$w(CO_2)_\Phi$——石灰石中 CO_2 的质量分数，% ；

　　　　　　　　　　　　　　U——每吨生铁的渣量，kg；

　　　　　　　　　　　　$w(S)$——渣中硫的质量分数，% 。

（5）风口前燃烧碳量 $m(C)_b$　它可由鼓风量及鼓风中氧含量计算：

$$m(C)_b = 2 \times 12 \times V_b \varphi(O_2)_b/22.4 \quad (kg/t) \tag{6-5}$$

式中　V_b——冶炼 1t 生铁的风量，m^3；

　$\varphi(O_2)_b$——鼓风氧含量。

（6）气化碳量 $m(C)_g$　气化碳量或称气相碳量，表示冶炼 1t 生铁存在于炉顶煤气中的碳量，这项碳量是计算煤气量时用到的碳量。

由碳平衡图可知：

$$m(C)_b = m(C)_f - m(C)_i - m(C)_C - m(C)_d \quad (kg/t) \tag{6-6}$$

$$m(C)_O = m(C)_b + m(C)_{dFe} + m(C)_{da} \quad (kg/t) \tag{6-7}$$

$$m(C)_g = m(C)_\Sigma - m(C)_i - m(C)_C$$
$$= m(C)_f + m(C)_V + m(C)_\Phi - m(C)_i - m(C)_C \quad (kg/t)$$

或　　　　　　　$$m(C)_g = m(C)_O + m(C)_V + m(C)_\Phi \tag{6-8}$$

6.2　铁的直接还原度计算

6.2.1　铁的直接还原度的概念与计算

直接还原度是衡量高炉内直接还原发展程度、评价高炉冶炼能量利用的重要指标，其中有表明铁直接还原情况的"铁的直接还原度"指标，及表明高炉内直接还原情况的"高炉直接还原度"指标。不过炼铁界常用的还是铁的直接还原度指标，直接还原度的计算是炼铁工艺中常用的重要计算。

由于定义时从不同方面考虑，铁的直接还原度又有两种表示方法。一种是按铁考虑，这就是 M. A. 巴甫洛夫的直接还原度，用 r_d 表示，其意义是：从 FeO 开始，直接还原的铁量与全部还原铁量之比。另一种是按氧考虑，这是欧美国家等采用的直接还原度指标，用 r_C 表示，它的定义是：铁氧化物中用碳夺取的氧量与全部还原氧量的比值。由于计算的基点不同，对于同一还原过程，r_d 与 r_C 会有不同的值；而对于 r_C 来说，由于矿石氧化度不同，r_C 值也会有所差别。假如有下面还原过程：

$$3Fe_2O_3 \longrightarrow 2Fe_3O_4 \longrightarrow 6FeO \longrightarrow 6Fe$$

| 氧含量 | 9 | 8 | 6 | 0 |

还原过程　|←—　全部间接还原　—→|←—　间接还原（失去 3 个氧）　—→|
　　　　　　　　（失去 3 个氧）　　　　　直接还原（失去 3 个氧）

若按铁计算　$r_d = 3/6 = 0.5$

若按氧计算　$r_C = 3/9 = 0.33$

如果是磁铁矿，则为：$r_C = 3/8 = 0.375$

由于巴甫洛夫的直接还原度指标具有简明实用的特点，反映了高炉内还原过程的基本规律，又不受矿石氧化度的影响，所以在我国炼铁界得到广泛应用。

高炉里直接还原反应 $FeO + C = Fe + CO$ 发生在浮氏体阶段，而参与反应的铁与氧的原子数是相对应的，因此，直接还原度 r_d 也可以按氧来计算：

$$r_D = \frac{m(Fe)_d}{m(Fe)_r} = \frac{m(O)_{dFe}}{m(O)_{r2}}$$

式中　$m(O)_{dFe}$——冶炼每吨生铁由碳直接还原铁夺取的氧量；

　　　$m(O)_{r2}$——每吨生铁的矿石经浮氏体阶段含有的氧量。

而直接还原度 r_C 则为：

$$r_C = \frac{m(O)_{dFe}}{m(O)_{r1}}$$

式中　$m(O)_{r1}$——每吨生铁由矿石氧化铁带入的全部氧量。

$m(O)_{r1}$ 及 $m(O)_{r2}$ 两项氧量要由矿石用量及矿石氧化铁含量(质量分数,%)来计算：

$$m(O)_{r1} = A\left(\frac{48}{160}w(Fe_2O_3)_A + \frac{16}{72}w(FeO)_A\right) \quad (kg/t)$$

$$m(O)_{r2} = A\left(\frac{32}{160}w(Fe_2O_3)_A + \frac{16}{72}w(FeO)_A\right) \quad (kg/t)$$

6.2.2　铁的直接还原度 r_d 的常用算法

对于铁的直接还原度 r_d 的计算，因计算基点不同可有多种方法，这里介绍三种常用的算法。

6.2.2.1　按直接还原铁的耗碳量计算

由铁的直接还原反应 $FeO + C = Fe + CO$ 出发，求出直接还原 FeO 消耗的碳量

$m(C)_{dFe}$，再计算直接还原产生的铁量，进而计算 r_d。其算式为：

$$r_d = \frac{56 \times m(C)_{dFe}}{12 \times m(Fe)_r} \qquad (6-9)$$

式中　$m(Fe)_r$——每吨生铁的还原铁量，kg。

在这种方法里要注意 $m(C)_{dFe}$ 的计算，要考虑周全，不应有漏项或多项。由图 6-1 可知：

$$m(C)_{dFe} = m(C)_f - m(C)_C - m(C)_i - m(C)_{da} - m(C)_b \qquad (6-10)$$

6.2.2.2　按间接还原度计算

由 $FeO + CO = Fe + CO_2$ 出发，求出间接还原 FeO 生成的 CO_2 量，再计算间接还原产生的铁量，算出间接还原度 r_i，最后求出直接还原度 r_d。其算式是：

$$r_d = 1 - r_i = 1 - \frac{56 \times m(C)_{CO_2}}{12 \times m(Fe)_r} \qquad (6-11)$$

式中　$m(C)_{CO_2}$——间接还原 FeO 生成的 CO_2 中的碳量，kg/t，它由煤气中以 CO_2 形态存在的碳量扣除非 $FeO + CO = Fe + CO_2$ 反应生成的 CO_2 中碳量后得到。

由于氢的还原也属于间接还原，氢还原产物 H_2O 的数量可利用炉顶煤气剩余氢量估算，当一并考虑时 $m(C)_{CO_2}$ 应为：

$$m(C)_{CO_2} = 12 \times \left[\frac{V_g(\varphi(CO_2) + \beta\varphi(H_2))}{22.4} - \frac{m(Fe_2O_3)_{料}}{160} - \frac{m(MnO_2)_{料}}{87} - \frac{m(CO_2)_{料}}{44} \right]$$
$$(6-12)$$

式中　　　　　　　V_g——每吨生铁的煤气量，m^3；

$\varphi(CO_2)$，$\varphi(H_2)$——分别为炉顶煤气中 CO_2、H_2 的体积分数，%；

β——系数，可取 $\beta = 0.5$（意为有 1/3 的氢参加了还原）；

$m(Fe_2O_3)_{料}$，$m(MnO_2)_{料}$——分别为每吨生铁由矿石带入的 Fe_2O_3、MnO_2 数量，kg；

$m(CO_2)_{料}$——每吨生铁由炉料带入的未参与溶损反应的 CO_2 量，kg。

对于这种方法也可以单独求出氢的还原度 $r_{i(H_2)}$ 及 CO 的还原度 $r_{i(CO)}$，则：

$$r_d = 1 - r_{i(CO)} - r_{i(H_2)}$$

6.2.2.3　按直接还原铁的氧量计算

由于间接还原夺取的氧仅存在于反应生成的 CO_2、H_2O 气体中，而且 CO_2 分子中只有一个氧是通过这种途径夺取的，因此，这部分间接还原夺取的氧量可由煤气成分和数量计算（如第二种方法那样），设为 $m(O)_i$（kg/t）。而由矿石铁氧化物带入的氧量（即全部还原氧量）可由矿石量及矿石成分计算，设为 $m(O)_r$（kg/t）。那么两者差值 $m(O)_{dFe} = m(O)_r - m(O)_i$ 就是直接还原铁所夺取的氧量，这样直接还原度就可以计算：

$$r_d = \frac{56 \times m(O)_{dFe}}{16 \times m(Fe)_r} = \frac{56 \times (m(O)_r - m(O)_i)}{16 \times m(Fe)_r} \qquad (6-13)$$

式（6-13）中两项氧量的计算是：

（1）矿石氧化铁被还原夺取的氧量 $m(O)_r$ 的计算

$$m(O)_r = A\left(\frac{48}{160}w(Fe_2O_3)_A + \frac{16}{72}w(FeO)_A + \frac{16}{87}w(MnO_2)_A \right) \quad (kg/t) \qquad (6-14)$$

$m(O)_r$ 的计算用到了矿石用量及相应成分，此外还需说明的是，高炉冶炼中有少量铁以

FeO 的形式进入炉渣，它带走的氧量是可以计算的，应在 $m(O)_r$ 内扣除。但是考虑到焦炭、煤粉的灰分中 FeO 也带入部分氧，而且两者数量大致相抵。因此，为了简化 r_d 的计算，这两部分 FeO 量就都不予以考虑了。若矿石里含有 MnO_2，应在 $m(O)_r$ 算式内加入 MnO_2 中的一个氧量，这个氧是间接还原的存在于 CO_2 中的氧。

（2）间接还原夺取氧量 $m(O)_i$ 的计算 考察高炉里的间接还原反应有：

$$Fe_2O_3 + CO \Longrightarrow 2FeO + CO_2$$
$$FeO + CO \Longrightarrow Fe + CO_2$$
$$FeO + H_2 \Longrightarrow Fe + H_2O$$
$$MnO_2 + CO \Longrightarrow MnO + CO_2$$

上列四种反应被夺取的氧均属于 $m(O)_i$ 的范畴，其数量可由煤气成分及煤气量求出：

$$m(O)_i = \frac{16}{22.4} \times V_g(\varphi(CO_2) + \beta\varphi(H_2)) - \frac{16 \times m(CO_2)_{料}}{44} \qquad (6-15)$$

由上面算式可以看出，这种 r_d 的计算方法是前面两种方法的综合，计算时多用到一些原始数据（原料成分、煤气成分等），而假定和经验数据不多，计算起来比较简便明了，计算结果也是可靠的。

6.2.3 氢的还原度的计算

当高炉采用喷吹燃料时，由于入炉氢量增多，氢对氧化铁的还原作用不可忽略，现场常采用下面算式计算氢的还原度 $r_{i(H_2)}$：

$$r_{i(H_2)} = \frac{56 \times (\sum m(H_2) - V_g\varphi(H_2) \times 2/22.4)}{2 \times m(Fe)_r} \qquad (6-16)$$

式中 $\varphi(H_2)$——煤气中氢的体积分数，%；

   $\sum m(H_2)$——每吨生铁的入炉总氢量，kg/t。

$\sum m(H_2)$ 的计算是：

$$\sum m(H_2) = V_b\varphi \times \frac{2}{22.4} + Kw(H_2)_K + M\left(w(H_2)_M + w(H_2O)_M \times \frac{2}{18}\right) \qquad (6-17)$$

对于上面计算需要说明的是：

（1）氢在高于810℃时具有强于 CO 的还原能力，它除参加浮氏体的还原外，还有 5%～10% 的氢参与 Fe_3O_4 的还原。如果按此考虑，计算结果 $r_{i(H_2)}$ 稍有降低，而 $r_{i(CO)}$ 则有升高（式（6-12）中被 CO 还原的 Fe_2O_3 量将有所减少，而使 $m(C)_{CO_2}$ 有所增加）。$r_{i(CO)}$ 与 $r_{i(H_2)}$ 彼此消长，对 r_d 并无影响。

（2）现场常采用氢的利用率（η_{H_2}）这一概念简化 $r_{i(H_2)}$ 的计算。氢的利用率是指参加还原生成 H_2O 的氢量占总氢量的比值，通常 $\eta_{H_2} = 30\%～40\%$。当 η_{H_2} 确定后，$r_{i(H_2)}$ 的计算就可简化为：

$$r_{i(H_2)} = \frac{56 \times \sum m(H_2)\eta_{H_2}}{2 \times m(Fe)_r} \qquad (6-18)$$

这里也是按还原氢全部参加浮氏体还原考虑的。

6.2.4 高炉直接还原度的概念与计算

所谓的"高炉直接还原度"通常定义为：包括铁的直接还原及合金元素还原在内，

所有直接还原夺取的氧量与全部还原夺取的总氧量之比。与之相对应的就是"高炉间接还原度"。它们表明高炉里碳还原反应的发展程度，影响着煤气能量的利用和焦炭的消耗，也是评价高炉能耗的一项指标。

高炉直接还原度 R_d 常采用矿石成分及生铁成分进行计算。当知道铁的直接还原度 r_d 后，可以按下式计算：

$$R_d = \frac{r_d m(O)_{FeO} + m(O)_{合金} + 0.5m(O)_{熔气}}{m(O)_{FeO} + m(O)_{合金} + m(O)_{高价铁} + m(O)_{熔气}}$$ (6 - 19)

式中　　$m(O)_{FeO}$——每吨生铁由还原 FeO 夺取的氧量，kg；

$m(O)_{合金}$——每吨生铁中合金元素还原夺取的氧量，kg；

$m(O)_{高价铁}$——由矿石高价氧化铁还原到浮氏体所夺取的氧量，kg；

$m(O)_{熔气}$——每吨生铁由熔剂（碳酸盐）分解出的 CO_2 中的氧量，kg。

式（6 - 19）的分子部分是用碳直接还原夺取的氧量，包括氧化铁在浮氏体阶段被直接还原夺取的氧量、合金元素还原夺取的氧量、石灰石在高温区分解出 CO_2 参与溶损反应的氧量，炉渣脱硫反应带入的氧量也应计算在内。式（6 - 19）的分母部分是还原反应夺取的全部氧量。$m(O)_{FeO}$ 和 $m(O)_{高价铁}$ 要由矿石用量及矿石成分来计算，而 $m(O)_{合金}$ 要由生铁中合金元素含量计算。

$$m(O)_{FeO} = A(w(Fe_2O_3)_A \times 32/160 + w(FeO)_A \times 16/72)$$

$$m(O)_{高价铁} = A(w(Fe_2O_3)_A \times 16/160 + w(MnO_2)_A \times 16/87)$$

$$m(O)_{熔气} = \Phi w(CO_2)_\Phi \times 16/44$$

$$m(O)_{合金} = 10 \times (w[Si]_\% \times 32/28 + w[Mn]_\% \times 16/55 + w[P]_\% \times 80/62 + Uw(S)_\% \times 16/32)$$

式中　　A，Φ——分别为冶炼每吨生铁的矿石及熔剂用量，kg；

U——渣比，t/t。

前三个算式中矿石、熔剂的成分采用质量分数（小数），而后一算式的生铁成分及炉渣硫含量要用质量百分数（百分数）参与计算。如果生铁中还有其他直接还原的合金元素，则需加上带入的相应氧量。这项指标计算的难点是要先行求出铁的直接还原度 r_d。

虽然高炉直接还原度与铁的直接还原度相比，考虑高炉过程更为全面，但它不如 r_d 那样灵敏、深刻，也不如 r_d 那样更为重要一些，在我国炼铁界还是多用铁的直接还原度指标。式（6 - 19）可以作为包括使用石灰石情况在内的"高炉直接还原度"计算的通式。

6.3　配料计算

冶炼 1t 生铁需要一定数量的矿石、熔剂和燃料（焦炭及喷吹燃料）。对于炼铁设计的工艺计算，燃料的用量是预先确定的，是已知的量。配料计算的主要任务就是求出在满足炉渣碱度要求的条件下，冶炼规定成分生铁所需的矿石、熔剂数量。生产高炉初始的原料配比及后来的变料计算，也都属于配料计算的范畴。

高炉冶炼要求有合适的炉渣碱度。炉渣碱度的确定要满足高炉操作要求，促进炉况的顺行；也要满足硅还原和炉渣脱硫的需要，以保证生铁的质量。当高炉硫负荷大时，应把炉渣碱度适当提高一些，同时要求焦比也要高一些。

冶炼炼钢生铁及铸造生铁，在炉渣中 MgO、Al_2O_3 含量变化不大时（一般含有 MgO 7% ~ 11%、Al_2O_3 8% ~ 14%），炉渣碱度常用二元碱度（$R = w(CaO)/w(SiO_2)$）表示，炉渣性能可参考表 6-3。

表 6-3　冶炼不同生铁时的炉渣性能

铁　种	$\dfrac{w(CaO)}{w(SiO_2)}$	$\dfrac{w(CaO) + w(MgO)}{w(SiO_2)}$	熔点/℃	熔化性温度/℃	比焓/kJ·kg^{-1}
炼钢生铁	1.0 ~ 1.1	1.2 ~ 1.4	1300 ~ 1600	1200 ~ 1400	1460 ~ 1670
铸造生铁	0.95 ~ 1.1	1.15 ~ 1.3	1300 ~ 1600	1200 ~ 1450	>1460

一般来说，冶炼炼钢生铁时，炉渣碱度 $R = w(CaO)/w(SiO_2)$ 可以在 0.95 ~ 1.2 范围内，以 1.0 ~ 1.05 为宜；冶炼铸造生铁时，炉渣碱度可在 0.9 ~ 1.15 范围内；冶炼锰铁时，炉渣碱度要高些，碱度高有利于锰的还原，可提高锰的回收率。当原料碱金属（K_2O、Na_2O）含量较高时，为了排碱的需要，炉渣碱度应低一些。

做配料计算还要用到各种元素在生铁、炉渣与煤气中的分配率，这与它们还原的难易程度及沸点的高低有关。表 6-4 所示为几种元素在炉渣、煤气中的分配率。

表 6-4　几种元素在炉渣、煤气中的分配率

铁　种	炼　钢　生　铁				
元素	Fe	Mn	P	S	Si
煤气中分配率 λ	0	0 ~ 0.1	0	0 ~ 0.1	0
炉渣中分配率 μ	0.003 ~ 0.005	0.2 ~ 0.5	0 ~ 0.12	0.8 ~ 0.95	

铁　种	铸　造　生　铁				
元素	Fe	Mn	P	S	Si
煤气中分配率 λ	0	0.2		0.1 ~ 0.2	0 ~ 0.05
炉渣中分配率 μ	0.002 ~ 0.004	0.3 ~ 0.5	0	0.7 ~ 0.85	

注：元素在生铁中的分配率 $\eta = 1 - \lambda - \mu$。

6.3.1　配料计算方法

炼铁工艺的配料计算可按下面两种情况考虑：

（1）高炉冶炼使用熔剂（包括使用酸性熔剂）的情况　高炉冶炼使用熔剂的目的是保证配料后的炉渣碱度能合乎冶炼要求，符合所规定的碱度数值。在这种情况下，可以根据矿石的供应状况、冶金性能，预先定出几种矿石之间的配比，算得一种综合（混合）矿石成分，再进行配料计算，求得矿石及熔剂的用量。这种情况下的配料计算按两步进行：第一步，按生铁成分（主要是铁含量），考虑到进入渣中的铁量及其他炉料（燃料或金属附加物）带入的铁量，根据铁平衡求出综合矿石用量；第二步，按满足碱度要求，计算出熔剂用量。

这种配料计算方法的特点是：因为熔剂不含铁（或很少，计算时可以忽略），所以保证生铁成分的矿石用量不受熔剂用量的影响（熔剂用量仅影响碱度），矿石用量的方程是独立的，可先行求出。此种配料计算适用于炉料中熟料比较高、烧结矿碱度不太高而需配加石灰石，或使用高碱度烧结矿需要配加硅石的情况。

（2）高炉冶炼不使用熔剂的情况　当高炉使用高碱度烧结矿、用含酸性脉石较多的生矿或球团矿来调剂碱度时，通过铁分方程、碱度方程两者联立求得各矿石用量。

这种配料计算方法的特点是：由于酸性矿石既含有较多 SiO_2，又含有铁分，它的用量不仅影响炉渣碱度，也影响单位生铁需用的矿石总量，因此铁分方程不再独立，而需和碱度方程联立求解。这种方法的配料计算可以解决两种矿石的用量问题，如果使用多种矿石冶炼，那么其他种类矿石都应预先给定用量，把它们作为已知量参加配料计算。在这种情况下，各种矿石的配比及综合矿石成分是配料计算完成后才能确定的。

6.3.1.1　使用熔剂时的配料计算

计算前下列数据是已知的：

（1）所用矿石成分及其配比；

（2）燃料（焦炭及喷吹煤粉）用量及它们的成分；

（3）铁、锰、磷等元素的分配率；

（4）规定的炉渣碱度 $R = w(CaO)/w(SiO_2)$；

（5）规定的生铁硅、硫含量。

对于这种情况的配料计算，因铁平衡方程可以独立，根据生铁碳含量公式及 Fe、Mn、P 元素的分配率，就可直接求出矿石用量和生铁成分。

A　铁矿石用量的计算

修正后的生铁碳含量公式为：

$$w[C]_\% = 4.3 - 0.27w[Si]_\% - 0.32w[P]_\% + 0.03w[Mn]_\% \qquad (6-20)$$

对于不含其他元素的普通生铁，则有：

$$w[Fe]_\% = 100 - (w[C]_\% + w[Si]_\% + w[Mn]_\% + w[P]_\% + w[S]_\%)$$

将式（6-20）代入上式，经整理后得到：

$$w[Fe]_\% = 95.7 - 0.73w[Si]_\% - 1.03w[Mn]_\% - 0.68w[P]_\% - w[S]_\% \qquad (6-21)$$

假定：冶炼 1t 生铁由燃料带进的铁为 $m(Fe)_燃(kg)$，忽略熔剂、燃料带入的磷量、锰量，用 η_{Fe}、η_{Mn} 分别表示铁、锰元素在生铁中的分配率（以小数参加计算），冶炼 1t 生铁的矿石用量以 $A(kg)$ 表示。

经上面假定及有关计算可以得到：

$$w[P]_\% = Aw(P)_{\%A}/1000 \qquad (6-22)$$

$$w[Mn]_\% = Aw(Mn)_{\%A}\eta_{Mn}/1000 \qquad (6-23)$$

$$w[Fe]_\% = (Aw(Fe)_{\%A}/100 + m(Fe)_燃)\eta_{Fe}/10 \qquad (6-24)$$

式中　$w(Fe)_{\%A}$，$w(P)_{\%A}$，$w(Mn)_{\%A}$——分别为矿石中铁、磷、锰元素的质量百分数。

将式（6-22）~式（6-24）代入式（6-21），整理后得到：

$$A = \frac{1000 \times (95.7 - 0.73w[Si]_\% - w[S]_\%) - 100 \times m(Fe)_燃 \eta_{Fe}}{w(Fe)_{\%A}\eta_{Fe} + 0.68w(P)_{\%A} + 1.03w(Mn)_{\%A}\eta_{Mn}} \qquad (6-25)$$

由式（6-25）可以看出，当规定生铁成分 $w[Si]$、$w[S]$ 以后，利用矿石的铁、锰、磷含量，很容易计算出冶炼每吨生铁的综合矿石用量。矿石用量求出后，再将 A 值代入式（6-22）~式（6-24），即可求出生铁其他成分的含量。

对于吨铁矿石用量 A 的算式可做如下讨论：

（1）高炉冶炼中总有少量铁（0.3% ~0.5%）进入炉渣，而焦炭及喷吹煤粉灰分带入的铁量通常也仅有几千克，与渣中 FeO 的铁量相近。在简化计算时两者相抵，均不考虑，这样式（6-24）可以简化成：

$$w[\text{Fe}]_\% = Aw(\text{Fe})_{\%A}/1000$$

并取 $\eta_{\text{Mn}} = 0.5$，此时式（6-25）则可简化成：

$$A = \frac{1000 \times (95.7 - 0.73w[\text{Si}]_\% - w[\text{S}]_\%)}{w(\text{Fe})_{\%A} + 0.68w(\text{P})_{\%A} + 0.515w(\text{Mn})_{\%A}} \tag{6-26}$$

（2）当生铁中还含有其他元素时，若这种元素对生铁碳含量有影响，则需在式（6-20）～式（6-21）中计入；如果没有影响，只需在式（6-21）中计入。此时矿石用量算式（式（6-25））要有所变化，但计算方法还是一样的。

B　熔剂用量的计算

矿石用量求出后，矿石和燃料带入的 CaO、SiO_2 量均可算出，可根据碱度方程来求解熔剂用量。设冶炼每吨生铁的焦比为 K（kg）、煤比为 M（kg），熔剂用量用 Φ（kg）表示。

矿石、焦炭、煤粉和熔剂带入的 CaO 总量 $\sum m(\text{CaO})$（kg）为：

$$\sum m(\text{CaO}) = Aw(\text{CaO})_A + Kw(\text{CaO})_K + Mw(\text{CaO})_M + \Phi w(\text{CaO})_\Phi$$

扣除 Si 还原消耗的 SiO_2 后，进入渣中的 SiO_2 总量 $\sum m(\text{SiO}_2)$（kg）为：

$$\sum m(\text{SiO}_2) = Aw(\text{SiO}_2)_A + Kw(\text{SiO}_2)_K + Mw(\text{SiO}_2)_M + \Phi w(\text{SiO}_2)_\Phi - m(\text{SiO}_2)_r$$

式中　$w(\text{CaO})_i$，$w(\text{SiO}_2)_i$——分别为炉料 i 中 CaO、SiO_2 的质量分数，%；

$\quad\quad\quad m(\text{SiO}_2)_r$——每吨生铁因 Si 还原消耗的 SiO_2 量，kg。

$m(\text{SiO}_2)_r$ 的计算是：

$$m(\text{SiO}_2)_r = 10 \times w[\text{Si}]_\% \times 60/28 = 21.43w[\text{Si}]_\% \tag{6-27}$$

根据规定的炉渣碱度可列方程：

$$R = \frac{\sum m(\text{CaO})}{\sum m(\text{SiO}_2)} = \frac{Aw(\text{CaO})_A + Kw(\text{CaO})_K + Mw(\text{CaO})_M + \Phi w(\text{CaO})_\Phi}{Aw(\text{SiO}_2)_A + Kw(\text{SiO}_2)_K + Mw(\text{SiO}_2)_M + \Phi w(\text{SiO}_2)_\Phi - m(\text{SiO}_2)_r}$$

经整理后得到：

$$\Phi = \frac{R\sum m(\text{SiO}_2)' - \sum m(\text{CaO})'}{w(\text{CaO})_{\text{有效}}} \quad (\text{kg}) \tag{6-28}$$

式中　　$\sum m(\text{SiO}_2)' = Aw(\text{SiO}_2)_A + Kw(\text{SiO}_2)_K + Mw(\text{SiO}_2)_M - m(\text{SiO}_2)_r$

$$\sum m(\text{CaO})' = Aw(\text{CaO})_A + Kw(\text{CaO})_K + Mw(\text{CaO})_M$$

$$w(\text{CaO})_{\text{有效}} = w(\text{CaO})_\Phi - Rw(\text{SiO}_2)_\Phi \tag{6-29}$$

式（6-28）即为熔剂用量计算的通式。为了保证公式的正确运用和计算结果的正确（特别是使用计算机计算时），可按下面程序进行计算：

（1）可先行计算未加熔剂时其他炉料所能形成的炉渣碱度，即 $R' = \sum m(\text{CaO})'/\sum m(\text{SiO}_2)'$，再与高炉冶炼规定的炉渣碱度进行比较，当 $|R - R'| \leqslant a$ 时，即当规定的炉渣碱度（R）与其他炉料所能形成的碱度（R'）之差（绝对值）小于或等于高炉冶炼允许的碱度偏差值（a）时，高炉冶炼是可以不加熔剂的，熔剂用量 Φ 按零处理。由于高碱度烧结矿的大量使用以及采用合理的炉料结构，现时的高炉冶炼已很少使用熔剂，因此不加熔剂的配料计算是应首先想到的。

（2）如果现时炉料所能形成的碱度与规定的炉渣碱度之差超出允许的范围，这时应视偏差的情况，按下面程序进行计算：

1）当 $R-R'>0$ 时，表明炉料带入的 CaO 量有所不足，高炉冶炼需要配加碱性熔剂石灰石，这时需将石灰石的相应成分代入式（6-29），计算熔剂用量算式分母的数值，最后由式（6-28）算得石灰石用量。当高炉冶炼需要配加石灰石时，式（6-28）的分母部分（即式（6-29））即为石灰石的"有效熔剂性"（有效 CaO 含量）。

2）当 $R-R'<0$ 时，表明炉料带入的 CaO 较多，为满足高炉冶炼炉渣碱度的要求，需要配加酸性熔剂硅石，这时熔剂用量算式的分母部分（即式（6-29））应代入硅石的相应成分，计算结果便是硅石的用量。

为配合使用计算机进行配料计算，这里给出使用熔剂时的配料计算框图（见图6-2）以供参考。

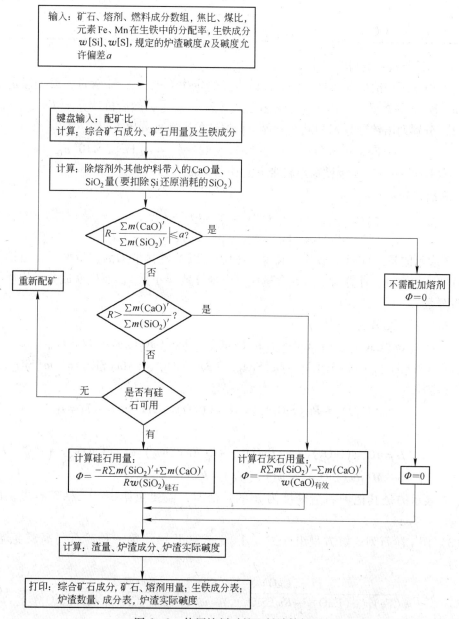

图6-2 使用熔剂时的配料计算框图

6.3.1.2 不使用熔剂时的配料计算

假设高炉使用三种矿石冶炼,其中第一种为高碱度烧结矿,第二种为富 SiO_2 的生矿或球团矿(它还起酸性熔剂作用),第三种为附加的杂矿。第一、二种矿石用量是欲求的,第三种矿石用量要预先给定。这三种矿石的主要成分见表 6-5。

表 6-5 三种矿石的主要成分

矿 石	TFe/%	CaO/%	SiO$_2$/%	用量/kg
第一种矿石	$w(Fe)_1$	$w(CaO)_1$	$w(SiO_2)_1$	x
第二种矿石	$w(Fe)_2$	$w(CaO)_2$	$w(SiO_2)_2$	y
第三种矿石	$w(Fe)_3$	$w(CaO)_3$	$w(SiO_2)_3$	p

这种情况下配料计算的步骤是:

(1)根据高炉冶炼的条件和任务,或直接给定生铁的 Fe、Si 含量,或先假定生铁中 Si、Mn、P、S 的含量,再由生铁碳含量公式计算 $w[C]_\%$,然后再计算 $w[Fe]_\%$。

(2)分别列出铁分方程和碱度方程 依据铁的平衡可列出方程:

$$xw(Fe)_1 + yw(Fe)_2 + pw(Fe)_3 + m(Fe)_燃 = w[Fe]_\% \times 10/\eta_{Fe}$$

式中 $m(Fe)_燃$——每吨生铁由燃料带入的铁量,kg。

整理后得到:

$$xw(Fe)_1 + yw(Fe)_2 = T \tag{I}$$
$$T = 10w[Fe]_\%/\eta_{Fe} - pw(Fe)_3 - m(Fe)_燃$$

式中,T 表示的是冶炼 1t 生铁在扣除第三种矿石以及燃料带入的铁量之后,由第一、二种矿石带入的铁量。计算时矿石铁含量代以质量分数(小数),而生铁成分需用质量百分数(百分数)。

依据炉渣二元碱度可列出方程:

$$xw(CaO)_1 + yw(CaO)_2 + pw(CaO)_3 + Kw(CaO)_K + Mw(CaO)_M$$
$$= R(xw(SiO_2)_1 + yw(SiO_2)_2 + pw(SiO_2)_3 + Kw(SiO_2)_K + Mw(SiO_2)_M - m(SiO_2)_r)$$

整理后得到:

$$(w(CaO)_1 - Rw(SiO_2)_1)x + (w(CaO)_2 - Rw(SiO_2)_2)y = B \tag{II}$$

这里

$$B = p(Rw(SiO_2)_3 - w(CaO)_3) + K(Rw(SiO_2)_K - w(CaO)_K) +$$
$$M(Rw(SiO_2)_M - w(CaO)_M) - Rm(SiO_2)_r$$

式中,B 表示的是其他炉料造碱度为 R 的炉渣时,需要由第一、二种矿石提供的有效 CaO 量。

(3)用二阶行列式解方程组(式(I)、式(II)) 第一种矿石(高碱度烧结矿)用量为:

$$x = \frac{T(w(CaO)_2 - Rw(SiO_2)_2) - Bw(Fe)_2}{w(Fe)_1(w(CaO)_2 - Rw(SiO_2)_2) - w(Fe)_2(w(CaO)_1 - Rw(SiO_2)_1)} \tag{6-30}$$

第二种矿石(酸性矿石)用量为:

$$y = \frac{Bw(\text{Fe})_1 - T(w(\text{CaO})_1 - Rw(\text{SiO}_2)_1)}{w(\text{Fe})_1(w(\text{CaO})_2 - Rw(\text{SiO}_2)_2) - w(\text{Fe})_2(w(\text{CaO})_1 - Rw(\text{SiO}_2)_1)} \quad (6-31)$$

解出的 x、y 值均应大于零（一般来说，x 值肯定会大于零的），y 为负值是没有意义的。如果 y 为负值，表明第三种矿石用量规定得不够合适，应该重新规定 p 值再行运算。在这种计算中，此时取 $y=0$ 是不合适的。

求出 x、y 值后，冶炼每吨生铁的矿石总量即为 $x+y+p$ kg。这时各种矿石配比及综合矿石成分也就容易算出了。

（4）校核生铁成分　求出矿石用量后要进行生铁成分的校核，因为计算之初生铁成分是预定的。这里应该注意到，生铁的 Fe、Si、S 含量仍为原来的数值，而 Mn 和 P 含量可能有变化，它们与 C 含量彼此消长，而维持成分总和为 100%。

现场生产为了装料的方便，常将矿石配比取整，若矿石总量保持不变，配比取整后，x、y 的数值可能有所变化，这时应求出生铁的实际成分（$w[\text{Fe}]$ 可能有改变）和实际的炉渣碱度 R，R 不应有较大的偏离。

6.3.1.3 对炉渣 MgO 含量有要求时的配料计算

当对炉渣 MgO 含量或是炉渣的三元碱度 $R_3 = (w(\text{CaO}) + w(\text{MgO}))/w(\text{SiO}_2)$ 有要求时，要考虑镁质熔剂（白云石、菱镁石等）的配加。由于配料计算多了一个条件，就可以多列一个 MgO 的平衡方程，以列三元联立方程求解镁质熔剂与烧结矿、球团矿（或综合矿石及石灰石）三种原料的用量，但是解三元联立方程是比较麻烦的。高炉冶炼通常要求渣中有一定的 MgO 含量，这主要是为调节炉渣性能以改善高炉炉况。一般情况下要求渣中 MgO 含量在一个合适的范围内，而不是像对二元碱度那样有严格的要求。因此，比较简便的方法是：由大致的吨铁渣量及规定的渣中 MgO 含量进行估算，先行求出镁质熔剂的用量，然后把它作为一已知量参加后面的配料计算，将三元方程化作二元方程求解。待计算完成后要进行炉渣 MgO 含量的校核，看其是否在规定的范围内。如果不合适，需要重新估算镁质熔剂用量，再重新进行配料计算。

有以三元碱度代替二元碱度作为计算条件，列出二元方程去求解的配料计算，这样的方法是不够科学、不够合理的。因为求解出的原料配比，虽然炉渣的三元碱度能够满足要求，但却不能保证二元碱度也合乎规定，也不能保证渣中 MgO 含量合乎要求，这种方法在计算中将 CaO 与 MgO 同等看待了。

6.3.2 配料计算的其他内容

6.3.2.1 渣量及炉渣成分的计算

"吨铁渣量"是高炉冶炼的一个重要参数，它的多少取决于矿石的品位和燃料的用量，在通常情况下现场是难以计量的，而要采用计算方法解决。计算得到的渣量称为理论渣量，即人们常说的渣量。渣量计算是高炉炼铁一项常用的、重要的工艺计算。在炼铁设计中，配料计算完成后，冶炼 1t 生铁的各种物料用量均为已知，它们的成渣物质之和即为渣量。

炉渣中各组分数量的计算是：

$$m(\text{CaO}) = \sum (G_i w(\text{CaO})_i) \quad (\text{kg/t}) \quad (6-32)$$

式中　G_i——冶炼每吨生铁的物料 i 用量，kg/t；

$w(CaO)_i$——物料 i 中 CaO 的质量分数,%。

同理,其他组分数量为:

$$m(MgO) = \sum (G_i w(MgO)_i) \qquad (6-33)$$

$$m(SiO_2) = \sum (G_i w(SiO_2)_i) - m(SiO_2)_r \qquad (6-34)$$

$$m(Al_2O_3) = \sum (G_i w(Al_2O_3)_i) \qquad (6-35)$$

此外,还有:

$$m(FeO) = 10w[Fe]_\% \frac{1-\eta_{Fe}}{\eta_{Fe}} \times \frac{72}{56} \qquad (6-36)$$

$$m(MnO) = 10w[Mn]_\% \frac{1-\eta_{Mn}}{\eta_{Mn}} \times \frac{71}{55} \qquad (6-37)$$

$$m(S) = \sum (G_i w(S)_i)(1-\lambda_S) - 10w[S]_\% \qquad (6-38)$$

式中 λ_S——硫在煤气中的分配率,通常取 $0.05 \sim 0.1$。

冶炼普通生铁时的炉渣就由上述七种组分组成,如果还有其他组分,则应进行相应计算。计算时要注意扣除硅还原消耗的 SiO_2 数量,渣中的 MnO、FeO 量可按元素在渣、铁中的分配率计算。炉渣组分数量算得后累计求和,即可得到吨铁渣量:

$$U = m(CaO) + m(SiO_2) + m(MgO) + m(Al_2O_3) + m(FeO) + m(MnO) + m(S)/2 \quad (kg) \qquad (6-39)$$

计算时取进渣硫量的一半(即 $m(S)/2$),这是因为硫在渣中以 CaS 形态存在,其中的 Ca 已计入 CaO 里,多计了的相应氧量应扣除,氧的相对原子质量恰好是硫的一半。

有了渣量和各组分的数量即可进行各组分含量的计算,得到炉渣成分数组,然后进行炉渣碱度的校核及炉渣性能考核。

6.3.2.2 炉渣性能考核

炉渣成分算出后,应查阅有关高炉渣的相图,考核其熔化温度、熔化性温度(黏度)及脱硫能力,看看它的这些性能是否符合高炉冶炼的要求。一般的高炉渣相图是按 $CaO - SiO_2 - Al_2O_3$ 三元系绘制的,因此在查阅之前需把实际的炉渣成分折算成 $CaO - SiO_2 - Al_2O_3$ 三元渣的成分,折算时将渣中的 MgO 按 CaO 对待。一般情况下,碱度 $R = w(CaO)/w(SiO_2) \approx 1.0$ 的炉渣,其性能是能够满足要求的。

6.3.2.3 炉料实际用量的计算

在进行炼铁设计时,采用的矿石量、焦比、煤比等均为参加炉内冶炼过程的数量,这是后面进行的物料平衡和热平衡计算所用到的数量。这些物料入炉时的数量要考虑到炉尘吹损(及机械损失),稍多一些,通常按矿石外加 2%、焦炭外加 2%、熔剂外加 1% 计算。当炉料强度较差、粉末较多时,机械损失要再多一些。这里还需提及,入炉的焦炭是湿焦(干法熄焦除外),湿焦的水分是不包含在干基成分之内的,因此入炉的湿焦比应为:

$$K_湿 = K \frac{1+0.02}{1-w(H_2O)_K} \quad (kg/t) \qquad (6-40)$$

式中 $w(H_2O)_K$——焦炭的物理水含量(质量分数),%。

有的文献将式(6-40)写作

$$K_湿 = K \times (1+0.02) \times (1+w(H_2O)_K)$$

这样计算虽然简便，但不够合理，它把焦炭的水分同其他成分的干基分析混淆了，应予以避免。

6.3.3 生产高炉的渣量计算

炼铁生产中，每吨生铁的渣量要由计算来解决，计算时采用的是"由局部求整体"的方法。经验表明，所用的"局部"（例如渣中 CaO 组分）的行为越简单，数量越多，含量的分析越准确，求出的这个"整体"（渣量）也就越正确。渣量计算常用的方法介绍如下。

6.3.3.1 CaO 平衡法

用 CaO 平衡计算渣量是最为常用的方法，其算式是：

$$U = (Aw(CaO)_A + Kw(CaO)_K + Mw(CaO)_M + \Phi w(CaO)_\Phi -$$
$$Dw(CaO)_D)/w(CaO) \quad (kg/t) \tag{6-41}$$

式中　A，K，M，Φ，D——分别为每吨生铁的矿石、焦炭、煤粉、熔剂及炉尘数量，kg/t；

　　$w(CaO)_i$——物料 i 中 CaO 的质量分数，%；

　　$w(CaO)$——渣中 CaO 的质量分数，%。

由于炉料带入的 CaO 在高炉里不发生还原反应而直接进入炉渣，因此在扣除炉尘带走的 CaO 后，其余的 CaO 总量除以渣中 CaO 含量就得到了每吨生铁的渣量。也由于 CaO 的数量较多，是高炉炉渣的主要成分，且 CaO 的化验分析比较准确易行，因此用这种方法计算的渣量是比较准确可靠的。

6.3.3.2 CaO + MgO + SiO₂ + Al₂O₃ 四组分平衡法

从理论上讲，也可以按成渣组分 SiO_2、Al_2O_3、MgO 的平衡来计算渣量，只是有的组分数量较少，成分分析误差大，算出的渣量准确性差而难以采用。如果物料成分比较齐全，物料数量比较准确，按 CaO + MgO + SiO₂ + Al₂O₃ 四组分平衡的方法来计算渣量也是很好的，其算式是：

$$U = \frac{\sum\left[G_i\left(w(CaO)_i + w(MgO)_i + w(SiO_2)_i + w(Al_2O_3)_i\right)\right] - w[Si]_\% \times 21.43}{w(CaO) + w(MgO) + w(SiO_2) + w(Al_2O_3)}$$

$$\tag{6-42}$$

式中　　　　　　　　G_i——冶炼每吨生铁收支的各种物料（矿石、熔剂、焦炭、煤粉及炉尘）数量，kg/t；

$w(CaO)_i + w(MgO)_i + w(SiO_2)_i + w(Al_2O_3)_i$——物料 i 中四个组分含量（质量分数）之和，%；

$w(CaO) + w(MgO) + w(SiO_2) + w(Al_2O_3)$——炉渣中四个组分含量（质量分数）之和，%；

　　　　　　　　$w[Si]_\%$——生铁中硅的质量百分数。

CaO、MgO、SiO₂、Al₂O₃ 这四个组分的含量通常都能通过化验提供，用它们一起计算有弥补单组分化验误差引起渣量偏差的作用。计算时要注意炉尘中四组分的数量要在加和中扣除。

6.3.3.3 采用物料"渣量系数"的计算方法

应用物料的渣量系数来计算渣量也是一种比较简便可行的方法。渣量系数 u_i 即每千

克物料 i 中成渣物质的数量（kg/kg）。渣量算式是：

$$U = Au_A + \Phi u_\Phi + Ku_K + Mu_M - 10 \times w[Si]_\% \times 60/28 \quad (kg/t) \qquad (6-43)$$

各种物料渣量系数的计算是：

矿石 $u_A = w(CaO)_A + w(MgO)_A + w(SiO_2)_A + w(Al_2O_3)_A$ （其他入渣组分含量少，未予以考虑）

熔剂 石灰石 $u_\Phi = 1 - w(CO_2)_\Phi$ （$w(CO_2)_\Phi$ 为石灰石中 CO_2 的质量分数，%）

熔剂 硅石 $u_\Phi = 1.0$

焦炭 $u_K = w(A)_K$ （取焦炭中灰分的质量分数，%）

煤粉 $u_M = w(A)_M$ （取煤粉中灰分的质量分数，%）

这种计算已将炉尘排除在外，渣量的计算虽然粗略一些，但也是可行的，在炼铁生产中按吨铁或按料批都是好算的。如果要求更为准确一些，则需在渣量系数上考虑得更为全面、细致一些。

6.4 物料平衡计算

物料平衡计算是炼铁工艺计算中的重要组成部分，它是在配料计算基础上进行的。物料平衡计算包括鼓风量、煤气量以及物料收支总量等项内容的计算。进行物料平衡计算有助于对高炉过程进行全面定量分析和深入研究，并为热平衡计算做准备。

进行物料平衡计算应具备各种物料的实际用量及全分析成分、生铁成分、炉渣成分和数量、鼓风氧含量及鼓风湿度等数据。

物料平衡计算分两种情况：一种是设计高炉的物料平衡计算，另一种是生产高炉的物料平衡计算。两者计算的方法和程序有所不同，但计算的原理是一样的。

对于设计高炉的物料平衡计算，铁的直接还原度指标是已知的数据，依据冶炼条件、矿石性能，按经验选取，其选定得合适与否对物料平衡计算及后面的热平衡计算影响很大。这种情况的物料平衡计算，煤气成分是计算出来的，虽然项目多、计算繁琐，但只要细心、计算正确，物料平衡误差会是比较小的。

对于生产高炉的物料平衡计算，它的炉顶煤气成分是已知的，因而铁的直接还原度指标虽然未知，但却已经确定，用前面的公式可以计算出来。这种情况的物料平衡计算主要是计算每吨生铁的煤气量、鼓风量，列出物料平衡表。这项工作具有校验性质，要求各种物料成分（特别是煤气成分）和数量准确可靠，否则物料平衡计算的误差会是较大的。

6.4.1 物料平衡计算的内容与方法

6.4.1.1 鼓风量的计算

A 鼓风量 V_b 的计算

对于炼铁设计的物料平衡计算，应首先进行每吨生铁鼓风量的计算。每吨生铁的鼓风量用 V_b（m^3，本书一般情况下均为标准立方米）表示，根据风口前碳燃烧反应 $2C + O_2 = 2CO$，由风口碳量 $m(C)_b$ 及鼓风氧含量 $\varphi(O_2)_b$ 计算每吨生铁的鼓风量：

$$V_b = \frac{22.4 \times m(C)_b}{2 \times 12 \times \varphi(O_2)_b} = 0.933 \times m(C)_b / \varphi(O_2)_b \qquad (6-44)$$

式中　0.933——燃烧每千克碳所需要的氧量，m^3，在工艺计算中这是个常用到的数据。

由碳平衡图（见图6-1）可知，风口前燃烧碳量 $m(C)_b$ 的计算为：

$$m(C)_b = Kw(C)_K + Mw(C)_M - 10w[C]_\% - m(C)_{da} - m(C)_{dFe}$$

式中，合金元素还原及铁的直接还原耗碳量的计算参见式（6-4）。

式（6-44）中的鼓风氧含量可按下式计算：

$$\varphi(O_2)_b = 0.21 + 0.29 \times \varphi + (a - 0.21)W \quad (m^3/m^3) \qquad (6-45)$$

式中　φ——鼓风湿度，用体积分数表示；

W——1m^3 鼓风中兑入的富氧气体量，m^3；

a——富氧气体的纯度。

$(a-0.21)W$ 就是所谓的"富氧率"，有将 W 定义为富氧率的，这是不合适的。应该提及，$\varphi(O_2)_b$ 相当于折算的鼓风中氧含量。

当高炉喷吹燃料时，由于煤粉中常含有少量有机物质氧及水分，在风口区热分解，分解出的氧也能燃烧碳。因此，在精确计算时不能忽略这部分氧的影响，这时鼓风量应按下式计算：

$$V_b = (0.933 \times m(C)_b - V_{O喷})/\varphi(O_2)_b \qquad (6-46)$$

式中，$V_{O喷}$ 为冶炼每吨生铁由煤粉带入的氧量，m^3。它的计算是：

$$V_{O喷} = 22.4 \times M(w(O)_M + w(H_2O)_M \times 16/18)/32 \qquad (6-47)$$

式中　$w(O)_M$——煤粉氧含量（质量分数），%；

$w(H_2O)_M$——煤粉中水分含量（质量分数），%。

做炼铁设计时，铁的直接还原度指标是根据经验选取的，它与冶炼条件和矿石的还原性能有关。表6-6列出了纯焦炭冶炼时不同冶炼条件下 r_d 的大致范围。高炉喷吹燃料后，由于氢的还原作用增强，r_d 有所降低。这种情况下，可先按表6-6选定一个 r_d，然后考虑氢还原的影响，按式 $r_{d实} = r_d - r_{i(H_2)}$ 确定该条件下实际的直接还原度。

表6-6　纯焦炭冶炼时不同冶炼条件下 r_d 的大致范围

冶　炼　条　件	r_d
炼钢生铁	0.35~0.65
最易还原的矿石、高碱度烧结矿	0.35~0.50
富褐铁矿	0.35~0.55
赤铁矿、假象赤铁矿、普通烧结矿	0.40~0.55
磁铁矿、FeO 含量高的烧结矿	0.45~0.60
致密磁铁矿、钛磁铁矿	0.50~0.65
铸造生铁	比炼钢生铁高 5%~10%
硅铁、锰铁	0.85~1.0

B　鼓风质量 G_b 的计算

过去多以物料重量进行物料平衡计算，列出物料平衡表，其实应该是质量的平衡。每吨生铁的鼓风质量 G_b（kg）为：

$$G_b = V_b\rho_b \qquad (6-48)$$

式中　ρ_b——标准状态下的鼓风密度，kg/m^3，它要由鼓风成分及其相对分子质量计算。

在不富氧时：

$$\rho_b = \frac{1}{22.4} \times \left[0.21 \times (1-\varphi) \times 32 + 0.79 \times (1-\varphi) \times 28 + \varphi \times 18 \right]$$

$$= 1.288 - 0.484\varphi \qquad (6-49)$$

当 $\varphi = 0$（干风）时，$\rho_b = 1.288 kg/m^3$；当 $\varphi = 1$（水蒸气）时，$\rho_b = \rho_{H_2O} = 0.804 kg/m^3$。

这里应该指出，标准状态下干空气的密度应为 $1.293 kg/m^3$，而这里为 $1.288 kg/m^3$，相差 $0.005 kg/m^3$。这是因为在炼铁计算中把空气看作仅由 N_2 和 O_2 所组成的气体，体积含量也做了近似处理，实际上空气中还含有极少量的 Ar、CO_2 等气体。虽然如此，这对炼铁工艺计算并无影响。

如果高炉富氧鼓风，则鼓风（混合风）密度的算式为：

$$\rho_b = 1.288 - 0.484\varphi + (0.179a - 0.038)W \qquad (6-50)$$

当富氧气体氧的纯度 $a = 1$ 时：

$$\rho_b = 1.288 - 0.484\varphi + 0.141W$$

6.4.1.2　煤气量及煤气成分的计算

组成炉顶煤气的有 CO_2、CO、N_2、H_2、CH_4 五种组分，要计算冶炼每吨生铁的高炉煤气量，就需要明确这些组分的来源及其数量的计算。

A　煤气组分数量的计算

（1）CH_4　高炉煤气中的 CH_4 来源于焦炭挥发分，它和挥发分中其他成分一样，在高炉中上部析出进入煤气。过去有高炉中碳与氢化合生成 CH_4 的计算，这里未考虑。炉顶煤气中 CH_4 量的计算是：

$$V_{CH_4} = 22.4 \times Kw(CH_4)_K / 16 \quad (m^3/t) \qquad (6-51)$$

（2）H_2　高炉中氢的来源有：

1）燃料带入氢，其中包括焦炭挥发分和有机物中的氢（可按焦炭氢元素分析计算）、喷吹煤粉中的氢和所含水分中的氢；

2）高炉鼓风湿分带入氢，它在风口前分解出来；

3）如果天然矿含有结晶水，结晶水在高炉中部（高于 500℃ 区域）也要分解出氢。由于现在高炉熟料比较高，天然矿中结晶水含量又不多，计算时这部分氢量可不考虑。

高炉中氢的去向是：有 30% ~ 40% 的氢参加还原生成 H_2O，这部分氢量称为还原氢量（$m(H_2)_r$）。还原氢量中的绝大部分（90% ~ 100%）在高炉高温区还原浮氏体，其余的还原 Fe_3O_4。

炉顶煤气中氢量可按下式计算：

$$V_{H_2} = \left(\sum m(H_2) - m(H_2)_r \right) \times 22.4/2 \quad (m^3/t)$$

或　　　　　$$V_{H_2} = \sum m(H_2)(1 - \eta_{H_2}) \times 22.4/2 \qquad (6-52)$$

式中，$\sum m(H_2)$ 为入炉的总氢量，其计算是：

$$\sum m(H_2) = Kw(H_2)_K + M(w(H_2)_M + w(H_2O)_M \times 2/18) +$$
$$V_b(1-W)\varphi \times 2/22.4 \quad (kg/t) \qquad (6-53)$$

（3）CO_2　高炉煤气中 CO_2 的来源有：

1）高炉里间接还原产生的 CO_2，这是其主要部分。矿石中铁、锰高价氧化物还原以及部分 FeO 被 CO 还原，它们的产物是 CO_2。

2）炉料带入的 CO_2，其中包括焦炭挥发分的 CO_2、矿石烧损项的 CO_2 以及熔剂（石灰石、白云石）带入的 CO_2。对于石灰石，因其分解温度高，有一部要在高温区分解，分解出的 CO_2 要同 C 反应生成 CO，计算 CO_2 数量时这部分不应计入。

炉顶煤气中 CO_2 数量的算式是：

$$V_{CO_2} = 22.4 \times (m(CO_2)_r + m(CO_2)_{料})/44 \quad (m^3/t) \tag{6-54}$$

式中，由还原产生的 CO_2 数量 $m(CO_2)_r$ 的计算是：

$$m(CO_2)_r = 44 \times [A(w(Fe_2O_3)_A/160 + w(MnO_2)_A/87) +$$
$$m(Fe)_r(1 - r_d - r_{i(H_2)})/56] \quad (kg/t) \tag{6-55}$$

由炉料带入的 CO_2 数量 $m(CO_2)_{料}$ 的计算是：

$$m(CO_2)_{料} = Aw(CO_2)_A + Kw(CO_2)_K + \Phi w(CO_2)_\Phi(1 - \alpha) \tag{6-56}$$

式中　α——石灰石在高温区的分解率。

这里的 $r_{i(H_2)}$ 是按全部还原氢量都参与浮氏体的还原来考虑的，因此矿石中的 Fe_2O_3 就都由 CO 还原到浮氏体。

（4）CO　煤气中 CO 的来源有：

1）燃料中碳在风口前燃烧生成的 CO；

2）还原产生的 CO，其中包括 FeO 被 C 直接还原和生铁中 Si、Mn、P 等合金元素还原产生的 CO，还有石灰石在高温区分解出的 CO_2 参与溶损反应及炉渣脱硫产生的 CO；

3）焦炭挥发分带入的 CO。

高炉煤气在炉内上升过程中，有部分 CO 参加间接还原转变成 CO_2，其余以 CO 进入煤气。炉顶煤气中 CO 数量的计算是：

$$V_{CO} = 22.4 \times (m(C)_b/12 + m(Fe)_r r_d/56 + m(C)_{da}/12 - m(CO_2)_r/44 +$$
$$22.4 \times (Kw(CO)_K/28 + \Phi w(CO_2)_\Phi \alpha/44) \quad (m^3/t) \tag{6-57}$$

这里应明确，石灰石在高温区分解出的 CO_2 参与溶损反应 $CO_2 + C = 2CO$，一个 CO_2 要变成两个 CO，其中一个包括在式（6-57）中的 $m(C)_{da}$ 项内，另一个则是式（6-57）的第六项（熔剂项）。

（5）N_2　炉顶煤气中的 N_2 主要由鼓风带入，焦炭和煤粉也带入一些，不应遗漏，其数量的计算是：

$$V_{N_2} = V_b \varphi(N_2)_b + 22.4 \times (Kw(N_2)_K + Mw(N_2)_M)/28 \quad (m^3/t) \tag{6-58}$$

式中，$\varphi(N_2)_b$ 是鼓风中氮的含量，其计算是（按富氧情况考虑）：

$$\varphi(N_2)_b = 0.79 \times (1 - \varphi) - (a - 0.21)W \quad (m^3/m^3) \tag{6-59}$$

B　煤气量 V_g 及其成分的计算

炉顶煤气各组分的数量求出后，将它们加和即得到煤气量：

$$V_g = V_{CO_2} + V_{CO} + V_{H_2} + V_{CH_4} + V_{N_2} \quad (m^3/t) \tag{6-60}$$

然后再求出各组分的含量，得到炉顶煤气成分，并把它们列成表格。这里得到的煤气成分是干基成分。

在此还要计算吨铁煤气量与风量的比值，一般 $V_g/V_b = 1.37 \sim 1.42$，有喷吹时，比值高些；富氧鼓风时，V_b、V_g 都有减少，但风量减少幅度更大些，因此该比值也会高些。

C 煤气质量 G_g 的计算

煤气密度 ρ_g（kg/m³）可按下式计算：

$$\rho_g = \frac{44\varphi(CO_2) + 28\varphi(CO) + 2\varphi(H_2) + 16\varphi(CH_4) + 28\varphi(N_2)}{22.4} \qquad (6-61)$$

煤气质量则为：

$$G_g = V_g\rho_g \quad (kg/t) \qquad (6-62)$$

6.4.1.3 煤气中水蒸气量的计算

炉顶煤气中的水蒸气是由氢还原产生和炉料带入两部分构成的，每吨生铁的水蒸气量是：

$$G_{H_2O} = \frac{18 \times \sum m(H_2)\eta_{H_2}}{2} + \frac{w(H_2O)_K}{1 - w(H_2O)_K}K \times (1 + 0.02) \quad (kg/t) \qquad (6-63)$$

式中 $w(H_2O)_K$——焦炭游离水含量（质量分数），%。

这里把焦比扩大了 2%，是考虑了焦炭的机械损失（炉尘）。还应注意，如果熔剂、矿石（生矿）也带入了物理水，应在式（6-63）中加入。

6.4.2 生产高炉的风量、煤气量计算

高炉控制室里装有风量表、煤气流量表等仪表，它们是按时间计量的，作为高炉操作者的"眼睛"。但由于管道泄漏、仪表测量误差等原因，对于生产高炉的物料平衡计算来说，还是以采用计算风量、计算煤气量（或称理论风量、理论煤气量）为宜。

鼓风量与煤气量是紧密相关的，在炼铁生产中有多种计算方法，这些方法有繁简、难易之分，但这些计算还是根据高炉里发生的反应，基于某些物质（元素）的平衡得到的。鼓风是由氧、氮、氢三种元素构成的，而煤气则由碳、氧、氮、氢四种元素构成。风量和煤气量的计算通常是由碳、氧、氮三个元素中的两个来联立求解（鼓风及煤气中氢元素的数量均少），这就有了所谓的 [C，O]、[O，N] 和 [C，N] 三种算法。

依据碳平衡列出：

$$\frac{12}{22.4} \times [\varphi(CO_2) + \varphi(CO) + \varphi(CH_4)]V_g = m(C)_g \qquad (Ⅰ)$$

依据氧平衡列出：

$$V_g \times (\varphi(CO_2) + 0.5 \times \varphi(CO)) + 0.5 \times V_{H_2O} = [m(O)_料 + m(O)_喷] \times \frac{22.4}{32} + V_b\varphi(O_2)_b \qquad (Ⅱ)$$

依据氮平衡列出：

$$V_g\varphi(N_2) = V_b\varphi(N_2)_b + m(N)_料 \times \frac{22.4}{28} \qquad (Ⅲ)$$

依据氢平衡列出：

$$V_g(\varphi(H_2) + \varphi(CH_4) \times 2) + V_{H_2O} = V_b(1-W)\varphi + m(H)_料 \times \frac{22.4}{2} \qquad (Ⅳ)$$

式中 V_{H_2O}——冶炼每吨生铁由氢还原生成的水量，m³；

$m(O)_料$，$m(N)_料$，$m(H)_料$——分别为每吨生铁由炉料带入的氧、氮、氢的质量，kg；

$m(\mathrm{O})_{喷}$——每吨生铁由喷煤带入的氧量，kg。

$$m(\mathrm{O})_{料} = A\left(w(\mathrm{Fe_2O_3})_A \times \frac{48}{160} + w(\mathrm{FeO})_A \times \frac{16}{72} + w(\mathrm{MnO_2})_A \times \frac{16}{87} \right) +$$

$$10 \times \left(w[\mathrm{Si}]_{\%} \times \frac{32}{28} + w[\mathrm{Mn}]_{\%} \times \frac{16}{55} + w[\mathrm{P}]_{\%} \times \frac{80}{62} \right) +$$

$$Uw(\mathrm{S}) \times \frac{16}{32} + \Phi w(\mathrm{CO_2})_{\Phi} \times \frac{32}{44} \tag{6-64}$$

$$m(\mathrm{O})_{喷} = M\left(w(\mathrm{O})_M + w(\mathrm{H_2O})_M \times \frac{16}{18} \right) \tag{6-65}$$

$$m(\mathrm{N})_{料} = Kw(\mathrm{N})_K + Mw(\mathrm{N})_M \tag{6-66}$$

$$m(\mathrm{H})_{料} = Kw(\mathrm{H})_K + M\left(w(\mathrm{H})_M + w(\mathrm{H_2O})_M \times \frac{2}{18} \right) \tag{6-67}$$

这里应指出，算式中的 $m(\mathrm{H})_{料}$ 包括焦炭带入的氢量、煤粉带入的氢量及煤粉水分中的氢量，如果天然矿有结晶水，还应加入进入高炉高温区分解出的氢量（应注意不是矿石全部结晶水的氢量）；$m(\mathrm{O})_{料}$ 应该是在高炉里发生还原反应，并最终进入煤气的氧量；$m(\mathrm{O})_{料}$ 要由炉料中有关的含氧项去计算，由于有关的含氧量项目较多，计算比较繁琐，要保证正确无误，计算时细心认真，不多项、不漏项，是非常重要的。

由于高炉过程还原生成的水量 $V_{\mathrm{H_2O}}$ 难以确定（高炉煤气不分析水含量），联立式（Ⅱ）、式（Ⅳ）（Ⅱ×2-Ⅳ）以消去 $V_{\mathrm{H_2O}}$ 项，得到氧、氢合成的方程为：

$$V_g(\varphi(\mathrm{CO_2}) + 0.5 \times \varphi(\mathrm{CO}) - 0.5 \times \varphi(\mathrm{H_2}) - \varphi(\mathrm{CH_4}))$$

$$= V_b[(1-W)(1-\varphi) \times 0.21 + Wa] + m(\mathrm{O})_{料} \times 0.7 - m(\mathrm{H})_{料} \times 5.6 \tag{Ⅴ}$$

（1）[C,O]法 因碳存在于煤气之中，而风中不含碳，故煤气量可由式（Ⅰ）独立解出，然后再由式（Ⅴ）求解风量。吨铁煤气量的算式是：

$$V_g = \frac{m(\mathrm{C})_g \times 22.4}{12 \times (\varphi(\mathrm{CO_2}) + \varphi(\mathrm{CO}) + \varphi(\mathrm{CH_4}))} \tag{6-68}$$

吨铁风量的算式是：

$$V_b = [V_g(\varphi(\mathrm{CO_2}) + 0.5\varphi(\mathrm{CO}) - 0.5\varphi(\mathrm{H_2}) - \varphi(\mathrm{CH_4})) + 5.6m(\mathrm{H})_{料} - 0.7m(\mathrm{O})_{料}] \times$$

$$\frac{1}{(1-W)(1-\varphi) \times 0.21 + Wa} \tag{6-69}$$

（2）[O,N]法 联立式（Ⅲ）、式（Ⅴ），由氧、氮的平衡求解煤气量和风量。因为鼓风和煤气中都含有氧和氮，所以需要以下两式联立求解：

$$V_g = \frac{0.7m(\mathrm{O})_{料} - 5.6m(\mathrm{H})_{料} - 0.8m(\mathrm{N})_{料}\beta}{\varphi(\mathrm{CO_2}) + 0.5\varphi(\mathrm{CO}) - 0.5\varphi(\mathrm{H_2}) - \varphi(\mathrm{CH_4}) - \varphi(\mathrm{N_2})\beta} \tag{6-70}$$

$$V_b = \frac{V_g\varphi(\mathrm{N_2}) - 0.8m(\mathrm{N})_{料}}{\varphi(\mathrm{N_2})_b} \tag{6-71}$$

$$\beta = \frac{(1-W)(1-\varphi) \times 0.21 + Wa}{(1-W)(1-\varphi) \times 0.79 + W(1-a)} \tag{6-72}$$

式中，β 相当于干风中的氧、氮体积比。

（3）[C,N]法 用[C,N]法求解，其煤气量的计算与[C,O]法的 V_g（式（6-68））相同，而风量的计算与[O,N]法的 V_b（式（6-71））相同。

通常生产高炉风量、煤气量的计算多利用碳和氮的平衡，即采用[C，N]法来计算。如果忽略炉料带入的少量氮，则式（6-71）为

$$V_b = V_g \varphi(N_2) / \varphi(N_2)_b \qquad (6-73)$$

[C，N]法比较简便，计算误差也较小，适用于煤气成分分析比较准确的情况（如采用气相色谱仪分析煤气，可以消除奥氏分析仪分析造成的 CH_4 及 N_2 的误差）。在风量和煤气量的计算上，凡是利用氧平衡求解的方法（采用[C，O]法或[O，N]法），因为含有氧的项目多，计算比较繁琐、复杂，容易有漏项或重复计算的失误，因而在工艺计算中用得不多。

6.4.3 物料平衡表及物料平衡误差计算

物料平衡表的收入项有：

(1) 混合矿石用量（包括机械损失在内）；

(2) 焦炭用量（包括机械损失及水分在内）；

(3) 喷吹燃料（煤粉）数量；

(4) 熔剂用量（包括机械损失在内）；

(5) 鼓风质量。

物料平衡表的支出项有：

(1) 生铁质量（1000kg）；

(2) 炉渣质量；

(3) 煤气质量；

(4) 煤气中水量；

(5) 炉料机械损失数量（含炉尘量）。

物料平衡误差包括绝对误差及相对误差，它们的计算是：

绝对误差 = 物料收入质量总和 - 物料支出质量总和

相对误差 = （绝对误差/物料收入质量总和）×100%

在炼铁设计的物料平衡计算中，相对误差应在 ±0.3% 以内；而对生产高炉的物料平衡计算，由于物料数量的称量、物料成分及煤气成分的检测分析等方面存有偏差，会使物料平衡计算的绝对误差较大一些，因而相对误差允许在 ±2% 以内。

做物料平衡计算需要认真仔细、一丝不苟。如果没有计算错误、计算的各项没有遗漏和重复，误差不会大，计算结果能够满足要求。

6.5 高炉热平衡计算

热平衡计算是炼铁工艺计算中的重要组成部分。通过计算高炉冶炼过程在热量方面的收入与支出情况，能够了解高炉内热量消耗状况，分析高炉冶炼过程的优劣，探讨进一步改善能量利用、降低燃料消耗的途径。

高炉冶炼的热量消耗决定了炼铁焦比（燃料比）的高低。通过热平衡计算可以探索一定冶炼条件下的最低焦炭消耗量，因此，理论焦比的计算是离不开热平衡计算的。

高炉热平衡计算可分为两类：一类是以整个高炉为研究对象的热平衡计算，这就是全

炉热平衡计算；另一类是以高炉局部区域为对象的热平衡计算，即区域热平衡计算。

全炉热平衡计算比较常用的方法有两种：

（1）第一种全炉热平衡计算 它是按热化学的盖斯定律，依据入炉物料的最初形态和出炉的最终形态来计算产生和消耗的热量，而未考虑炉内实际的化学反应过程。这种方法出现较早，原理简单，但计算较为繁琐，也不能完全如实地反映出高炉冶炼过程热量消耗的情况。虽然如此，它仍然是目前高炉热平衡测定所采用的方法。

（2）第二种全炉热平衡计算 它是按高炉内实际发生的还原过程来计算产生和消耗的热量，这种方法更能说明高炉冶炼能量利用的实际状况。

区域热平衡计算多是以高炉下部的高温区为研究对象。高温区是对高炉冶炼有决定性影响的区域，这种高温区热平衡计算更能反映高炉热交换的本质。这种方法出现较晚，但日益受到高炉工作者的重视。

无论采用哪一种热平衡计算方法，热平衡的计算都应遵循能量守恒的原则，即供给研究区域的各项热量总和等于该区域热量消耗的总和。

6.5.1 常用的全炉热平衡计算方法

6.5.1.1 第一种全炉热平衡计算

前已述及，第一种全炉热平衡计算是根据热化学的盖斯定律进行的。盖斯定律的内容是：化学反应的热效应只与物质的初、末态有关，与反应的途径无关。根据这一定律，高炉中氧化物还原（如反应 $FeO + C = Fe + CO$）的热量消耗是按氧化物分解 $\left(FeO = Fe + \frac{1}{2}O_2\right)$ 耗热和还原剂氧化 $\left(C + \frac{1}{2}O_2 = CO\right)$ 放热两项热量分开计算的，而没有考虑物料在高炉内的实际反应过程。这种高炉热平衡的计算方法如下所述。

A 热量收入项的计算

热收入通常包括以下五项：

（1）碳氧化放热 焦炭中碳氧化放热与焦炭石墨化程度有关[❶]，通常将焦炭中的固定碳按50%为石墨碳、50%为无定形碳来考虑，这种情况下碳氧化放热为：

$$C + \frac{1}{2}O_2 = CO \qquad +4.18 \times 2340 kJ/kg(C)（或 4.18 \times 1254 kJ/m^3(CO)）$$

$$C + O_2 = CO_2 \qquad +4.18 \times 7980 kJ/kg(C)（或 4.18 \times 4275 kJ/m^3(CO_2)）$$

喷吹燃料煤粉中碳氧化放热与焦炭中碳氧化放热稍有不同，为简便计算也可取上面数值。

冶炼每吨生铁的碳氧化放热可由炉顶煤气中 CO 和 CO_2 的数量计算，但要注意仅计算由高炉反应产生的 CO、CO_2 的氧化放热量。这项热量也可由氧化碳量来计算，但要分清氧化成 CO 和 CO_2 的碳量各是多少。碳氧化热 $Q_燃$（kJ）的计算是：

$$Q_燃 = 4.18 \times (2340 m(C)_{CO} + 7980 m(C)_{CO_2}) \qquad (6-74)$$

碳氧化放热在第一种全炉热平衡的热收入中占有较大的比例，一般可达70%~80%。

---

❶ 据热力学数据，焦炭中碳氧化成 CO_2、CO 的放热值为：$q_{CO_2} = 8137.5 - 315 \times G$（kcal/kg），$q_{CO} = 2497.5 - 315 \times G$（kcal/kg），$G$ 为石墨化程度。

（2）鼓风物理热　　热风带入的物理热是热收入中的另一大项，在第一种全炉热平衡计算中占热收入的 20% ~ 25%。鼓风物理热 $Q_风$（kJ）根据风量、风温、湿度及鼓风的平均比热容计算为：

$$Q_风 = V_b(1 - \varphi)\bar{c}_{pb}t_b + \varphi\bar{c}_{p_{H_2O}}t_b \tag{6-75}$$

式中　　t_b——热风温度，℃；

　　　　$\bar{c}_{pb}$——空气从基准温度到热风温度的平均比定压热容，$kJ/(m^3 \cdot ℃)$；

　　　　$\bar{c}_{p_{H_2O}}$——水蒸气从基准温度到热风温度的平均比定压热容，$kJ/(m^3 \cdot ℃)$。

为简化计算，现场也常采用气体的比焓来计算鼓风物理热，计算为：

$$Q_风 = V_b(1 - \varphi)q_b + \varphi q_{H_2O} \tag{6-76}$$

式中　　q_b，q_{H_2O}——分别为热风温度时干空气及水蒸气的比焓，kJ/m^3，各种气体的比焓参见附表1。

鼓风及其他气体（煤气）的平均比等压热容或比焓的计算方法介绍如下。物质的摩尔定压热容与温度的关系式有几种表示，常用的还是下面的形式：

$$c_p = a + bT + cT^{-2} \quad (J/(mol \cdot K))$$

式中，T 为绝对温度，K；a、b、c 为系数。使用时需要注意上式的温度适用范围。过去的资料多是按 cal（或 kcal）给出的关系式，也要注意单位转换。

物质在某温度下的比热容也称为真热容，温度相差较大时比热容值相差也较大，因此利用比热容来计算热量时，应该采用积分进行计算或者用该温度区间的平均比热容来计算。若物质在热平衡计算的基准温度（t_h，℃）至给定温度（t，℃）的范围内无相变，其平均比热容 $\bar{c}_p$ 的计算是：

$$\bar{c}_p = \frac{\int_{T_h}^{T} c_p \mathrm{d}T}{T - T_h} = a + \frac{b}{2}(T + T_h) + \frac{c}{T \cdot T_h}$$

这时物料的物理热计算是 $Q = M\bar{c}_p(T - T_h)$ 或 $Q = M\bar{c}_p(t - t_h)$，单位为 kJ。这里的 M 应为物料的物质的量（kmol），$\bar{c}_p$ 则用 $kJ/(kmol \cdot K)$ 作单位。但工程上 M 常用到物料质量（kg）或气体体积（m^3），因此 $\bar{c}_p$ 的单位要转换为 $kJ/(kg \cdot ℃)$ 或 $kJ/(m^3 \cdot ℃)$，这时的 $\bar{c}_p$ 称为质量定压热容（或比定压热容）。

工程上也常用焓（比焓）进行热量计算。比焓（q）是指单位质量或体积的物料在给定温度下所具有的热量（这是与计算的基准温度相比较所具有的比焓差），即：

$$q = \bar{c}_p(t - t_h) \quad (kJ/kg \text{ 或 } kJ/m^3)$$

因此，上面的热量算式也可写成：

$$Q = Mq$$

高炉热平衡计算中经常用到的气体比定压热容与温度关系式的各项系数值，如表 6-7 所列。由各气体比定压热容与温度的关系式，采用积分方法，求出各种气体在不同温度下的平均比等压热容，然后将其转换成标准状态下每立方米的热容，再根据气体组成加权平均算出实际气体（鼓风或煤气）的平均比热容，进而计算有关的热量项。

本书附表1就是采用积分方法计算出的不同温度下每立方米各种气体的比焓，可供读者计算时选用。

表 6-7 常用气体比定压热容数据

$$c_p = a + bT + cT^{-2} \quad (\mathrm{cal/(mol \cdot K)})$$

气 体	a	$b \times 10^3$	$c \times 10^{-5}$	温度范围/℃
O_2	7.16	1.00	-0.40	25~2700
N_2	6.66	1.02		25~2200
H_2	6.52	0.78	0.12	25~2700
CO	6.79	0.98	-0.11	25~2200
CO_2	10.55	2.16	-2.04	25~2200
CH_4	5.65	11.44	-0.46	25~1200
$H_2O_{(g)}$	7.17	2.56	0.08	25~2500

（3）氢氧化放热　氢和氧化合成水，每千克水的生成热为 4.18×3211 kJ，冶炼每吨生铁氢还原生成水量为 $m(H_2O)_r(\mathrm{kg})$ 时，这项放热量 $Q_{H_2O}(\mathrm{kJ})$ 的计算是：

$$Q_{H_2O} = 4.18 \times 3211 \times m(H_2O)_r \tag{6-77}$$

（4）成渣热　成渣热是指高炉冶炼过程中，由 CaO 和 MgO 同酸性氧化物生成炉渣而放出的热量。通常每千克 CaO（或 MgO）成渣放热 4.18×270 kJ。在大量使用熔剂性烧结矿冶炼时，因其中的 CaO、MgO 在烧结过程中已经成渣，所以这项热量只计算由熔剂、生矿带入的 CaO、MgO 的成渣放热。成渣热 $Q_渣(\mathrm{kJ})$ 的计算是：

$$Q_渣 = 4.18 \times 270 \times (m(CaO) + m(MgO)) \tag{6-78}$$

（5）炉料物理热　在使用热烧结矿时，这项热量由烧结矿数量及其温度、比热容求得。现在的高炉冶炼已不使用热矿，对于使用冷矿的高炉，这项热量很少，可以忽略不计。

以上五项热量之和即为冶炼每吨生铁的总热收入。

B　热量支出项的计算

（1）氧化物分解耗热　氧化物分解耗热是按被还原元素的质量及分解热计算的。由于第一种全炉热平衡是按物料的初、末态考虑的，因此计算时要清楚各种氧化物在炉料中存在的形态。这一项耗热是这种热平衡支出中的大项，占全部热支出的 50%~60%。它包括：

1）铁氧化物分解耗热

假定吨铁矿石用量为 $A(\mathrm{kg})$，综合矿石由烧结矿、球团矿和生矿组成，配加比例为 a_1、a_2、a_3，$a_1 + a_2 + a_3 = 1$，综合矿石及各种矿石成分均为已知。烧结矿、球团矿中以硅酸铁（$2FeO \cdot SiO_2$）形态存在的 FeO 的比率为 g，通常 $g = 20\%~25\%$，酸性烧结矿取高值；其余 FeO 以磁铁矿（Fe_3O_4）形态存在，因而人造富矿中的 Fe_2O_3 一部分与 FeO 组成磁铁矿，另一部分为自由 Fe_2O_3，即赤铁矿。对于天然矿，应有磁铁矿、赤铁矿，而无硅酸铁。焦炭、煤粉中的 FeO 及进入炉渣的 FeO 均按硅酸铁考虑。冶炼每吨生铁由矿石及其他炉料带入的各种氧化铁数量（kg/t）的计算是：

①炉料中以硅酸铁形态存在的 FeO 数量：

$$m(FeO)_硅 = A(a_1 w(FeO)_1 g_1 + a_2 w(FeO)_2 g_2) + K w(FeO)_K + M w(FeO)_M - U w(FeO)$$

$$\tag{6-79}$$

②矿石中以 Fe_3O_4 形态存在的 FeO 量：

$$m(FeO)_磁 = A(w(FeO)_A - a_1 w(FeO)_1 g_1 - a_2 w(FeO)_2 g_2) \qquad (6-80)$$

③矿石中以 Fe_3O_4 形态存在的 Fe_2O_3 量：

$$m(Fe_2O_3)_磁 = m(FeO)_磁 \times 160/72 \qquad (6-81)$$

④矿石中磁铁矿数量：

$$m(Fe_3O_4) = m(Fe_2O_3)_磁 + m(FeO)_磁 \qquad (6-82)$$

⑤矿石中赤铁矿数量：

$$m(Fe_2O_3)_赤 = Aw(Fe_2O_3)_A - m(Fe_2O_3)_磁 \qquad (6-83)$$

硅酸铁及磁铁矿（Fe_3O_4）、赤铁矿（Fe_2O_3）的分解热效应是：

$$FeO_硅 \longrightarrow Fe \qquad -4.18 \times 973 kJ/kg(FeO)$$

$$Fe_3O_4 \longrightarrow Fe \qquad -4.18 \times 1146 kJ/kg(Fe_3O_4)$$

$$Fe_2O_3 \longrightarrow Fe \qquad -4.18 \times 1231 kJ/kg(Fe_2O_3)$$

因此，冶炼每吨生铁因铁氧化物分解需要消耗的热量 Q_{Fe}（kJ）为：

$$Q_{(Fe)} = 4.18 \times (973 m(FeO)_硅 + 1146 m(Fe_3O_4) + 1231 m(Fe_2O_3)_赤) \qquad (6-84)$$

2）锰氧化物分解耗热

1kg MnO_2 分解成 MnO 时需要热量 $4.18 \times 341 kJ$，这部分耗热由炉料计算；由 MnO 分解出 1kg Mn 耗热 $4.18 \times 1758 kJ$，这部分耗热由生铁计算。因此，锰氧化物分解耗热 $Q_{(Mn)}$（kJ）为：

$$Q_{(Mn)} = 4.18 \times (341 \times Aw(MnO_2)_A + 1758 \times 10 w[Mn]_\%) \qquad (6-85)$$

3）硅氧化物分解耗热

由 SiO_2 分解出 1kg Si 耗热 $4.18 \times 7366 kJ$，硅氧化物分解耗热 $Q_{(Si)}$（kJ）为：

$$Q_{(Si)} = 4.18 \times 7366 \times 10 w[Si]_\% \qquad (6-86)$$

4）磷酸钙分解耗热

由 $Ca_3(PO_4)_2$ 分解出 1kg P 耗热 $4.18 \times 8540 kJ$，因此磷酸钙分解耗热 $Q_{(p)}$（kJ）为：

$$Q_{(P)} = 4.18 \times 8540 \times 10 w[P]_\% \qquad (6-87)$$

对于冶炼一般生铁，氧化物的分解耗热就由上列四项组成，即：

$$Q_{分解} = Q_{(Fe)} + Q_{(Mn)} + Q_{(Si)} + Q_{(P)}$$

计算各项耗热时要注意热效应的计算基准，各种氧化物的分解热可参阅附表2。

（2）脱硫耗热　炉渣脱硫反应是：

$$FeS + CaO === CaS + Fe + \frac{1}{2}O_2 \qquad -4.18 \times 1995 kJ/kg(S)$$

脱硫耗热 $Q_{脱硫}$（kJ）为：

$$Q_{脱硫} = 4.18 \times 1995 \times Uw(S) \qquad (6-88)$$

如果炉料中含有硫酸盐（$CaSO_4$、$BaSO_4$），其分解热可参阅附表2。

（3）碳酸盐分解耗热　炉料中常见的碳酸盐有碳酸钙、碳酸镁等，其分解反应是：

$$CaCO_3 === CaO + CO_2 \qquad -4.18 \times 966.4 kJ/kg(CO_2)（或 4.18 \times 759 kJ/kg(CaO)）$$

$$MgCO_3 === MgO + CO_2 \qquad -4.18 \times 594.3 kJ/kg(CO_2)（或 4.18 \times 654 kJ/kg(MgO)）$$

碳酸盐分解耗热 $Q_{熔剂}$ 为：

$$Q_{熔剂} = 4.18 \times \Phi(759 w(CaO)_\Phi + 654 w(MgO)_\Phi) \qquad (6-89)$$

如果炉料中还有其他碳酸盐（如 $MnCO_3$、$FeCO_3$），其分解热可参阅附表2。

（4）水分分解耗热 鼓风中的湿分、喷吹燃料含有的水分从高炉风口进入炉缸，在炉内全部分解。水分的分解反应是：

$$H_2O = H_2 + \frac{1}{2}O_2 \qquad -4.18 \times 3211 kJ/kg(H_2O)（或 4.18 \times 2580 kJ/m^3(H_2O)）$$

炉料（生矿）中的结晶水在高炉里有 20%~40% 进入高温区，要进行分解（分解率为 Ψ）；其余结晶水在高炉的中温区以水蒸气形态析出，进入煤气。在计算水分分解耗热时还要考虑结晶水的溶解潜热（$4.18 \times 79 kJ/kg$）。

冶炼每吨生铁的水分分解耗热 $Q_{H_2O}(kJ)$ 为：

$$Q_{H_2O} = 4.18 \times [2580 V_b (1-W) \varphi + 3211 Mw(H_2O)_M + (79 + 3211 \Psi) Aw(H_2O)_A] \qquad (6-90)$$

式中 W——鼓风中富氧气体量。

（5）炉料游离水蒸发耗热 1kg 水由常温升温至 100℃ 吸热 $4.18 \times 80 kJ$，再转变成 100℃ 水蒸气吸热 $4.18 \times 540 kJ$，总计吸热 $4.18 \times 620 kJ$。因此，炉料游离水蒸发耗热 $Q_{蒸发}(kJ)$ 的计算是：

$$Q_{蒸发} = 4.18 \times 620 \times m(H_2O)_{游离} \qquad (6-91)$$

炉料中游离水 $m(H_2O)_{游离}$（kg/t）主要是焦炭带入的，有时生矿、石灰石也带入一些，不要遗漏。水蒸气由 100℃ 至炉顶温度的升温耗热计入煤气带走热量一项内，在此不予以考虑。

（6）喷吹物分解耗热 高炉喷吹的煤粉进入风口区，其在燃烧前要经过预热、干馏的焦化过程，碳氢化合物要进行热分解，需要消耗热量。喷吹无烟煤的分解热为 $4.18 \times (240~250)$ kJ/kg，烟煤分解热为 $4.18 \times (280~300)$ kJ/kg。

（7）铁水和炉渣带走热量 铁水和炉渣带走的热量通常按经验数据选取（见表 6-8），也可依据它们出炉时测定的温度，按渣铁组成及其比热容计算。

表 6-8 生铁、炉渣的比焓 （kcal/kg）

项 目	炼钢生铁	铸造生铁	锰 铁	硅 铁
铁水比焓	270~280	300~310	280~290	320~350
炉渣比焓	410~430	450~480	440~470	480~500

（8）炉顶煤气带走热量 这一项热量通常包括干煤气、水蒸气及炉尘三部分带走的热量。

1）干煤气带走热量 干煤气带走热量可由煤气量、煤气平均比热容及温度算得，也可以用炉顶温度时的煤气比焓 $q_g(kJ/m^3)$ 去计算。干煤气带走热量 $Q_{干煤气}(kJ)$ 计算为：

$$Q_{干煤气} = V_g q_g \qquad (6-92)$$

2）水蒸气带走热量 煤气中水蒸气带走的热量由水蒸气量、水蒸气平均比热容及炉顶温度计算。对于还原反应生成的那部分水蒸气，它的平均比热容应由基准温度（可取 0℃）算至炉顶温度（t_g，℃）；而炉料带入物理水部分的水蒸气，因已计算了蒸发耗热（第（5）项热支出），它的平均比热容应该由 100℃ 算至炉顶温度。因此，水蒸气带走热量 $Q_{水蒸气}$（kJ）应为：

$$Q_{水蒸气} = \frac{22.4}{2} \times \sum m(H_2) \eta_{H_2} \bar{c}_{pH_2O} t_g + \frac{22.4}{18} \times m(H_2O)_{游离} \bar{c}_{pH_2O} (t_g - 100) \quad (6-93)$$

3）炉尘带走热量　炉尘带走热量可由炉尘量、炉尘比热容及炉顶温度来计算，炉尘比热容值为 $4.18 \times (0.17 \sim 0.18) kJ/(kg \cdot ℃)$。当炉尘量不多时，这一部分的热量可以忽略不计。

（9）高炉热损失　高炉的热损失包括辐射于高炉周围空间的热量、炉壳附近空气对流传走的热量、通过炉底传入地层的热量等。在较多的情况下，这一项还包括冷却水带走的热量。由于这些热量损失的数据难以测定，通常采用由总热收入减去其他各项热支出算出，或采用经验公式估算得到。

冶炼不同种类的生铁，高炉热损失的大小是不一样的，对于铸造生铁，高炉热损失一般为全部热支出的 $6\% \sim 10\%$，而炼钢生铁为 $3\% \sim 8\%$。高炉热损失的大小也可作为确定、分析焦比的一个依据。对于炼铁设计来说，若热损失过大，表明焦比定得高了；若热损失太少，说明焦比定得低了；热损失比例维持在合适的范围内，才说明选定的焦比是合适的。

当热收入和热支出的各项算完之后，就可以列出热平衡表，计算热平衡指标。热平衡表包括各项收支的热量以及它们所占的比例。

6.5.1.2　第二种全炉热平衡计算

第二种全炉热平衡计算是在第一种全炉热平衡计算基础上发展起来的，它是按高炉内实际的还原过程来计算热量的供给与消耗。这种热平衡更能反映高炉冶炼在热量交换与利用方面的实质。因此，第二种全炉热平衡计算在分析高炉热现象、探讨节约能耗和降低焦比途径时被广泛采用。

考察两种全炉热平衡计算能够发现，在主要化学热（或反应热）量项的计算上，两种热平衡有不同的计算方法和不同的计算结果，这是两者的区别（但它们也能相关联）；而在造渣物质的成渣热、碳酸盐分解耗热、鼓风湿分及喷吹燃料中水分分解耗热、喷吹物分解耗热等项计算上，则是相同的。两种全炉热平衡在物理热量项的计算上是一样的。两种全炉热平衡计算方法对比见表 6-9。对于相同的物理热量项及部分化学反应热量项的计算，这里不再赘述，下面主要介绍第二种热平衡中与第一种热平衡不相同的计算项。

A　风口前碳燃烧放热

高炉冶炼过程热量的主要来源是碳在风口前的燃烧放热，这部分热量占全部热收入的 $60\% \sim 70\%$。焦炭和喷吹燃料中碳在风口前燃烧的最终产物是 CO，每千克碳燃烧成 CO 的放热量统取 $4.18 \times 2340 kJ$，因此冶炼 1t 生铁此项热收入 $Q_{燃烧}(kJ)$ 的计算是：

$$Q_{燃烧} = 4.18 \times 2340 \times m(C)_b \quad (6-94)$$

式中，$m(C)_b$ 为每吨生铁风口前燃烧的碳量，kg/t。对于生产高炉可由鼓风量及风中氧含量求得（式（6-5））；对于炼铁设计可由炉内碳平衡求得（式（6-6））。

由于第二种热平衡只计算风口前碳燃烧放热，这要比第一种热平衡中的碳氧化放热少得多，因此鼓风带入的物理热在第二种热平衡中所占比例要比第一种热平衡大，可达 30% 多。

B　铁及合金元素氧化物还原耗热

表6-9 两种全炉热平衡计算方法对比

第一、二种全炉热平衡计算方法对比（热收入）		
	第一种全炉热平衡	第二种全炉热平衡
不同计算项	（1）碳氧化热 按煤气中由高炉反应生成的CO、CO_2量计算： $C + \frac{1}{2}O_2 = CO$ $+2340$kcal/kg(C) $C + O_2 = CO_2$ $+7980$kcal/kg(C)	（1）风口前碳燃烧放热 由风口前燃烧碳量$m(C)_b$计算 碳在风口前燃烧的最终产物是CO，放热量为2340kcal/kg(C)
	（2）氢氧化放热 $H_2 + \frac{1}{2}O_2 = H_2O$ $+3211$kcal/kg(H_2O)	（2）H_2氧化成H_2O的热量在H_2还原项内考虑
相同计算项	（3）鼓风物理热 由风量、风温、湿度，按空气（干）及水蒸气的比热容或比焓计算。 （4）炉料（烧结矿）物理热 由热烧结矿数量、温度，按其比热容或比焓计算，若用冷矿，可以忽略不计此项热量。 （5）成渣热 按碳酸盐分解出CaO、MgO量计算，当MgO量不多时，可以统取每千克CaO(MgO)成渣放热270kcal	

第一、二种全炉热平衡计算方法对比（热支出）		
	第一种全炉热平衡	第二种全炉热平衡
不同计算项	（1）氧化物分解耗热 1）铁氧化物分解耗热 按不同铁氧化物分解热计算： $FeO_{硅} \rightarrow Fe$ -973kcal/kg($FeO_{硅}$) $Fe_3O_4 \rightarrow Fe$ -1146kcal/kg(Fe_3O_4) $Fe_2O_3 \rightarrow Fe$ -1231kcal/kg(Fe_2O_3) 2）Mn、Si、P等氧化物分解耗热 按分解产物，由生铁成分计算： $MnO \rightarrow Mn$ -1758kcal/kg(Mn) $SiO_2 \rightarrow Si$ -7366kcal/kg(Si) 磷酸钙$\rightarrow$P -8540kcal/kg(P)	（1）氧化物还原耗热 1）铁氧化物还原耗热 按高价氧化铁还原到FeO，再由FeO按还原度r_d、$r_{i(CO)}$、$r_{i(H_2)}$还原到Fe的耗热计算： 硅酸铁$\rightarrow$FeO -78.8kcal/kg(FeO) $Fe_2O_3 + CO = 2FeO + CO_2$ -3.3kcal/kg(Fe) $Fe_3O_4 + CO = 3FeO + CO_2$ -29.7kcal/kg(Fe) $Fe_3O_4 + H_2 = 3FeO + H_2O$ -90.4kcal/kg(Fe) $FeO + C = Fe + CO$ -649.1kcal/kg(Fe) $FeO + H_2 = Fe + H_2O$ -118.2kcal/kg(Fe) $FeO + CO = Fe + CO_2$ -58.0kcal/kg(Fe) 2）Mn、Si、P氧化物还原耗热 由生铁成分，按还原产物计算 $MnO + C = Mn + CO$ -1248kcal/kg(Mn) $SiO_2 + C = Si + CO_2$ -5360kcal/kg(Si) $3CaO \cdot P_2O_5 + 5C = 2P + 5CO + 3CaO$ -6275kcal/kg(P)

第一、二种全炉热平衡计算方法对比（热支出）

第一种全炉热平衡	第二种全炉热平衡

不同计算项

（2）脱硫耗热

按渣中 S 量计算 FeS 分解耗热：

$$FeS + CaO = CaS + Fe + \frac{1}{2}O_2 \quad -1995\ kcal/kg(S)$$

（2）脱硫耗热

按渣中硫量计算：

$$FeS + CaO + C = CaS + Fe + CO \quad -1139\ kcal/kg(S)$$

（3）碳酸盐分解耗热

按熔剂中 CO_2 折算成 $CaCO_3$ 、 $MgCO_3$ ，由 CO_2 量计算耗热：

$$CaCO_3 = CaO + CO_2 \quad -966.4\ kcal/kg(CO_2)$$
$$MgCO_3 = MgO + CO_2 \quad -594.3\ kcal/kg(CO_2)$$

（3）碳酸盐分解耗热

与第一种热平衡计算相同，但需加入高温区分解出的 CO_2 参加碳的溶损反应的耗热量：

$$CO_2 + C = 2CO \quad -900\ kcal/kg(CO_2)$$

相同计算项

（4）水分分解耗热

鼓风中的湿分及喷吹燃料的水分按下式计算：

$$H_2O = H_2 + \frac{1}{2}O_2 \quad -3211\ kcal/kg(H_2O)（或 2580\ kcal/m^3\ (H_2O)）$$

（5）炉料游离水蒸发耗热

焦炭带入的游离水由常温升至 100℃，再转变成水蒸气（100℃），按吸热 620 kcal/kg （H_2O）计算。

（6）喷吹物分解耗热

按 200~300 kcal/kg（煤）或 350~450 kcal/kg（油）计算。

（7）铁水和炉渣带走热量

按给定温度下的渣、铁比焓计算，一般炼钢生铁铁水比焓为 270~280 kcal/kg，炉渣比焓为 410~430 kcal/kg。

（8）炉顶煤气带走热量

1）干煤气带走热量　按煤气量、煤气比热容、温度或比焓计算；

2）水蒸气带走热量　按水蒸气量、水蒸气比热容、温度或比焓计算；

3）炉尘带走热量　按炉尘量、炉尘比热容、温度计算。

（9）高炉热损失 = 全部热收入 - 其他 8 项热支出

这项耗热是第二种热平衡计算的主要热支出项，它分为两部分：

（1）铁氧化物还原耗热　与第一种热平衡一样，也是先计算各种氧化铁的数量，然后计算硅酸铁分解出 FeO 及高价氧化铁（Fe_3O_4、Fe_2O_3）还原到 FeO 的耗热量；再利用每吨铁的还原铁量 $m(Fe)_r$ 及直接还原度 r_d 和间接还原度 $r_{i(CO)}$、$r_{i(H_2)}$ 指标，计算由 FeO 还原到 Fe 的耗热量，这些耗热量之和就是铁氧化物的还原耗热。铁氧化物还原耗热 $Q_{Fe}(kJ)$ 的计算是：

$$Q_{Fe} = 4.18 \times \left(79m(FeO)_{硅} + 3.3m(Fe_2O_3)_{赤} \times \frac{112}{160} + 30m(Fe_3O_4) \times \frac{168}{232} \right) +$$

$$4.18 \times m(Fe)_r (r_d \times 649 + r_{i(H_2)} \times 118 - r_{i(CO)} \times 58) \qquad (6-95)$$

式（6-95）中的反应热效应可参阅附表2。

（2）合金元素氧化物还原耗热　生铁中合金元素 Si、Mn、P 等还原消耗的热量，由生铁成分及还原反应的热效应计算。合金元素还原耗热 $Q_{da}(kJ)$ 计算如下：

$$Q_{da} = 4.18 \times 10 \times (5360w[Si]_\% + 1248w[Mn]_\% + 6275w[P]_\%) \qquad (6-96)$$

如果生铁中还含有其他需直接还原的合金元素，则还原反应耗热量应加入。

C　其他不同耗热项

（1）脱硫耗热　第二种热平衡计算中通常按下式计算脱硫耗热：

$$FeS + CaO + C =\!\!=\!\!= CaS + Fe + CO \qquad -4.18 \times 1139 kJ/kg(S)$$

计算时仍按进入渣中的硫量考虑。

（2）碳酸盐分解耗热　在第二种热平衡中，碳酸盐分解耗热的计算方法与第一种热平衡计算相同。但在这项耗热中，还要加上石灰石在高温区分解出的 CO_2 参与碳的溶损反应的耗热量。石灰石在高温区的分解率为 40% ~ 60%，通常按 50% 考虑。碳的溶损反应耗热为：

$$CO_2 + C =\!\!=\!\!= 2CO \qquad -4.18 \times 39600 kJ(或 4.18 \times 900 kJ/kg(CO_2))$$

6.5.1.3　热平衡指标的计算

由热平衡计算来评价高炉冶炼能量利用的情况，通常采用 K_T 和 K_C 两项指标。

A　高炉有效热量利用系数 K_T

K_T 是指高炉热支出中扣除炉顶煤气带走热量及热损失之后，其余各项热支出占全部热支出的百分数。对于高炉冶炼来说，这其余各项热消耗都是必不可少的。显然，K_T 越大，表明高炉内热量利用得越好。

高炉有效热量利用系数是在第一种热平衡计算中提出的，一般情况下 K_T 在 75% ~ 85% 范围内，个别高炉冶炼可以达到 90%。对于第二种热平衡，由于总热收入基数小，煤气带走热量及热损失所占的比例要比第一种热平衡大，因此，如果考虑 K_T 的话，它的合适范围要小些，一般应为 60% ~ 75%。

B　高炉碳的热能利用系数 K_C

高炉碳的热能利用系数也称碳的利用系数，K_C（或 η_C）是指炉内碳氧化成 CO_2 和 CO 放出的热量与这些碳全部氧化成 CO_2 放出的热量之比，其计算是：

$$K_C = \frac{Q_C}{7980 \times m(C)_{氧化}} \qquad (6-97)$$

式中　　Q_C——高炉冶炼过程中碳氧化成 CO_2 及 CO 放出的热量，kcal/t；

$m(C)_{氧化}$——冶炼每吨生铁氧化成 CO_2 及 CO 的碳量，kg/t，即碳平衡图中的"$m(C)_0$"。

这是最初的定义式。以 $m(C)_{CO}$、$m(C)_{CO_2}$ 分别表示每吨生铁氧化成 CO、CO_2 的碳量，每吨生铁的氧化碳量则为 $m(C)_0 = m(C)_{CO} + m(C)_{CO_2}$，并且

$$Q_C = 2340 \times m(C)_{CO} + 7980 \times m(C)_{CO_2}$$

$$= 2340 \times (m(C)_0 - m(C)_{CO_2}) + 7980m(C)_{CO_2} = 2340m(C)_0 + 5640m(C)_{CO_2}$$

将上式结果代入式（6-97）得到：

$$K_C = \frac{2340 m(C)_O + 5640 m(C)_{CO_2}}{7980 \times m(C)_O} = 0.293 + 0.707 \frac{m(C)_{CO_2}}{m(C)_O} \qquad (6-98)$$

或表示为（传统写法）： $\qquad K_C = 0.293 + 0.707 \dfrac{m(C)_{CO_2}}{m(C)_{氧化}}$

K_C 通常以小数表示，也可变成百分数。

    碳的热能利用系数 K_C 是用热量来评价高炉里碳化学能利用情况的指标，它把热能与化学能有机地联系在一起，因此是个十分有用的指标。由于铁的还原受到化学平衡的限制，C 转变成 CO_2 的数量是有限的，因此 K_C 值不会太高。一般情况下，K_C 在 48% ~ 56% 范围内，个别高炉可达 60%。

    如果 K_C 定义式中的氧化碳量 $m(C)_{氧化}$ 写成入炉碳量（或称消耗碳量）$m(C)$，就不会得到 $m(C)_{CO} = m(C) - m(C)_{CO_2}$ 的关系（$m(C)$ 中还包括了生铁渗碳等），也就得不到后面的 K_C 算式（式（6-98））。因此，将高炉碳的热能利用系数公式写成下面形式：

$$K_C = \frac{Q_C}{7980 \times m(C)} = 0.293 + 0.707 \frac{m(C)_{CO_2}}{m(C)}$$

这是不对的，K_C 式中的 $m(C)$ 必须是氧化碳量，而不能是其他意义的碳量。

6.5.2   高温区热平衡计算

    在以整个高炉为研究对象的全炉热平衡计算中，无论是第一种还是第二种方法，它们具有的一个明显特点就是高炉上部与下部收支的热量都是等价的。但是，实际上对高炉冶炼来说，同样是 1kJ 的热量，在高炉不同部位的作用并不是一样的。比如，高炉下部的热量收入增多（或是热风带入，或是燃料比较高），将引起高炉行程变热，使生铁硅含量升高；如果较多的热量是由入炉矿石带入的（使用热烧结矿的情况），那么只能引起炉顶温度升高，而不能使炉缸变热。因此，用全炉热平衡分析高炉的热现象容易带有一定的片面性。

    为了研究不同部位的热交换情况，在全炉热平衡计算基础上提出了区域热平衡计算。由于高炉热交换空区的存在，将高炉分离成上、下两部分单独研究、计算成为可能。而高炉下部进行直接还原的高温区热交换对炼铁焦比具有决定性的作用，对研究高炉冶炼过程更有意义。因此，高炉区域热平衡计算多以下部高温区为对象，这就是高炉高温区的热平衡计算。

    高炉高温区热平衡计算是按第二种全炉热平衡计算原则进行的。高温区热平衡计算有多种方法，这里提出的方法具有计算简便、结果正确的优点，能够反映高炉热交换的本质。

6.5.2.1   高炉高温区的确定

    高炉下部发生直接还原的区域，即碳的气化反应 $C + CO_2 = 2CO$ 大量进行的区域，定作高炉的高温区。在这个区域里由于碳的气化反应充分进行，使得氧化铁的还原转为直接还原，并被全部直接还原所取代。在高炉冶炼正常情况下，高温区开始部位炉料中已不存在铁和锰的高价氧化物。铁矿石的直接还原需要消耗固体碳和供给大量热量。

    碳的气化反应进行得迟早取决于焦炭的反应性。反应性越高，直接还原开始得越早，高温区的范围相应越大。一般来说，碳的气化反应开始大量进行的温度是 900 ~ 1000℃。

这里取950℃作为高温区的开始温度，进入高温区的物料温度和离开高温区上升的煤气温度均为950℃，忽略煤气与炉料的微小温差。

高温区的位置还与高炉内煤气流及温度的分布有关，随着高炉冶炼情况的不同，高温区的位置和上部界面的形状是会不相同的。为便于研究问题，取炉腰附近以下的区域为高炉高温区。

高温区内物料的质量转移和热量传递是密切相关的，它们应遵守化学平衡、热平衡及有关的定律。图6-3示出高炉高温区物料质量转移的过程。

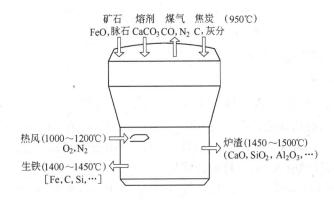

图6-3 高炉高温区物料质量转移过程示意图

6.5.2.2 高温区热平衡计算项目

对于高温区热平衡计算来说，热量收支项目如何确定是个重要问题，因为它关系到热平衡计算结果的正确与否，也关系到计算方法的繁简程度。

热量收入与支出是一个问题的两个方面，应该综合一并考虑，同时还应该抓住这一区域热交换的内在本质。根据这个观点，结合图6-3，对进入和离开高温区各种物料的组元在高温区的行为做进一步分析，可以得出该组元带进或带出高温区物理热的计算方法，这是与其他方法有所不同的（见表6-10）。

表6-10 高温区物理热的计算方法

物 料	组 元	在高温区内行为	组元走向（始末温度/℃）	热量计算（物理热）
矿石	FeO	直接还原：$FeO + C = Fe + CO$	$Fe(950) \rightarrow$ 生铁(1400) $O(950) \rightarrow$ 煤气(950)	计入生铁项内 不计算
	SiO_2（脉石）	直接还原：$SiO_2 + 2C = Si + 2CO$	$Si(950) \rightarrow$ 生铁(1400) $O(950) \rightarrow$ 煤气(950)	计入生铁项内 不计算
		造 渣	$SiO_2(950) \rightarrow$ 炉渣(1450)	计入炉渣项内
熔剂	$CaCO_3$	分解：$CaCO_3 = CaO + CO_2$	$CaO(950) \rightarrow$ 炉渣(1450)	计入炉渣项内
		还原：$CO_2 + C = 2CO$	$CO_2(950) \rightarrow$ 煤气(950)	不计算

物　料	组　元	在高温区内行为	组元走向(始末温度/℃)	热量计算(物理热)
焦炭	C	风口前燃烧： $2C + O_2 = 2CO$	C(950)→煤气(950)	不计算
		直接还原	C(950)→煤气(950)	不计算
		渗　碳	C(950)→生铁(1400)	计入生铁项内
	灰　分	造　渣	灰分(950)→炉渣(1450)	计入炉渣项内
鼓风①	O_2	燃烧焦炭	$O_2(t_b)$→煤气(950)	计入鼓风项内
	N_2	进入煤气	$N_2(t_b)$→煤气(950)	计入鼓风项内

①鼓风中湿分的分解耗热及带入的物理热计入鼓风项内。

A　高温区热收入

高温区热收入有两项：一项是碳在风口前燃烧放出的热量,它的计算与第二种全炉热平衡相同,也由风口前燃烧碳量计算;另一项是鼓风带入的有效热量(物理热),这是在扣除鼓风湿分分解耗热后,当风温为 t_b(℃)时相对于高温区界限温度950℃,鼓风所能带给高温区的有效热量。高温区热收入 Q_{hs}(kJ)的计算是：

$$Q_{hs} = 4.18 \times 2340 \times m(C)_b + V_b\left[\left(\bar{c}_{p(T_b)}t_b - \bar{c}_{p(1223)} \times 950\right) - 4.18 \times 2580 \times (1 - W)\varphi\right]$$

$$(6 – 99)$$

B　高温区热支出

(1) 铁及合金元素还原耗热　铁及合金元素还原耗热 Q_{hd1}(kJ) 的计算是：

$$Q_{hd1} = 4.18 \times 10 \times \left[w[Fe]_\% (649 \times r_d + 118 \times r_{i(H_2)}) + 5360w[Si]_\% + 1248w[Mn]_\% + 6275w[P]_\%\right]$$

$$(6 – 100)$$

(2) 碳酸盐分解耗热　碳酸盐分解耗热 Q_{hd2}(kJ) 的计算是：

$$Q_{hd2} = 4.18 \times \Phi w(CO_2)_\Phi \alpha \times (966 + 900 - 270 \times 56/44)$$　$$(6 – 101)$$

式中, α 为石灰石在高温区的分解率,通常取 0.5。这里有石灰石的分解热、分解出的 CO_2 参与碳溶损反应的耗热,并要扣除 CaO 的成渣热。

(3) 铁水和炉渣带走的高温区热量　铁水和炉渣带走的高温区热量 Q_{hd3}(kJ) 的计算是：

$$Q_{hd3} = 1000 \times (q_P - q_{P0}) + U(q_S - q_{S0})$$　$$(6 – 102)$$

这里用到铁水、炉渣出炉温度时的比焓 q_P、q_S 和界限温度时的比焓 q_{P0}、q_{S0}(kJ/kg),用它们的差值计算带走的高温区热量,各个比焓的取值见表 6 – 11。

表 6 – 11　物料的比焓　(kal/kg)

温度/℃	900	950	1000	1400	1500
生　铁	145	150	160	280	300
炉　渣	210	220	230	410	430
煤　粉	330	345	360		

(4) 喷吹燃料的升温、分解耗热　喷吹煤粉的分解耗热算法同第二种全炉热平衡。此外,喷吹燃料进入风口后由常温升至高温的过程也要消耗热量,这部分升温耗热在全炉

热平衡中是不计算的，但在这种高温区热平衡计算中需要计算。喷吹燃料的升温、分解耗热 $Q_{hd4}(kJ)$ 为：

$$Q_{hd4} = M(q_M + q_{M0}) \qquad (6-103)$$

式中　q_M——煤粉分解热，kJ/kg；

　　　q_{M0}——煤粉升至界限温度时的耗热，kJ/kg，其值见表 6-11。

之所以把喷吹燃料升温耗热计算到高温区界限温度，是因为这样处理后煤粉中碳与焦炭中碳就可以同等对待，以便进行其他物理热的计算。

（5）高温区热损失　高温区热损失 Q_{hd5} 按高温区的热收入扣除以上各项热支出后得到，也可按经验公式估算。

C　高温区热平衡计算的几点说明

由上述高温区热量收支项目的算式可以看出，在这种方法里下列热量是不需计算的：

（1）不计算生成煤气中碳（焦炭中固定碳）以 950℃ 进入高温区时带入的物理热，也不计算矿石 FeO 中元素氧以及属于直接还原部分的 SiO_2、MnO、P_2O_5 中氧带入的物理热，而相应的 Fe、Si、Mn、P 等元素带入的物理热，在铁水带走的物理热 Q_{hd3} 项内考虑。

（2）基于上述原因以及采用鼓风有效热量的概念，就不再计算以 950℃ 离开高温区的煤气所带走的物理热。

上述几项热量之所以不计入高温区热平衡中，是由于：

（1）根据物理化学中的柯普定律，化合物的分子热容等于构成此化合物各元素的原子热容之和，在以往的高温区热平衡计算中，生铁和炉渣所带走热量都是依据这一定律计算的。对于煤气部分的热量计算，同样也可应用这个定律，煤气中 CO 离开高温区带走的热量可从构成它的 C、O 元素这两个部分考虑。

（2）根据某种物料以至某一组元在高温区始末状态的温度变化来考虑，如果它以 950℃ 进入高温区，最后又以 950℃ 离开高温区，那么不管它在高温区内有怎样的行为，这个组元都不会影响高温区热平衡中物理热量项的计算。例如，焦炭中的碳以 950℃ 进入高温区，它在高温区内可能进行直接还原生成 CO，也可能在风口前燃烧生成 CO，不管是哪种 CO，也不论在高温区里它的温度怎样变化，最后还是以 950℃ 的煤气离开高温区，对于其中的碳而言，在物理热方面它没有给高温区带进或带出热量。至于 CO 中的氧，其热量可从两方面考虑，如果属于直接还原被夺取的氧，其始末状态温度都是 950℃，则不影响高温区热平衡；如果是鼓风中的氧，它的始末状态温度不同，其热量变化在鼓风项内计算。

6.6　高炉炼铁焦比计算

"理论焦比"就是在一定的冶炼条件下，高炉冶炼 1t 生铁的最低焦炭消耗量。所谓一定的冶炼条件，就是指高炉使用的原燃料及其成分、喷吹燃料的数量、冶炼时的鼓风参数（风温、湿度、富氧率）、生铁成分等都已确定。在这样的特定条件下，由高炉反应及热量消耗所决定的最低焦比就是理论焦比。理论焦比计算可以用来校验炼铁设计选取的焦比是否合适，也可以对实际操作的高炉进行分析比较，寻求降低焦比的途径。

理论焦比计算有多种方法，每种方法都有其各自的特点。

在我国常用焦比的工程计算法，这是根据高炉内碳的平衡，由物料平衡及热平衡得到焦比的算式，由此还可推导出焦比同铁的直接还原度 r_d 的直线关系式。这种方法需已知或预先确定直接还原度，而后求解焦比，有些偏于经验。

前苏联拉姆教授创立的联合计算法是假设高炉冶炼由简单的三种原料（焦炭、矿石、熔剂）构成，将高炉配料计算与焦比计算联合在一起，通过建立铁平衡、造渣氧化物平衡及热平衡三个方程，以求解冶炼单位生铁的矿石、熔剂及焦炭的用量。在这种方法里，热平衡方程有些繁琐，其"热当量"系数尚有失误，直接还原及间接还原的碳量如何确定也还是一个问题。

在 20 世纪 60 年代后期，法国 Rist 教授提出了高炉操作线理论，通过高炉过程 Fe－O－C 的变化与转移，揭示了高炉冶炼的实质。其后，有人在操作线原理的基础上推导出碳平衡、氧平衡和热平衡三个基本方程，联立求解也可得到焦比、风量、煤气量等多项高炉冶炼指标、参数。这种方法所用参数较多，参数间关系并不十分明朗，难以分清主次；且富于理论，而实际应用多有不便。

澳大利亚 A. K. Biswas 教授利用高炉上下部区域热平衡，提出了一定冶炼条件下焦比、直接还原度、煤气利用率等高炉冶炼主要参数的联合计算。这种方法比较全面地反映了高炉冶炼的客观规律，但在处理高炉区域热平衡的"内热"问题上有些繁琐与失误。

其实，高炉冶炼的理论焦比计算主要是解决风口前燃烧及铁的直接还原这两项耗碳量，前者满足高炉冶炼热量的最低需要，后者满足高炉反应对化学能（还原剂）的最低需要。而这两项耗碳量均与高炉冶炼中铁的直接还原度 r_d 指标有密切关系，因此应将焦比与直接还原度联合起来进行计算。在炼铁工艺计算中，把 r_d 作为已知量进行理论焦比求解的方法难以具有普遍性的意义。

6.6.1　焦比的工程计算法

6.6.1.1　工程计算法的焦比算式

根据高炉里碳的平衡，由物料平衡及高炉热平衡（或高温区热平衡）可以得到焦比的计算公式：

$$K = \frac{m(C)_b + m(C)_{dFe} + m(C)_{da} + m(C)_C - m(C)_j}{w(C)_K} \quad (kg/t) \qquad (6-104)$$

式中，$m(C)_j$ 为每吨生铁喷吹燃料带入的碳量，kg；其他碳量符号已有说明。式（6－104）未考虑进入炉尘的碳量，因此算得的焦比应为校正焦比。

　　A　焦比算式中几项碳量的计算

铁的直接还原耗碳量为：

$$m(C)_{dFe} = 10w[Fe]_\% r_d \times 12/56 = 2.143w[Fe]_\% r_d \qquad (6-105)$$

合金元素还原耗碳（包括石灰石在高温区分解出的 CO_2 参加溶损反应的耗碳量及炉渣脱硫耗碳量）量为：

$$m(C)_{da} = 8.571w[Si]_\% + 2.182w[Mn]_\% + 9.677w[P]_\% +$$
$$0.273\Phi w(CO_2)_\Phi \alpha + 0.375Uw(S) \qquad (6-106)$$

生铁渗碳量（可采用修正后的生铁碳含量公式估算）为：

$$m(C)_C = 10 \times (4.3 - 0.27w[Si]_\% - 0.32w[P]_\% - 0.32w[S]_\% + 0.03w[Mn]_\%)$$

喷吹燃料带进碳量为：

$$m(C)_j = Mw(C)_M$$

风口前燃烧碳量为：

$$m(C)_b = V_b \varphi(O_2)_b \times 24/22.4 = 1.071 \times \varphi(O_2)_b V_b \qquad (6-107)$$

式中　Φ——吨铁熔剂用量，kg；

　　　U——吨铁渣量，kg；

　　$\varphi(O_2)_b$——鼓风氧含量，$\varphi(O_2)_b = 0.21 + 0.29\varphi + (a - 0.21)W$，其中 W 为富氧气体数量（m^3/m^3），a 为富氧气体氧的纯度。

B　鼓风量 V_b 的计算

当高炉冶炼条件一定时，$m(C)_{da}$、$m(C)_C$、$m(C)_j$ 都是容易算出的，而 $m(C)_b$ 与鼓风量有关，为计算焦比就需要知道鼓风量。每吨生铁的风量 V_b 及 $m(C)_b$ 应由热平衡导出，通常采用第二种全炉热平衡来计算，这里采用编者提出的高温区热平衡方法进行计算，并规定高温区的界限温度为950℃。

（1）高温区热收入　由式（6-99）知，高温区热收入的计算是：

$$Q_{hs} = 4.18 \times 2340 \times m(C)_b + \left[(\bar{c}_{p(T_b)} t_b - \bar{c}_{p(1223)} \times 950) - 4.18 \times 2580\varphi(1-W) \right] V_b$$

$$= 4.18 \times 2340 \times 1.071\varphi(O_2)_b V_b + \left[q_{W1} - q_{W0} - 4.18 \times 2580\varphi(1-W) \right] V_b$$

在考虑鼓风湿分中氢参与浮氏体还原的耗热影响后（见后文），上式可简化成：

$$Q_{hs} = (q_R + q_w - q_F) V_b = q_b V_b \qquad (6-108)$$

$$q_b = q_R + q_w - q_F \qquad (6-109)$$

$$q_R = 4.18 \times 2340 \times 1.071 \times \varphi(O_2)_b$$

$$q_w = q_{W1} - q_{W0} - 4.18 \times 2850\varphi(1-W)$$

$$q_F = 4.18 \times 295\varphi(1-W)\eta'_{H_2}$$

式中　q_{W1}，q_{W0}——分别为热风温度和高温区界限温度时的鼓风比焓，kJ/m^3；

　　　q_b——$1m^3$ 鼓风的高温区综合热量，kJ/m^3；

　　　q_R——$1m^3$ 鼓风的碳燃烧热，kJ/m^3；

　　　q_w——$1m^3$ 鼓风带入高温区的物理热，kJ/m^3；

　　　q_F——鼓风带入湿分中氢参与浮氏体还原的耗热量，kJ/m^3。

　　　η'_{H_2}——高温区氢的利用率。

（2）高温区热支出　由高温区热平衡计算，可将高温区总热支出写成下面形式：

$$Q_{hd} = Q_{hd1} + Q_{hd2} + Q_{hd3} + Q_{hd4} + Q_{hd5} = Q_{hdFe} + Q_{其他}$$

式中，Q_{hdFe} 是冶炼每吨生铁直接还原铁所消耗的热量，kJ/t，即：

$$Q_{hdFe} = 4.18 \times 6491 \times w[Fe]_\% r_d \qquad (6-110)$$

$Q_{其他}$ 为高温区其他各项因素耗热总和，它的计算是：

$$Q_{其他} = 4.18 \times (53600w[Si]_\% + 12480w[Mn]_\% + 62750w[P]_\% +$$

$$295 \times 11.2m(H_2)_M\eta'_{H_2} + 79m(FeO)_硅 + 1522\Phi w(CO_2)_\Phi\alpha +$$

$$130000 + 200U + 595M + 0.8 \times 10^3 \times Z_0 w(C)_K/\eta_V) \qquad (6-111)$$

式中　Z_0——冶炼强度为1.0时1kg碳的热损失值，是经验数据，通常炼钢生铁 $Z_0 = 200 \sim 300$ kcal。

这里需要说明的是对氢还原耗热项的处理。由于焦比未知时风量未知，每吨生铁的总氢量也是未知的，尽管预先假定氢的利用率，氢对浮氏体的还原耗热量还是不好计算。为解决这一问题，这里引入高温区氢的利用率的概念，用高温区的氢量来计算。高温区氢的来源主要是喷吹燃料带入的氢和鼓风湿分带入的氢，前者在喷煤量一定时是已知量（计入式（6-111）），而后者在湿度一定时是鼓风量 V_b 的函数（鼓风带入氢参与浮氏体还原的耗热量移在热收入中扣除，即式（6-108）中 q_F 项）。而焦炭（挥发分）带入的氢在高炉中上部位挥发进入煤气，不计入高温区氢量之内。高温区氢的利用率（η'_{H_2}）可由 Fe-H-O 状态图确定，当温度为 900~1000℃ 时达到 40%~50%，计算时可取 η'_{H_2} = 0.45。这样处理后高温区氢还原浮氏体的耗热量为：

$$4.18 \times 295 \times \left[V_b \varphi (1-W) + m(H_2)_M \times 22.4/2 \right] \eta'_{H_2} \tag{6-112}$$

式中，295（$kcal/m^3$）为反应 $FeO + H_2 = Fe + H_2O$ 的热效应。

（3）鼓风量 V_b 算式的导出　由高温区热平衡 $Q_{hs} = Q_{hd}$ 可以得到：

$$(q_R + q_W - q_F) V_b = Q_{hdFe} + Q_{其他}$$

则

$$V_b = (Q_{hdFe} + Q_{其他})/(q_R + q_W - q_F) = (Q_{hdFe} + Q_{其他})/q_b \tag{6-113}$$

当 V_b 算出后，由式（6-107）可以算出 $m(C)_b$，再将 $m(C)_b$、$m(C)_{da}$、$m(C)_C$ 及 $m(C)_j$ 代入式（6-104），这样就能够算出焦比了。这个焦比就是给定条件下的理论焦比。

6.6.1.2　炼铁焦比与直接还原度 r_d 的关系及焦比-直接还原度图

由上面的计算能够看出铁的直接还原度对焦比的影响，两者间有何关系是人们所关注的，为此做进一步探讨。对上面的算式进行处理，将在一定冶炼条件下基本不变的量及某些相关常数进行归纳、整合，以简单的符号替代后得到：

$$K = (m(C)_{其他} + m(C)_{dFe} + m(C)_b)/w(C)_K = a + br_d + dV_b \tag{6-114}$$

式中

$$m(C)_{其他} = m(C)_{da} + m(C)_C - m(C)_j$$

$$a = m(C)_{其他}/w(C)_K \quad （由式(6-104)得到）$$

$$b = 2.143 w[Fe]_\% /w(C)_K \quad （由式(6-105)得到）$$

$$d = 1.071 \varphi(O_2)_b /w(C)_K \quad （由式(6-107)得到）$$

当高炉冶炼条件一定时，式（6-114）中的 $m(C)_{其他}$ 及系数 a、b、d 均有确定的值。式（6-114）表明了高炉冶炼的焦比、铁的直接还原度及鼓风量三者之间的关系。再用热平衡导出鼓风量与直接还原度的关系：

$$V_b = f \cdot r_d + g \tag{6-115}$$

式中

$$f = 4.18 \times 6491 w[Fe]_\% /q_b \quad （由式（6-110）、式（6-113）得到）$$

$$g = Q_{其他}/q_b \quad （由式（6-111）、式（6-113）得到）$$

在一定的冶炼条件下 f、g 也为常量。将式（6-115）代入式（6-114）中即可得到焦比 K 与铁的直接还原度 r_d 的关系式：

$$K = a + d \cdot g + (b + d \cdot f) r_d = m + n \cdot r_d \tag{6-116}$$

这里

$$m = a + d \cdot g = \frac{m(C)_{其他}}{w(C)_K} + \frac{1.071 \varphi(O_2)_b}{w(C)_K} \cdot \frac{Q_{其他}}{q_b} \tag{6-117}$$

$$n = b + d \cdot f = \frac{2.143 w[Fe]_\%}{w(C)_K} + \frac{1.071 \varphi(O_2)_b}{w(C)_K} \cdot \frac{4.18 \times 6491 w[Fe]_\%}{q_b} \tag{6-118}$$

　　因此，焦比与铁的直接还原度 r_d 成直线关系，直线的斜率 n 与铁的直接还原耗碳量、耗热量有关，截距 m 与其他因素的耗碳量、耗热量有关。进一步考察式（6－116）～式（6－118）能够看出，$K = m + nr_d$ 式中的 m 和 n 各由两项构成：一项是作为还原剂消耗的焦炭量，另一项是作为发热剂消耗的焦炭量。还可将式（6－116）分解为两条直线，一条是：

$$K_1 = m_1 + n_1 r_d = \frac{m(C)_{\text{其他}}}{w(C)_K} + \frac{2.143 w[Fe]_\%}{w(C)_K} r_d \tag{6－119}$$

K_1 就是图 6－4 中的 $A'B'$ 线，这条直线表示冶炼每吨生铁作为还原剂的焦炭消耗量与直接还原度 r_d 之间的关系。式（6－117）和式（6－118）的第二项也确定了一条直线，即：

$$K_2 = m_2 + n_2 r_d = \frac{1.071 \varphi(O_2)_b}{w(C)_K} \left(\frac{Q_{\text{其他}}}{q_b} + \frac{4.18 \times 6491 w[Fe]_\%}{q_b} r_d \right) \tag{6－120}$$

K_2 就是图 6－4 中的 $A''B''$ 线中，这条直线表示冶炼每吨生铁由其他因素的热量消耗及铁的直接还原耗热所决定的焦炭量与直接还原度 r_d 之间的关系。

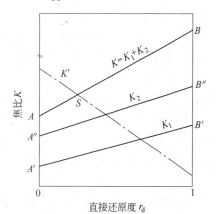

图 6－4　焦比 K 式的分解图
K_1—作为还原剂（直接还原）消耗的焦炭量；
K_2—作为发热剂消耗的焦炭量；
K'—间接还原消耗的焦炭量

　　由于直接还原既要消耗还原剂碳，又需供给大量热量（以及其他的热量消耗），而高炉中热量的主要来源是碳在风口前的燃烧，因此这两种碳（或焦炭）消耗只能加和，而不能彼此替代，即 $K = K_1 + K_2$。这也就说明图 6－4 中 $K - r_d$ 关系直线 AB，是由作为还原剂及发热剂的两种焦炭消耗共同决定的。

　　式（6－114）、式（6－116）～式（6－118）为焦比计算提供了一种灵活的方法。虽然 K_1 和 K_2 是互相联系的，但它们的计算却可独立，因而在直接还原度 r_d 已知的情况下可以分别求出这时的 K_1 和 K_2，而它们的和就是高炉冶炼的焦比。这也为分析高炉冶炼情况、寻求降低焦比的途径提供了有效方法和手段。

　　如果从间接还原角度考虑还原剂的消耗，那么冶炼每吨生铁的焦炭量应为：

$$K' = \left[2.143 \times w[Fe]_\% \left(1 + \frac{1}{K_p} \right) (1 - r_d - r_{i(H_2)}) + m(C)_C - m(C)_j \right] / w(C)_K \tag{6－121}$$

式中　K_p——浮氏体被 CO 还原的平衡常数，其值与温度有关；

　　$1 + \dfrac{1}{K_p}$——还原剂过量系数，一般按 650℃ 时的 K_p 计算，此时碳的过量系数最小（约为 2.30），可同时满足 FeO 与 Fe_3O_4 被 CO 还原的需要。

　　K' 也是一条直线，其斜率为负值，它与 K 直线交点 S（见图 6－4）的坐标就是一定冶炼条件下的最低焦比和最佳直接还原度值。不过高炉冶炼的实际还原度均比最佳的 r_d 值大，因此高炉焦比仍然要由 K 线所决定。

　　这里的公式 $K = m + nr_d$ 虽然由高炉高温区热平衡导出，但对焦比的计算还是适用的。利用全炉热平衡来推导焦比与直接还原度的关系也能得到同样的形式，但 m 和 n 的表达和计算要更为复杂一些。

此外需要提及的是，焦比与直接还原度的直线关系式是在一定冶炼条件下推导得到的，这条直线仅在某 r_d 值附近不大的范围内适用。当它变化较大时，由于焦比的变化致使熔剂用量、渣量及其相关因素发生变化，会使该直线的截距 m 变化。因此，要得到准确的焦比－直接还原度关系线，需将熔剂用量、吨铁渣量等项也表示成焦比的函数，但这样焦比的计算就更为复杂困难了。

6.6.2 拉姆联合计算法

6.6.2.1 拉姆联合计算法的三个方程

前苏联 A. H. 拉姆教授创立的联合计算法是理论焦比计算中可采用的方法。该法假设高炉冶炼由简单的三种原料（矿石、熔剂、焦炭）构成，将高炉配料计算与焦比计算联合在一起，通过建立铁平衡、造渣氧化物平衡及热平衡三个方程，以求解冶炼单位生铁的矿石、熔剂及焦炭的用量。拉姆方法列出的三个方程如下（这里假设有喷吹燃料的情况，煤粉用量是已知的）：

铁平衡方程 $$Ae_A + \Phi e_\Phi + Ke_K + Me_M = 1$$
造渣氧化物平衡方程 $$Aw(\overline{RO})_A + \Phi w(\overline{RO})_\Phi + Kw(\overline{RO})_K + Mw(\overline{RO})_M = 0$$
热平衡方程 $$Aq_A + \Phi q_\Phi + Kq_K + Mq_M = 0$$

方程中各项的意义及计算见后文。

A 铁平衡方程

铁平衡方程式中的 A、Φ、K、M 分别为冶炼 1kg 生铁的矿石、熔剂、焦炭、煤粉用量，kg；e_A、e_Φ、e_K、e_M 分别为每千克矿石、熔剂、焦炭、煤粉的理论出铁量，kg，它们可以称为物料的"铁量系数"。e_i 的计算是：

$$e_i = \frac{w(Fe)\eta_{Fe} + w(Mn)\eta_{Mn} + w(P)\eta_P}{1 - w[C] - w[Si] - w[S] - w[Ti]} \qquad (6-122)$$

式中 η_{Fe}，η_{Mn}，η_P——分别为 Fe、Mn、P 元素在高炉冶炼中的回收率。

因为这里以 1kg 生铁为计算基础，故物料中元素含量（$w(Fe)$、$w(Mn)$、$w(P)$ 等）、元素分配率及生铁成分（$w[C]$、$w[Si]$、$w[S]$、$w[Ti]$ 等）均应采用小数计算。式（6-122）中的分子部分是 1kg 物料 i 进入生铁的铁、锰、磷量，如果还有其他元素（如 Cu、V、Nb 等）进入生铁，也应在分子部分加入；分母部分是生铁中扣除碳、硅、钛、硫元素含量后，其他元素（Fe、Mn、P 等）含量的和。C、Si、S、Ti 元素在生铁中的含量与高炉冶炼制度、生铁质量有直接关系，可预先确定。

B 造渣氧化物平衡方程

当高炉冶炼炉渣二元碱度为 R 时，物料 i 的"自由氧化钙含量"$w(\overline{RO})_i$ 应为：

$$w(\overline{RO})_i = w(CaO) - R(w(SiO_2) - e_i \times 2.14w[Si]) \qquad (6-123)$$

$w(\overline{RO})$ 意为在规定的炉渣碱度条件下，每千克物料成渣时多余或不足的碱性氧化物数量，kg。据此可列出造渣氧化物平衡方程：

$$Aw(\overline{RO})_A + \Phi w(\overline{RO})_\Phi + Kw(\overline{RO})_K + Mw(\overline{RO})_M = 0$$

通常情况下，焦炭灰分、煤粉灰分、矿石脉石显酸性（SiO_2 含量较多），因而 $w(\overline{RO})_A$、$w(\overline{RO})_K$、$w(\overline{RO})_M$ 均为负值；而熔剂（石灰石）是提供 CaO 的，$w(\overline{RO})_\Phi >$

0。因此，渣中自由氧化钙数量的代数和为 0。在这一方程的 $w(\overline{RO})_i$ 中考虑了因硅还原需要消耗 SiO_2 的影响。

当高炉采用高碱度烧结矿冶炼、用硅石作为熔剂时，仍可采用上式，只是对于熔剂项应代以硅石成分。

C 热平衡方程

拉姆计算法采用物料热当量（或热量系数）进行热平衡的计算。热当量 q_i 的意义是：每千克物料 i 在高炉内经受全部物理化学变化时所能提供或消耗的热量。热当量 q_i 是拉姆联立方程中最为重要的系数，其表达、计算都比较复杂。由于总的碳量、直接还原碳量、燃烧碳量均为未知，即使计算前设定铁的直接还原度及氢的还原度，也不能将碳量区分开，因而需进行间接的计算。

焦炭的热当量算式为：

$$q_K = q_C(1 - Z)w(C)_K - u_K q_渣 - (w(S)_K \times 0.9 - e_K w[S]) \cdot$$
$$\left[4770 + \frac{12}{32}(q_C + 1.867\bar{c}_{pCO}t_g)\right] \tag{6-124}$$

煤粉的热当量算式为：

$$q_M = q_C(1 - Z)w(C)_M - u_M q_渣 - q_{分解} - q_{H_2O}w(H_2O)_M -$$
$$(w(S)_K \times 0.9 - e_M w[S]) \cdot \left[4770 + \frac{12}{32}(q_C + 1.867\bar{c}_{pCO}t_g)\right] \tag{6-125}$$

熔剂（石灰石）的热当量算式为：

$$q_\Phi = -w(CaO)_\Phi \left[4.18 \times \left(760 + \frac{44}{56} \times 900 \times \alpha - 270\right) + \frac{22.4}{56} \times \bar{c}_{pCO_2}t_g(1 - \alpha) + \right.$$
$$\left. \frac{12}{56} \times \alpha(q_C + 2 \times 1.867\bar{c}_{pCO}t_g) + q_渣\right] - (w(S)_\Phi \times 0.9 - e_\Phi w[S]) \cdot$$
$$\left[4770 + \frac{12}{32}(q_C + 1.867\bar{c}_{pCO}t_g)\right] \tag{6-126}$$

矿石的热当量算式为：

$$q_A = -w(Fe)\{r_d[4.18 \times 649 + 0.214 \times (q_C + 1.867 \times \bar{c}_{pCO}t_g)] -$$
$$(1 - r_d - r_{i(H_2)})[4.18 \times 58 - 0.4 \times (\bar{c}_{pCO_2} - \bar{c}_{pCO})t_g] +$$
$$r_{i(H_2)}[4.18 \times 118 + 0.4 \times (\bar{c}_{pH_2O} - \bar{c}_{pH_2})t_g]\} -$$
$$w(Fe_2O_3)[4.18 \times 2.3 + 0.14 \times (\bar{c}_{pCO_2} - \bar{c}_{pCO})t_g] -$$
$$e_A\{w[Si][4.18 \times 5360 + 0.857 \times (q_C + 1.867 \times \bar{c}_{pCO}t_g)] +$$
$$w[Ti][4.18 \times 3460 + 0.5 \times (q_C + 1.867 \times \bar{c}_{pCO}t_g)] +$$
$$w[Mn][4.18 \times 1248 + 0.218 \times (q_C + 1.867 \times \bar{c}_{pCO}t_g)] +$$
$$w[P][4.18 \times 6275 + 0.968 \times (q_C + 1.867 \times \bar{c}_{pCO}t_g)]\} -$$
$$(w(S)_A \times 0.9 - e_A w[S]) \times [4770 + 0.375 \times (q_C + 1.867\bar{c}_{pCO}t_g)] -$$
$$e_A(w[C]q_C + q_铁) - u_A q_渣 \tag{6-127}$$

式中，q_C 为风口前燃烧 1kg 碳放出的有效热量，kJ，其计算是：

$$q_C = 9800 + v_b\bar{c}_{pb}t_b - v_g\bar{c}_{pg}t_g - 10800 \times v_b(1 - W)\varphi \tag{6-128}$$

它包含风口前燃烧 1kg 碳生成 CO 的放热量（9800kJ）、燃烧 1kg 碳所需鼓风带入的热量（需扣除湿分分解耗热），还要扣除燃烧 1kg 碳形成的煤气所带走的热量。涉及的参数 $\bar{c}_{pb}$

为热风温度 t_b 时的鼓风平均比热容，kJ/（m³·℃）；$\bar{c}_{pg}$ 为炉顶煤气温度 t_g 时的煤气平均比热容，kJ/（m³·℃）。

其他参数是：

$q_{渣}$——炉渣带走的热量（炉渣比焓），kJ/kg；

$q_{铁}$——铁水带走的热量（铁水比焓），kJ/kg；

$q_{分解}$——喷吹的煤粉分解耗热，kJ/kg；

q_{H_2O}——煤粉中水分分解耗热，kJ/kg；

$\bar{c}_{pCO}$，$\bar{c}_{pCO_2}$，$\bar{c}_{pH_2}$，$\bar{c}_{pH_2O}$——分别为炉顶煤气中 CO、CO_2、H_2、H_2O 的平均比热容，kJ/（m³·℃）。

式中的渣量系数 u_i（每千克物料的理论渣量，kg/kg）的计算是：

$$u_i = w(SiO_2) + w(Al_2O_3) + w(TiO_2) + w(MgO) + w(CaO) +$$
$$1.29w(Mn)\mu_{Mn} + 1.286w(Fe)\mu_{Fe} + 0.9w(S) \times 0.5 -$$
$$e_i(2.14w[Si] + 1.67w[Ti] + 0.5w[S]) \tag{6-129}$$

式（6-129）中的第一行是物料的主要成渣组分，先按它们全部进渣考虑，再扣除第三行中一些元素因还原而消耗的数量；式中第二行是某些元素（铁、锰等）按其在渣中分配率 μ_{Mn}、μ_{Fe} 计算的成渣氧化物及进渣 CaS 的数量，硫有 10% 挥发进入煤气。

由上面计算可以看出，q_i 是按第二种全炉热平衡计算的（也可按第一种全炉热平衡计算）。计算焦炭和煤粉的热当量时，将全部碳量（但要扣除高炉热损失部分 Z）都算作在风口前燃烧了，由 C 氧化成 CO 的反应放热和鼓风带入热量扣除煤气带走热量及鼓风湿分分解耗热，再扣除它们成渣带走的热量。对于煤粉，还需扣除煤中水分分解耗热及煤粉的分解热。矿石的热当量计算较为复杂，它包含铁的直接还原及氢还原的耗热（扣除间接还原放热）、合金元素还原及脱硫耗热、由反应形成的煤气和生成渣铁带走的热量等。这里需要扣除未在风口前燃烧的生铁渗碳、直接还原碳的相应热量，这项热量是在燃料中多算了的热量。

6.6.2.2 讨论

（1）前苏联 A. H. 拉姆教授把高炉冶炼的配料计算与热平衡计算结合起来，建立三个基本方程，在计算矿石、焦炭、熔剂三种物料的特性系数 e、$w(\overline{RO})$ 及 q 后，解联立方程就可得到冶炼单位生铁的矿石、熔剂和焦炭用量。在现有的文献中，对拉姆联合计算法的介绍尚存在一些问题，有碍于正确地计算。拉姆方法中某些概念不易理解，计算公式及程序比较繁琐，这些因素都限制了它的应用。在广泛使用计算机的今天，掌握了这种方法的实质，建立起正确的计算模型，联合计算法也会得到很好的应用。

（2）物料的铁量系数 e 和自由 CaO 含量的计算并不困难。应该明确，只要物料中含有铁、锰、磷元素，该物料的铁量系数 e 就不会为零，即这种物料就能产出部分铁来，在相关的计算中就都要用到它。当对渣中 MgO 含量有要求时，三元碱度可作为一个条件，这时需要列解四元联立方程。如果只有三元碱度而没有二元碱度同时作为条件，仍按三元方程去解的话，最后的结果可能是炉渣三元碱度能够满足要求，但二元碱度却不一定合适，这样的配料会存在问题。

（3）物料的热当量 q_i 是个重要的系数，它的正确与否关系到计算的成败。计算中热效应取值准确、物料数量计算正确（切忌质量与气体体积的混淆）都是重要的。关键的问题是风口前燃烧碳、直接还原耗碳等项碳量的划分,这涉及高炉冶炼热量的供给。因而铁的直接还原度指标也是一个重要参数,需要先行确定,这在以往文献中是不够明确的。

拉姆计算方法中直接还原消耗的碳量,隐含在各物料之中。由直接还原及间接还原的铁量、直接还原的合金元素量折算出直接还原耗碳及间接还原用碳数量,能够方便地计算出焦炭和煤粉的热当量系数。

6.6.3 炼铁焦比与直接还原度的联合计算

参考澳大利亚 A. K. Biswas 教授的计算方法,提出一个比较完整、比较简便的高炉炼铁焦比、铁的直接还原度、煤气利用率等多项指标的联合计算,并以此探讨理论焦比与实际焦比之间的关系。

这里的"焦比 – 直接还原度 $(K - r_d)$ 联合计算法"是按高温区热平衡计算进行的。高炉焦比的多少主要由高温区内的还原剂消耗和热量消耗所决定。

$K - r_d$ 联合计算法与其他方法的一个不同点,就是对每吨生铁的渣量、石灰石用量以及焦比采用分解计算的方法,也就是分别计算矿石、焦炭、煤粉这些物料的成渣物质数量、石灰石用量和各自的耗热量。这样就可以找出焦比、渣量、石灰石用量之间的关系,使得焦比的计算脱离许多假定数据的范畴。

6.6.3.1 理论焦比与直接还原度的联合计算

A 计算条件及某些规定

(1)以冶炼 1t 生铁作为计算基础,所用原料成分、生铁成分都是已知的。对于生产高炉,吨铁矿石用量、煤气成分及炉渣成分也是已知的;对于设计高炉,矿石用量可由铁平衡方程先行求出。现代高炉多采用富氧喷煤强化冶炼措施,每吨生铁的喷煤量应是已知的,并认为煤粉中碳在风口前全部燃烧。

(2)当今高炉炼铁多使用高碱度烧结矿,并寻求合理的炉料结构,冶炼时加入熔剂数量已经很少了。考虑到这种情况,计算时先假定高炉不使用熔剂,待焦比算出后,按照炉渣碱度要求进行碱度校核,确定加入熔剂的种类(石灰石或硅石)及数量,并按其炉内行为再进行追加焦比的计算。

(3)高炉高温区界限温度选在 950℃ 可能更为合适,对于浮氏体的间接还原 $FeO + CO = Fe + CO_2$,950℃ 时反应的平衡常数为:

$$K_p = \varphi(CO_2)_\% / \varphi(CO)_\% = 30.9/69.1 = 0.447$$

因此,还原 1kmol 铁所需要 CO 的过量系数 n 应为:

$$n = 1 + 1/K_p = 1 + 1/0.447 = 3.237 \text{kmol}$$

(4)设 K 为焦比(kg/t)、M 为煤比(kg/t),高炉中几部分碳量分别为:

风口前燃烧碳量: $m(C)_b = m(C)_{b,K} + m(C)_{b,M}$

$$m(C)_{b,M} = Mw(C)_M$$

铁的直接还原耗碳: $m(C)_{dFe}$

合金元素还原耗碳: $m(C)_{da} = 8.571 \times w[Si]_\% + 2.182 \times w[Mn]_\% + 9.677 \times w[P]_\% + m(S)_0 \times 0.85 \times 0.375$

生铁渗碳量: $m(C)_C = 10 \times w[C]_\%$

因此 $\qquad Kw(C)_K = m(C)_{b,K} + m(C)_{dFe} + m(C)_{da} + m(C)_C \qquad (6-130)$

式中　$m(C)_{b,K}$，$m(C)_{b,M}$——分别为由焦炭、煤粉提供的风口碳量；

　　　　　　$m(S)_0$——估算的硫负荷，其中炉渣脱硫$85\% \sim 90\%$。

计算时仅生铁成分采用百分数，其他含量均采用小数。

　　B．计算的准备

　　(1) 物料的渣量系数及渣量算式　对于物料带入炉内的成渣物质数量采用了简化计算：

矿石渣量系数：$u_A = w(CaO)_A + w(MgO)_A + w(SiO_2)_A + w(Al_2O_3)_A$　(kg/kg)

石灰石渣量系数：$u_Φ = 1 - w(CO_2)_Φ$　(kg/kg)　(如果硅石 $u_硅 = 1$)

焦炭渣量系数（取焦炭灰分含量）：$u_K = w(A)_K$　(kg/kg)

煤粉渣量系数（取煤粉灰分含量）：$u_M = w(A)_M$　(kg/kg)

　　在不使用熔剂时，每吨生铁渣量 U(kg) 的计算是：

$$U = Au_A + Mu_M + Ku_K - 21.4 \times w[Si]_\% \tag{6-131}$$

将焦比 K 按式 (6-130) 分解，并代入式 (6-131) 后得到：

$$U = [Au_A + Mu_M - 21.4 \times w[Si]_\% + (m(C)_{da} + m(C)_C)u_K/w(C)_K] + [(m(C)_{b,K} + m(C)_{dFe})u_K/w(C)_K] = U_1 + U_2 \tag{6-132}$$

式 (6-132) 前面大项定为 U_1，是渣量中已知部分；后面大项定为 U_2，是渣量中未知部分。$21.4 \times w[Si]_\%$ 是因 Si 还原所消耗的 SiO_2 量。

　　(2) 氢还原问题的处理　当焦比未知时，入炉总氢量、还原氢量都是未知的。为了计算焦比，这里也将氢按其来源做分解处理，采用高炉高温区氢的利用率（$η'_{H_2}$）概念，并认为高温区的还原氢均参加浮氏体的还原。每吨生铁的高温区还原氢量 $n(H_2)_r$(kmol) 的算式为：

$$n(H_2)_r = \left[M\frac{w(H)_M}{2} + (m(C)_{b,M} + m(C)_{b,K})\frac{v_bφ}{22.4} \right]η'_{H_2} \tag{6-133}$$

式中　$w(H)_M$——煤粉中氢的质量分数（包括水中的氢）；

　　　　v_b——风口前燃烧每千克碳所需风量，m^3，$v_b = 0.933/φ(O_2)_b$；

　　　　$φ$——鼓风湿度。

并令　　　　　　　　　　$v'_{H_2} = v_bφη'_{H_2}/22.4 \tag{6-134}$

v'_{H_2} 表示风口前燃烧每千克碳的鼓风所带入的还原氢量，kmol/kg。因此：

$$n(H_2)_r = (Mw(H)_Mη'_{H_2}/2 + m(C)_{b,M}v'_{H_2}) + m(C)_{b,K}v'_{H_2} = n(H_2)_{r,M} + n(H_2)_{r,K}$$

　　C　高温区热平衡方程的建立

　　对于焦比算式（式 (6-130)），其中的碳量 $m(C)_{da}$、$m(C)_C$ 在一定的冶炼条件下都是已知的，要计算焦比就要求出 $m(C)_{b,K}$ 及 $m(C)_{dFe}$ 两项数值。这就需要列出既满足高炉冶炼热量需要又满足还原剂需要的两个方程，联立求解。

　　(1) 高温区热收入　对于高温区的热收入，可将碳燃烧热与鼓风带入的物理热统一在一起，用燃烧每千克碳的总热量 q_{Ch} (kcal/kg) 来表示，其算式是：

$$Q_{hs} = (m(C)_{b,K} + m(C)_{b,M})q_{Ch} \tag{6-135}$$

式中　　　　　　$q_{Ch} = 2340 + v_b[\bar{c}_{pb}(t_b - 950) - 2580 \times (1 - W)φ] \tag{6-136}$

　　(2) 高温区热支出　每吨生铁的高温区热量消耗可归纳成两大项，即：$Q_{hd} = Q_{hd1} + Q_{hd2}$，其中 Q_{hd1} 为已知项确定的热量消耗，冶炼条件一定时这项热量消耗基本上不变。它包括：

1）生铁带走的热量 $1000 \times q_{Ph}$，q_{Ph} 为生铁在高温区的比焓（kcal/kg）；

2）炉渣已知部分带走的热量 $U_1 q_{Sh}$，q_{Sh} 为炉渣在高温区的比焓（kcal/kg）；

3）合金元素还原及与煤粉相关部分氢的还原耗热

$$53600 w[Si]_\% + 12480 w[Mn]_\% + 62750 w[P]_\% + 6620 n(H_2)_{r,M}$$

4）喷吹煤粉的分解及升温耗热 $(250 + 345) \times M$；

5）高温区热损失（包括冷却水带走的热量）$Q_{h失}$。

高温区热量消耗另一大项 Q_{hd2} 为未知项的热量消耗，主要与铁的直接还原有关，包括：

1）铁的直接还原耗热 $m(C)_{dFe} \times 3030$；

2）作为风口前燃烧碳及直接还原耗碳的焦炭所带入成渣物质的耗热

$$(m(C)_{b,K} + m(C)_{dFe}) u_K q_{Sh} / w(C)_K$$

3）燃烧焦炭的鼓风所带入氢的还原耗热 $6620 \times m(C)_{b,K} \times v'_{H_2}$。

令

$$q_K = u_K q_{Sh} / w(C)_K \quad (kcal/kg)$$

$$q_h = 6620 \times v'_{H_2} \quad (kcal/kg)$$

则

$$Q_{hd2} = m(C)_{dFe}(3030 + q_K) + m(C)_{b,K}(q_h + q_K) \quad (kcal/t) \quad (6-137)$$

（3）按高炉高温区热平衡列出方程

$$(m(C)_{b,K} + m(C)_{b,M}) q_{Ch} = Q_{hd1} + m(C)_{dFe}(3030 + q_K) + m(C)_{b,K}(q_h + q_K)$$

整理后得到第一个方程：

$$q_C m(C)_{b,K} - (3030 + q_K) m(C)_{dFe} = Q_{hd1} - m(C)_{b,M} q_{Ch} \quad (6-138)$$

式中，$q_C = q_{Ch} - q_K - q_h$，它表示燃烧每千克焦炭中碳所能提供给高温区的有效热量，这里面包括了碳的燃烧反应放热及鼓风带入高温区的有效热量，扣除焦炭因灰分成渣的自身耗热及鼓风带入氢的还原耗热；$3030 + q_K$ 是按每千克直接还原铁的碳量计算的耗热量，其中包括反应耗热及这部分碳对应的焦炭灰分成渣的自身耗热。

D 高温区碳氧平衡方程的建立

设冶炼每吨生铁由矿石铁氧化物带进的总氧量为 $m(O)_{A1}$（kg），矿石经浮氏体阶段含有的氧量为 $m(O)_{A2}$（kg），这两项氧量可由矿石用量及其成分算出。风口前燃烧的碳 $m(C)_{b,K}$、$m(C)_{b,M}$ 以及直接还原碳 $m(C)_{dFe}$、$m(C)_{da}$，均被氧化成 CO，这些 CO 及高温区的还原氢都参与浮氏体的还原。按 950℃ 的热力学数据（CO 的过量系数 $n = 3.237$）进行计算，可列出方程：

$$\frac{m(O)_{A2}}{16} - \frac{m(C)_{b,K} + m(C)_{b,M} + m(C)_{dFe} + m(C)_{da}}{12 \times 3.237} - n(H_2)_{r,M} - m(C)_{b,K} v'_{H_2} = \frac{m(C)_{dFe}}{12}$$

整理后得到第二个方程：

$$\left(\frac{1}{12 \times 3.237} + v'_{H_2} \right) m(C)_{b,K} + \frac{4.237}{12 \times 3.237} \times m(C)_{dFe}$$

$$= \frac{m(O)_{A2}}{16} - \frac{m(C)_{b,M} + m(C)_{da}}{12 \times 3.237} - n(H_2)_{r,M} \quad (6-139)$$

将式（6-138）及式（6-139）联立，组成含有 $m(C)_{b,K}$ 及 $m(C)_{dFe}$ 的二元一次方程组，即可求解出它们的数值，然后再依据式（6-130）计算冶炼每吨生铁的焦比。

　　E　补加熔剂及追加焦比的计算

　　焦比算出后，应根据炉料用量情况及规定的炉渣碱度列出碱度方程，计算确定补加的熔剂种类和数量。如果加入石灰石，还应计算因石灰石分解、成渣的耗热量以及在高温区分解出的 CO_2 参与碳的溶损反应的耗热、耗碳量，按需要追加焦比。如果加入硅石，则仅考虑因炉渣耗热所应增加的焦比。由于焦比的增加，又产生新一次的石灰石用量、耗热量的增加，造成焦比的再一次变动。仅当补加石灰石数量较多时，这种二次效应予以考虑。

　　补加石灰石后，将使焦比中的 $m(C)_{b,K}$ 及 $m(C)_{da}$ 两项碳量有所增加。

　　F　高炉冶炼其他指标的计算

　　当焦比计算完成后，铁的直接还原度以及1t生铁的风量、煤气量、煤气利用率等项指标也就容易计算出来，还可利用上部区热平衡计算炉顶温度。

　　(1) 铁的（巴甫洛夫）直接还原度

$$r_d = \frac{16 \times m(C)_{dFe}}{12 \times m(O)_{A2}} \qquad (6-140)$$

　　(2) 另种铁的直接还原度

$$r_C = \frac{16 \times m(C)_{dFe}}{12 \times m(O)_{A1}} \qquad (6-141)$$

　　(3) 煤气利用率

$$\eta_{CO} = \frac{m(O)_{A1}/16 - m(C)_{dFe}/12 - n(H_2)_r}{(m(C)_{b,K} + m(C)_{b,M} + m(C)_{dFe} + m(C)_{da})/12}$$

或　　　　$$\eta_{CO} = (0.75 \times m(O)_{A1} - m(C)_{dFe} - 12 \times n(H_2)_r)/m(C)_O \qquad (6-142)$$

这里的氧化碳量为：

$$m(C)_O = m(C)_{b,K} + m(C)_{b,M} + m(C)_{dFe} + m(C)_{da}$$

　　(4) 每吨生铁的鼓风量

$$V_b = v_b(m(C)_{b,K} + m(C)_{b,M}) \qquad (6-143)$$

　　(5) 每吨生铁的炉缸煤气量和炉顶煤气量

$$V_{g缸} = v_g(m(C)_{b,K} + m(C)_{b,M}) \qquad (6-144)$$

$$V_g = v_g(m(C)_{b,K} + m(C)_{b,M}) + 1.867 \times (m(C)_{dFe} + m(C)_{da}) \qquad (6-145)$$

式中，v_g 为风口前燃烧1kg碳的炉缸煤气量，其计算是：

$$v_g = 0.933 \times (1 + 1/\varphi(O_2)_b)$$

这里的煤气量为粗略计算，要准确计算还需计入煤粉带入的氢、焦炭挥发分及补加的石灰石在低温区分解出的 CO_2 等。

　　(6) 每吨生铁的渣量

$$U = Au_A + Ku_K + Mu_M + \Phi u_\Phi - 21.4w[Si]_\% \qquad (6-146)$$

　　G　炉顶温度的计算

　　在各种物料数量都已确定的情况下，高炉上部区的热量消耗（Q_1）是很容易算出的。高炉上部区的热量消耗是以下几项耗热（kcal/t）的和：

　　(1) 生铁项物质升温耗热　$1000 \times q_{Pl}$；

　　(2) 炉渣项物质升温耗热　Uq_{Sl}；

（3）如果补加石灰石，则应计算石灰石在低温区的分解耗热（要扣除成渣热），取石灰石在低温区的分解率为 50%，则此项耗热为：

$$\Phi w(CO_2)_\Phi \times 0.5 \times (960 - 270 \times 56/44) = 311 \times \Phi w(CO_2)_\Phi$$

（4）上部区热损失 $Q_{1失}$。

此外，Q_1 还应包括形成煤气的矿石中氧和焦炭中碳、由冷态（基准温度）升温至炉顶温度的耗热。此项耗热容易遗漏，若遗漏则造成计算的炉顶温度偏高。

在忽略炉料带入的少量物理热及某些反应热后，高炉上部区的主要热收入是煤气带入的热量，而在采用编者这种高炉区热平衡计算方法的条件下，这项热量可按鼓风带入的热量计算，因此可列出高炉上部区的热平衡方程：

$$Q_1 = m(C)_b v_b \bar{c}_{pb}(950 - t_{顶})$$

则炉顶温度（℃）为：

$$t_{顶} = \frac{m(C)_b v_b \bar{c}_{pb} \times 950 - Q_1}{m(C)_b v_b \bar{c}_{pb}} \tag{6-147}$$

6.6.3.2 算例

以某厂 1060m³ 高炉热平衡测定数据为例，用 $K-r_d$ 联合计算法，计算在该高炉冶炼条件下的理论焦比及直接还原度。高炉冶炼条件为：高炉利用系数 $\eta_V = 2.095 t/(m^3 \cdot d)$，炉渣碱度 $R = 1.14$；每吨生铁用料：烧结矿 1675.22kg，澳矿 107.71kg；石灰石 24.16kg；焦比 462.93kg，煤比 65.41kg；炉尘量 16.42kg；热风温度 1026.5℃，鼓风湿度 0.01748；取高温区氢的利用率 $\eta'_{H_2} = 0.45$。

物料主要成分见表 6-12，生铁及煤气成分如下：

生铁成分/%	Fe	Si	Mn	P	S	C
	94.561	0.524	0.164	0.265	0.022	4.464

煤气成分/%	CO₂	CO	H₂	CH₄	N₂	
	18.182	23.695	1.203	0.596	56.324	

表 6-12　物料主要成分　　　　　　　　　　（%）

项 目	TFe	FeO	Fe₂O₃	CaO	SiO₂	Al₂O₃	MgO	CO₂	S
烧结矿	52.22	13.62	59.47	11.78	9.29	1.34	3.86		0.049
澳矿	65.10	0.43	92.41		2.47	1.51	0.28	0.33	0.016
石灰石				55.3	1.03			42.93	
炉渣				42.17	37.02				0.86
炉尘	38.23	6.82	47.04	8.12	9.87	2.63	3.31	(C 20.25)	

项 目	C	灰 分	CaO	SiO₂	Hᶠ	H₂O	S
焦 炭	85.23	13.01	0.85	6.00	0.24		0.744
煤 粉	82.75	12.05	0.83	5.50	2.17	1.81	0.351

注：Hᶠ 为元素分析 H 含量。

A　理论焦比的计算

（1）渣量系数 u_i 及已知项渣量 U_1 的计算

烧结矿渣量系数：$u_{A烧} = 0.1178 + 0.0386 + 0.0929 + 0.0134 = 0.2627\text{kg/kg}$

澳矿渣量系数：$u_{A澳} = 0.0028 + 0.0247 + 0.0151 = 0.0426\text{kg/kg}$

石灰石渣量系数：$u_{\Phi} = 1 - 0.4293 = 0.5707\text{kg/kg}$

焦炭渣量系数：$u_K = 0.1301\text{kg/kg}$

煤粉渣量系数：$u_M = 0.1205\text{kg/kg}$

生铁渗碳量：$m(C)_C = 44.64\text{kg}$

炉尘带走碳量：$m(C)_尘 = 16.42 \times 0.2025 = 3.33\text{kg}$

合金元素还原耗碳量：

$$m(C)_{da} = 10 \times (0.524 \times 24/28 + 0.164 \times 12/55 + 0.265 \times 60/62) + 1.60 = 9.01\text{kg}$$

（1.60 为脱硫耗碳量，据计算该炉硫负荷为 4.7kg 左右）

已知项渣量：

$$U_1 = 1675.22 \times 0.2627 + 107.71 \times 0.0426 + 65.41 \times 0.1205 +$$
$$(44.64 + 9.01) \times 0.1301/0.8523 - 21.4 \times 0.524 = 449.53\text{kg}$$

（2）煤粉中还原氢量的计算

喷吹煤粉带入碳量：$m(C)_{b,M} = 65.41 \times 0.8275 = 54.13\text{kg}$

鼓风含氧量：$\varphi(O_2)_b = 0.21 + 0.29 \times 0.01748 = 0.2151$

燃烧每千克碳所需风量：$v_b = 0.933/0.2151 = 4.338\text{m}^3/\text{kg}$

燃烧每千克碳由鼓风带入高温区的还原氢量：

$$v'_{H_2} = 4.338 \times 0.01748 \times 0.45/22.4 = 0.00152\text{kmol/kg}$$

因喷吹煤粉带入高温区的还原氢量：

$$n(H_2)_{r,M} = 65.41 \times [(0.0217/2 + 0.0181/18) \times 0.45 + 0.8275 \times 0.00152] = 0.4311\text{kmol}$$

（3）高温区每千克风口碳的综合热量计算

当风温 $t_b = 1026.5℃$、界限温度为 950℃ 时，可以算得：干空气比焓分别为 347.83kcal/m³、301.50kcal/m³，水蒸气比焓分别为 422.61kcal/m³、363.20kcal/m³。因此：

$$q_{Ch} = 2340 + 4.338 \times [(347.83 - 301.5) \times (1 - 0.01748) +$$
$$(422.61 - 363.2) \times 0.01748 - 2580 \times 0.01748]$$
$$= 2340 + 6.33 = 2346.33\text{kcal/kg}$$

$$q_K = u_K q_{sh}/w(C)_K = 0.1301 \times 210/0.8523 = 32.06\text{kcal/kg}$$

（这里按炉渣出炉温度及界限温度时的比焓选取）

$$q_h = 6620 \times v'_{H_2} = 6620 \times 0.00152 = 10.06\text{kcal/kg}$$

在扣除焦炭灰分成渣带走热量及氢还原耗热后，每千克焦炭中碳提供给高温区的综合热量为：

$$q_C = q_{Ch} - q_K - q_h = 2346.33 - 32.06 - 10.06 = 2304.21\text{kcal/kg}$$

（4）高温区已知项的耗热计算

$$Q_{hd1} = 1000 \times (290 - 150) + 449.53 \times (430 - 220) + (53600 \times 0.524 + 12480 \times 0.164 +$$
$$62750 \times 0.265) + 6620 \times 0.4311 + 595 \times 65.41 + 300 \times 0.8523 \times 1000 \times 0.8/2.095$$
$$= 420574.3\text{kcal}$$

上式中第一项为生铁带走的高温区热量；第二项为炉渣带走的热量；第三项为合金元素还原耗热；第四项为煤粉项还原氢的耗热；第五项为喷吹煤粉的分解及升温耗热（取每千克煤粉分解耗热250kcal，升温至界限温度耗热345kcal）；第六项为高温区的热损失（按经验公式估算，取 $Z_0 = 300kcal/kg$，高温区热损失占全炉热损失的80%）。

（5）列解联立方程

1）按热平衡方程（式（6-138））列出并代入数据

$$q_C m(C)_{b,K} - (3030 + q_K) m(C)_{dFe} = Q_{hd1} - m(C)_{b,M} q_{Ch}$$

$$2304.21 \times m(C)_{b,K} - (3030 + 32.06) \times m(C)_{dFe} = 420574.3 - 54.13 \times 2346.33$$

整理后得到：

$$2304.21 \times m(C)_{b,K} - 3062.06 \times m(C)_{dFe} = 293567.5 \qquad (I)$$

2）按碳氧平衡方程（式（6-139））列出并代入数据 矿石带入氧量为：

$$m(O)_{A1} = 1675.22 \times (0.5947 \times 48/160 + 0.1362 \times 16/72) +$$
$$107.71 \times (0.9241 \times 48/160 + 0.0043 \times 16/72) -$$
$$16.42 \times (0.4704 \times 48/160 + 0.0682 \times 16/72) = 377.02kg$$

$$m(O)_{A2} = 1675.22 \times (0.5947 \times 32/160 + 0.1362 \times 16/72) +$$
$$107.71 \times (0.9241 \times 32/160 + 0.0043 \times 16/72) -$$
$$16.42 \times (0.4704 \times 32/160 + 0.0682 \times 16/72) = 268.16kg$$

将 $m(O)_{A2}$、还原剂过量系数（950℃时）$n = 3.237$ 及有关数据代入式（6-139）：

$$\left(\frac{1}{12 \times 3.237} + 0.00152\right) \times m(C)_{b,K} + \frac{4.237}{12 \times 3.237} \times m(C)_{dFe}$$

$$= \frac{268.16}{16} - \frac{54.13 + 9.01}{12 \times 3.237} - 0.4311$$

整理后得到：

$$0.02726 \times m(C)_{b,K} + 0.10908 \times m(C)_{dFe} = 14.7034 \qquad (II)$$

至此得到两个方程式（I）、式（II），联立求解得到：

$$m(C)_{b,K} = 230.11kg, \quad m(C)_{dFe} = 77.29kg$$

故此时的焦比为：

$$K = (230.11 + 77.29 + 9.01 + 44.64)/0.8523 = 423.62kg$$

考虑炉尘损失后的焦比应为：

$$K = 423.62 + 3.33/0.8523 = 427.52kg$$

（6）碱度校核及熔剂用量和追加焦比的计算

1）熔剂种类的确定和用量计算 当前条件下进渣的 CaO 和 SiO_2 数量为：

$$\sum m(CaO) = (1675.22 \times 11.78 + 65.41 \times 0.83 + 427.52 \times 0.85 -$$
$$16.42 \times 8.12)/100 = 200.18kg$$

$$\sum m(SiO_2) = (1675.22 \times 9.29 + 107.71 \times 2.47 + 65.41 \times 5.50 +$$
$$427.52 \times 6.00 - 16.42 \times 9.87)/100 - 21.4 \times 0.524 = 174.71kg$$

此时碱度 $R = \sum m(CaO)/\sum m(SiO_2) = 200.18/174.71 = 1.146$，与该炉规定的炉渣碱度1.14几乎相等，高炉操作可不加石灰石。但实际冶炼石灰石用量为24.16kg，这说明在物料计量或成分分析上有偏差。按高炉冶炼使用石灰石的实际情况考虑，经计算，炉料带入 CaO 量为 213.84kg，带入 SiO_2 量为 177.08kg，炉渣碱度实际上应为 $R = 213.84/177.08 = 1.207$。按修正后情况计算，需要加入的石灰石量为：

$$\Phi = (\sum m(SiO_2)R - \sum m(CaO))/w(CaO)_{有效}$$

$$= (174.71 \times 1.207 - 200.18)/(0.5530 - 1.207 \times 0.0103) = 19.77kg$$

2）追加焦比计算　　石灰石在高温区耗热量为：

$$Q_{hd\Phi} = \Phi[w(CO_2)_\Phi \times 0.5 \times (966 + 900 - 270 \times 56/44) + u_\Phi q_{Sh}]$$

$$= 19.77 \times (0.4293 \times 0.5 \times 1522.4 + 0.5707 \times 210) = 8829.68kcal$$

因耗热需追加碳量：

$$\Delta m(C)_{b,K} = Q_{hd\Phi}/q_C = 8829.68/2304.21 = 3.83kg$$

石灰石在高温区分解出的 CO_2 参与碳的溶损反应多耗碳量：

$$\Delta m(C)_{da} = 19.77 \times 0.4293 \times 0.5 \times 12/44 = 1.15kg$$

因加入石灰石需追加焦比：

$$\Delta K = (3.83 + 1.15)/0.8523 = 5.84kg$$

因此，焦比应为 $427.52 + 5.84 = 433.36kg$，石灰石用量为 19.77kg。

这里能够看出，在本题条件下，每增加 1kg 石灰石要多耗焦炭 $5.84/19.77 = 0.295kg$，与通常"入炉石灰石增加 100kg，焦比增加 30kg"的经验数据能相吻合。

在考虑二次效应时，每千克焦炭因灰分造渣需加入的石灰石量为：

$$\Phi_K = (w(SiO_2)_K R - w(CaO)_K)/w(CaO)_{有效}$$

$$= (0.06 \times 1.207 - 0.0085)/0.5406 = 0.12kg$$

$$\Delta\Phi' = \Delta K \Phi_K = 5.84 \times 0.12 = 0.70kg$$

再追加焦比：

$$\Delta K' = \Delta\Phi' \times 0.30 = 0.70 \times 0.30 = 0.21kg$$

最后结果为：

$$K = 427.52 + 5.84 + 0.21 = 433.57kg$$

$$\Phi = 19.77 + 0.70 = 20.47kg$$

（7）直接还原度与煤气利用率的计算

$$r_d = \frac{16 \times m(C)_{dFe}}{12 \times m(O)_{A2}} = \frac{16 \times 77.29}{12 \times 268.16} = 0.3843$$

$$r_C = \frac{16 \times m(C)_{dFe}}{12 \times m(O)_{A1}} = \frac{16 \times 77.29}{12 \times 377.02} = 0.2733$$

$$m(C)_O = 230.11 + 3.83 + 54.13 + 77.29 + 9.01 + 1.15 = 375.52kg$$

$$\eta_{CO} = (0.75 \times m(O)_{A1} - m(C)_{dFe} - 12 \times n(H_2)_r)/m(C)_O$$

$$= \{0.75 \times 377.02 - 77.29 - 12 \times [(230.11 + 3.83) \times$$

$$0.00152 + 0.4311]\}/375.52 = 0.5220 = 52.20\%$$

B　高炉冶炼实际焦比的计算

由上例计算得到了在该高炉冶炼条件下焦比及直接还原度的联立方程：

热平衡方程　　　　$2304.21 \times m(C)_{b,K} - 3062.06 \times m(C)_{dFe} = 293567.5$

碳氧平衡方程　　　$0.02726 \times m(C)_{b,K} + 0.10908 \times m(C)_{dFe} = 14.7034$

算出焦比为 433.57kg，直接还原度 r_d 为 0.3843。而高炉冶炼的实际焦比是 462.93kg，比计算值高出近 30kg，实际情况下的直接还原度（$r_d = 0.446$）也高一些。由于受到氧化铁还原速率、热交换情况及其他因素的影响，高炉冶炼总是处于非平衡状态下。因此，按前面方法计算的焦比应该是该种条件下的最低焦比（即理论焦比），相应的直接还原度也应是最佳的直接还原度。

由该高炉热平衡测定数据可以算出煤气利用率为 43.20%，而在理想状态下煤气利用率可以达到 52.20%。这种情况表明，在高温区里仅有部分可还原转变成 CO_2 的 CO 参与还原反应，由于间接还原没有达到理想程度，因而直接还原增多，直接还原耗碳、耗热量增多，致使焦比升高。这里引入"煤气相对利用率"的概念，即高炉冶炼实际的煤气利用率与浮氏体还原达到平衡时的煤气利用率之比，定义式为：

$$e = \frac{\eta_{CO}}{\eta_{CO}^*} \qquad (6-148)$$

式中，η_{CO}^* 按式（6-142）计算；而 $\eta_{CO} = \varphi(CO_2)/(\varphi(CO) + \varphi(CO_2))$。

煤气相对利用率表明浮氏体间接还原趋近于平衡状态的程度，也表明高炉实际焦比趋近于理论焦比的程度。为计算焦比，碳氧平衡方程的一般式为：

$$\frac{m(O)_{A2}}{16} - \frac{e}{12 \times n}(m(C)_{b,K} + m(C)_{b,M} + m(C)_{dFe} + m(C)_{da}) -$$

$$n(H_2)_{r,M} - m(C)_{b,K}v'_{H_2} = \frac{m(C)_{dFe}}{12}$$

整理后得到：

$$\left(\frac{e}{12 \times n} + v'_{H_2}\right)m(C)_{b,K} + \frac{n+e}{12 \times n}m(C)_{dFe}$$

$$= \frac{m(O)_{A2}}{16} - \frac{e}{12 \times n}(m(C)_{b,M} + m(C)_{da}) - n(H_2)_{r,M} \qquad (6-149)$$

式（6-149）与式（6-138）联立，当 $e = 1$ 时，求出的焦比即为理论焦比；而当 $e \neq 1 (e < 1)$ 时，求出的焦比应该是该条件下高炉的实际焦比。

对于该高炉冶炼条件，当煤气相对利用率 $e = 0.432/0.522 = 0.828$ 时，用本节方法反算高炉冶炼所需要的焦比。经计算列出方程：

热平衡方程　　　　　$2304.21 \times m(C)_{b,K} - 3062.06 \times m(C)_{dFe} = 293567.5$

碳氧平衡方程　　　　$0.02284 \times m(C)_{b,K} + 0.10465 \times m(C)_{dFe} = 14.983$

求解得到：　　　　　$m(C)_{b,K} = 246.25kg, \ m(C)_{dFe} = 89.43kg$

此时 $r_d = 0.4446$，吨铁焦比为 460.70kg。进而计算得到需加石灰石 23.70kg，追加焦比 6.99kg。在考虑二次效应时，高炉焦比应为 467.94kg，比该高炉的实际焦比 462.93kg 仅多出 5.01kg；石灰石用量为 24.54kg，与实际情况也很接近。这里还计算了该高炉冶炼条件下，煤气相对利用率 e 值不同时高炉炼铁的焦比、直接还原度、熔剂用量等情况，其结果如表 6-13 所示。

6.6.3.3　讨论

（1）对高炉冶炼多项参数采用分解计算方法，利用高温区热平衡及浮氏体还原化学平衡，进行高炉焦比与直接还原度的联合求解。计算结果与高炉冶炼的实际状况能很好地吻合，表明这种联合计算法可靠、实用，用它能够求解理想状态和实际操作时的焦比、直接还原度、煤气利用率等多项指标参数，尽管这种方法带有粗略计算的性质。

表 6-13　煤气相对利用率不同时高炉的冶炼参数指标

e	1.0	0.9	0.8	0.7	0.828	
					计算值	实际值
直接还原度 r_d	0.3843	0.4183	0.4553	0.4960	0.4446	0.4460
焦比/kg	433.57	452.94	474.04	497.21	467.94	462.93
石灰石用量/kg	20.47	22.22	25.25	28.02	24.54	24.16

（2）这种方法把浮氏体的间接还原引入焦比计算之中，考虑了风口前燃烧碳、直接还原碳形成的 CO 以及还原氢量对浮氏体的还原，满足化学平衡的需要，列出了碳氧平衡方程（第二个方程）。这个方程受浮氏体还原热力学数据准确性的影响较大，计算时应注意对平衡常数 K_p 的选定。而风口碳量作为热能供给来源，应满足高炉冶炼的热量消耗，列出了高温区热平衡方程（第一个方程）。这两个方程是高炉冶炼的基本方程，反映了高炉冶炼的本质，把它们有机地紧密结合在一起，使得焦比计算更趋科学、更加合理。

（3）这种联合计算法的第一个方程如果单独列出，就是过去常常采用的焦比的工程计算法。在工程计算法里，铁的直接还原度是作为已知数据参与计算的。应该指出，铁的直接还原度既与矿石的冶金性能有很大关系，也与高炉冶炼的实际状况有关。可以设想，尽管矿石的还原性不是太好，但处于较高还原势的煤气中时，间接还原的情况也会有所变化。这个因素在其他焦比计算方法中是体现不出来的（r_d 或明或暗，已被假定，在计算中是一固定的指标）。而在这种方法里，直接还原度（直接还原耗碳量 $m(C)_{dFe}$）与焦比（主要是风口碳量 $m(C)_{b,K}$）互为条件、互相关联，由联立方程求解。因此，这种联合计算法是具有普遍意义的焦比计算方法。

（4）这里提出的煤气相对利用率的概念，能表明高炉冶炼煤气利用趋近于理想状态的程度，揭示高炉冶炼理论焦比和实际焦比之间的联系。由此可方便、有效地探讨改善还原过程或其他因素变化对焦比影响的程度以及高炉所能达到的状态。

（5）采用联合计算法进行炼铁工艺计算，所取用的经验数据较少，而且多是非主要数据，所列的方程是高炉冶炼的基本方程。对于炼铁设计，在给定冶炼条件下可首先进行联合计算，算出焦比和直接还原度指标，也算出炉顶温度等，把这些结果作为高炉冶炼的主要参数、基本数据。这样可以使炼铁设计指标选取合理，设计有所根据，减少了盲目性，避免了大的失误，使得设计达到更高水准。

6.7　高炉操作线

法国钢铁研究院 A. Rist 教授，在 20 世纪 60 年代后期研究高炉过程控制时提出了高炉操作线图。在一直角坐标图里通过 Fe-O-C 三元素的变化与转移，将高炉冶炼参数、指标之间的内在联系简单直观地表达出来，揭示了高炉过程的实质与规律。

6.7.1　Rist 操作线

6.7.1.1　操作线图中点、线段的意义与计算
A　操作线图中点、线段的意义

Rist 操作线如图 6-5 所示，纵坐标轴为氧原子与铁原子数量之比，横坐标轴为氧原子与碳原子数量之比，AE 线就是一定冶炼条件下的高炉操作线。操作线以"mol"为单位进行计算。

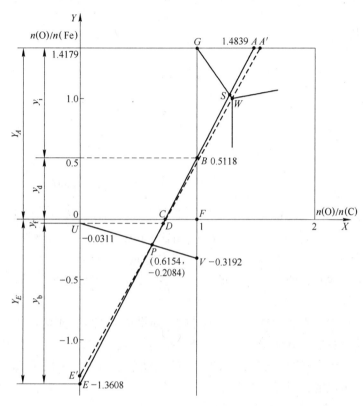

图 6-5　Rist 操作线图

AE 线在纵坐标轴上的投影表示高炉过程冶炼 1mol 铁来源的氧量，这里面包括：X 轴上方线段 AC 投影 y_0 为矿石铁氧化物带入的氧量；X 轴下方线段 CD 投影 y_f 为生铁中合金元素还原及炉渣脱硫带入的氧量；线段 DE 投影 y_b 为碳燃烧由鼓风带入的氧量。它们都以 1molFe 为基准，其单位是 mol(O)。

操作线 AE 在横坐标轴上的投影表示高炉过程上述氧的去向，它们与碳结合生成 CO 或 CO_2，以高炉煤气离开高炉。横坐标 0~1 区间表示 CO 的生成，其中

鼓风燃烧生成部分（线段 ED 投影）：$x_b = X_D$　（X_D 为 D 点横坐标）

合金元素还原生成部分（线段 DC 投影）：$x_f = X_C - X_D$

铁的直接还原生成部分（线段 CB 投影）：$x_d = 1 - X_C$

横坐标 1~2 区间表示 CO 的利用，CO 参与铁氧化物的间接还原生成 CO_2。

B　操作线图中点、线段的计算

（1）线段 y_0　矿石氧化铁带入氧量的计算

$$y_0 = \frac{w(Fe_2O_3) \times 3/160 + w(FeO) \times 1/72}{w(Fe)/56} \quad (mol(O)/mol(Fe)) \quad (6-150)$$

式中　$w(Fe), w(Fe_2O_3), w(FeO)$——分别为矿石的全铁含量及 Fe_2O_3、FeO 含量，%。

线段 y_0 中，y_i 部分为铁氧化物被间接还原夺取的氧量，而 y_d 部分为直接还原夺取的氧量，y_d 与铁的直接还原度 r_d 是等价的。A 点纵坐标为 $Y_A = y_0$。

（2）线段 y_f 生铁中合金元素还原及炉渣脱硫带入氧量的计算

$$y_f = y_{[Si]} + y_{[Mn]} + y_{[P]} + y_{(S)} \qquad (6-151)$$

式中的 $y_{[Si]}$ 由硅还原反应 $SiO_2 + 2C = Si + 2CO$ 计算：

$$y_{[Si]} = \frac{w[Si] \times 2/28}{w[Fe]/56} = 4\frac{w[Si]}{w[Fe]} \quad (mol(O)/mol(Fe)) \qquad (6-152)$$

同理

$$y_{[Mn]} = \frac{1.02w[Mn]}{w[Fe]} \quad (mol(O)/mol(Fe))$$

$$y_{[P]} = \frac{4.52w[P]}{w[Fe]} \quad (mol(O)/mol(Fe))$$

$$y_{(S)} = \frac{Uw(S) \times 1/32}{w[Fe]/56} = \frac{1.75Uw(S)}{w[Fe]} \quad (mol(O)/mol(Fe)) \qquad (6-153)$$

式中　$w[Fe]$，$w[Si]$，$w[Mn]$，$w[P]$——分别为生铁中相应成分的质量分数，%；

U——渣比，t/t；

$w(S)$——渣中硫的质量分数，%。

如果生铁中还含有其他直接还原的合金元素，需在式（6-151）中加上带入的相应氧量。

上面是按高炉冶炼不加废铁的情况推导的，如果加了废铁，则应按每吨生铁的还原铁量进行计算，这时算式要有所变化。此外还应指出，$y_{[Si]}$、$y_{[Mn]}$ 等各项算式的系数是在采用铁的相对原子质量 56 的情况下得到的，有的文献采用相对原子质量 55.85 而得到相近的系数值，也是可以的，只是在文章中统一为好。

（3）线段 y_b 鼓风带入氧量的计算

$$y_b = \frac{m(C)_b/12}{1000w[Fe]/56} = \frac{0.00467m(C)_b}{w[Fe]} \quad (mol(O)/mol(Fe)) \qquad (6-154)$$

或者

$$y_b = \frac{V_b\varphi(O_2)_b \times 2/22.4}{1000w[Fe]/56} = \frac{0.005V_b\varphi(O_2)_b}{w[Fe]} \qquad (6-155)$$

由于线段 y_f 和 y_b 处于 X 轴下方，当表示操作线图中 U、E 两点的纵坐标时，不要丢掉算式中的负号，即：

$$Y_U = -y_f = -(y_{[Si]} + y_{[Mn]} + y_{[P]} + y_{(S)}) \qquad (6-156)$$

$$Y_E = -(y_f + y_b) \qquad (6-157)$$

（4）A 点横坐标 煤气利用率的计算 按操作线的定义，A 点横坐标为：

$$X_A = \frac{2\varphi(CO_2) + \varphi(CO)}{\varphi(CO_2) + \varphi(CO)} = 1 + \frac{\varphi(CO_2)}{\varphi(CO_2) + \varphi(CO)}$$

$$= 1 + x_i = 1 + \eta_{CO} \quad (mol(O)/mol(C)) \qquad (6-158)$$

线段 x_i 可表示煤气利用率 η_{CO}。但需注意，用煤气成分计算 x_i 时，这里的 CO_2 仅为矿石间接还原产生的，不包括炉料带入的 CO_2。现在高炉冶炼多使用高碱度烧结矿，石灰石用量已很少甚至不用，这种情况下直接用煤气成分计算 X_A 是可以的。

（5）操作线 AE 斜率的计算

$$\mu = \frac{Y_A - Y_E}{X_A - X_E} = \frac{y_b}{x_b} = \frac{y_f}{x_f} = \frac{y_d}{x_d} = \frac{y_i}{x_i} \quad (\text{mol(C)/mol(Fe)}) \tag{6-159}$$

操作线斜率意为高炉冶炼 1mol（或 1kmol）铁所需要的碳量（mol 或 kmol），具有炼铁焦比的意义，它与焦比可以相互转换。

6.7.1.2 操作线所受到的限制

操作线不是随意画出的，它要受到高炉物料平衡、浮氏体还原化学平衡及高炉高温区热平衡三个方面的限制，这是源于高炉冶炼的基本理论与规律。

A 高炉物料平衡的限制

操作线的纵、横坐标都是限定在一定区间内的，是受高炉炼铁物料平衡所制约的。y_0 表示 1 个铁原子带进的氧原子数，若矿石为纯赤铁矿（Fe_2O_3），则 $y_0 = 3/2 = 1.5$，此时理论铁含量为 70%，含氧 30%（质量分数）；若为纯磁铁矿（Fe_3O_4），则 $y_0 = 4/3 = 1.33$，理论铁含量为 72.4%，含氧 27.6%。天然矿石以及通常的烧结矿、球团矿，其 y_0 都是介于 1.33 ~ 1.50 之间的。因此，对于普通矿石冶炼，$1.33 \leqslant Y_A \leqslant 1.50$，如果计算得到的 Y_A 不在这一范围内，显然是算错了。

y_0 表示矿石中与铁结合的氧原子的数量，结合的氧多，则铁氧化的程度就高，因此它也可作为矿石氧化度的指标，y_0 可称为矿石的"绝对氧化度"，它与"相对氧化度"$D = 1 - \frac{w(Fe^{2+})}{3w(TFe)}$ 之间的关系是：

$$y_0 = 1.50 \times D$$

高炉冶炼中碳氧化的最终产物不会全部是 CO，也不会全部是 CO_2，因此，$x_i < 1$，则 $1.0 < X_A < 2.0$。C 点处于铁还原终点的横坐标轴上，铁的还原不会是全部的直接还原或全部的间接还原，因此，$0 < X_C < 1.0$。

B 浮氏体还原化学平衡的限制

浮氏体（FeO）的还原是氧化铁还原过程中最困难的一步，存在着化学平衡问题，而此平衡与反应温度有关。高炉里直接还原与间接还原的分界温度是由碳的溶损反应充分发展的温度所决定的，该温度即高炉热储备区与高温区的分界温度，在 900 ~ 1000℃ 之间。反应 $FeO + CO = Fe + CO_2$ 的平衡气相成分为：900℃ 时，CO_2 含量 31.5%；1000℃ 时，CO_2 含量 29%。由化学平衡的限制，操作线图中 W 点的横坐标 $X_W = 1.29 \sim 1.315$（此时反应平衡常数 $K_{p(1173)} = 0.461$，$K_{p(1273)} = 0.397$）。纵坐标 Y_W 由该温度下浮氏体氧含量所决定，由铁氧相图可知，$Y_W \approx 1.05$。不过计算时通常取用 $X_W = 1.29$（或 1.30）和 $Y_W = 1.0$。由于化学平衡的限制，操作线 AE 不能越过 W 点肩部，而只能接近 W 点。若操作线 AE 通过 W 点，这应是高炉改善还原条件，煤气利用以及焦比所能达到的极限情况。

C 高炉高温区热平衡的限制

操作线 AE 要通过某一固定的点（尽管这点可能在图中没有画出），这是由高炉高温区热平衡所确定的点，以 P 表示。

高温区热收入包括风口前碳燃烧放热及鼓风带入的热量，并扣除煤气带走的热量，称为每千摩尔碳的"有效热量"q_b(kJ/kmol(C))，其计算是：

$$q_b = [9800 + v_b(\bar{c}_{pb}t_b - 10800\varphi) - v_g\bar{c}_{pg}t_g] \times 12 \tag{6-160}$$

式中　v_b，v_g——分别为风口前燃烧每千克碳的风量、（高温区）煤气量，m^3/kg；

$\bar{c}_{pb}$，$\bar{c}_{pg}$——分别为鼓风与煤气计算温度时的平均比热容，kJ/(m³·℃)。

应注意式（6－160）的末尾是乘以而不是除以 12。因此，每千摩尔铁的热量收入为 $y_b q_b$(kJ)。

高温区热支出可以归结为两项：一项是浮氏体直接还原（FeO + C ══ Fe + CO）耗热 $y_d q_d$（$q_d = 152190$kJ）；另一项是高温区的其他耗热量，其中包括生铁中合金元素还原及脱硫耗热、渣铁比焓、高温区热损失等，设其为 Q。由此可列出热平衡：

$$y_b q_b = y_d q_d + Q = q_d \left(y_d + \frac{Q}{q_d} \right)$$

可变化为：

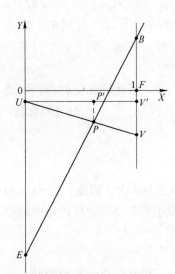

图 6－6　P 点坐标求证

$$\frac{y_b}{y_d + Q/q_d} = \frac{q_d}{q_b} \tag{6－161}$$

式中，Q/q_d 意为高温区其他热量消耗相当于铁的直接还原耗热的倍数，这也可以用线段表示，即操作线图中的 FV。这样得到 $BV = BF + FV = y_d + Q/q_d$，如图 6－6 所示。

连接 U、V 两点，与 AE 线交于 P 点，由 △UPE 与 △VPB 相似可以得出下列关系：

$$\frac{UE}{VB} = \frac{UP}{PV} = \frac{q_d}{q_b}$$

$$\frac{UP}{PV} = \frac{P'U}{P'V'} = \frac{X_P}{1 - X_P} \quad （两三角形底边上高）$$

另

$$\frac{Y_P - Y_U}{Y_V - Y_U} = \frac{X_P}{1} \quad （△UPP' 与 △UVV' 相似）$$

因此，可以得到 P 点坐标为：

$$X_P = \frac{q_d}{q_b + q_d} \tag{6－162}$$

$$Y_P = Y_U + X_P (Y_V - Y_U) \tag{6－163}$$

P 点就是由高炉热平衡所确定的操作线要通过的点。影响热平衡的因素（如风温水平、铁及合金元素还原情况等）都将影响 P 点的位置。P 点确定后，连接 P、W 两点并延长为 $A'E'$，这条 PW 线就是改善高炉还原过程所能达到的理想状况的操作线，即"理想操作线"，也就是高炉当前（P 点确定的）冶炼条件下斜率最小的操作线，其斜率为：

$$\mu_0 = \frac{Y_W - Y_P}{X_W - X_P} \tag{6－164}$$

6.7.1.3　操作线斜率与炼铁焦比的转换

操作线的一个特点就是它以"mol"为单位进行计算，这对化学反应范畴内的计算比较方便。操作线 AE 的斜率 μ 表示高炉过程冶炼 1mol 铁需要的碳的物质的量，它表示高炉过程的能量消耗，具有炼铁焦比的意义。

由操作线 AE 上任意两点的坐标均可计算操作线的斜率，例如，当已知 B、E 两点坐标时，

$$\mu = \frac{Y_B - Y_E}{X_B - X_E} = Y_B - Y_E \quad （X_B = 1, X_E = 0）$$

由于
$$Y_B = y_d, \quad Y_E = -(y_f + y_b)$$

代入上式得到:

$$\mu = Y_B - Y_E = y_d + y_f + y_b \qquad (6-165)$$

式（6-165）的意义是:对于1mol铁的高炉过程,因铁的直接还原、合金元素还原及鼓风燃烧由碳所带走的氧量,这些氧原子与碳结合成CO,它们原子数目相同,而这些碳量也正是构成焦比的主要碳量。因此,可由每摩尔铁消耗的碳的摩尔数转换成每吨生铁消耗的焦炭质量;当然,计算焦比时还应加入铁水渗碳所消耗的焦炭量。由式（6-165）转换成炼铁焦比 K 时应按下式计算:

$$K = \left(\mu \times \frac{12}{56} \times m(Fe)_r + m(C)_C\right) / w(C)_K$$

$$= 0.214 \times (y_d + y_f + y_b) \frac{m(Fe)_r}{w(C)_K} + \frac{m(C)_C}{w(C)_K} \quad (kg/t)$$

如果高炉不加废铁, $m(Fe)_r = 1000w[Fe]$ (kg), $m(C)_c = 1000w[C]$,焦比则为:

$$K = [214 \times (y_d + y_f + y_b)w[Fe] + 1000 \times w[C]] / w(C)_K \qquad (6-166)$$

或
$$K = \mu \times 214 \times w[Fe] / w(C)_K + 1000 \times w[C] / w(C)_K \qquad (6-167)$$

如果再考虑炉尘带走的碳,即计算入炉焦比,则式（6-167）还要作些变化。

下面的焦比转换算式是有误的:

$$K = \mu \times 12 \times 1000 / (56 \times w(C)_K) = 214\mu / w(C)_K$$

或
$$K = 215\mu / w(C)_K$$

这里算式的问题是:将1t生铁算作为1000kg金属铁了,但是生铁不是纯铁而是合金（每吨生铁中含有940kg左右的金属铁）;斜率 μ 表示高炉冶炼过程所需的碳量,虽然以1kmol铁计量,但它是处在操作线上,也包含了合金元素还原消耗的碳量;此外,该式没有考虑生铁渗碳及炉尘的影响。这些错误将影响转换焦比的正确性。

6.7.1.4　理想操作线及炉身效率的计算

通过 P 、 W 两点的操作线 $A'E'$ 是当前冶炼条件下斜率最小的操作线,当操作线由 AE 变为 $A'E'$ 时,斜率的变化量是:

$$\Delta\mu = \mu - \mu_0 = \frac{Y_T - Y_P}{X_W - X_P} - \frac{Y_W - Y_P}{X_W - X_P} = \frac{Y_T - Y_W}{X_W - X_P} = \frac{\omega}{X_W - X_P} \qquad (6-168)$$

式中
$$\omega = Y_T - Y_W, \quad Y_T = \mu_{AE}X_W + Y_E$$

如图6-7所示, T 点为 $X = X_W$ 线与 AE 线的交点,非 GW 线与 AE 线的交点 S 。

因斜率变小,焦比可以节约,其节约量应按下式计算:

$$\Delta K = \Delta\mu \times 12 \times \frac{m(Fe)_r}{56 \times w(C)_K} = 0.214 \times \frac{m(Fe)_r}{w(C)_K} \cdot \frac{\omega}{X_W - X_P} \qquad (6-169)$$

理想操作线是高炉炉身部位浮氏体间接还原达到平衡时所能得到的理想状况,而高炉冶炼受到各种因素的影响,炉身部位氧化铁的还原并没有达到平衡,因而实际的操作线总要偏离 W 点。在操作线图中用线段 GS 与线段 GW 的长度之比表示"炉身（工作）效率"（如图6-7所示）。炉身效率表明间接还原达到平衡状态的程度,即实际操作线趋近于理想操作线的程度。要计算炉身效率需要先行确定 S 点的坐标, S 点是 GW 线与 AE 线的交

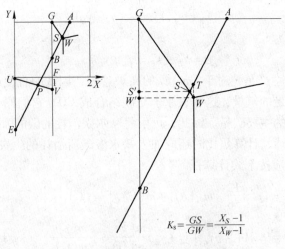

图 6 – 7　炉身效率

点，可由这两条直线的方程导出：

$$\frac{Y_A - Y_E}{X_A - X_E}X_S + Y_E = \frac{Y_G - Y_W}{X_G - X_W}X_S + Y_R$$

式中，$X_E = 0$，$X_G = 1$，$Y_G = Y_A$，Y_R 为 GW 线截距。经运算得到：

$$X_S = \frac{\left[Y_W - Y_A X_W + (X_W - 1)Y_E\right]X_A}{(Y_A - Y_E)(1 - X_W) - (Y_A - Y_W)X_A} \tag{6 – 170}$$

由图 6 – 7，可知 $\triangle GSS'$ 与 $\triangle GWW'$ 相似，因此炉身效率 K_s 为：

$$K_s = \frac{GS}{GW} = \frac{S'S}{W'W} = \frac{X_S - X_{S'}}{X_W - X_{W'}} = \frac{X_S - 1}{X_W - 1} \tag{6 – 171}$$

6.7.2　有氢参与高炉过程的操作线

操作线理论出现在 20 世纪六七十年代，那时喷吹燃料刚刚兴起，高炉还多以纯焦炭冶炼为主，入炉的氢量很少，它对冶炼的影响也小，操作线的计算能够反映和符合当时的冶炼状况。在当今高炉冶炼普遍采用喷吹燃料的条件下，入炉氢量增多，氢对高炉冶炼的影响不能忽略，再按原来的操作线计算则不能适应新的情况，对操作线进行深化与拓展是需要的。

6.7.2.1　关于"加氢操作线"

当高炉喷吹煤粉，特别是喷吹烟煤时，入炉的氢量增多，氢的影响增大，这时应该考虑氢的行为。现有文献都把氢加入进来，构成了 Fe – O – C – H 四种元素的操作线图（如图 6 – 8 所示），这里简称为加氢操作线。操作线纵坐标为每个铁原子对应的进入高炉的氧原子和氢分子数 $\dfrac{n(O) + n(H_2)}{n(Fe)}$，有的文献将参与还原被利用的氢作为氢的来源 y_{H_2}，画在纵坐标线段 y_f 下方，即：

$$y_{H_2} = \frac{\sum m(H_2)/2}{m(Fe)_r/56}\eta_{H_2} = n_{H_2}\eta_{H_2}$$

$$Y_E = -(y_f + y_{H_2} + y_b)$$

也有文献将全部入炉氢量作为氢的来源，即 $y_{H_2} = n_{H_2}$，画在纵坐标线段 y_f 下方。因此，两者纵坐标 Y_E 值是不一样的，这也将使其他计算值不同。

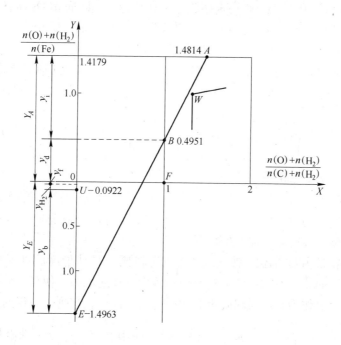

图 6-8   加氢操作线

加氢操作线的横坐标为每个碳原子和氢分子带走的氧原子和氢分子数，A 点横坐标的计算是：

$$X_A = \frac{n(O) + n(H_2)}{n(C) + n(H_2)} = \frac{\varphi(CO) + 2\varphi(CO_2) + \varphi(H_2) + 2\varphi(H_2O)}{\varphi(CO) + \varphi(CO_2) + \varphi(H_2) + \varphi(H_2O)}$$

$$= 1 + \frac{\varphi(CO_2) + \varphi(H_2O)}{\varphi(CO) + \varphi(CO_2) + \varphi(H_2) + \varphi(H_2O)}$$

上式要用湿煤气成分计算，第二大项也表示煤气（综合）利用率，式中的 H_2O 是 H_2 还原所生成的。加氢操作线的 Y_A 计算不变，而 X_W 要用 1000℃ 时的平衡气相成分 CO_2、H_2O 及 H_2 占还原性气体的比例计算确定，通常 W 点要向右移动。加氢操作线的斜率也称有炼铁燃料比之意，其计算为：

$$\mu = \frac{n(C) + n(H_2)}{n(Fe)}$$

加氢操作线存在的问题有：

（1）高炉里用氢替代碳还原氧化铁能够减少铁的直接还原、降低焦比，但把氢加在纵坐标轴的下方，使 E 点下移，会使操作线斜率增加。

氢在 AE 线上对应长度在横坐标轴上的投影应表示带走的氧量，但处于那个位置是表示带走哪里的氧？高炉里氢还原浮氏体属间接还原，如果要在坐标图中表示，那么应该夺取坐标图中 y_i 线段的氧，而不会在其他的部位。

（2）加氢操作线横坐标轴的意义是 $\dfrac{n(O)+n(H_2)}{n(C)+n(H_2)}$，应注意这个比值没有为零的时候。按基本操作线，当 $X=0$ 时表示碳还未燃烧，没有结合氧，因而 $n(O)/n(C)=0$；$X=1$ 时表示碳全部生成 CO；$X=2$ 时表示碳全部变为 CO_2。而对于加氢操作线，在高炉冶炼尚未开始时，虽然碳未燃烧，但是已经有氢存在，$X_E=0$ 无法得来。

（3）尽管碳和氢都是还原剂，但它们的作用是不一样的，按加氢操作线计算出斜率后，燃料比怎样表达（其中碳、氢各占多少，它们之间怎样划分）、炼铁焦比如何转换都是问题，难以说清。

总之，就现有文献来看，在基本操作线基础上加进氢元素构成 $Fe-O-C-H$ 四元素操作线图，对操作线进行拓展，在理论上是混沌的，在实践上是不够成功的。

6.7.2.2 操作线的拓展

高炉冶炼喷吹煤粉后，尽管入炉氢量增多，但是氢的数量比起高炉里铁、碳、氧三种元素的数量还是绝对的少，而且氢也多是由煤粉（燃料）附带进炉的，它在操作线图中很难占据像铁、碳、氧三元素那样的位置。

高炉冶炼中碳是主要的还原剂，焦比（或燃料比）是评价高炉过程的主要技术经济指标。对高炉炼铁而言，不是主观上想要使用多少氢作还原剂，使高炉冶炼达到怎样的状况，而是在客观上氢作为碳质燃料附带的物质进入了高炉，起到了一定的还原剂作用。由于氢不作为单独使用的物质，因此加氢操作线的斜率 $\dfrac{n(C)+n(H_2)}{n(Fe)}$ 难以具有燃料比的意义，而 $n(C)/n(Fe)$ 才是高炉燃料比的本意。

坚持操作线的基本理论，遵守操作线的计算原则，保持操作线图现有形态，在此基础上的拓展可能是正确的。

（1）氢还原浮氏体属于间接还原，氢夺取氧化铁中的氧与之结合生成 H_2O，与 CO 还原生成 CO_2 的性质相同，增加了煤气的利用程度，因此这部分氧的去向应在横坐标中的 $1\sim2$ 之间。以前入炉氢量少，与氢结合成水的氧就更少，矿石 y_i 线段中的氧绝大部分存在于 CO_2 之中，"损失"在氢中的很少，尽管忽略不计，对 A 点的横坐标 X_A 影响不大，仍能反映煤气的真实情况，操作线的斜率也近乎真实。当入炉氢量增多后，与氢结合的氧的数量不能忽略，如果此时只计算 CO_2 中的氧，那么"隐蔽"在还原生成的 H_2O 中的氧就丢失了，因而造成 X_A 值变小，坐标点左移，使操作线斜率增加。因此，要保证 y_i 线段中的氧"足额"地进入煤气，必须将"损失"在 H_2O 中的氧补回来，把还原产生的 H_2O 中的氧加入 CO_2 之中，以计算坐标 X_A 的新值 X_A'：

$$X_A'=\frac{n(O)}{n(C)}=\frac{V_g(\varphi(CO)+2\varphi(CO_2)+\varphi(H_2O))/22.4}{V_g(\varphi(CO)+\varphi(CO_2))/22.4}$$

$$=1+\frac{\varphi(CO_2)+\varphi(H_2O)}{\varphi(CO)+\varphi(CO_2)}$$

$$=X_A+\frac{\varphi(H_2O)}{\varphi(CO)+\varphi(CO_2)} \tag{6-172}$$

这里的 $\varphi(H_2O)$ 为氢还原生成的水蒸气相当于干煤气的含量（非湿成分）。

这是拓展操作线的第一种算法。这种方法的实质是：保持 A 点纵坐标 Y_A 值不变，将基本操作线未能计算而损失的氧补足给 X_A，这使得 X_A 因高炉过程氢的影响而增加，A 点右移，操作线斜率变小。

（2）由上面"补回"的算法还可联想到拓展操作线的第二种算法，即高炉冶炼中氢还原浮氏体夺取的氧是矿石中铁氧化物里的氧，这部分氧是纵坐标上 y_i 线段中的氧，而不在其他部位，并且这些氧没有进入 CO_2 之中。因此，可以把它们扣除，即变化 A 点纵坐标进行计算，其算式是：

$$Y'_A = Y_A - y_{H_2} = y_0 - y_{H_2} \tag{6-173}$$

这里

$$y_{H_2} = \frac{\sum m(H_2)/2}{m(Fe)_r/56} \eta_{H_2} = n_{H_2} \eta_{H_2} \tag{6-174}$$

在矿石的氧含量中（y_0）扣除了氢还原夺取的氧后，其余的氧就是被碳直接还原和间接还原夺取的氧，这些氧是存在于 CO 和 CO_2 中的氧，完全可以用基本操作线计算。这种"扣除"氢还原夺取的氧的方法，相当于降低了 A 点的纵坐标 Y_A，而横坐标 X_A 不变，因氢的影响而使操作线的斜率减小，这与加氢操作线的计算方法是截然不同的。

操作线 E 点坐标的计算方法不变，仍如基本操作线那样。当操作线 A、E 两点的坐标有了正确的计算后，操作线 AE 的表达式以及斜率等就会计算正确，也就能够正确地进行其他方面的计算与探讨了。操作线的拓展如图6-9所示。

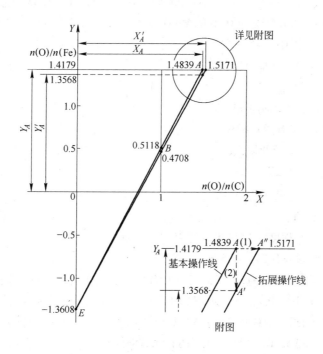

图6-9 操作线拓展

（3）由于氢参加还原，高温下（高于810℃）H_2 的还原能力强于 CO，而炉身部位正处于 $900 \sim 1000℃$ 的条件下，煤气利用情况改善，W 点的横坐标不能还是纯焦炭冶炼时的 $X_W = 1.29 \sim 1.30$，而要按有氢参与的综合煤气的还原能力考虑。因煤气利用率提高，W 点的位置要向右移动，移动幅度可由氢占还原性气体中的比例确定。X_W 的算式为：

$$X_W = 1 + \frac{\varphi(CO_2)^*(y_d + y_f + y_b) + \varphi(H_2O)^* n_{H_2}}{y_d + y_f + y_b + n_{H_2}}$$

$$= 1 + (1 - \alpha)\varphi(CO_2)^* + \alpha\varphi(H_2O)^* \qquad (6-175)$$

式中　$\varphi(CO_2)^*$——高温区界线温度时 CO 还原浮氏体平衡气相中 CO_2 的体积分数,% ；

$\varphi(H_2O)^*$——高温区界线温度时 H_2 还原浮氏体平衡气相中 H_2O 的体积分数,% ；

α——还原剂气体中氢所占的比例, $\alpha = n_{H_2}/(y_d + y_f + y_b + n_{H_2})$ 。

W 点的纵坐标 Y_W 取决于浮氏体的氧含量,它的数值不该变化（对普通矿石冶炼而言）。W 点的位置依然是拓展操作线的限制环节,以此来检验操作线的合理性,这是十分重要的。

6.7.3　计算例题

这里选用某文献的计算实例进行操作线的有关计算,以加深对操作线的理解,说明上述讨论的问题。该文献在操作线计算之前已进行了物料平衡和热平衡计算,下列数据则为已知:

矿石成分(%)：TFe 58.69,FeO 12.40,Fe₂O₃ 70.07；

炉顶煤气成分(%)：CO 21.91,CO₂ 20.54,H₂ 1.72,N₂ 55.83,∑100% ；

生铁成分(%)：Fe 94.590,Si 0.500,Mn 0.327,P 0.049,C 4.506,S 0.028,∑100% ；

渣量 332.3kg/t,渣中含硫 0.66% ；

炉尘量 15kg/t,炉尘含碳 31.73% ；

吨铁矿石用量 1621kg；

入炉焦比 390kg,固定碳含量 86.02% ；

煤比 110kg,煤粉含碳 77.83% ；

风口前燃烧碳量 269.528kg/t；

入炉总氢量 $\sum V_{H_2}$ 51.27m³/t；

风量 1166.71m³/t,鼓风湿度 1% ；

煤气量 1637.5m³/t。

为考察数据的可靠程度,这里进行了铁平衡的校核:

吨铁矿石带入铁量 $= 1621 \times 0.5869 = 951.36$ kg

焦炭带入铁量 $= 390 \times 0.0039 \times 56/72 = 1.18$ kg　（焦炭灰分 FeO 中铁）

煤粉带入铁量 $= 110 \times 0.0113 \times 56/72 = 0.97$ kg　（煤粉灰分 FeO 中铁）

炉渣带走铁量 $= 332.3 \times 0.0074 \times 56/72 = 1.91$ kg　（炉渣 FeO 中铁）

炉尘带走铁量 $= 15 \times (0.4473 \times 112/160 + 0.0835 \times 56/72) = 5.67$ kg

（炉尘里 Fe₂O₃ 及 FeO 中铁）

每吨生铁的还原铁量 $m(Fe)_r = 951.36 + 1.18 + 0.97 - 1.91 - 5.67 = 945.93$ kg

计算表明,与生铁成分能相吻合。

炉尘中焦炭粉末碳量 $= 15 \times 0.3173 = 4.76$ kg

6.7.3.1　未考虑氢的影响时的操作线计算

A　操作线 *AE* 的计算

$$Y_A = \frac{3w(\mathrm{Fe_2O_3})/160 + w(\mathrm{FeO})/72}{w(\mathrm{Fe})/56} = \frac{3 \times 0.7007/160 + 0.124/72}{0.5869/56} = 1.4179$$

$$X_A = 1 + \frac{\varphi(\mathrm{CO_2})}{\varphi(\mathrm{CO_2}) + \varphi(\mathrm{CO})} = 1 + \frac{0.2054}{0.2054 + 0.2191} = 1.4839$$

$$y_f = (4w[\mathrm{Si}] + 1.02w[\mathrm{Mn}] + 4.52w[\mathrm{P}] + 1.75Uw(\mathrm{S}))/w[\mathrm{Fe}]$$

$$= (4 \times 0.005 + 1.02 \times 0.00327 + 4.52 \times 0.00049 + 1.75 \times 0.3323 \times 0.0066)/0.9459$$

$$= 0.0311$$

$$y_b = \frac{m(\mathrm{C})_b/12}{m(\mathrm{Fe})_r/56} = \frac{269.528/12}{945.93/56} = 1.3297$$

$$Y_E = -(y_f + y_b) = -(0.0311 + 1.3297) = -1.3608$$

当 A、E 两点坐标确定后就可导出 AE 线的表达式，AE 的斜率为：

$$\mu = \frac{Y_A - Y_E}{X_A - X_E} = \frac{1.4179 - (-1.3608)}{1.4839 - 0} = 1.8726\,\mathrm{mol}(\mathrm{C})/\mathrm{mol}(\mathrm{Fe})$$

因此 $y_{AE} = \mu x + Y_E = 1.8726x - 1.3608$ （原例算得 $y_{AE} = 1.869x - 1.357$）

原例在计算 Y_A 时铁的相对原子质量取用 55.85，而计算 y_f 时用的是 56，虽然它们相差甚微，用哪个都是可以的，但计算时还是统一为好。对于操作线的计算应注意它的精确程度，计算结果的微小误差也会造成高炉生产实绩不小的偏离。当由操作线计算结果向高炉生产实绩转换时，这是一个放大的过程。

B 操作线斜率与高炉碳比（焦比）的转换

由操作线 AE 线的斜率转换成的高炉冶炼碳比 C' 为：

$$C' = \mu \times 12 \times m(\mathrm{Fe})_r/56 = 1.8726 \times 12 \times 945.93/56 = 379.57\,\mathrm{kg/t}$$

再考虑到生铁渗碳及炉尘带走碳量，入炉碳量 C 应为：

$$C = 379.57 + 45.06 + 4.76 = 429.39\,\mathrm{kg/t}$$

由高炉入炉焦比及煤比实际带入的碳量 $C_{实}$ 为：

$$C_{实} = 390 \times 0.8602 + 110 \times 0.7783 = 421.09\,\mathrm{kg/t}$$

两者相差 $421.09 - 429.39 = -8.30\,\mathrm{kg}$，偏差 $(8.30/421.09) \times 100\% = 1.97\%$。

若按某些文献中的公式（将 1t 生铁算作 1000kg Fe）进行转换，则：

$$C' = \mu \times 12 \times 1000/56 = 1.8726 \times 12 \times 1000/56 = 401.27\,\mathrm{kg/t}$$

此时入炉碳量为：

$$C = 401.27 + 45.06 + 4.76 = 451.09\,\mathrm{kg/t}$$

比高炉实际碳比多出 $451.09 - 421.09 = 30.0\,\mathrm{kg}$（折合焦比 $30.0/0.8602 = 34.9\,\mathrm{kg}$），这样的计算结果是失准的，这样的公式应该纠正。

C 直接还原度的计算

由操作线斜率可直接计算铁的直接还原度。由式 $\mu = \dfrac{Y_A - Y_B}{X_A - X_B}$ 可以得到：

$$Y_B = Y_A - \mu(X_A - X_B) = Y_A - \mu(X_A - 1.0)$$

对于本例， $r_d = y_d = Y_B = 1.4179 - 1.8726 \times (1.4839 - 1) = 0.5118$

再由工艺计算进行直接还原度的对比计算。合金元素还原及脱硫耗碳量 $m(\mathrm{C})_{da}$ 可由 y_f 直接计算：

$$m(C)_{da} = y_f \times 12 \times m(Fe)_r / 56 = 0.0311 \times 12 \times 945.93 / 56 = 6.304 \text{kg/t}$$

铁的直接还原耗碳量为:

$$m(C)_{dFe} = m(C)_{\Sigma} - m(C)_b - m(C)_{da} - m(C)_C - m(C)_i$$

$$= 421.09 - 269.528 - 6.304 - 45.06 - 4.76 = 95.438 \text{kg/t}$$

因此

$$r_d = \frac{m(C)_{dFe} \times 56}{m(Fe)_r \times 12} = \frac{95.438 \times 56}{945.93 \times 12} = 0.4708$$

对于本例,氢的还原度为:

$$r_{H_2} = \frac{(\sum V_{H_2} - V_g \times \varphi(H_2)) \times 56}{m(Fe)_r \times 22.4} = \frac{(51.27 - 1637.5 \times 0.0172) \times 56}{945.93 \times 22.4} = 0.0611$$

由上面的对比计算能够看出,由操作线算出的直接还原度 $r_d = 0.5118$,与实际情况 $r_d = 0.4708$ 相差 0.041,不能认为吻合得很好。其中可能的原因是:操作线中的直接还原度并非单纯的铁的直接还原,还包含部分氢的还原在内,特别是在这种喷吹煤粉较多的时候。

    D   操作线 P 点坐标的计算

该例取高温区界线温度为 1000℃。当鼓风湿度为 1% 时有:

鼓风氮含量 $\varphi(N_2)_b = 0.79 \times (1 - 0.01) = 0.7821$

鼓风氧含量 $\varphi(O_2)_b = 0.21 \times (1 - 0.01) + 0.5 \times 0.01 = 0.2129$

每千克碳在风口前燃烧所需风量 $v_b = \dfrac{V_b}{m(C)_b} = \dfrac{1166.71}{269.528} = 4.329 \text{m}^3/\text{kg}$

若按鼓风氧含量计算,则为:

$$v_b = 0.933 / 0.2129 = 4.382 \text{m}^3/\text{kg}$$

两者有些偏差(可能是由于煤粉含有一些氧所致),下面计算采用 "4.329" 的数据。

高温区 1kmolC 燃烧放出的有效热量为 $q_b = q_1 - q_2$,当风温为 1150℃、湿度为 1% 时,鼓风比热容为 1.4268kJ/(m³·℃),故:

$$q_1 = 12[q_C + v_b(\bar{c}_{pb}t_b - 10800\varphi)]$$

$$= 12 \times [9800 + 4.329 \times (1.4268 \times 1150 - 10800 \times 0.01)] = 197227 \text{kJ}$$

而 1000℃ 时的煤气比热容为:

$$\bar{c}_{pg} = 0.5583 \times 1.394 + (1 - 0.5583) \times 1.415 = 1.4033 \text{kJ/(m}^3 \cdot \text{℃)}$$

这里是按高温区煤气由 N_2 和 CO 组成计算的,因此:

$$q_2 = 12 \times v_b \frac{\varphi(N_2)_b}{\varphi(N_2)} \bar{c}_{pg} \times 1000$$

$$= 12 \times 4.329 \times 0.7821 / 0.5583 \times 1.4033 \times 1000 = 102121 \text{kJ}$$

则 $q_b = q_1 - q_2 = 197227 - 102121 = 95106 \text{kJ}$

高温区的热量消耗除了铁的直接还原耗热($y_d q_d$)之外,还有冶炼每千摩尔铁的其他耗热(Q),包括渣铁带走的热量、合金元素还原及脱硫耗热量、高温区的热损失等。由热平衡算出 Q:

$$y_b q_b = y_d q_d + Q$$

$$Q = y_b q_b - y_d q_d$$

$$= 1.3297 \times 95106 - 0.5118 \times 152190 = 48572 \text{kJ}$$

由热平衡求得 V 点坐标为：

$$Y_V = -\frac{Q}{y_d} = -\frac{48572}{152190} = -0.3192 \quad (X_V = 1.0)$$

UV 线方程的斜率为：

$$\mu_{UV} = \frac{Y_U - Y_V}{X_U - X_V} = \frac{-0.0311 - (-0.3192)}{0 - 1} = -0.2881$$

因此

$$y_{UV} = \mu_{UV}x + Y_U = -0.2881x - 0.0311$$

得到 P 点坐标为：

$$X_P = \frac{q_d}{q_b + q_d} = \frac{152190}{95106 + 152190} = 0.6154$$

$$Y_P = -0.2881 \times 0.6154 - 0.0311 = -0.2084$$

原例算出 $X_P = 0.625$，$Y_P = -0.189$，与此计算结果有些出入，这是由于原例在 q_1 计算中有误。

现将 X_P 值代入 AE 线方程 $y_{AE} = 1.8726x - 1.3608$，当 $X_P = 0.6154$ 时，得到 $Y_P = -0.2084$，与上面由 UV 线方程 $y_{UV} = -0.2881x - 0.0311$ 计算的值 $Y_P = -0.2084$ 一样，这两条直线的关系甚为密切。如果按 $X_P = 0.625$ 进行计算，由 AE 线 y_{AE} 方程计算得到 $Y_P = -0.1904$，与由原例计算得到的 $Y_P = -0.1890$ 有些出入。显然，这里算出的 y_{UV} 直线方程及 y_{AE} 直线方程更为准确些。

6.7.3.2 考虑氢的影响时按加氢操作线的计算

已知高炉冶炼每吨生铁入炉总氢量为 $51.27m^3$，即 $n_{H_2} = 2.289kmol$，氢的利用率为：

$$\eta_{H_2} = \frac{\sum V_{H_2} - V_g\varphi(H_2)}{\sum V_{H_2}} = \frac{51.27 - 1637.5 \times 0.0172}{51.27} = 0.4507$$

（1）E 点纵坐标计算　按 y_{H_2} 为还原（被利用的）氢量计算时（以下称"方法1"）有：

$$y_{H_2} = \frac{2.289}{945.93/56} \times 0.4507 = 0.1355 \times 0.4507 = 0.0611$$

$$Y_E = -(y_f + y_{H_2} + y_b) = -(0.0311 + 0.0611 + 1.3297) = -1.4219$$

按 y_{H_2} 为全氢（入炉氢）量计算时（以下称"方法2"）有：

$$Y_E = -(y_f + y_{H_2} + y_b) = -(0.0311 + 0.1355 + 1.3297) = -1.4963$$

（2）A 点横坐标计算　还原生成的水分含量为：

$$\varphi(H_2O)_\% = \frac{\eta_{H_2}}{1 - \eta_{H_2}}\varphi(H_2)_\% = \frac{0.4507}{1 - 0.4507} \times 1.72 = 1.41$$

$$X_A = 1 + \frac{20.54 + 1.41}{20.54 + 21.91 + 1.41 + 1.72} = 1.4814$$

A 点纵坐标仍为 $Y_A = 1.4179$。

（3）AE 线方程计算　AE 线斜率为：

$$\mu_{AE} = \frac{Y_A - Y_E}{X_A - X_E} = \frac{1.4179 - (-1.4219)}{1.4814} = 1.9170 \quad （方法1）$$

$$\mu_{AE} = \frac{Y_A - Y_E}{X_A - X_E} = \frac{1.4179 - (-1.4963)}{1.4814} = 1.9672 \quad （方法2）$$

AE 线方程为：

$$y_{AE} = 1.9170x - 1.4219 \quad （方法1）$$

$$y_{AE} = 1.9672x - 1.4963 \quad （方法2）$$

不计氢时 $\qquad\qquad\qquad y_{AE} = 1.8726x - 1.3608$

（4）铁的直接还原度计算

按方法1计算 $\qquad r_d = y_d = 1.9170 \times 1.0 - 1.4219 = 0.4951$

按方法2计算 $\qquad r_d = 1.9672 \times 1.0 - 1.4963 = 0.4709$

不计氢时 $\qquad\qquad r_d = 1.8726 \times 1.0 - 1.3608 = 0.5118$

高炉实际情况 $\qquad\qquad\qquad r_d = 0.4708$

6.7.3.3　按操作线拓展方法计算

A　按"补回"方法变化 X_A 的计算

$$\varphi(H_2O)_\% = 0.4507/(1 - 0.4507) \times 1.72 = 1.41$$

$$X'_A = 1 + \frac{\varphi(CO_2)_\% + \varphi(H_2O)_\%}{\varphi(CO)_\% + \varphi(CO_2)_\%} = 1 + \frac{20.54 + 1.41}{21.91 + 20.54} = 1.5171$$

$$\mu_{AE} = \frac{Y_A - Y_E}{X'_A - X_E} = \frac{1.4179 + 1.3608}{1.5171} = 1.8316$$

$$y_{AE} = 1.8316x - 1.3608$$

当 $x = 1$ 时 $\qquad\qquad r_d = y_d = Y_B = 1.8316 - 1.3608 = 0.4708$

碳比折算 $\qquad C' = \mu_{AE} \times 12 \times m(Fe)_r/56 = 1.8316 \times 12 \times 945.93/56 = 371.264kg$

入炉碳比 $\qquad\qquad C = 371.264 + 45.06 + 4.76 = 421.084kg$

与实际入炉碳量 $C_实 = 421.091kg$、直接还原度 $r_d = 0.4708$ 相比较,两者能很好地吻合。

B　按"扣除"方法变化 Y_A 的计算

$$y_{H_2} = \frac{51.27 \times 0.4507/22.4}{945.93/56} = 0.0611$$

$$Y'_A = y_0 - y_{H_2} = 1.4179 - 0.0611 = 1.3568$$

$$\mu_{AE} = \frac{Y'_A - Y_E}{X_A - X_E} = \frac{1.3568 + 1.3608}{1.4839} = 1.8314$$

$$y_{AE} = 1.8314x - 1.3608$$

当 $x = 1$ 时 $\qquad\qquad r_d = y_d = Y_B = 1.8314 - 1.3608 = 0.4706$

碳比折算 $\qquad C' = \mu_{AE} \times 12 \times m(Fe)_r/56 = 1.8314 \times 12 \times 945.93/56 = 371.223kg$

入炉碳比 $\qquad\qquad C = 371.223 + 45.06 + 4.76 = 421.034kg$

按拓展操作线第二种方法计算,其结果与高炉实际情况也是相吻合的。

由上面计算也能看出,按"补回"或"扣除"两种拓展方法计算的操作线,其斜率（方法一为1.8316,方法二为1.8314）几乎一样,截距也相同,因此它们应该是一条直线。由此能够表明,编者提出的Rist操作线的两种拓展方法互通,都是正确的。

∿∿

练习与思考题

6-1　简述铁的直接还原度的概念,比较两种铁的直接还原度 r_d、r_c 的不同。利用碳平衡图,写出以直接还原铁消耗碳量来计算 r_d 的算式，算式要完整，说明要准确。

6-2 巴甫洛夫的直接还原度 r_d 也可以用氧量来表示，若写成 $r_d = m(O)_{dFe}/m(O)_{t2}$，试说明式中 $m(O)_{dFe}$、$m(O)_{t2}$ 的准确含义。设冶炼 1t 生铁的矿石用量为 $A(kg)$，矿石成分为 $w(Fe)$、$w(FeO)$，式中的 $m(O)_{t2}$ 该如何计算（写出 $m(O)_{t2}$ 的表达算式）？

6-3 已知矿石含 TFe 54%、FeO 8%，生铁含铁 94%，假定在生铁中 Fe 的分配率为 0.997，计算冶炼 1t 生铁的矿石用量（不计其他炉料带入铁量）。当直接还原度 $r_d = 0.45$、不考虑氢的还原时，试计算冶炼每吨生铁的直接还原铁的耗碳量以及因还原产生的 CO 和 CO_2 体积。

6-4 试述炼铁工艺中渣量计算的原则，炼铁设计与炼铁生产中吨铁渣量是怎样计算的？

6-5 试述炼铁设计与炼铁生产中风量和煤气量计算方法的区别与联系。

6-6 试比较、分析第一种与第二种全炉热平衡计算的异同。

6-7 高炉冶炼碳的热能利用系数 K_C（或 η_C）有何意义？如果 V_{CO} 为冶炼每吨生铁炉顶煤气中的 CO 体积（m^3），反应 $CO + \frac{1}{2}O_2 = CO_2$ 的放热量为 3021kcal/m^3（CO），试推导用它们表达的 K_C 算式，并说明公式各项的准确含义。

6-8 什么是理论焦比，理论焦比计算有何意义？

6-9 评述几种理论焦比的计算方法，探讨理论焦比与实际焦比的关系。

6-10 画出 Rist 操作线图，说明 A 点如何确定及 B、E 两点的意义，推导 $y_{[Si]}$ 和 $y_{(S)}$ 的算式。再画出仅当改善间接还原时所能达到的理想状态的操作线。其焦比如何计算？

6-11 已知高炉冶炼用矿石含 TFe 56.2%、FeO 10.8%，计算矿石的氧化度 D 和 y_O，请写明单位，并探讨两者之间的关系（矿石氧化度 D 的算式为 $D = 1 - \frac{w(Fe^{2+})}{3w(TFe)}$）。

6-12 已知某生铁成分（%）为：Si 0.50，Mn 0.24，P 0.20，S 0.05，Cu 0.02，C 4.15。高炉不喷吹燃料，扣除炉尘后干焦比为 600kg，冶炼每吨生铁加石灰石 40kg，石灰石中含 CO_2 42%。当 $r_d = 0.45$ 时，计算直接还原铁消耗的碳量及全部直接还原消耗的碳量，再计算风口前燃烧的碳量及所需的鼓风量（计算时取鼓风湿度 $\varphi = 1.5\%$，焦炭固定碳含量为 85%，石灰石在高温区的分解率 $\alpha = 50\%$）。

7 高炉过程数学模型及自动控制

与选矿、炼焦、炼钢等过程相比，高炉炼铁过程的自动控制更具重要性，这是因为该过程具有物流吞吐量大、能耗高、物理化学反应机理复杂、长期连续作业等特殊性。现代钢铁工业自动化包括基础自动化、过程自动化和管理自动化三级结构，本章介绍的数学模型可用于过程自动化和管理自动化，基础自动化的专业性较强，有兴趣的读者可阅读控制理论与控制工程方面的相关文献。

高炉是一个密闭反应器，内部发生着高温、高压、气－固－液多相物理化学反应，全面了解高炉检测仪表的运行原理以及高炉过程的数据预处理，是理解、运用高炉数学模型的前提。

高炉过程的数学模型种类繁多、结构复杂，本章仅介绍三类模型，以异常炉况判断模型作为推理模型的样例，热状态模型则是预测与控制模型的典型样例，而优化模型是管理、控制一体化的模型。

7.1 概　　述

20 世纪下半叶，高炉过程取得了巨大的进展，单座高炉的日产铁量超过 1 万吨，焦比低于 400kg/t，作业率达到 95% ~98%，高炉的寿命延长到 10 年以上。但时至今日，高炉过程的自动控制水平仍需在下列几个方面做出重大改进，以接近汽车制造、精细化工、微电子等工艺的水平。

（1）提高生产稳定性，持续产出低硫和低硅铁水。西格玛（σ）是统计学的一个单位，表示与平均值的标准偏差。GE、Dell、HSBC 等现代企业都采用六西格玛（6σ）来度量品质管理水平。根据统计学知识，六西格玛意味着 99.99966% 的过程和产品是无缺陷的，也就是说，从产品中做 100 万次抽样，只有 3.4 次是有缺陷的。高炉过程控制在这个方面的差距很大，铁水硫含量和硅含量的波动幅度较大，有时甚至出格。

（2）可达到或接近理论界限的低燃料比，而当钢铁厂要求多产煤气时，又可以在较高的燃料比下进行操作。

（3）合理的操作灵活性。为了适应市场对生铁需求量的变化，在只有 1~3 座高炉的联合企业中，每座高炉都应该能够在较高的利用系数范围内有效地操作。高炉可在较宽的利用系数和燃料比范围内高效、稳定运行，是提升整个钢铁联合企业运行柔性的关键，也是提高企业适应市场能力的关键。

（4）劳动生产率高，包括热风炉、装料设备、出铁场和煤粉制备等工序在内的全部高炉作业人员逐步减少。

（5）一代炉龄达到 15 年以上而成为半永久性的工业装置，从而减少巨大的基建投资对生铁成本的影响。

导致高炉过程的自动控制水平仍然较低、可控性差、运行柔性差的原因首先在于高炉过程的复杂性。高炉冶炼过程是在炉料与煤气逆流运动的过程中，完成多种交织在一起的化学反应和物理过程，且由于高炉是密闭的容器，除去投入（装料）及产出（铁、渣及煤气）外，操作人员无法直接观察到反应过程的状况，只能凭借仪器仪表间接观察。但是，高炉过程的信息化、数字化决定着整个钢铁联合企业的品质和效率，所以应在学习和整合本书其他各章内容的基础上，认真学习高炉过程数学模型及自动控制。

高炉过程的计算机控制经历了 60 多年的发展历史，早期的高炉计算机控制以美国和德国、法国、比利时等欧洲国家为代表，主要功能是数据采集和处理、报表制作、上料设备的顺序控制和热风炉的 PID 控制等，与过程本身有关的功能仅限于用统计模型及物料平衡和热平衡模型研究影响焦比的操作因素。

20 世纪 70 年代，高炉计算机控制的发展重心逐渐转移到日本。以新日铁、川崎、日本钢管和神户为代表的几家大钢铁公司，在名古屋大学等高等院校的密切合作下，先后开发并实际应用了很多数学模型，从一维模拟模型到高精度二维数模以及 GO – STOP 系统；同期还研制了许多先进的检测仪表，如微波料面仪、炉身探尺、软熔带探测仪等。

从 80 年代中期开始，以日本钢管公司为先导，开始将人工智能技术（特别是专家系统）应用到高炉上，大大提高了控制的可靠性和精度。在此期间，美国和加拿大也奋起直追，在检测仪表和数学模型方面投入大量人力和物力，取得了很大进展。中国和日本高炉计算机自动控制的基本状况如表 7 – 1 所示。

表 7 – 1　中国和日本高炉计算机自动控制的基本状况

国　家	控 制 功 能		先进的检测仪表	数学模型
	基础自动化	过程自动化		
中　国	（1）数据采集，处理和报表制作； （2）上料系统顺控和自动补偿； （3）装料系统逻辑顺控； （4）热风炉自动换炉	（1）铁水温度和硅含量控制； （2）炉况难行预报； （3）炉况综合判断和操作指导	（1）工业气象色谱仪； （2）焦炭中子测水仪； （3）铁水测温计； （4）炉身静压力计； （5）风口前端热电偶； （6）风口红外测温仪； （7）送风支管流量计； （8）炉身水平探尺； （9）十字测温探尺	（1）GO – STOP 系统； （2）喷煤高炉炉况控制模型； （3）炉热指数数模； （4）预报炉温的物料和热平衡模型； （5）无钟布料控制模型； （6）高炉软熔带模型； （7）高炉炉底侵蚀模型； （8）炉况综合判断系统； （9）热风炉燃烧和蓄热过程数模

国　家	控　制　功　能		先进的检测仪表	数学模型
	基础自动化	过程自动化		
日　本	（1）数据采集，处理和报表制作； （2）上料系统顺控和自动补偿； （3）装料系统逻辑顺控； （4）热风炉自动换炉	（1）通过调节喷吹重油量和鼓风湿度来控制炉温； （2）布料控制； （3）出铁场操作管理； （4）料柱透气性及下料速度控制； （5）炉况综合诊断及控制； （6）炉热检测及控制； （7）异常炉况预报及控制； （8）热风围管噪声控制； （9）从高炉到轧钢的公司生产计划	（1）焦炭中子测水仪； （2）铁水硅含量探头； （3）熔渣流量计； （4）铁水温度连续测定仪； （5）料层厚度测量； （6）纤维镜式垂直探尺； （7）炉顶十字测温探尺； （8）炉身短探尺； （9）料面上煤气流速仪； （10）料面下煤气流速仪； （11）风口前端热电偶； （12）熔渣和铁水氧探头； （13）风口工业电视； （14）风口探尺； （15）风口漏水检测仪	（1）高炉一维数学模型； （2）铁水硅含量预报模型； （3）炉顶布料模型； （4）GO - STOP 系统； （5）AGOS 系统； （6）炉热和异常炉况预报和控制专家系统； （7）热风炉模糊控制系统； （8）从高炉到轧钢的公司生产控制智能系统

7.2　检测仪表与数据处理

诸多因素限制着高炉自动控制水平，但主要是由于高炉过程复杂程度高以及缺乏针对高炉密闭容器的有效检测手段。可测性是可控性的基础，因此，学习现代高炉检测仪表有关知识、掌握数据预处理方法都是非常重要的。

7.2.1　信息采集部位及内容

高炉数学模型和自动控制系统可从高炉各个子系统获得下列信息：

（1）上料系统

1）矿石的种类、化学成分、水分含量、粒度组成、机械强度、还原性、低温还原粉化指数（RDI）、高温软熔性能、矿石配比等；

2）焦炭的种类、化学成分、水分含量、粒度组成、机械强度、反应性、焦炭配比等；

3）熔剂的种类、化学成分、水分含量、粒度组成；

4）每批料装入的矿石、焦炭、熔剂等固体炉料的重量（即批重）。

（2）装料系统

1）每批料的装料开始时刻、结束时刻及累计料批数；

2）钟式炉顶的装料顺序和料线深度、无料钟炉顶的矿石和焦炭的角位、布料圈数和料线深度；

3）探尺位置（即料面位置）。

（3）送风系统

1）冷风和热风的流量、温度和压力；

2）往鼓风中添加的蒸汽流量；

3）往鼓风中添加的氧气流量；

4）高炉煤气的温度和流量；

5）焦炉煤气的温度和流量；

6）助燃空气的温度；

7）热风炉拱顶和炉体各部位的温度；

8）废气温度。

（4）煤粉喷吹系统

1）煤粉喷吹量；

2）煤粉的种类、化学成分、粒度组成等；

3）喷吹用压缩空气的流量和温度。

（5）渣铁处理系统

1）每次出铁的开始时刻和结束时刻；

2）每次放渣的开始时刻和结束时刻；

3）每次铁的铁水重量；

4）每次铁的炉渣重量；

5）铁水的温度、化学成分；

6）炉渣的化学成分；

7）铁口直径、铁口深度、铁口角度、打泥量等；

8）开铁口的方式（捅开、钻开、烧开等）。

（6）煤气除尘系统

1）炉顶煤气的压力、温度；

2）混合煤气的成分。

（7）高炉本体

1）炉身、炉腰、炉腹、炉缸、炉底和炉基等各部位炉衬的温度；

2）冷却壁温度；

3）冷却水流量和水温差；

4）炉墙残存厚度；

5）冷却器是否漏水和漏水量。

通过安装在高炉内部的检测仪表，还可以获得：

1）连续分析的炉顶煤气成分；

2）煤气流速的径向分布；

3）料面上煤气温度的径向分布；

4）料面上固体颗粒温度的径向分布；

5）料面上固体颗粒粒度的径向分布；

6）矿石层和焦炭层的厚度以及矿焦层厚比的径向分布；

7）料层下降速度的径向分布；

8）料面形状；

9）炉身几个高度的径向煤气温度和化学成分的分布；

10）软熔带的位置、厚度及结构；

11）高炉高度方向上静压力的分布；

12）风口循环区的亮度和深度、焦炭和液态渣铁的下降状况；

13）循环区和死料柱的温度、渣铁成分、焦炭粒度等的分布；

14）炉缸温度；

15）风口前端温度。

7.2.2　数据处理的常用方法

　　数据处理是过程控制的基础，其工作量很大，但往往得不到足够的重视。数据处理有两个任务：其一，校正由于检测仪表等设施零点漂移、部件损坏等造成的测量误差。一般情况下，测量数据之间存在冗余，因此可以根据质量平衡、化学当量等恒等式以及各种仪器的测量误差范围，消除部分测量误差。

　　芬兰罗塔鲁基公司拉赫厂分析 2 号高炉生产数据后发现，如果按照实测的风量、煤气成分、焦炭和铁水的质量及成分等原始数据，做 Fe、O、C 三种元素的物质平衡计算，将产生相当大的正、负值蓄积。100 天内铁水中 Fe 的计算值累计比炉料带入的 Fe 量约多 700t，而排出高炉的氧量和碳量比进入的数量各少 3000t。高炉是一种连续的反应器，出现这么大的收支不平衡是不可能的，这显然是由检测仪表的系统误差所造成的。

　　选择几种可能存在较大系统误差的检测项目，分别乘以各自的校正系数 k，使得在 $t_0 \sim t$ 时间区间内某几种元素的流入量 X_{in} 和流出量 X_{out} 相等，建立一组联立方程，通过求解以下约束最小值问题，可以求出校正系数 k。

$$\min \sum_{i=1}^{p} (v_i \ln^2 k_i) \tag{7-1}$$

$$\int_{t_0}^{t} (X_{\mathrm{in}}(Y, k) - X_{\mathrm{out}}(Y, k)) \mathrm{d}t = 0 \tag{7-2}$$

式中　Y——检测数据向量；

　　　　p——数据向量的维数；

　　　　k——校正系数向量；

　　　　v——权重向量。

　　数据处理的第二个任务是通过统计分析、时间序列、滤波等手段，剔除随机性干扰因素对于高炉过程参数的影响。

　　对十字测温和炉顶煤气利用率等检测数据，可进行周边分布状况的统计分析。令 S_{ik} 为第 i 种数据在 k 点的实测值，它在所有周边各点测量值总和中所占的比例 $X_{ik} = \dfrac{S_{ik}}{\sum S_{ik}}$。可以使用炉喉断面上 X_{ik} 与其标准差 SX_{ik} 之差的代数和，来描述数据在周边方向上的平衡情况：

$$CBX_i = \sum (SX_{ik} - X_{tk}) \qquad (7-3)$$

以高炉炉顶温度为例，它的时间序列同时存在着"发展趋势"和"季节效应"。发展趋势又分为由炉热水平变化所引起的"长期趋势"和因崩料、难行、悬料、管道行程等引起的"短期趋势"两种。对于这类数据，首先应采取时间序列方法描述和分析；其次，因决策的不同需要，有时要考虑变化较快的分量，有时又要考虑变化较慢的分量。仍以炉顶煤气温度为例，当炉热水平预测模型使用这一数据时，就需要把因装料周期产生的"季节效应"去掉，使用的方法为低通滤波技术。低通滤波（Low - pass Filter）是一种过滤方式，规则为低频信号能正常通过，而超过设定临界值的高频信号则被阻隔、减弱，其降低幅度则依据不同的频率以及不同的滤波程序（目的）而改变。在数字信号中，可以设定一个截止频率，当信号频率高于这个频率时全部赋值为零。

7.3 异常炉况判断专家系统

高炉顺行及异常炉况的判断与处置逻辑框图如图7-1所示。图中的正常炉况为目标，希望尽量保持在正常炉况。但若出现异常炉况，首先需要及早、正确地判断炉况，然后需采取适当的炉况调节措施，使其尽快转变为正常炉况。这个逻辑出于两方面：一方面是基于悬料、崩料、管道以及炉缸冻结等故障的产生原因、处置措施及其相互之间的迁移转化规律；另一方面是出于高炉控制的目标次序，首先消除异常炉况，然后达成正常炉况下的稳定运行，最后是优化技术经济指标。

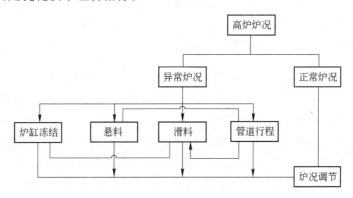

图7-1 高炉顺行及异常炉况的判断与处置逻辑框图

图7-1所示的判断逻辑是一个宏观指导原则，当针对某高炉建立异常炉况判断专家系统时，还需要梳理出三种逻辑关系，作为专家系统的知识库。其一，各种高炉运行状态和征兆之间的映射关系。各种异常炉况都有其发展过程和规律，是"冰冻三尺非一日之寒"的。掌握了出现各种异常炉况的征兆，就可以及早判断炉况走势。其二，各种高炉运行状态与原燃料条件、操作控制参数之间的因果逻辑。控制参数与征兆不同，前者是可直接调节的参数，例如可通过送风系统调节的热风温度；后者是一种"半成品"，例如炉身压差升高，它不可以直接调节，它是原燃料条件、控制参数以及高炉运行走势的结果。其三，高炉运行状态的迁移规律，包括状态、处置措施以及状态之间的迁移概率。前两种

逻辑用于炉况判断，第三种逻辑用于炉况处理。前两种逻辑针对某一种炉况，第三种逻辑包括所有炉况种类。表7-2所示为某高炉的调研结果。

表7-2　高炉炉况与操作参数的逻辑关系

操作参数	高炉炉体状态 结厚	炉缸状态 边缘	炉缸状态 中心	顺行状态 管道 边缘	管道 中心	悬料	炉温状态 过热	向热	向凉	剧冷
风压（$p_风$）	↑		↑	↓	↓	↑	↑	↑	↓	↓（≈）
压差（Δp）	↑			↓	↓	↑		↑	↓	
风量（Q）	↓			↑	↑	↓	↓	↓	↑	↑
透气性指数（K）	↑			↓	↓	↑	↓	↓	↓	↓
炉顶温度（$T_顶$）	（变窄）↑	（变宽）↑				↑		（变宽）↑	↓	↓
煤气利用率（η）	↑	↑		↓	↓	↑	↓	↓	↓	↓
炉喉温度（$T_喉$）	↑	≈								
炉腰温度（$T_腰$）	↑		↑			↑				
铁水温度（$T_铁$）	↓						↑	↑	↓	↓
风口前端温度（T_e）	↓				↓		↑	↑	↓	↓
理论燃烧温度（T_f）								↑	↓	↓

注：1. ↑—上升，↓—下降，≈—波动。

　　2. 透气性指数（标态）：$K = \dfrac{Q}{\Delta p}$，单位是 $m^3 \cdot cm^2 / (kg \cdot min)$。

在获得这些逻辑关系后，可以着手建立专家系统，系统的结构如图7-2所示。专家系统是人工智能的一个重要分枝，应用最为广泛，也最为成功。人工智能（Artificial Intelligence，简称 AI）技术是模拟人类的思维方式，对客观世界进行认识和改造的一门先进科学。其实专家系统并不神秘，它不过是利用某一特定领域人类专家的知识，模拟人类的推理方式，具有决策能力的复杂的计算机程序。典型的专家系统由包含大量规则的知识库和推理机组成。有些专家系统还包括帮助建立知识库、向用户解释推理过程、更新知识库等方面的子系统。

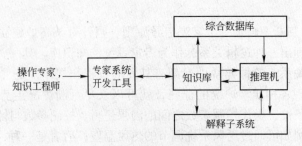

图7-2　模糊推理系统

　　模糊理论对于处理人类专家的不确定知识十分有效，神经网络技术则可以辨识客观世界的隐含规律，现代专家系统往往同时具有模糊推理和神经网络的功能。模糊理论和神经网络等现代方法十分复杂，但向领域专家收集和提取知识的过程才是开发专家系统时最困难、最耗时间的环节。就一般情况而言，开发一个实用的专家系统所需的时间，其一半以上要用在知识的获取上。

　　开发专家系统所使用的语言可以是人工智能语言，如 LISP、PROLOG 等，也可以是面向对象的 C 语言和 C + + 语言。为了加快专家系统的开发速度，可以使用专家系统开发工具。专家系统开发工具就是不含知识库的专家系统。澳大利亚 BHP 公司在专家系统开发工具 G2 的基础上，研制了名为 SHERPA 的专家系统开发工具。SHERPA 可以在短短几个星期内建立一个专家系统原型。

　　异常炉况判断专家系统的基本思路是，利用高炉参数的特征变化来判断炉况发生的可能性大小。一般采用产生式规则，以"IF（条件），THEN（结论）"的逻辑形式制定出异常炉况的判断规则。可判断的异常炉况有悬料（难行）、管道（边缘管道、中心管道以及边缘气流发展、中心气流发展），可做出不发生、已经发生、可能发生、有发生趋势四类判断。然后，在单个异常炉况判断的基础上按照一定的综合规则进行综合炉况判断，综合炉况判断规则也采取产生式规则形式。最后将综合炉况判断结果显示在 CRT 画面上。

7.4　高炉热状态预测系统

　　保持合理的炉温水平是高炉过程高效、稳定运行的基础。一般通过高炉铁水硅含量（通常理解为化学热）来间接地反映炉内的温度变化，表示高炉的热状态。

　　高炉铁水硅含量首先受到炉况的影响，例如在正常炉况与悬料炉况下，炉温会显示出完全不同的规律。所以，其中一类炉温预报模型是基于专家知识的，其原理与 7.3 节相同。

　　在正常炉况下，影响高炉热状态的参数众多，主要有入炉原燃料的数量和性能、鼓风条件、设备及冷却系统工作状况及大气、渣铁排放等环境条件。另外，这些因素对于高炉热状态的作用具有不同的时间滞后性，如入炉原料条件变化一般要 5 ~ 8h 后才能显现出影响，而鼓风条件的变化则可迅速作用于铁水硅含量。所以，在硅含量预报方面还有两类模型是分别基于神经网络和时间序列的，前者描述各种参数与炉温之间的因果函数关系，后者描述炉温在时间维度上的演化逻辑。

　　硅含量预报模型的建立过程介绍如下。

7.4.1　变量选取

　　（1）炉热指数 DQ 代表高炉下部区域的热状态，通过建立高炉下部区域热平衡，由热量收入减去热量支出而得到。以 900℃ 为基准，按每吨生铁由下式进行炉热指数计算：

$$DQ = Q_1 + Q_2 - (Q_3 + Q_4 + Q_5 + Q_6) \tag{7-4}$$

式中　Q_1——热风带入的有效热量；

　　　　Q_2——风口前碳燃烧热量；

Q_3——鼓风中水汽分解热;

Q_4——碳的溶损反应热量;

Q_5——炉子下部冷却器壁带走的热量;

Q_6——煤粉分解热。

（2）上部渣皮指数 TIS。它反映上部渣皮的形成、脱落或者气流形成的规模，可以通过冷却壁（10~14 段）的热电偶温度值的变化阈值计算得到。

（3）中部渣皮指数 MIS。它通过冷却壁（8~10 段）的热电偶温度值的变化阈值计算得到。

（4）下部渣皮指数 BIS。它通过冷却壁（5~7 段）的热电偶温度值的变化阈值计算得到。

（5）溶损反应碳消耗 SLC。它用于计算溶损反应碳的消耗量。

（6）炉顶煤气 CO 含量的变化。CO 的增加标志高炉热量水平提高，因为过多的焦炭燃烧导致热量过多，同时燃烧区产生的 CO 含量增加。

（7）下料速度 MV。它能够表现高炉原料下料的速度。当下料速度快时，预热和反应不充分，从而导致下部区域的温度下降，出炉铁水温度下降。

（8）铁水的温度值。上一次铁水的温度值 $PHMT$ 是炉温预报推理的基准值，其代表上一个阶段炉温的水平。本次铁水的温度值 HMT，也就是预报系统推理的结果。

7.4.2　变量的模糊离散化

（1）子序列的模糊离散化　子序列的模糊离散化分为四步：

1）设 $(s = x_1, x_2, \cdots, x_N)$ 为一时间序列，将一宽度为 w 的时间窗作用于 s，形成一长度为 w 的子序列 $s_i = x_i, x_{i+1}, \cdots, x_{i+w-1}$，将时间窗在时间序列 s 上从始点至终点进行单步滑移，形成一系列宽度为 w 的子序列 $x_i, x_{i+1}, \cdots, x_{N-w+1}$，由该时间序列 s 用宽度 w 的滑窗滑出的子序列集合记作：

$$w(s,w) = \{s_i \mid i = 1,2,\cdots,N-w+1\}$$

2）将 $w(s, w)$ 看作 w 维欧氏空间中的 $N-w+1$ 个点，并将它们随机地分到 k 类中，计算每类中心，即第 j 类的中心第 l 坐标为：

$$x_{jl} = \frac{1}{h} \sum_{i=1}^{h} x_{jli} \quad (l = 1,2,\cdots,k)$$

3）以这些中心作为每类的代表点，计算集合 $W(s, w)$ 中每个元素 s_i 属第 j 类代表点的隶属度函数 $\mu_j(s_i)$：

$$\mu_j(s_i) = \frac{\left(\dfrac{1}{|s_i - x_j|^2}\right)^{\frac{1}{b-1}}}{\sum\limits_{c=1}^{k} \left(\dfrac{1}{|s_i - x_c|^2}\right)^{\frac{1}{b-1}}} \quad (j = 1,2,\cdots,k; b > 1) \qquad (7-5)$$

其中，$b > 1$ 是一个可以控制聚类结果的模糊程度的常数，$|s_i - x_j|^2$ 表示每一点到第 j 类代表点距离的平方。

4）用当前的隶属度函数更新计算各类中心：

$$x_{jl} = \frac{\sum_{i=1}^{N-w+1} \{ [\mu_j(s_i)]^b x_{jli} \}}{\sum_{i=1}^{N-w+1} [\mu_j(s_i)]^b} \qquad (j = 1,2,\cdots,k;l = 1,2,\cdots,w) \qquad (7-6)$$

重复以上步骤3)、4)的计算,直到各个样本的隶属度稳定,并且将代表点集合记作 $D = \{ x_1, x_2, \cdots, x_k \}$,其中 x_j 表示第 j 个代表点。每个变量的时间序列离散的类数 k 可以不同,在高炉炉温规则挖掘中,炉热指数和铁水温度的 k 都为7,其余变量的 k 都取5。

(2)子序列间隔模糊离散化　首先选择三角形模糊器:

$$\mu_{T_i}(t) = \begin{cases} 1 - \dfrac{t - t_i}{c_i} & (\,|\,t - t_i\,| < c_i) \\ 0 & (\text{其他}) \end{cases} \qquad (7-7)$$

用 $\mu_{T_i}(t)$ 表示隶属函数的值,其中 t 为序列间隔时间(如果是子序列的序号差,需要乘以序列步长时间,进行转换)。隶属函数(Membership Function)是表征模糊集合的数学工具,对于一个普通集合,若某一元素属于该集合,用1表示;反之,则用0表示,它是一个二值函数。但对于一个模糊集合,由于这种隶属关系的不分明性,其隶属度是区间 $[0,1]$ 中的任一数值。

将时间序列间隔的模糊代表点集合记作, $Q = \{ T_1, T_2, \cdots, T_f \}$ 其中 T_i 代表第 i 种时间序列间隔状态,f 表示时间序列间隔的状态的种数。本节中令 $t_1 = 0.875$,$c_1 = 0.625$;$t_2 = 1.5$,$c_2 = 0.25$;$t_3 = 1.825$,$c_3 = 0.325$;$t_4 = 2.625$,$c_4 = 0.625$;$t_5 = 3.625$,$c_5 = 0.625$。

7.4.3　多维时间序列模糊关联规则挖掘

第一阶段:搜索模式频繁集;第二阶段:根据设置的最小置信度要求,选择符合要求的规则。通过两个阶段的挖掘,可以得出如表7-3所示的规则。

表7-3　部分模糊关键规则

规则编号	置信度	频数	规则
1	0.35	349.54	当 T_2 时 PHMT 很高、MV 增加很多,则 HMT 减少很多
2	0.77	56.35	当 T_2 时 PHMT 很高、MV 增加很多、SLC 变化不大、CO 含量变化不大,T_3 时 BIS 少量,T_4 时 MIS 少量,则 HMT 减少很多
3	0.76	167.32	当 T_2 时 PHMT 较高、SLC 增加较多,T_3 时 BIS 增加很多,则 HMT 减少很多
4	0.67	234.43	当 T_2 时 PHMT 较高、SLC 变化不大,T_3 时 BIS 增加很多,则 HMT 变化不大
5	0.73	41.71	当 T_2 时 PHMT 较高、SLC 变化不大、CO 含量增加较多、MV 增加较多,T_3 时 DQ 增加较多、BIS 少量,T_4 时 MIS 少量,T_5 时 TIS 增加很多,则 HMT 略有下降

表7-3所示的规则分析和应用如下:

(1)针对规则1,当下料速度加快时,下一次出铁的铁水温度会下降,但由于同时受到其他因素影响，所以置信度不高；而对规则 2，由于基本上只有下料速度一个影响因素，所以置信度比较高。这与专家知识制定的规则一致，因此挖掘的产生规则的方法能够验证专家制定的规则是否正确。

（2）规则 3、4 的置信度都比较高，都是符合要求的规则，区别不大，只是在于 SLC 的变化。专家没有制定这两条规则，但是通过分析知道：当渣皮指数增加时，同时溶损反应增加，说明此时渣皮指数的升高是因为渣皮脱落，而不是因为边缘气流。分析的结果得到专家认可，从而说明挖掘产生的这两条规则是正确的。

（3）规则 5 中包含众多因素的共同影响，专家能够意识到不同变量及其时间间隔对于炉温的影响，但无法准确地表达成规则。数据挖掘是根据历史数据计算的，因此能够准确描述规则。

7.5　高炉冶炼过程优化模型

当高炉出现异常炉况的频数较高时，以消除异常炉况为目标，因为异常炉况对于高炉产量、焦比等技术经济指标的负面作用是巨大的、深远的，应使用 7.3 节介绍的专家系统来预防和处置。当高炉处于正常炉况时，首先应用 7.4 节介绍的炉温预报模型，将炉温等参数控制在适宜的范围内。这时的控制目标为使铁水硅含量、硫含量等参数的标准差处于公差范围内，当 6 倍的标准差处于公差范围内时，便达到了 6σ 的先进水平。当高炉处于正常炉况且炉温等过程参数稳定时，应启动冶炼过程优化模型，以获得高产、优质、低耗的优化效果。也就是说，7.3 ~ 7.5 三节中的模型是高炉控制的三个层次。

优化模型的目标包括高炉产量、焦比（成本）、铁水质量三个方面。首先是原料参数，包括不同炉料（烧结炉、球团矿、天然矿石）的配比、焦炭及煤粉等喷吹燃料的数量；其次是鼓风参数（风温、风量、湿度等）、高炉煤气、炉渣等主要参数；此外，还有产品的成分，如铁水成分及煤气成分等。这些优化变量按照高炉生产目标函数变动，优化模型将给出其最佳值或范围。

优化模型包括三类约束条件：

（1）第一类约束条件是平衡约束，即满足高炉冶炼过程的物质平衡与能量平衡，建立氧平衡、铁平衡、碳平衡（包括碳的反应与溶解）及铁水成分的综合平衡，相应建立炉渣、煤气平衡，并可建立以热储备区为分界的上、下部区域热平衡。

（2）第二类约束条件是由高炉鼓风制度、装料制度、热制度和造渣制度等工艺操作条件所决定的，这里称为工艺约束。由此可以建立炉渣碱度及 MgO、Al_2O_3 含量的约束方程，高炉理论燃烧温度约束方程，焦炭负荷约束方程，铁水中硅、锰、磷、硫含量约束方程，鼓风比焓约束方程，喷吹燃料等约束方程。

（3）第三类约束条件是由高炉本身设备条件（如风机能力、热风炉能力）和原料条件所决定的，这里称为条件约束。由此可以建立热风温度约束方程、鼓风风量约束方程、原料配比约束方程等。

按照上述思路，高炉冶炼过程多目标优化模型的整体框架如图 7 - 3 所示。

“铁前降成本，钢后增效益”是许多钢铁企业的经营策略。2013 年，我国重点统计单位产铁 6 亿多吨，燃料比为 547kg，工序能耗为 398kg 标准煤。这些高炉技术经济指标的

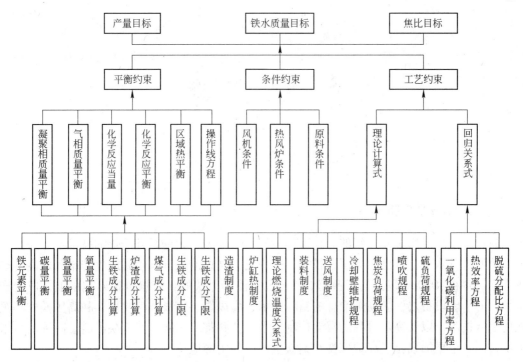

图 7-3　高炉冶炼过程多目标优化模型的整体框架

优化控制，是提升钢铁联合企业盈利水平的重要途径。

练习与思考题

7-1　高炉过程的数学模型与自动控制既具有必要性，又具有挑战性，为什么？

7-2　试述异常炉况判断、高炉热状态预测及高炉冶炼过程优化三模型的异同以及它们的相互关系。

8 非高炉炼铁

8.1 直接还原法概述

8.1.1 高炉炼铁法回顾

高炉炼铁已经历了几百年的漫长历程，发展到今天，无论是其冶炼的技术水平还是高炉系统的装备水平，都已达到了比较完善的程度。高炉冶炼具有较高的生产率和较高的热效率。炉容在 4000m³ 以上的巨型高炉的出现，使得生铁的日产量可达万吨以上，成为产量最大的单体设备之一。高炉冶炼的精料技术，高风温、富氧、喷吹燃料和高压操作等项强化冶炼技术，以及高炉过程的自动控制技术，这些都从不同方面反映出高炉冶炼的技术进步，同时也更加强化了高炉炼铁在钢铁生产中的主导地位。

但是，高炉炼铁有它固有的局限性：高炉必须使用焦炭，焦炭对高炉料柱的支撑和透气作用是其他任何燃料都取代不了的；高炉不能直接使用粉矿，大量的贫铁矿资源必须经过选矿富集、造块处理，致使高炉炼铁工艺流程长；物料经反复加热、冷却和加工，造成能源的浪费；组成高炉冶炼的生产体系（包括烧结、炼焦等）十分复杂庞大，需要较多的投资和较长的建设周期，而高炉炼铁体系的灵活性、可调节性又比较差；炼铁系统产生的粉尘、烟气、污水对环境污染严重，当今正面临着环境保护严峻的挑战。

综上所述，高炉炼铁的最大局限性还是它对焦炭的依赖性。在炼铁生产的不断发展中，人们也在不断摸索其他的炼铁方法。铁矿石在固态下还原生产海绵铁的方法（即"直接还原法"）也有一百多年的历史，在 20 世纪 70 年代发展较为迅速。铁矿石的熔融还原法是近年来发展起来的，有的方法已进入工业化生产阶段。所有这些炼铁的新方法都不用或很少用焦炭作为能源，它们是对高炉炼铁法的变革。

根据高炉解剖研究可知，在高炉中部存在着软熔带。软熔带把高炉分成上、下两个区域，上部区通常称为干料区，由固体状态的矿石、焦炭组成；软熔带下部是焦炭滤过层、风口回旋区和渣铁反应的炉缸区。在干料区，炉料在下降过程中接受煤气传给的热量，温度逐渐升高，铁矿石的还原也在不断进行。这里值得注意的是：

(1) 氧化铁被煤气中的 CO 和 H_2 还原，这是高炉炼铁中的间接还原，由于碳的气化反应还没有开始（或刚开始，但很不充分），因而这个区域尚不存在固体碳对铁的还原。

(2) 干料区下部炉料温度已升高到 900~1000℃ 的水平，在这样的环境和气氛中，矿石里已有金属铁（海绵铁）出现。

(3) 在干料区里，焦炭没有参加高炉反应，仅起到透气的作用。而料柱中的矿石也是以固体料块状态存在，其间的空隙也能起到透气的作用。

由上面分析可以设想，如果把高炉上部的干料区单独移出来，作为一个反应器，在这个反应器里仅装有铁矿石而不装焦炭，让具有一定温度的还原剂气体通过矿石床使之还原，得到金属铁是完全可能的。其实这就是生产海绵铁的直接还原法，只不过作为还原剂的煤气要比高炉煤气富化得多，而铁矿石的品位也要高许多。

再来考虑高炉的下部区，这个区域温度很高，碳的气化反应充分进行，铁及合金元素的还原都是由碳直接还原的。在这个区域里（特别是炉缸区），完成了最终的还原、造渣、脱硫及渗碳。由于还原和碳燃烧产生的气体要导出到高炉上部区，因而需要有呈固体块状存在的焦炭滤过层。

这里也可以设想，有一个反应器，像高炉炉缸那样具有充足的热量和足够高的温度，反应器里以煤作还原剂，把经过预还原的铁矿石及造渣材料直接加入其中，以完成还原、熔化造渣、渣铁分离，这样也能获得液态铁水。这可能就是许多冶金工作者所致力研究的铁矿石"熔融还原"技术。熔融还原技术的出现与人们希望脱离焦炭困扰，用煤炼出液态铁水，以发挥转炉炼钢的优势不无关系。两种炼铁工艺还原度与温度关系的比较见图 8 – 1。

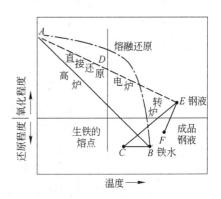

图 8 – 1　两种炼铁工艺还原度
与温度关系的比较

高炉 – 转炉过程：A→B，C→E→F

直接还原 – 电炉过程：A→D→E→F

熔融还原 – 炼钢过程：A→B，C→E→F

8.1.2　铁矿石的直接还原法

直接还原法就是铁矿石不经熔化，在固态下还原得到金属铁的方法。直接还原法多使用气体还原剂，也可使用固体还原剂煤。由于矿石不经熔化而去除了其中的氧，剩下一种与海绵相似的具有蜂窝状结构的铁，因而称直接还原法的产品为海绵铁。

海绵铁的特点是：碳含量较低（通常 1% 左右），不含 Si、Mn 等元素；铁非全部还原，还含有少量的氧化铁；因其在固态下还原，矿石中的脉石不能去除，含有一定数量的杂质。海绵铁的这些特点使之不宜大量用于转炉炼钢，而适于替代废钢作为电炉炼钢的原料。

铁矿石的直接还原法起源较早。20 世纪初，瑞典就出现了以气体为还原剂的霍加内斯法（Hoganas）及威伯法（Wiberg）；1935 年，在德国出现了以煤为还原剂的克虏伯 – 莱茵法（Krupp – Renn），但它们生产规模都很小。自 50 年代以来，直接还原法有了较大发展，其主要原因是：

（1）世界焦煤资源日趋减少，焦炭市场供应日趋紧张，焦炭价格不断上涨。有资料表明，全世界的煤炭储量约为 76000 亿吨，而焦煤资源仅占 5% 左右。

（2）世界废钢市场供应不够稳定，炼钢连铸技术的发展使得电炉用的干净废钢供应紧张，而这一时期电炉炼钢有了很大发展，它需要有废钢的代用品。

（3）由于铁矿石选矿技术的发展，能够获得更高品位的精矿，同时世界上也发现多处高品位铁矿资源。

（4）研制成功多种石油制气技术，为直接还原法解决了还原剂气体的制备问题。

同时，直接还原法具有如下优点：可用不能炼焦的煤或重油及其他碳氢化合物作为还原剂；所得到的产品有害杂质、有色金属含量少，海绵铁可供电炉冶炼优质钢；污染较少，有利于环境保护；以直接还原法可以经济地组织中小规模的钢铁生产，建设投资少。

因此，直接还原炼铁技术在石油资源丰富、电力比较充足的国家获得了快速发展。据统计，1960 年世界直接还原总生产能力为 35 万吨，1983 年已达 3540 万吨，其增长速度是相当可观的。之后也因其固有的局限性，直接还原法的发展速度变慢，2001 年全世界直接还原铁总产量为 4378 万吨，2010 年为 6444 万吨。就全世界而言，95% 以上的铁产量仍是由高炉炼出的。

8.1.2.1　直接还原法的分类

直接还原法有文献记载的就达上百种，已实现工业化生产的有 20 余种。直接还原法按采用还原剂的种类，分为气体还原剂法（气基直接还原法）和固体还原剂法（煤基直接还原法）；按反应床层类别，可分为固定床法、移动床法及流化床法；按不同形式的反应器，又可分为竖炉法、反应罐法、流态化法、回转窑法和转底炉法等。

在为数众多的直接还原法中，米德雷克斯法（Midrex）和伊尔法（HYL、HYL – Ⅲ）工艺比较成熟，是采用较多的气基直接还原法；在煤基直接还原法中，采用 SL/RN 法的较多；近年来转底炉法在处理含铁废料方面有突出优点，也越来越受到重视。

8.1.2.2　非高炉炼铁的技术经济指标

A　单位容积利用系数

单位容积利用系数是评价直接还原法生产率的指标，其定义是：反应器每立方米有效容积的海绵铁日产量，其单位是 $t/(m^3 \cdot d)$。竖炉法这一指标可达 $3 \sim 5 t/(m^3 \cdot d)$。由于受海绵铁中脉石杂质数量、还原度差别的影响，有时还用单位容积出铁率来补充单位容积利用系数的不足。

B　设备作业强度

每平方米反应器断面积的日产铁量称为设备作业强度，其单位是 $t/(m^2 \cdot d)$。这一指标表明了反应器的强化程度，对于高炉冶炼，一般为 $50 \sim 60 t/(m^2 \cdot d)$ 以上；非高炉炼铁法较小，在 $15 t/(m^2 \cdot d)$ 左右。

对于回转窑，其断面积用回转窑直径与长度的乘积表示。

C　能量消耗指标

非高炉炼铁采用的能源和还原剂种类较多，为便于比较，常以一次能源的总热值来衡量其能量消耗情况，其中包括间接消耗（如转化煤气时）的能量在内。

高炉炼铁的总能耗（包含造块、炼焦）为 $(12 \sim 15) \times 10^6 kJ/t$；非高炉炼铁的总能耗为：竖炉法 $(10 \sim 16) \times 10^6 kJ/t$，回转窑法 $(14 \sim 18) \times 10^6 kJ/t$。

D　煤气利用率与煤气氧化度

煤气利用率表明煤气化学能利用的程度，它用还原生成的气体中 CO_2 与 H_2O 含量和同反应的全部气体含量之比来表示，与高炉煤气利用率有相同的算式及意义。此外，还可以用 CO 的利用率 η_{CO} 及 H_2 的利用率 η_{H_2} 来表示煤气化学能利用的情况。

还原剂煤气含有氧化性气体 CO_2 及 H_2O 的程度称为煤气氧化度，这里用 η' 表示。它与煤气利用率有相同的书写形式，但是它要用煤气的初始成分（即还原前的成分）来计算，而煤气利用率是用还原后的煤气成分计算的。煤气氧化度 η' 高，表明煤气还原能力弱。

E　产品的质量指标

（1）海绵铁的金属化率　海绵铁中金属铁（包括 Fe_3C 中铁）占全铁的百分比称为金属化率，用 $M(\%)$ 表示，其计算是：

$$M = \frac{m(Fe)_M + m(Fe)_{Fe_3C}}{m(TFe)} \times 100\% \qquad (8-1)$$

式中　　$m(TFe)$——海绵铁中全铁量；

　　　　$m(Fe)_M$——海绵铁中金属铁量；

　　　$m(Fe)_{Fe_3C}$——海绵铁中以 Fe_3C 形态存在的铁量。

式（8-1）也可用它们的含量计算。直接还原法生产的海绵铁，其金属化率一般为95%左右。

（2）矿石的还原度　矿石还原后的失氧量与原来同铁结合的总氧量之比称为矿石的还原度，这里用 R 来表示。

可用矿石的氧化度指标计算矿石的还原度。这里用 D_0 来表示矿石的初始氧化度；用 D 来表示还原后（已生成海绵铁）的矿石氧化度，它们分别为：

矿石初始氧化度　　　　　$D_0 = 1 - \dfrac{w(Fe^{2+})}{3w(Fe)}$

矿石还原后氧化度　　　　$D = 1 - \dfrac{w(Fe^{2+})}{3w(Fe)} - \dfrac{w(Fe^0)}{w(Fe)}$

D_0 及 D 算式中的各项要代以它们各自的成分，矿石初始的全铁含量与还原后的全铁含量（即海绵铁中的全铁含量）不会是一样的数值。另外，D 算式中的 $w(Fe^0)$ 是金属铁（包括 Fe_3C 中的铁）含量。因此，矿石的还原度为：

$$R = \frac{D_0 - D}{D_0} = 1 - \frac{D}{D_0} \qquad (8-2)$$

当矿石初始成分二价铁含量 $w(Fe^{2+}) = 0$，即全部的铁均以 Fe_2O_3 形态存在，也就是 $D_0 = 1$ 时，式（8-2）可以写成 $R = 1 - D$，这仅是一种极为特殊的情况。同理，只有当 $D_0 = 1$ 时才有如下关系式：

$$M = \left(R - \frac{w(Fe^{2+})}{3w(Fe)} \right) \times 100\%$$

8.1.3　还原剂气体的制备

8.1.3.1　直接还原法对还原剂气体的要求

直接还原法使用的还原剂气体可以是脱硫后的焦炉煤气（其主要成分是 H_2、CH_4）或者石油气化制成的富煤气（CH_4 65%、H_2 12%、CO 22%）等，但使用较多的还是天然气（CH_4），天然气是气基还原法的主要能源材料。

在直接还原法中，碳氢化合物是不能直接用于还原铁矿石的，因为当金属化率 $M > 50\%$ 时，还原出的海绵铁成为催化剂，使 CH_4 大量分解析出烟炭。烟炭的析出一方面堵塞气孔，阻碍反应进行，恶化料柱透气性；另一方面，也造成能源的浪费。因此，使用天然气的直接还原工艺中都有天然气的转化装置（称为改质炉或转化炉），把天然气转化成 $CO + H_2$ 的还原性气体。

直接还原法对还原剂气体的主要要求是:

(1) 煤气中 H_2 的含量要高,以 $\varphi(H_2)/\varphi(CO) > 3$ 为宜。高于810℃时 H_2 的还原能力强于 CO,H_2 的扩散、渗透能力也比 CO 好,有利于还原反应进行。若煤气中 CO 含量较高,低温下(500~600℃)海绵铁成为催化剂,容易发生烟炭的沉析。因此,直接还原使用的煤气都是富氢煤气。但 H_2 还原氧化铁的反应都是吸热的,而 CO 还原总的热效应是放热的,当煤气中 CO 含量多时可以减少供应反应的热量,这是它的优点。

(2) 煤气的氧化度要低,一般要求煤气中 $\varphi(H_2) + \varphi(CO) > 90\%$,而 $\eta' \leqslant 5\%$。天然气转化时总会不可避免地存在 CO_2 和 H_2O,它们一方面降低了煤气本身有效成分的含量;另一方面,在还原中也需要有一部分 CO、H_2 来维持与它们的平衡。煤气氧化度越高,煤气还原势的降低越显著。煤气还原势的降低值 Δr 为:

$$\Delta r = \eta' + \frac{\eta'}{K_e} = \eta'\left(1 + \frac{1}{K_e}\right) \qquad (8-3)$$

式中 K_e——氧化铁被混合煤气还原的平均平衡常数。

由于直接还原中用的是含有 H_2 和 CO 的混合煤气,因而还原氧化铁的平衡常数不能按单一气体考虑,而需引入还原煤气的平均平衡常数 K_e,常用下式计算:

$$K_e = K_{pCO}\frac{\varphi(CO)}{\varphi(CO) + \varphi(H_2)} + K_{pH_2}\frac{\varphi(H_2)}{\varphi(CO) + \varphi(H_2)} \qquad (8-4)$$

式中 K_{pCO},K_{pH_2}——分别为 CO、H_2 还原氧化铁反应的平衡常数;

       $\varphi(CO)$,$\varphi(H_2)$ ——分别为还原煤气中 CO、H_2 的初始含量。

当然,K_e 用混合煤气的平衡成分来计算也是可以的。

8.1.3.2 还原剂气体的制备

CH_4 的转化反应 (Reformed Reaction) 有:

$$CH_4 + \frac{1}{2}O_2 \Longrightarrow CO + 2H_2 \qquad +4.18 \times 127kJ/m^3 (CO + H_2)$$

$$CH_4 + H_2O \Longrightarrow CO + 3H_2 \qquad -4.18 \times 550kJ/m^3 (CO + H_2)$$

$$CH_4 + CO_2 \Longrightarrow 2CO + 2H_2 \qquad -4.18 \times 659kJ/m^3 (CO + H_2)$$

(1) 采用部分燃烧法制备还原气   第一个转化反应是用 O_2 不完全燃烧 CH_4,使之转化成 $CO + H_2$,这个反应是放热的,但放出热量不多。当用化学当量的 O_2 对 CH_4 进行自热反应裂化时,需要1000℃的高温才能保证 CH_4 完全转化成 $CO + H_2$。这就需要对 CH_4、氧气(或空气)及转化触媒剂进行预热。如果不提供外部热量,仅靠反应自身的热量,反应是不可能按理想状态完成的。

如果不靠外部供热而使反应温度达到1000℃以上,就不能用化学当量的 O_2(0.5m³ O_2:1m³ CH_4)操作,氧需要过剩。即有部分 CH_4 燃烧成 CO_2 或 H_2O,放出热量以满足反应需要,这样就使还原煤气具有一定的氧化度。例如,当氧过剩20%时,即1m³ CH_4 用0.6m³ O_2 转化时,经计算,此时煤气的氧化度为 $\eta' = 6.7\%$。

如果无外供热量,用过量 O_2 燃烧 CH_4 制取 $CO + H_2$,则势必造成煤气氧化度升高,要使煤气具有足够的还原势,就需要脱除煤气中的 CO_2 和 H_2O。对于水蒸气,可以采用冷冻法脱除;对于 CO_2,可用20atm的高压水洗,或用甲醇溶液(高压)、碱液(常压)等化学方法吸收。处理完的煤气已为冷态,要去还原还需加热,因而影响其经济性。因此，制备直接用于还原装置的低氧化度的还原煤气而不需中间处理过程，是更为重要的。生产中常采用蓄热器或换热器预热 CH_4，使反应达到 1000℃ 的条件，而不靠过氧化提供热量来进行 CH_4 的转化。

（2）采用水蒸气或 CO_2 制备还原气　对于 CH_4 也可用 H_2O 或 CO_2 进行转化，这是直接还原法常用的转化方法。水蒸气是单独供给的，而 CO_2 可由直接还原后的炉顶煤气循环使用所提供。这两种转化反应都是吸热的，需供给热量，热量可由蓄热器或换热器提供。为加速 CH_4 转化反应的进行，需要有催化剂，常采用镍基催化剂。天然气中的硫能使镍基催化剂中毒而失去作用，因此在改质前要进行脱硫，一般用活性炭或白云石、石灰石脱硫，使天然气中的硫达到痕迹含量。用水蒸气来改质可提高还原煤气中 H_2 的比例，这是它的优点。图 8-2 所示为 CH_4 用 CO_2、H_2O 进行重整的温度及气体组成。从 CH_4 及 H_2O、CO_2 的未反应量和析出炭的角度考虑，希望重整温度高。

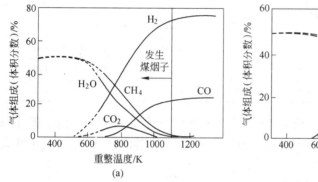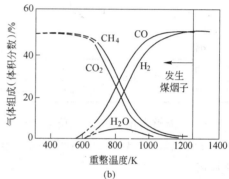

图 8-2　CH_4 用 CO_2、H_2O 进行重整的温度及气体组成

（a）CH_4 的水蒸气重整温度与生成气体组成的关系（$p_{CH_4} : p_{H_2O} = 1 : 1$）；

（b）CH_4 的 CO_2 气体重整温度与生成气体组成的关系（$p_{CH_4} : p_{CO_2} = 1 : 1$）

除了上述用 CH_4 制备还原气的方法以外，还有用重油来制备还原气的。甲烷中 $w(C) : w(H) = 3 : 1$，而重油为 $7 : 1$，因而产生的还原气体中 CO 比例高。较高的 CO 含量使产生烟炭的趋势增加，转化时需加入 H_2O 以提高 H_2 的比例。

8.1.3.3　还原剂气体需要量的计算

在直接还原法中，还原剂气体除了把铁从氧化铁中还原出来以外，还起到载热体作用，供给反应所需要的热量。因此，冶炼单位质量海绵铁的煤气需要量就取决于这两方面因素，由其中较多者所决定。

A　作为还原剂时气体的需要量

在高炉炼铁中浮氏体的还原反应为 $FeO + nCO = Fe + (n-1)CO + CO_2$，其还原剂过量系数由反应的平衡常数决定，即：$n = 1 + 1/K_p$。而 K_p 与反应的温度有关，可由反应的标准自由能变化来计算。

$$FeO + CO = Fe + CO_2 \qquad \Delta G^{\ominus} = -14640 + 29.62T \quad (J/mol)$$

$$FeO + H_2 = Fe + H_2O \qquad \Delta G^{\ominus} = 22550 - 8.08T \quad (J/mol)$$

当温度给定时 $\Delta G^{\ominus}$ 即可算出，再由 $\Delta G^{\ominus} = -RTlnK_p$ 就能算出平衡常数。前已述及，在直

接还原中因为用的是混合煤气，所以要用 H_2 和 CO 同氧化铁反应的平均平衡常数进行计算。

作为还原剂时煤气的需要量 $V_{g,r}(m^3/t)$ 应按下式计算：

$$V_{g,r} = \frac{0.4m(Fe)_r\left(1 + \dfrac{1}{K_e}\right)}{\varphi(CO) + \varphi(H_2) + 4\varphi(CH_4) - \dfrac{\varphi(H_2O) + \varphi(CO_2)}{K_e}} \qquad (8-5)$$

式中 $m(Fe)_r$——每吨海绵铁的还原铁量，kg。

有计算表明，在 1033K 时，不同氧化度条件下还原煤气的需要量如表 8-1 所示。

表 8-1   不同氧化度条件下还原煤气的需要量 (m^3/t)

还原率/%	还原煤气氧化度		
	0	0.05	0.10
100	1200	1400	1770
95	1115	1300	1560
90	1030	1200	1440
85	945	1100	1320

由表 8-1 能够看出，从还原角度考虑，降低还原煤气氧化度是理想的。但在制造还原气体时受转化效率、CO 气体析碳等因素影响，因此，在实际生产中煤气氧化度大约限于 10% 以内。

B   作为载热体时气体的需要量

作为载热体时煤气的需要量应由热平衡算出，在这里应该注意到煤气中 N_2 的作用。当天然气用空气部分燃烧重整时，煤气中含有部分 N_2 气，虽然它不参与还原过程，但它作为携热物质，给反应系统带进了热量，因此煤气用量也与 N_2 的含量有关。用 CO 还原氧化铁能放出热量，煤气中 CO 含量多时，需要的煤气量可少一些。

$$FeO + CO \Longrightarrow Fe + CO_2 \qquad +4.18 \times 58 kJ/kg(Fe)$$
$$FeO + H_2 \Longrightarrow Fe + H_2O \qquad -4.18 \times 118 kJ/kg(Fe)$$

作为载热体时煤气的需要量 $V_{g,h}(m^3/t)$ 可按下式计算：

$$V_{g,h} = \frac{m(Fe)_r(r_{H_2}q_{H_2} + r_{CO}q_{CO}) + 1000c_{Fe}t_{Fe}}{c'_g t'_g \eta_g - c''_g t''} \qquad (8-6)$$

式中 r_{H_2}——H_2 的还原度；

　　　　q_{H_2}——冶炼 1kg 铁的 H_2 还原热效应，kJ；

　　　　r_{CO}——CO 的还原度；

　　　　q_{CO}——冶炼 1kg 铁的 CO 还原热效应，kJ；

　　c_{Fe}，t_{Fe}——分别为海绵铁的比热容（kJ/(kg·℃)）及温度（℃）；

　　　c'_g，t'_g——分别为还原煤气入炉时的比热容（kJ/(m^3·℃)）及温度（℃）；

　　　c''_g，t''——分别为出炉时煤气的比热容（kJ/(m^3·℃)）及温度（℃）；

　　　　η_g——反应器有效热量利用系数。

对式（8-6）应做如下说明：

（1）式（8-6）由粗略热平衡导出，热收入部分是还原煤气带入热量（扣除了离开时带走的物理热），热支出部分主要包括还原耗热及海绵铁带走热量。反应系统的热损失在 η_g 中考虑。

（2）海绵铁的还原耗热应按氧化铁全部还原过程（从高价铁还原到浮氏体，再还原到金属铁）的热效应考虑。CO 的还原放出热量，在式（8-6）中 q_{CO} 应取负值，予以扣除。

（3）与还原耗热有关的被 CO 及 H_2 还原的铁量，应按 CO 的还原度 r_{CO} 及 H_2 的还原度 r_{H_2} 考虑。在这里因为没有直接用碳还原铁，故 $r_{CO} + r_{H_2} = 1$。同时还应明确，r_{CO}、r_{H_2} 仅表示 CO、H_2 还原铁量占全部还原铁量的比率，没有 $R = r_{CO} + r_{H_2}$ 的简单关系（R 为矿石还原度指标）。r_{H_2} 应按下式计算：

$$r_{H_2} = \frac{\varphi(H_2)\eta_{H_2}}{\varphi(H_2)\eta_{H_2} + \varphi(CO)\eta_{CO}} \tag{8-7}$$

同理，CO 还原度可以写成：

$$r_{CO} = \frac{\varphi(CO)\eta_{CO}}{\varphi(H_2)\eta_{H_2} + \varphi(CO)\eta_{CO}} \tag{8-8}$$

作为载热体所需要的煤气量写成下面形式是不正确的：

$$V_{g,h} = \frac{m(Fe)_r\left(\dfrac{\varphi(H_2)}{\varphi(H_2) + \varphi(CO)}q_{H_2} + \dfrac{\varphi(CO)}{\varphi(H_2) + \varphi(CO)}q_{CO}\right) + 1000c_{Fe}t_{Fe}}{c'_g t'_g \eta_g - c''_g t''_g}$$

直接还原中实际的煤气需要量取决于作为还原剂或作为载热体时两种需要量中较大的一项。在不考虑炉顶煤气返回循环使用的条件下，煤气的实际用量与煤气中 N_2 含量、H_2 同 CO 的比例及煤气利用率之间的关系如图 8-3 所示。

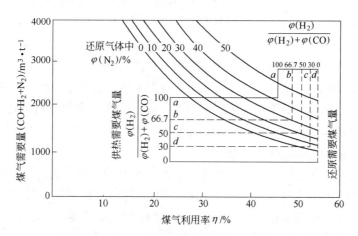

图 8-3 气体还原法中的煤气需要量（平均还原温度 750℃）

$a \sim d$—还原煤气中 H_2 所占比例

8.1.4 铁矿石的还原

在高炉炼铁部分讲述的铁矿石被气体还原剂还原的理论，对于气基直接还原法也是适用的。由于铁矿石的还原是气－固相反应,也可用未反应核模型来描述。

直接还原法与高炉法对铁矿石的要求应有不同的侧重。直接还原反应装置规格不大,对矿石物理性能指标的要求不如高炉那样严格,而矿石的品位则是其最为重要的指标。

直接还原法要求矿石具有高的铁含量,应在60%以上。直接还原中脉石全部保留在海绵铁中,脉石的增多使海绵铁在电炉炼钢时电耗增多,炉衬寿命缩短,生产率下降。因此,矿石品位越高、脉石越少则越好。矿石中酸性脉石含量应低于3%,最高不超过5%。

直接还原法对矿石中S、P杂质含量的要求并不十分严格(但要注意,炉顶煤气循环使用时硫能使催化剂中毒),因为在还原中可以脱除一些,电炉炼钢时也不难脱除。其他微量元素(K、Na、Zn、Pb、As等)有些可在直接还原中部分或大部脱除,有害作用不大。

在直接还原法中,矿石的还原性是另一重要指标。矿石应是多孔的、内部结构开放的,矿石还原性好有利于还原剂气体的节省和生产率的提高。

矿石应具有一定的强度,耐磨损冲击,能承受升温、高压的作用,以使其在还原过程中不致破碎。对于矿石粒度,各种直接还原方法有不同的要求,流化床法使用粉矿,其粒度在 0.05 ~ 0.5mm 范围内;竖炉法用矿石的粒度可以大些,如 Midrex 法中矿石粒度为6 ~ 25mm;回转窑法的矿石粒度介于两种方法中间。不论哪种方法,都要求矿石粒度均匀。

8.1.5　气基还原法的脱硫

直接还原法中,有害杂质硫主要来自于矿石,在还原过程中可以脱除一些。直接还原所使用的煤气也带入硫,如果使用带有镍基催化剂的天然气裂化装置,天然气转化前要进行脱硫,煤气中硫应达到痕迹含量。普罗费尔法(Purofer)使用两座有耐火砖蓄热室的转化炉,黏附在催化剂上的硫在加热期能够烧掉,天然气中硫含量允许达到 30ppm (3×10^{-5})。总之,直接还原中煤气带入的硫是很少的。

冶金过程中的脱硫反应可以分为气化脱硫、炉渣脱硫和固相脱硫,在直接还原法中,煤气对矿石或海绵铁的脱硫属气化脱硫。气化脱硫必须具备两个条件:一是硫能充分变成气态硫或气态硫化物;二是硫在气化后不再被吸收,这样才能使硫有效地脱离反应体系,达到脱除的目的。

8.1.5.1　气化脱硫反应

在氧化性气氛中气化脱硫能很好地进行,甚至能把 CaS 中的 S 氧化,硫的氧化物可以是 SO_2、SO_3,它们的硫势很低,在逸出过程中也不易被吸收。因此,铁矿石的氧化焙烧、铁矿粉的烧结过程都有很好的脱硫效果。当烧结料中配碳较多时,形成较强的还原性气氛,对 S 的气化脱除是不利的。

在高炉炼铁及直接还原法中,可以进行一定程度的还原性气氛下的气化脱硫。在400 ~ 1200℃条件下,还原气体中的 S 可呈两种形态:一是与 CO 结合成 COS;二是与 H_2 结合成 H_2S。煤气中两者比例的计算是:

$$H_2 + \frac{1}{2}S_2 \xrightarrow{\hspace{1cm}} H_2S \qquad K_{pH_2S} = \frac{p_{H_2S}}{p_{H_2}p_{S_2}^{1/2}} \qquad \lg K_{pH_2S} = \frac{4718}{T} - 2.5808 \qquad (8-9)$$

$$CO + \frac{1}{2}S_2 = COS \qquad K_{pCOS} = \frac{p_{COS}}{p_{CO}p_{S_2}^{1/2}} \qquad \lg K_{pCOS} = \frac{4910}{T} - 4.0883 \qquad (8-10)$$

由上面两个反应可以得到：

$$\frac{p_{H_2S}}{p_{COS}} = \frac{K_{pH_2S}}{K_{pCOS}} \cdot \frac{p_{H_2}}{p_{CO}}$$

因此可以算出，在高温下 $K_{pH_2S} \gg K_{pCOS}$，除了煤气中 CO 含量极高的情况外，煤气中 S 应以 H_2S 形态为主；而在低温下 $K_{pH_2S} \approx K_{pCOS}$，煤气中 S 的形态取决于煤气成分，在高炉及回转窑内煤气中 S 主要以 COS 形态逸出，但 COS 不稳定，容易被 Fe 及 CaO 所吸收。在以 $\varphi(H_2)/\varphi(CO)$ 值高的煤气为还原剂的直接还原法中，煤气中 S 以 H_2S 为主，H_2S 较稳定，与 Fe 反应可达到一定的平衡：

$$H_2 + FeS = H_2S + Fe \qquad \Delta G^{\ominus} = 18000 - 8.28T \quad (J/mol)$$

即在一定的条件下，H_2 可以成为脱硫剂，脱除 FeS 中的 S。

根据反应：

$$nH_2 + FeS = (n-1)H_2 + H_2S + Fe$$

脱除 1mol S 所需 H_2 的数量则为 $n = 1 + 1/K_{pS}$，而

$$K_{pS} = \frac{1}{n-1} = \frac{\varphi(H_2S)^*}{\varphi(H_2)^*}$$

式中 $\varphi(H_2S)^*$，$\varphi(H_2)^*$——分别为反应达到平衡时 H_2S、H_2 的体积分数（也可用分压）。

因此，脱除 1kg S 所需 H_2 的体积（m^3）则为：

$$\frac{n \times 22.4}{32} = 0.7 \times \left(1 + \frac{1}{K_{pS}}\right)$$

脱除 1kg S 所需的煤气量 $v_{(S)}$（m^3）为：

$$v_{(S)} = \frac{0.7 \times (1 + 1/K_{pS})}{\varphi(H_2) - \varphi(H_2S)/K_{pS}} \qquad (8-11)$$

式中 $\varphi(H_2)$，$\varphi(H_2S)$——分别为还原煤气中 H_2 及 H_2S 的体积分数（初始含量）。

对于脱硫所需煤气量 $v_{(S)}$ 可做如下讨论：

（1）若煤气中 S（H_2S）达到一定数量，使 $\varphi(H_2S)/K_{pS}$ 值接近于煤气中 H_2 的含量，即式（8-11）的分母趋近于 0，则 $v_{(S)} \to \infty$。这时煤气仅能维持自身的平衡，不能脱除矿石中的硫。因此，从脱硫角度考虑，要求煤气中的硫含量尽量低些。

（2）当 $\varphi(H_2) > \varphi(H_2S)/K_{pS}$ 时，煤气能对矿石脱硫。

（3）当 $\varphi(H_2) < \varphi(H_2S)/K_{pS}$ 时，$v_{(S)}$ 为负值，此时表明反应逆向进行，煤气使海绵铁增硫，海绵铁成为煤气的脱硫剂。在改造后的 Midrex 工艺中，利用冷却脱水后的炉顶煤气来冷却还原后的海绵铁，冷却过程中海绵铁吸收部分煤气中的硫，海绵铁中硫含量虽有所增高，但仍保持在合格的范围内；而炉顶煤气硫含量有所降低，再去参与天然气的转化，有利于防止催化剂中毒。这一改造工艺就是利用这一原理，但从生产海绵铁的角度考虑，还应尽量使煤气起到脱硫作用。

8.1.5.2 脱硫率的计算

由 $v_{(S)}$（式（8-11））可知，$1m^3$ 煤气的脱硫量 G_S（kg）为：

$$G_S = \frac{1}{v_{(S)}} = \frac{\varphi(H_2) - \varphi(H_2S)/K_{pS}}{0.7 \times (1 + 1/K_{pS})} \qquad (8-12)$$

在直接还原中矿石的脱硫率 η_S 则为：

$$\eta_S = \frac{G_S V'_g}{m(S)_P} \qquad (8-13)$$

式中　　V'_g——单位矿石的煤气量，m^3；

　　　　$m(S)_P$——单位矿石带入的硫量，kg。

8.2　直接还原法分论

在气体还原剂法中，属于竖炉工艺的有 Midrex 法、Purofer 法、HYL-Ⅲ法、阿姆柯法（Armco）等；属于流态化工艺的有菲奥尔法（FIOR）、希伯法（HIB）。其中以 Midrex 法和 HYL 法发展快、规模大、应用广。

固体还原剂法中有 SL/RN 法、Krupp 法、川崎法，这些均为回转窑法，其中以 SL/RN 法应用较广。近年来出现了转底炉法，在处理含铁废料及保护环境方面具有突出优点。

当前各种直接还原法所占的比例大约是：气体还原剂法 90%，固体还原剂法 10%；竖炉法 86%，流态化法 4%，回转窑法 10%。显然，气体还原剂法中的竖炉法占有绝对优势，这主要是因为其冶炼工艺比较成熟，生产率比较高，目前正向大型化发展。

8.2.1　竖炉法

8.2.1.1　Midrex 法

Midrex 法由美国 Midland-Ross 公司发明。1969 年在美国的俄勒冈州建设了两座年产 20 万吨的竖炉，1971 年在德国汉堡和美国乔治城建设年产 40 万吨的工厂，达到了工业化程度。经过多年实践发展，现已形成 100 型（年产 16.5 万吨海绵铁）、400 型（年产 45 万吨海绵铁）、800 型（年产 100 万吨海绵铁）等不同规模的标准化设计。

A　Midrex 法的工艺流程

Midrex 法的工艺流程见图 8-4。数量最多的 400 型 Midrex 法竖炉，其还原段内径为

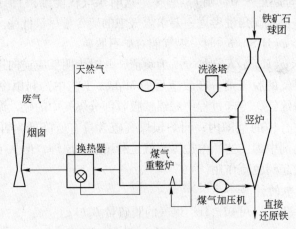

图 8-4　Midrex 法的工艺流程

5m，炉高9m，目前最大的炉子（800 型）内径已达5.5m。Midrex 法竖炉上部圆筒部分有耐火砖衬，煤气在距顶部 2/3 处送入炉内构成还原带，煤气口的数目及布置应保证气流分布均匀，并能防止炉料堵塞进气口。圆筒部分的 1/3 为过渡带，以隔开还原气及冷却气。下部冷却段内不衬砖。

Midrex 法使用粒度为 6～25mm 的氧化球团或天然富矿，酸性脉石含量要低于 3%，对矿石的软化性能及硫含量要求较严。球团的强度要大于 2000N/球，体积膨胀率应低于20%。原料经筛除粉末后，用料车或传送带运到竖炉炉顶的加料斗中，通过布料器装入竖炉内（炉顶煤气压力达 0.02MPa）。矿石边下降、边被由风口鼓入的还原气体（980℃）还原，约经6h通过还原带，然后再经6h冷却到50℃后排出。

B　Midrex 法的制气工艺

Midrex 法的还原煤气是按一份天然气与两份竖炉炉顶煤气的比例混合后，在煤气重整炉内于 1100℃ 的温度下重整而成。较高的温度是为了保证 CH_4 转化充分，降低煤气的氧化度。为防止还原过程中矿石的软熔，转化后的煤气温度调整到 980℃ 后再进入竖炉。

Midrex 法采用换热式的转化反应器转化天然气，转化器中间装有填充镍基催化剂的转化钢管，外部有烧嘴燃烧煤气供热。转化后煤气中 CO、H_2 含量之和达 90%～95%，$\dfrac{\varphi(H_2)}{\varphi(H_2)+\varphi(CO)} > 0.5$，$CH_4$ 含量降至 2% 以下，煤气氧化度不超过 5%。

C　Midrex 法的工艺特点

Midrex 法生产的海绵铁含铁 92%～96%，金属化率大于 92%，含碳 1.0%～1.8%。该法设备紧凑，热能利用充分，生产率高，利用系数达到 3～8t/($m^3 \cdot$ d)。每吨产品的耗热由于努力回收和利用废热，原需能量 12.6GJ，现已降到 10.5～11.0GJ。

8.2.1.2　Purofer 法

Purofer 法是由德国 Hütlen Werk Oberhausen 股份公司于 20 世纪 50 年代着手开发的，随后由 August Thyssen Hütle 股份公司进一步进行研究并投产。"Purofer" 为拉丁文，意为纯铁。这种方法的特点是：

（1）竖炉不设冷却段，热料以 900℃ 排出后热装或压块（喷洒水冷却），因此利用系数较高，达到 10t/($m^3 \cdot$ d)。

（2）用装有含镍催化剂耐火砖蓄热室的重整炉转化天然气，转化温度较高。此外，还有用 Texaco 法使重油进行不完全氧化以制造还原气体的工厂。

图 8-5 所示为带有天然气重整系统的 Purofer 法的工艺流程。首先用其中一座重整炉燃烧还原后的炉顶煤气，使重整炉内部的耐热砖蓄热升温到 1400℃。然后将天然气与还原炉炉顶煤气的混合气体通入，在平均温度 1250℃ 下重整为 H_2 + CO 的还原气体，在重整炉出口将气体温度调整到 （950±10）℃，然后鼓入还原炉内。当重整炉的温度降低到一定程度后，就转为加热。利用另一座加热好的炉子进行重整，换炉周期约为 40min。这种蓄热式转化炉所用的耐火砖上有催化剂，转化期内黏附在催化剂上的硫能在加热期内烧掉，因此天然气中硫的含量可允许达到 30ppm，这是这种方法的一个优点。

Purofer 法生产海绵铁的金属化率可达 95%，每吨海绵铁耗热约为 13.8GJ。

8.2.1.3　HYL 法及 HYL-Ⅲ法

HYL 法由墨西哥 Hojalata Y Lamina 公司（一镀锡板公司）开发成功，是典型的、有

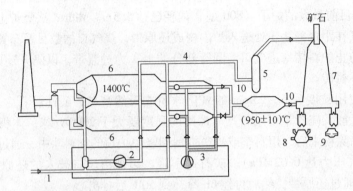

图 8-5　带有天然气重整系统的 Purofer 法的工艺流程

1—天然气；2—加压机；3—风机；4—炉顶煤气；5—洗涤塔；6—煤气转化炉；
7—竖炉；8—直接还原铁密封罐；9—热压直接还原铁；10—还原煤气

代表性的固定床直接还原法。1977 年，在普韦布拉（Puebla）工厂建成了年产 70 万吨（日产 2000t）规模的新型工厂。HYL 法的工艺流程见图 8-6。

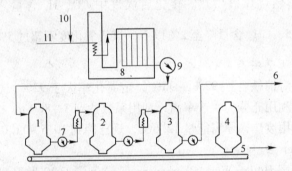

图 8-6　HYL 法的工艺流程

1—冷却罐；2—终还原罐；3—初还原罐；4—装卸料罐；5—皮带；6—燃烧煤气；
7—煤气冷却器；8—煤气转化器；9—冷却塔；10—蒸汽；11—天然气

　　HYL 法系统由天然气转化炉（2 座）、还原反应炉（4 座）以及天然气脱硫塔、空气及煤气预热器等辅助设施构成。反应罐内部衬有耐火材料，炉料自顶部装入，还原气体也自顶部通入，并自底部排出。该装置的 4 个反应罐，按卸料、装料→矿石初还原→矿石终还原→海绵铁冷却及补充还原的程序交替进行。每段操作时间为 3h，每个反应罐一个操作周期为 12h。还原结束后，打开下部炉盖开关，由卸料装置排出还原铁。

　　HYL 法的煤气系统是先在有触媒的换热式转化炉中，将天然气用蒸汽进行不完全转化（CH_4 含量大于 5%）。还原煤气首先进入冷却罐，利用冷煤气将海绵铁的温度降下来，以使排出的海绵铁在空气中不再氧化。然后煤气进入终还原反应罐，再进入初还原反应罐。进入这两个反应罐之前，煤气都需脱除前段还原所产生的水蒸气，再用氧部分氧化法燃烧 CH_4 以提高煤气温度，因此煤气的氧化度较高。

　　HYL 法生产的海绵铁含碳 2.0% ~ 2.5%，其中的碳绝大部分以 Fe_3C 形态存在。球团表层的石墨碳有利于防止运输、储存中 Fe 的再氧化。在金属化率为 85% 的情况下，煤气消耗 15.5GJ，耗电 30 ~ 40kW·h。

HYL法属固定床操作，允许使用强度较低的球团矿（如500N/球）而不致破碎；设备比较简单，运转部件少，易维护和密封；该法废气不循环使用，可避免硫的富集毒化作用；该工艺较为成熟，生产稳妥可靠，规模可大可小。因此，HYL法在20世纪的直接还原法中占有较大的比例，在天然气比较丰富的国家有较大程度的发展。

HYL法的主要缺点是：利用系数较低，单位产品设备重量大；煤气转化系统需要较多的不锈钢材；还原煤气需多次净化（冷却除湿）、预热，耗能较多，热效率不高。

为克服上述严重的缺点，该公司做了许多研究改进，出现了HYL-Ⅲ型的直接还原法。这种方法已不是固定床的反应罐法，而成为移动床的竖炉法。HYL-Ⅲ法与Midrex法工艺相近，如图8-7所示。

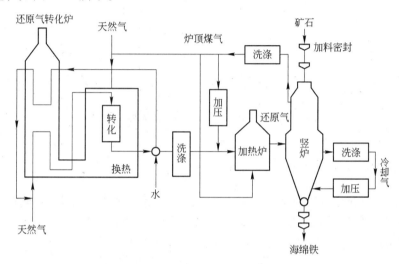

图8-7　HYL-Ⅲ法的工艺流程

HYL-Ⅲ法的特点主要是：煤气重整与还原竖炉体系独立，运行中互不影响；还原过程采用高压操作（490kPa），煤气流速低，有利于顺行与增加产量；用水蒸气重整煤气氢含量高，可提高反应速度；部分炉顶煤气脱除H_2O和CO_2后兑入净还原煤气，可提高煤气的利用率；而炉顶煤气不参与天然气的重整，可以减轻转化装置催化剂的负担，也允许使用硫含量高些的矿石。HYL-Ⅲ法生产每吨海绵铁的煤气消耗10~11.3GJ，耗电90kW·h，金属化率为91%。

8.2.1.4　Armco法

美国Armco钢铁公司试验研究的竖炉法称为Armco法，它最初采用石球热风炉式的蓄热式煤气裂化装置，后来改用换热式裂化炉来制取还原气。图8-8示出Armco法的工艺流程。

Armco法在制取还原气时，水蒸气与天然气之比为1.3∶1，这时效率最高；重整温度为870℃；重整气体含$H_2$71%、CO 23%、H_2O7%，水蒸气可以不去除。炉顶煤气经冷却去除H_2O后，含$H_2$63%、CO 19%、$CO_2$13%，这样的气体仍具有一定的还原能力，所以一部分用于冷却还原铁，另一部分兑入重整气体以降低其温度，这两部分循环气体都参与铁矿石的还原。

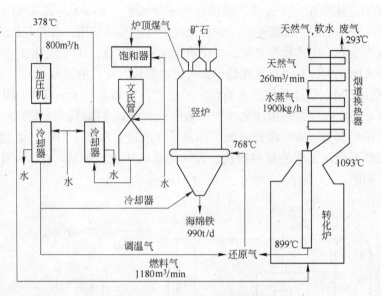

图 8 - 8　Armco 法的工艺流程

8.2.2　流态化法

细颗粒铁矿石在适当的粒度和气流速度条件下，可以保持悬浮状态。矿石颗粒与其周围的热还原气体充分接触，发生反应还原出铁来，这种直接还原方法就是流态化法。FIOR 法、HIB 法均属这种方法，它们都已实现工业化生产。

8.2.2.1　颗粒流态化原理

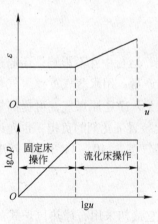

图 8 - 9　散料床中 Δp、ε 与 u 的关系曲线

当气体流经散料层时，产生的压力降与气体的流速呈一定的关系，即：$\Delta p \propto u^{1.7 \sim 2.0}$。这是气体流速 u 在一定范围内时得到的，如图 8 - 9 中的固定床操作阶段所示。当气体流速进一步增加时，气体吹动了料块，料层的孔隙率变大，这时压力差 Δp 就不再变化，进入了所谓的流化床操作阶段。当气体流速再进一步增大至超过某一限度时，料块被气体吹跑，这就是气动输送，如喷煤工艺中的输煤、喷吹操作。显然，在一定的物料条件下，料块处于何种状态取决于气体的流速大小。

A　散料层开始流化的条件——最小流化速度

进入流化状态时，床层的压力降应等于床层的重量。这一关系与埃根方程（Ergun Formula）联立，可以解出最小流化速度（或开始流化速度）w_f。

对于流化床单位截面积，有如下关系式：

$$\Delta p = Z_f(1 - \varepsilon_f)g(\rho_s - \rho_g) \tag{8-14}$$

式中　Z_f——最小流化速度条件下的床层高度；

ε_f——开始流化时床层的孔隙率；

ρ_s——固体颗粒密度；

ρ_g——气体密度。

式（8-14）左端是气体的压力降，右端是料层在气体中的重量。Δp 可用埃根公式表示：

$$\Delta p = 150 \frac{(1-\varepsilon)^2}{\varepsilon^3} \cdot \frac{\eta w}{(\phi d_P)^2} + 1.75 \frac{1-\varepsilon}{\varepsilon^3} \cdot \frac{\rho_g w^2}{\phi d_P} \qquad (8-15)$$

经代换、整理后得到：

$$\frac{1.75}{\phi \varepsilon_f^3} \cdot \left(\frac{d_P w_f \rho_g}{\eta}\right)^2 + \frac{150(1-\varepsilon_f)}{\phi^2 \varepsilon_f^3} \cdot \frac{d_P w_f \rho_g}{\eta} = \frac{d_P^3 \rho_g (\rho_s - \rho_g) g}{\eta^2} \qquad (8-16)$$

式中 d_P——料块的平均粒径，m；

w——气体的空炉流速，m/s；

ϕ——料块的形状系数；

ρ_s，ρ_g——分别为料块、气体的密度，$kg \cdot s^2/m^4$；

η——气体的黏度，$kg \cdot s/m^2$。

若给定颗粒尺寸 d_P 和 ε_f，式（8-16）即为确定最小流化速度的二次关系式。应该指出，最小流化速度在很大程度上取决于流化开始时的孔隙率、物料的性质和颗粒尺寸，但 ε_f 及 ϕ 难以确定，当它们均为未知时，可用如下近似式来估算最小流化速度。

当颗粒很小时，流化速度也小，这时表明流体流动性质的雷诺数（Reynols Number）Re 是小的。当 $Re < 20$ 时，流体流动的压力降 Δp 主要取决于黏滞阻力项，可以忽略动能阻力项的影响，这样就得到：

$$\frac{150(1-\varepsilon_f)}{\phi^2 \varepsilon_f^3} \cdot \frac{d_P w_f \rho_g}{\eta} = \frac{d_P^3 \rho_g (\rho_s - \rho_g) g}{\eta^2}$$

因此

$$w_f = \frac{\phi^2 \varepsilon_f^3}{150(1-\varepsilon_f)} \cdot \frac{d_P^2 g (\rho_s - \rho_g)}{\eta}$$

而料块的形状系数和最小流化速度时的孔隙率之间有下列经验关系式：

$$\frac{1-\varepsilon_f}{\phi^2 \varepsilon_f^3} \approx 11$$

代入上式就得到：

$$w_f = \frac{d_P^2 g (\rho_s - \rho_g)}{1650 \eta} \qquad (8-17)$$

当颗粒较大时，流化的气流速度也大。当 $Re > 1000$ 时，流体流动时的压力降 Δp 主要取决于动能阻力项，黏滞阻力影响可以忽略，这样就能得到：

$$\frac{1.75}{\phi \varepsilon_f^3} \left(\frac{d_P w_f \rho_g}{\eta}\right)^2 = \frac{d_P^3 \rho_g (\rho_s - \rho_g) g}{\eta^2}$$

因此

$$w_f^2 = \frac{\phi \varepsilon_f^3}{1.75} \cdot \frac{d_P g (\rho_s - \rho_g)}{\rho_g}$$

有经验关系式：

$$\frac{1}{\phi \varepsilon_f^3} = 14$$

代入上式得到：

$$w_f^2 = \frac{d_P g(\rho_s - \rho_g)}{24.5\rho_g} \tag{8-18}$$

当 Re 介于 20~1000 之间时，造成流体压力降的两项因素黏滞阻力及动能阻力要同时考虑，这时最小流化速度的表述就比较麻烦了，有些参数还需由实验确定，这里不予给出。流化床中气流速度的下限由最小流化速度决定，在实际应用中，大多流化床均在高于上面计算的数值下运行。

  B 实行流化床稳定作业的最大流速——淘析速度

流化床中气流速度的上限要由颗粒从流化床中开始被带走的条件来决定。一定尺寸的颗粒从床层中被气流带走的速度称为淘析速度，实际上这个速度就是流化操作开始被破坏时的速度，也称为临界速度，用 w_t 表示。

淘析速度是按颗粒计算的，由作用在颗粒上的阻力等于颗粒的体积力（净下降力）就可求出淘析速度。

颗粒的净下降力 $G = (\rho_s - \rho_g)g \dfrac{\pi}{6} d_P^3$

颗粒沉降中的阻力 $S = k \cdot \dfrac{1}{2} w_t^2 \rho_g \cdot \dfrac{\pi}{4} d_P^2$

式中 k——流体与浸没于其中的颗粒有相对运动时的阻力系数，它与颗粒的形状及颗粒的雷诺数（Re_P）有关。

当两力相等时，颗粒达到自由沉降状态，这样就能解出颗粒的沉降速度（即淘析速度）：

$$w_t = \sqrt{\frac{4}{3} \times \frac{(\rho_s - \rho_g)g d_P}{k\rho_g}} \tag{8-19}$$

对于淘析速度的算式，不同文献的表述不尽相同，其主要区别是由于阻力系数 k 的取值不同所致，这里列出根据有关文献作者的推算：

（1）当 $10^{-3} < Re_P \leqslant 2$ 时，为缓慢流动区或斯托克斯定律区，此区中阻力系数 $k = 24/Re_P$，得到：

$$w_t = \frac{d_P^2(\rho_s - \rho_g)g}{18\eta} \tag{8-20}$$

（2）当 $2 < Re_P \leqslant 500$ 时，为过渡区，此区中阻力系数 $k = 24/Re_P$，得到：

$$w_t = 0.173 \times \frac{d_P[(\rho_s - \rho_g)g]^{2/3}}{(\rho_g \eta)^{1/3}} \tag{8-21}$$

（3）当 $500 < Re_P \leqslant 2 \times 10^5$ 时，为牛顿定律区，此区中阻力系数 k 与 Re_P 无关，$k \approx 0.44$，得到：

$$w_t = \left[3.03 \times \frac{d_P(\rho_s - \rho_g)g}{\rho_g} \right]^{1/2} \tag{8-22}$$

在以上算式中，料块直径 d_P 视颗粒的分布情况而定，颗粒相差不大时，取料块的筛分平均值；否则，就要取最大的粒径以估算最大粒度流化时的最低流化速度 w_f；最大颗粒与最小颗粒的粒径比为 1.3 时，可作为两种情况的分界点。这样确定的 w_f 能够保证床层中颗粒全部流化。实践中，比值 w_t/w_f 从小颗粒的 10 变化到大颗粒的 90，作为操作条件的理论极限，这样既能保证充分流化，又可尽量避免或减少淘析。

C 炉料停留时间及生产率的计算

如果流化床层中颗粒是均匀的，则反应器中炉料停留时间 τ_R 可由下式确定：

$$\tau_R = \frac{m_B}{u_0} \tag{8-23}$$

式中 u_0——给料速度，kg/s；

m_B——床层中炉料质量，kg。

流化床具有近液体的性质，其操作一般为连续加料、溢流排料，就像一个盛满水的容器，下部进水口进水时就会顶出同体积的水，从容器上口溢出。

实际操作中矿石粒度有一范围，除大部分炉料由溢流排料排走外，还有小部分炉料被气流带走（淘析）。这种情况下，粒度不同的炉料所停留的时间是不一样的。在流化床中，沉降终速小于表面气流速度的颗粒也不会立即被气流夹带走，而按一定速率淘析。微粒被淘析的速率可用下式表示：

$$-\frac{dE_i}{d\tau} = k_{E_i} E_i \tag{8-24}$$

式中 E_i——床层中粒径为 d_{Pi} 的颗粒质量；

k_{E_i}——淘析常数（1/时间）。

淘析常数可理解为单位质量粒径为 d_{Pi} 的炉料的淘析速率。因此，粒径为 d_{Pi} 的颗粒的平均停留时间 $\bar{\tau}_i$ 为：

$$\bar{\tau}_i = \frac{1}{k_{E_i} + \dfrac{u_1 x_{1i}}{m_B x_{Bi}}} \tag{8-25}$$

式中 x_{1i}——颗粒 i 在溢流中所占的分数；

x_{Bi}——颗粒 i 在床层中所占的分数；

u_1——溢流排料速度（等于给料速度）。

排料速度或停留时间的控制取决于需要的还原时间，这也就决定了流化床反应器的生产率。流化床反应器的利用系数 η 为：

$$\eta = \frac{24}{\tau} \cdot \frac{V\varphi w(Fe)_V}{w(Fe)_D} \tag{8-26}$$

式中 V——反应器体积；

φ——炉料充填率；

$w(Fe)_V$——单位体积炉料的铁含量；

$w(Fe)_D$——产品的铁含量。

D 流化床法的特点

(1) 流态化法直接使用铁矿粉还原，可省去矿粉造块工序。在流化床层中矿石颗粒与还原气体充分接触，矿石颗粒较小、反应表面积大，具有良好的传热条件及较高的化学反应速率。

(2) 流化床的稳定性取决于矿石颗粒及气流速度的均匀、稳定。流化床操作要严格控制矿粉的粒度，一般要求矿粉的粒度在 5mm（4 目）以下，小于 0.04mm（325 目）的粒级比例不应大于 20%。

（3）流化床操作不能用较高的还原温度，一般控制在 700~750℃ 范围内。这是因为矿粒越细则越易黏结，黏结后丧失流动性。流化床无法处理黏性物料，这是它的一个缺点。

由于流化床操作温度受到限制，尽管矿粉与气体具有良好的接触条件，但温度低影响还原速度，同时煤气中 CO 会大量析出烟炭而妨碍操作。因此，流化床的还原煤气应该采用氢气或者富氢煤气。

（4）低温下还原出的铁粉具有较大的活性，在空气中能氧化甚至自燃。因此，流化床法需要配有处理设施，对产品进行钝化处理，然后才能保存和运输。

（5）由于还原温度低，反应器的充填率也低，因此流态化法的利用系数并不高。

矿粉流化需要较多的能量，用于流化料层的煤气量比作为还原剂和载热体时的煤气需要量都多。为了克服煤气热能和化学能利用差的缺点，流化床法多采用高压操作，采用多阶流态化反应器或多个单阶流态化反应器串联，并使煤气循环利用。

8.2.2.2 流态化法工艺

A   FIOR 法

FIOR 法（Fluidized Iron Ore Reduction）是流化床的典型方法，它由埃索研究与工程公司（ESSO Research and Engineering）开发。1965 年，在加拿大建成日产 300t 的半工业性实验工厂，后由麦基（Mckee）公司在委内瑞拉建成年产 40 万吨的工厂，并投入生产。图 8-10 示出 FIOR 法的工艺流程。

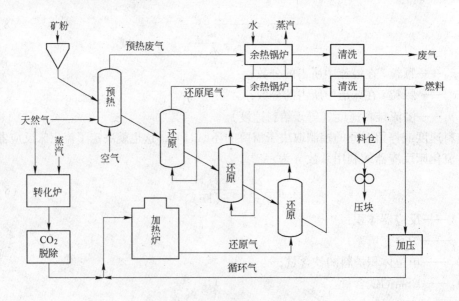

图 8-10   FIOR 法的工艺流程

FIOR 法先在预热流化床中将粉矿加热，再依次通过三个反应流化床还原，其后进入冷却料仓，冷却后将还原铁粉压块。这几个流化床从厂房顶部依次向下布置，每个反应室约高 16.2m，直径为 φ6.1m，总高达 84m。该法还原温度控制在 700~750℃，在 3~5atm

下操作。为保证还原气体富氢，多采用水蒸气重整。还原后煤气经净化处理后再返回使用。

FIOR法还原铁粉的金属化率达85%，含碳0.7%；利用系数在1.0左右，耗热为16.8 GJ/t，耗电为40kW·h。

B HIB法

HIB法也称高铁团矿法（High Iron Briqutte），由美国钢铁公司发明。该公司曾在委内瑞拉建成一个年产100万吨的工厂，但经几年试车未能过关，最后改为生产还原度为70%的压块，供高炉使用，年产仅达40万吨。

HIB法有三个独立、平行的反应器，每个反应器有两段流化床。该法还原气体不循环，仅用于裂化和加热天然气。

8.2.3 回转窑法

8.2.3.1 回转窑法的基本原理

回转窑法属煤基直接还原法，已实现工业化生产的有SL/RN法、Krupp法。回转窑的工作原理如图8－11所示。由煤粒（或焦粒）、块状铁矿及石灰石（或白云石）等组成的固体炉料，由窑尾加入回转窑，窑体稍有倾斜，在转动时把炉料推向窑头，窑头外有烧嘴燃烧燃料（使用粉煤、煤气或燃油），燃烧废气向炉尾运动排出。炉气与炉料逆向运动，炉料被预热升温，经历水分蒸发、石灰石分解及矿石还原等过程。根据回转窑内温度分布与控制的不同，可以利用回转窑生产海绵铁、粒铁和液铁，但后面两种方法因技术方面的问题较多且难以解决，现在应用得很少。

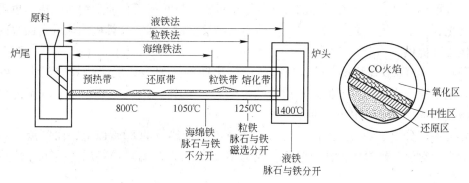

图8－11 回转窑的工作原理

A 回转窑内铁矿石还原

矿石在预热段进行水分蒸发、高价氧化铁还原，如果使用球团矿，则还进行固结硬化。当矿石温度达到800℃后，料层内开始了固体碳的还原。在窑内这一带里进行着下列反应：

碳质材料的气化 $C + \frac{1}{2}O_2 \Longrightarrow CO$ $+4.18 \times 2452 kJ/kg(C)$

氧化铁的还原 $FeO + CO \Longrightarrow Fe + CO_2$ $+4.18 \times 58 kJ/kg(Fe)$

生成的 CO_2 的再还原 $CO_2 + C \Longrightarrow 2CO$ $-4.18 \times 3230 kJ/kg(C)$

后两个反应是同时发生的，因此在还原带的表观反应式为：

$$FeO + C \Longrightarrow Fe + CO \qquad -4.18 \times 649 kJ/kg(Fe)$$

反应生成的 CO 在氧化区也能被吹进的空气燃烧，并提供还原反应所需的热量：

$$CO + \frac{1}{2}O_2 \Longrightarrow CO_2 \qquad +4.18 \times 5640 kJ/kg(C)$$

在回转窑里影响矿石还原的因素主要有：

（1）碳的反应性　碳的气化反应 $CO_2 + C \Longrightarrow 2CO$ 是回转窑中还原过程的限制性环节，它开始得早、反应快，则有利于氧化铁的还原。实践表明，反应性不良的无烟煤及焦粉将使回转窑生产率显著降低。

（2）炉料中的配碳量　配碳多时还原过程进行得快。当使用无烟煤作还原剂时，为保证一定的还原速度，碳量常过剩 30% ~ 50%。而多余的煤在还原后，从产品中分离出来返回使用。

（3）温度　温度对矿石的还原及碳的气化都有明显的促进效果，当还原剂反应性差时，提高回转窑内的温度尤为重要。但温度的提高受到灰分熔点及矿石软化点的限制。在它们允许的范围内，应尽量使回转窑达到较高的温度。

（4）回转窑的充填率　提高充填率可减少矿石的再氧化，有利于还原。回转窑窑头一般都配置挡板，以便将充填率提高到 20% ~ 30%。

B　回转窑内热交换与温度控制

回转窑中炉料必须加热到一定温度（800℃）才能开始铁的还原，有时预热段占据回转窑全长的 40%，严重妨碍生产率的提高，因此，加速预热段热交换对改善回转窑作业指标具有重要意义。大多回转窑前都配置了链箅机，链箅机不仅能把炉料预热，也可使生球团硬化到一定强度，允许回转窑直接使用未经焙烧的生球。链箅机的热量由回收的回转窑窑尾废气提供。

预热段内（800℃以下）只能进行高价氧化铁的还原，其反应热效应很小，可以忽略。在这一段由于炉气温度低，辐射传热量不超过 40%，气流与炉料间的对流传热量约占 30%，炉墙对炉料的传热量可达 30%。

在窑头部分由于炉气温度高，辐射传热量占总传热量的 80% 以上，而气流与炉料间温差变小，对流传热量所占比重降低，仅为 10% 左右，炉墙对炉料的直接传导传热量则不足 5%。

在还原段内由于温度高、辐射热流大，可以满足反应热量的需要；而在预热段由于热流降低，热交换成为主要限制。改善预热段的热交换比较有效的办法是加炉体烧嘴，由烧嘴鼓进二次风，以燃烧炉气中的 CO，提高窑尾炉气的温度。采用延伸式燃烧后，明显的效果是回转窑内炉气温度趋于均匀，在预热段炉料升温加快（如图 8 - 12 所示）。

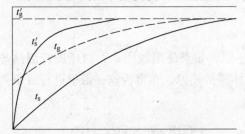

图 8 - 12　回转窑中延伸式燃烧效果
t_g', t_s'—延伸式燃烧的煤气和炉料温度；
t_g, t_s—普通燃烧的煤气和炉料温度

回转窑内的温度对矿石还原及煤的气化都有重要影响，但温度的水平要受到煤中灰分熔点及矿石软化温度的限制。一般应使用含有高

熔点灰分的煤（熔点以高出 $100 \sim 200℃$ 为宜），矿石中 SiO_2 含量也应低些。回转窑内温度是由进气口鼓进空气量来控制的，但温度要控制得均匀、稳定是比较困难的。

C　回转窑法脱硫及有害杂质排出

回转窑中燃料及矿石带入的硫在高温下大部分转入气相，但窑内 H_2 量很少，排出时气体温度也不够高，所以气态硫应以 COS 为主。COS 既可被 CaO 吸收，也可被海绵铁吸收：

$$CaO + COS = CaS + CO_2$$

$$Fe + COS = FeS + CO$$

没被吸收的 COS 则随气体排出窑外，气化脱硫率可达 $30\% \sim 50\%$。

COS 最易被 CaO 吸收，当料中 CaO 多时，由于反应 $CaO + COS = CaS + CO_2$ 的大量发展，使气相中 p_{COS} 降低，p_{COS} 的降低又促进反应 $Fe + COS = FeS + CO$ 逆向进行。因此，回转窑中 CaO 脱硫的总反应为：$FeS + CaO + CO = Fe + CaS + CO_2$，这与高炉中用 CaO 脱硫是不太一样的。

在回转窑温度下脱硫反应的平衡常数很大，因此回转窑中加入 CaO（或 $CaCO_3$）能很好地脱硫。MgO 在 $900℃$ 时并不能进行类似的反应，因而不能作为脱硫剂使用。但实际生产中回转窑又多采用白云石作为脱硫剂，这是因为白云石中也含有 CaO，并且白云石焙烧后仍具有较好的强度，吸收硫后白云石仍呈粒状，易与海绵铁分开。而石灰石焙烧后容易粉化，CaS 容易黏结在海绵铁上，脱硫效果差。

加入脱硫剂对回转窑也有不利的影响，减少了硫的挥发，增加了燃料用量，同时增加了入炉的硫量，也降低了回转窑的生产率。

因为回转窑内有相当大的不填充炉料的空间，气流能不受阻碍地排出，加之废气温度高（$600℃$ 左右），因此气化温度低的物质能以气态排出或冷凝成粉末随气流排出。一般氧化物的沸点都较高，不易气化，只有那些易被还原且元素或低价氧化物沸点又低的物质才会大量挥发去除。常见元素在回转窑中的挥发情况见表 8 - 2。

表 8 - 2　常见元素在回转窑中的挥发情况

元　素	Pb	Zn	Na	K	As	P	S
气化温度/℃	1550	907	880	680	622	590	445
挥发率/%	78	79	50	60	$60 \sim 100$	$20 \sim 50$	$30 \sim 60$

Pb 的沸点虽然很高，但 PbO、PbS 等物质在回转窑作业温度下蒸气压都很低，Pb 的大量挥发可能是由于还原后 Pb 的微粒析离海绵铁而被气流带走。Na、K 虽然气化温度低，但在窑中形成硅酸盐而难以还原，致使挥发率不高。P 的挥发率较低，也是因为磷酸盐在回转窑中还原率不高。

8.2.3.2　回转窑法炼铁工艺

A　回转窑法使用的原料

回转窑使用的铁矿石可以是块矿，也可以是球团矿，其品位应在 65% 以上，脉石应少些，SiO_2 含量不宜大于 3%。块矿的粒度为 $5 \sim 25mm$，球团的粒度以 $5 \sim 15mm$ 为宜。其粒度上限是从还原角度考虑的，粒度下限是从生产工艺角度考虑的，若粒度太小，则表面积大，在回转窑中容易过热而产生黏结。球团需要干燥硬化，入窑前其强度应大于

200N/球。

回转窑使用的还原剂可以是褐煤、无烟煤或焦屑,它们还起到发热剂及松散炉料以防结块的作用。这几种燃料应该反应性高,S、P有害杂质少,灰分含量低(应低于20%,灰分中SiO$_2$含量也要低),灰分熔点高。从窑尾加入的煤主要起还原剂作用,应呈颗粒状,粒度在3mm以上;而从窑头吹入的煤粉主要起发热剂作用,如果煤中挥发分含量较高,宜用在这里。

一般要求海绵铁硫含量小于0.03%,矿石中加入5%的脱硫剂石灰石或白云石就能达到要求。脱硫剂粒度不要大于3mm,但小于0.2mm的部分也应筛除,块度小有利于脱硫,但也易结块。

　　B　回转窑法的工艺流程

SL/RN法及Krupp法是回转窑炼铁的典型方法,两者在工艺上没有大的差别。SL/RN法由加拿大钢铁(Stelco)公司和德国鲁奇(Lurgi)公司于1966年共同研究开发,后来又有美国和挪威的两家公司也提出相类似的方法,而因此得名。Krupp法是由德国克虏伯公司提出的。图8-13所示为SL/RN法的工艺流程。将铁矿石、无烟煤、白云石装入窑内,从窑的出料口吹入一般的煤,使其燃烧。为了确保还原所必需的高温带的长度,在窑身的纵向上设有数个风口,鼓入空气帮助燃烧。由窑内排出的物料除了还原铁外,还含有未燃烧的过量碳质材料、灰分、脱硫剂。将物料在冷却窑内冷却到50~100℃后进行筛分、磁选,分离为成品还原铁、灰分和返回使用的碳质材料。

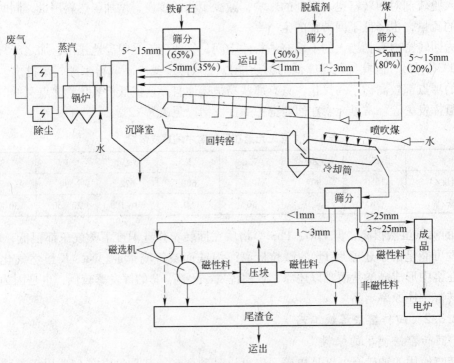

图8-13　SL/RN法的工艺流程

　　C　回转窑法的指标及特点

用回转窑生产海绵铁,一般金属化率在90%左右,含碳1%。要提高金属化率,就需输入更多热量以提高温度，但这样容易结圈。一般窑内温度控制在1100℃以内、$M \leqslant 95\%$ 是合适的。

回转窑法最大的优点就是使用煤作还原剂，因此对那些煤炭资源较多而缺少天然气的国家而言，回转窑法是首先考虑的直接还原方法。回转窑法对原料的要求不是太高，而它对处理难还原矿石、多金属共生矿石及脱除某些有害杂质都是有效的。

回转窑法的主要缺点是：

（1）生产率低　尽管回转窑设备很大，一般窑长46~68m，直径为$\phi3.5~4.6m$（与之相配合的冷却窑尺寸稍小些），但其充填率太低（20%~30%），因此回转窑的利用系数也仅达到$0.5t/(m^3 \cdot d)$左右。

（2）回转窑内温度控制比较困难，生产中结圈问题时有发生。改善回转窑内的温度分布与控制，防止结圈，是改善回转窑操作、提高生产率的首要问题。

（3）回转窑窑尾废气温度较高（600℃以上），热效率较低，每吨海绵铁的热耗为13.4~16.7GJ。

8.2.4　转底炉法

转底炉工艺（RHF）是一种煤基快速直接还原技术，它是近30年来开发起来的炼铁新工艺。20世纪50年代，美国Ross公司首次开发出Fastmet转底炉工艺，其后加拿大、德国又研发出Inmetco等工艺，使转底炉生产海绵铁的直接还原法得到发展与完善。

转底炉最初用于处理含铁废料（合金钢冶炼废料等），回收铁及某些有色金属。这种工艺在应对节能、环保的挑战方面具有明显优势，因而越来越受到重视，也发展成以铁矿粉为原料生产海绵铁的一种直接还原新方法。

在我国从1992年出现第一座转底炉（河南舞阳）起，至今已有10余座转底炉投产，具有近300万吨/年的生产能力。如山东莱钢于2011年建成的转底炉，其外径为$\phi21m$，宽5m，年产量达20万吨，金属化率可达90%。过去因锌、钾、钠等有色金属在高炉内循环富集，造成高炉行程的困难而迫于应对。当今采用转底炉工艺处理富含这些金属的高炉炉尘，既减轻了它们对高炉冶炼的不利影响，又回收了铁和价值更高的有色金属，节约了资源，保护了环境。

8.2.4.1　转底炉法的工艺流程

Inmetco法的工艺流程如图8-14所示。Inmetco法的主体设备转底炉类似于轧钢工艺的环形加热炉，呈密封的圆盘状，炉底以垂线为轴做旋转运动。在炉膛周围设有烧嘴，以煤、煤气或油为燃料，高温烟气吹入炉内，以与炉底转向相反的方向流动，将热量传给炉料，经除尘、回收某些易挥发的金属后排出。转底炉工艺一般使用冷固结含碳球团，球团可用矿粉或冶金废料作为原料，内配焦粉或煤作还原剂，经混匀、磨细制成球团，经干燥后连续布入转底炉台车上，料层厚度为30~50mm（为球团直径的2~3倍）。由于料层薄，球团矿升温迅速，很快达到1250~1300℃。含碳球团内矿粉与还原剂有良好的接触条件，在高温下还原反应迅速进行，经15~20min，还原球团的金属化率可达88%~92%，还原后产品经螺旋出料机卸出。

转底炉的利用系数为：使用精矿粉时，$1.5~2.0t/(m^2 \cdot d)$；使用冶金废料时，$2.4~2.9t/(m^2 \cdot d)$。

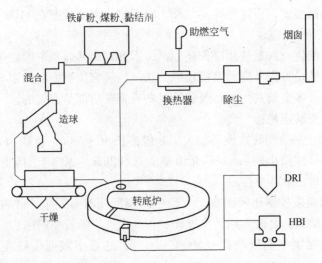

图 8 - 14 Inmetco 法的工艺流程

8.2.4.2 转底炉法的工艺特点

A Inmetco 法和 Fastmet 法

1978 年，加拿大国际镍集团和德国德马格公司合作，在美国宾州建成直径为 $\phi16.7m$、宽 4.3m 的转底炉，这是世界上第一座转底炉，采用 Inmetco 法。2000 年，日本新日铁广畑厂建成直径为 $\phi21.5m$、宽 2.8m 的转底炉，年产能力达 19 万吨，采用 Fastmet 法。这两种转底炉法结构大同小异，工艺原理也是相通的，没有大的本质差别。它们均以钢铁厂含铁废弃物为原料，加入煤粉及黏结剂混合造球，生产直接还原铁，实现冶金废弃物的再利用。

这两种转底炉法也可使用铁矿粉作原料，生产海绵铁。但因内配燃料（煤粉），还原过程虽然迅速，但不能实现铁与脉石及煤中灰分的分离，致使海绵铁杂质含量增加（比其他方法的杂质含量高出 2% ~3%），造成炼钢过程渣量增加、能耗上升、产量下降。为克服转底炉工艺的这一缺点，有的在转底炉后加熔化炉（埋弧电炉）以熔分渣铁，获得铁水后再入电炉炼钢或铸块。

Inmetco 法和 Fastmet 法对原料没有特殊要求，但粒度要适合造球。配入的还原剂煤粉应有高的反应性，固定碳和挥发分含量都可高些，而灰分含量应低于 10%。供热的燃料可以是重油、天然气或煤粉，煤粉燃烧器的造价高些，但火焰质量比天然气好，且运行成本低。

B ITmk3 法

ITmk3 法是由日本神户钢铁公司和美国 Midrex 公司联合开发的第三代煤基炼铁技术。神户公司于 1996 年开始研发，后在美国建成年产 50 万吨的工厂。

该法使用含碳球团，还原温度控制在 1350 ~1400℃，相比其他工艺温度较高，球团先还原、后熔化，实现渣铁分离，产出合格粒铁。而残留在渣中的 FeO 含量低于 2%，对耐火材料的侵蚀程度不大。

ITmk3 法也具有选择原燃料范围广的特点，磁铁矿、赤铁矿均可选用，煤、石油都可作为燃料。产品粒铁无渣，碳含量可以控制，金属化率高，其成分为 Fe 96% ~ 97% 、C 2.5% ~3.5% 、S 0.05% 。这种工艺的 CO_2 排放量比高炉炼铁工艺低 20% ，其作为环境友好的炼铁新工艺，具有推广意义。ITmk3 法的缺点是料层薄，生产率低，渣铁与铺底料不易分离。

8.3 熔融还原法

8.3.1 熔融还原法基本原理

前已述及，高炉炼铁有其固有的一些缺点，但高炉－转炉生产流程具有较高的生产率，在钢铁生产中占有绝对的主导地位，特别是使用液态铁水的转炉炼钢法具有难以比拟的优点。

自 20 世纪 70 年代出现能源危机后，石油和天然气价格上涨，直接还原法已不再具有大量、经济地生产钢的广阔前景，它的普遍应用存在困难，直接还原法只能有限的、小规模的应用于某些国家和地区。直接还原法的局限性在于：气基法要以天然气为主要能源，而煤基法的回转窑效率低且存在技术问题，因而未得到明显的发展；直接还原法对矿石的强度要求虽然不高，但对品位的要求比起高炉要严格得多；直接还原法生产的是固态的海绵铁，不能在转炉里大量使用，而需在电炉里炼钢，要有充足的电力资源与之相配合，这样就难使转炉低耗、高效的优点得到充分发挥。因此，从能源战略目标来考虑，直接使用低质煤和粉矿炼铁，对未来的钢铁工业是有挑战意义的，这就出现了熔融还原（Smelting Reduction）炼铁新工艺的研究与开发。

8.3.1.1 熔融还原法的概念

20 世纪 60 年代初，瑞典的 S. Eketorp 教授提出熔融还原理论：

$$Fe_2O_3 + 3C \Longrightarrow 2Fe + 3CO \qquad \Delta H_{1700} = 109 kcal/mol \qquad (Ⅰ)$$

$$3CO + \frac{3}{2}O_2 \Longrightarrow 3CO_2 \qquad \Delta H_{1700} = -201 kcal/mol \qquad (Ⅱ)$$

两个反应的总和为：

$$Fe_2O_3 + 3C + \frac{3}{2}O_2 \Longrightarrow 2Fe + 3CO_2 \qquad \Delta H_{1700} = -92 kcal/mol \qquad (Ⅲ)$$

反应（Ⅱ）放出的热量足以补偿反应（Ⅰ）所需要的热量，它的特点是 C 最终完全变成 CO_2，煤气的利用率在理论上达到 100% 。最初的"熔融还原"（或称熔态还原）概念就是从这里产生的。

铁氧化物在熔融状态下，其全部还原都依靠 C→CO 来完成，并且生成的 CO 燃烧成 CO_2，产生的热量满足系统热平衡的需要，这样就可以达到理论上的最低碳耗 $321 kg(3 \times 12/(2 \times 56) \times 1000)$。

8.3.1.2 最初的熔融还原法——"一步法"

20 世纪 50 年代后期研究开发的熔融还原法，如 Dored 法、Retored 法、CIP 法等，都是遵循上述原理，在一个反应器里完成全部熔炼过程，这样的方法称为一步法。但在实际应用中一步法都没有取得成功，其主要的问题是：

（1）如何将熔融还原中产生的 CO 在同一个反应器里用氧燃烧，并将燃烧放出的热量有效地传给还原区，同时反应（Ⅰ）和反应（Ⅱ）在空间上必须分开，以避免还原区被氧化。

（2）熔融还原产生的高 FeO 渣对炉衬侵蚀严重，炉子寿命短。

这些方法的失败表明，不能依靠 CO 的燃烧直接把热量反馈给吸热反应，能量的传递需要间接进行，或者用炉墙把氧化燃烧区与还原区分离开，或者把煤气的能量转换成其他形式来传递。自 20 世纪 70 年代以来，国外研究开发的熔融还原法基本上是"两步法"。这种具有能量转换的两步熔融还原法成为目前普遍发展的趋势。

8.3.1.3 熔融还原法的系统构成

图 8-15 所示为两步熔融还原法的系统构成。整个系统由预还原、熔融还原和能量转换等工艺单元组成。矿石加入预还原单元；煤则加入高温熔融还原单元，也可以加入预还原单元。氧气通常进入熔融还原单元，用来使煤燃烧。从这两个单元出来的煤气（预还原煤气的主要成分为 $CO + CO_2$，熔融还原煤气的成分为 CO）可去发电，其电能可以满足系统本身需要。有的两步法不发电，而将过剩煤气用作燃料煤气或化工原料等。

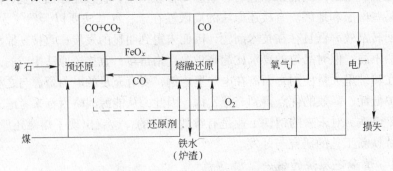

图 8-15 两步熔融还原法的系统构成

所谓的两步法，就是将氧化铁的还原过程分解为固体状态的预还原和熔融状态的终还原，并分别在各自反应器里进行。预还原相当于高炉的固相区还原，也类似于前文讲述的直接还原法，它是用气体还原剂将铁矿石在固态下还原，只不过还原度没有直接还原法那么大（铁氧化物的脱氧率一般为 60% ~ 70%）。预还原阶段所用的还原气是熔融还原阶段产生的煤气，主要成分是 CO 和 H_2。预还原装置多为流化床和竖炉，竖炉工艺成熟、操作简单，但必须使用块矿或球团矿；流化床可直接使用精矿粉，反应速度快，技术上更为合理。经预还原后的物料进入熔融还原反应器，在高温熔融状态下进行深度还原，完成熔化、精炼、渗碳、渣铁分离。熔融还原就相当于高炉炉缸的作用，它使用的还原剂多是非焦煤，也有用低质焦炭的，产品为液态铁水（以及炉渣）和煤气。熔融还原装置有竖炉型、转炉型或电炉型等几种形式。

8.3.2 熔融还原方法

自熔融还原研究开发以来，先后提出了数十种方法，但只有少数几种方法通过了实验，进入半工业性或工业性生产阶段，目前实现工业化生产的有 Corex 法、Finex 法等少数工艺，某些方法仍在研究开发之中。

8.3.2.1　Corex 法

Corex 法是 20 世纪 70 年代后期由奥地利 Voest – Alpine 公司（奥钢联）和德国 Korf 钢铁公司联合研制开发的，1981 年，在德国 Korf 公司的克尔厂建成了一套年产 6 万吨的中间试验装置，经多次试验取得成功。该法原称"KR 熔态还原法"，KR 为德文 Kohle Reduktion 的缩写，有煤炭还原之意。它是以非焦煤为能源的炼铁新方法，并已形成不同规模的系列设计。

1985 年，在南非的 Iscor 公司建成了年产 30 万吨的 Corex 设备（C – 1000 型），其后在世界多地建成 C – 2000 型 Corex 设备，年产能力达 70 ~ 90 万吨。2007 年 11 月，在我国宝钢建成 C – 3000 型 Corex 设备，设计年产能力为 150 万吨，这是目前世界上产量最大的熔融还原炉。表 8 – 3 列出了 C – 3000 型 Corex 设备主要设计的技术经济指标。值得注意的是，同样规格的宝钢 2 号 Corex 炉于 2011 年 4 月也正式投产，其关键性指标（燃料比、竖炉金属化率、作业率等）比 1 号炉均有所改善。

表 8 – 3　C – 3000 型 Corex 设备主要设计的技术经济指标

项　　目	指　标	项　　目	指　标
铁水产量/万吨·年$^{-1}$	150	渣量/kg·t^{-1}	350
铁水产量/t·h^{-1}	180	煤气输出（标态）/m^3·h^{-1}	2×10^5
作业率/h·年$^{-1}$	8400	煤气热值（标态）/kJ·m^{-3}	8200
铁水温度/℃	1480	煤耗/kg·t^{-1}	931
小块焦炭量/kg·t^{-1}	49	电力消耗/kW·h·t^{-1}	90
块矿、球团矿量/kg·t^{-1}	1464	新水耗/m^3·t^{-1}	1.33
石灰石量/kg·t^{-1}	163	天然气量/m^3·t^{-1}	1.5
白云石量/kg·t^{-1}	144	回收能源/MJ·t^{-1}	13393
石英量/kg·t^{-1}	37	工序能耗/MJ·t^{-1}	12808
氧气（标态）/m^3·h^{-1}	528	劳动定员/人	360

Corex 法的工艺装置由上部的矿石直接还原竖炉和下部的熔融气化炉组成，如图 8 – 16 所示。

该工艺可使用天然矿、烧结矿或球团矿，矿石品位应大于 60%，要注意矿石还原后的强度，以保证预还原竖炉的透气性。燃料为非焦煤，也加入少量的低质焦炭，以保证熔融气化炉料床的透气性。为造渣和脱硫，加入一定数量的熔剂（石灰石、白云石）。熔剂主要加在竖炉里（粒度为 6 ~ 16mm），少量也可由加煤系统直接加入气化炉里（粒度为 4 ~ 10mm），以便随时快速调节炉渣碱度。

矿石和熔剂按预定料批装入预还原竖炉，在下降过程中完成预热及还原，经 6 ~ 8h 还原矿石成为金属化率达 90% 的海绵铁，由螺旋排料器输入下方的熔融气化炉。

熔融气化炉是一个气 – 固 – 液多相复杂反应的移动床反应器，粒度为 20 ~ 30mm 的无烟煤或褐煤从熔融气化炉顶部加入，与从下部上升的高温还原气体接触，在下降过程中被干燥和热解，脱除挥发分而成为半焦。氧气从均匀分布于下部的风口吹入，使煤在这里燃烧产生具有 2000℃ 高温的 CO + H$_2$ 含量达 95% 以上的煤气（每吨煤约产生 2000m^3 煤气）。海绵铁进一步还原熔化、渗碳过热、渣铁分离，定期排出炉外。

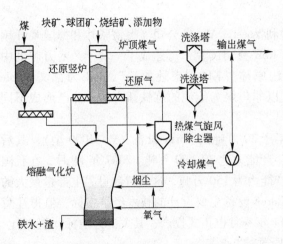

图 8 - 16　Corex 法的工艺流程

1100℃左右的高温煤气从熔融气化炉出来后，兑入经冷却的竖炉炉顶煤气，调温至 800 ~ 900℃并除尘，然后送入预还原竖炉去还原块状铁矿石。预还原竖炉排出的炉顶煤气与熔融气化炉排出的少部分煤气混合输出，作为气体燃料，可用于系统的发电、制氧。

Corex 法工艺的优点是可以使用非焦煤，能适应多种原料（块矿、球团矿、烧结矿等）。每吨铁约消耗煤 0.95t、焦炭 0.15t、氧气 500 ~ 600m^3。铁水 C 含量为 4%、Si 含量约为 1%、S 含量较高，需要配以炉外脱硫。铁水温度为 1500 ~ 1550℃，可直接供转炉炼钢。该工艺的另一特点就是生产过程中产生大量高热值煤气，每吨铁近 2000m^3（其中熔融气化炉剩余煤气 500m^3，竖炉煤气 1500m^3），煤气热值为 7500 ~ 8000kJ/m^3，可供他用。Corex 法能量平衡的情况是：能量输入主要是煤、氧及少量电，折算成煤为 100%；熔炼铁水消耗 42%，输出煤气消耗 58%，其中 12% 用于本系统制氧，46% 供他用。

Corex 法是奥钢联继 LD 转炉之后在冶金技术领域里的又一项革新性突破，这项技术引起许多国家的重视。

8.3.2.2　Finex 法

韩国浦项公司与奥钢联于 1992 年开始联合开发 Finex 法，这是在韩国引进 Corex C - 2000 工艺基础上进行的，进一步开发的原因是 Corex 工艺存在一些缺点与问题。2007 年 4 月，年产 150 万吨铁水的 Finex - 3000 型装置投产，并逐步达到了设计能力，其工艺流程如图 8 - 17 所示。

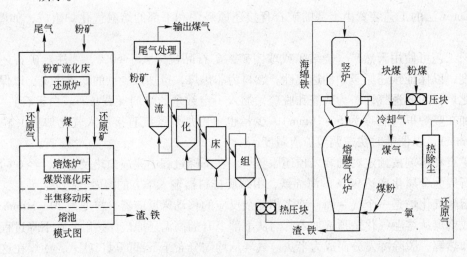

图 8 - 17　Finex 法的工艺流程

与 Corex 法相比，Finex 法的工艺技术主要有以下不同：

（1）用多级流态化反应器替代还原竖炉，因此 Finex 工艺仅适合用铁矿粉生产铁水。矿粉在多级流化中大部分得到还原，经热压成块后加入熔融气化炉。

（2）将一部分粉煤磨细后喷入熔融气化炉中，而另一部分粉煤与结合剂混合压成煤球，从顶部装入熔融气化炉中。

（3）Finex 工艺以熔融气化炉煤气作为多级流化床反应器的还原剂。为减少煤耗，将部分自流化床反应器排出的煤气返回使用。为提升其还原能力，在煤气管网中增加 CO_2 变压吸附装置，以降低煤气氧化度。

（4）Finex 工艺使用铁矿粉，其粒度范围较宽，平均为 1~3mm。采用粉煤压块技术，因而焦炭用量比 Corex 工艺少，只需 10% 左右。

据浦项公司公布的数据，Finex 工艺具有较低的生产成本；炉顶煤气全部循环使用，平均煤耗为 800kg/t；铁水质量与高炉法、Corex 法相当；环保水平及设备利用率也与 Corex 法相当。

8.3.2.3　竖炉等离子熔炼法

等离子发生器（Plasma Generator，简称 PG）是一种将电能转化为气体热能的装置，它由前、后两端电极（由高纯度铜制成）构成，电极里有磁控圈以稳定产生的电弧，所需的直流电是靠一台可控硅整流器提供的。当气体通过两个电极之间形成的电弧时被电离，转化成等离子体并吸收大量热量，因而在其出口气体具有很高的比焓（比一般燃烧高得多）。

瑞典 SKF 公司于 20 世纪 70 年代初开始研制竖炉等离子熔炼工艺（Plasmasmelt），1980 年在 Hofors 公司完成了能力 1.5MW 的中间试验。这种方法的原理是：在风口区用等离子发生器产生 3000~10000℃ 的高温热源，同时用过程还原气加压喷入预还原的精矿粉、脱硫剂和还原剂煤粉（见图 8-18）。由于直接还原及其他吸热反应的激烈进行，等离子高温气体迅速降温至 1700~2000℃。直接还原产生的气体几乎全部是 CO 和煤粉分解出的 H_2，当气体离开高温区，穿过充满低质焦炭的炉身区时，其将热量传给焦炭，温度降至 1000~1200℃，同时也保证了进入预还原流化床的煤气的高度还原性。精矿粉的预还原是在两段流化床中进行的。第一段流化床主要用于矿粉的干燥和预热；第二段流化床

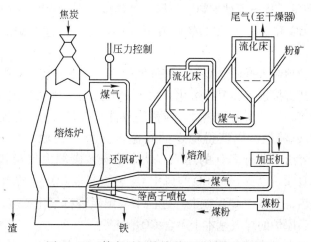

图 8-18　等离子竖炉熔融还原的工艺流程

的任务是矿粉的预还原,还原温度为 700~800℃,还原度为 50%~60%(该法不求太高),排出的煤气还含有 10%~15% 的 CO + H₂。

这种方法的实质是采用煤、电炼铁,煤仅作为还原剂使用,电能则供给过程的耗热,这种方法保证了竖炉高温区内特别强的还原性气氛。这种等离子熔炼工艺可以使用粉矿而不需造块,可以用廉价的煤及少量焦炭,且所用的燃料数量不多(仅作为还原剂使用),铁水硫含量可以降低。

8.3.2.4 日本川崎竖炉熔融还原法

日本川崎竖炉熔融还原法由日本川崎钢铁公司于 1972 年开始研究开发,曾建成一座日产 100t 铁水的中间试验厂,其装置由两个流化床的预还原炉和熔融还原炉组成,如图 8-19 所示。

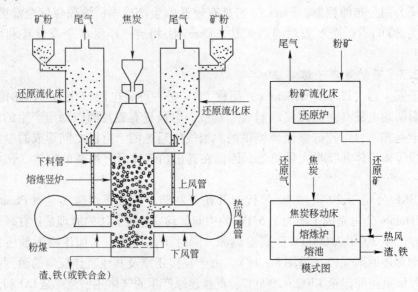

图 8-19　川崎竖炉熔融还原法的工艺流程

精矿粉先装入流化床的预还原炉,熔融还原炉为之提供高温(1000℃左右)煤气(CO + H₂),矿粉在悬浮状态下被加热、还原,还原度一般为 60%~70%。预还原后的气体还含有相当多的 CO 和 H₂,可作为燃料发电或供他用。预还原炉的温度保持在 800~1000℃ 内。

熔融还原炉从炉顶装入低质焦炭作为煤气发生剂。其下部装设双排风口,上排用来喷射预还原矿粉,使其直接进入高温区熔化、精炼;下排用来喷吹非焦煤煤粉和富氧热风,进行燃烧,以提供熔融还原所需的热量。对称的双排风口有利于分别控制矿粉、煤粉喷吹量,提供稳定的热风流股,以获得稳定的高温区并产生还原性气体。高温区温度为 1450~1550℃,在熔池中进行 FeO 的还原、铁水渗碳。碳源由焦炭和喷吹的煤粉供给,铁水中碳与渣中 FeO 反应,逸出的 CO 与风中 O₂ 燃烧产生 CO₂ 并放出大量热量,可供给直接还原反应的耗热,气体中 CO₂ 在上升过程中与焦炭进行气化反应,再生成 CO,离开熔融还原炉进入预还原炉的煤气基本上不含 CO₂。

川崎法的主要优点是直接使用精矿粉,可免去粉矿造块工艺,使用低质焦炭和非焦煤，节约了焦煤资源。这种方法可以简化工艺流程，减少污染，保护环境，节约能源，降低成本，是有发展前途的。

熔融还原法自 20 世纪 70 年代问世以来，便引起了国际钢铁界的普遍重视。从钢铁工业节能和改变能源结构、简化钢铁生产流程、提高效率、保护环境的战略高度来看，以煤为基本能源的熔融还原法具有强大的生命力，是对传统高炉法炼铁的挑战和变革。尽管这一技术还存在着各种各样的问题（如铁水硫含量较高、炉衬寿命较短以及还原炉的供热和二次能源的有效利用、预还原料的输送等问题），但喷射冶金、煤的气化以及等离子技术等项新理论的研究和新技术的开发，必将促进熔融还原工艺的发展、完善，熔融还原法进入工业化生产为期不会太远。

练习与思考题

8-1 什么是煤气氧化度？用天然气（CH_4）部分燃烧法制取还原煤气，当 O_2 过剩 10% 时计算煤气的氧化度 η'。

8-2 还原煤气成分 $\varphi(CO) + \varphi(H_2) = 95\%$，$\varphi(CO_2) + \varphi(H_2O) = 5\%$，当 FeO 被混合煤气还原的平均平衡常数 $K_e = 0.54$ 时，计算还原出 950kg 铁的煤气需要量。

8-3 由硫势图说明直接还原中能否用碳来脱硫，比较几种含硫气体 COS、H_2S、SO_2、SO_3 等的稳定顺序。比较高炉炼铁及直接还原法中气化脱硫有何不同？

8-4 已知还原煤气中 $\varphi(H_2) = 60\%$，$\varphi(H_2S) = 2\%$，当还原温度为 900℃ 时，试计算说明此时煤气能否使海绵铁脱硫。

8-5 HYL 法有何特点？这种方法能耗较高，其原因是什么，怎样改进？

8-6 试比较分析几种主要竖炉方法在制气、还原、能量利用、产品处理等方面的优缺点，探讨一个竖炉方法的最佳方案。

8-7 说明气基直接还原法要控制还原煤气温度的原因。

8-8 流态化方法中的开始流化速度和淘析速度是怎样求得的？

8-9 采用流态化法还原铁矿石，对还原剂气体有何要求，为什么？在 1atm 下用 900℃ 氢气还原粒径为 100μm 的赤铁矿粉，试估算最小流化速度及淘析速度。已知 $\rho_s = 5.25 \times 10^3 kg \cdot s^2/m^4$，$\rho_g = 2.05 \times 10^{-2} kg \cdot s^2/m^4$，$\eta = 2.2 \times 10^{-5} kg \cdot s/m^2$。

8-10 试述回转窑生产海绵铁的工艺过程。回转窑法有何优缺点？

8-11 分析回转窑法中铁的还原机理和硫的去除机理。回转窑中热量是怎样供给的，如何改善回转窑的热效率？

8-12 评述转底炉法的工艺特点。

8-13 画出熔融还原两步法的原理框图，说明其系统构成及作用。

8-14 等离子发生器有什么功能，Plasmasmelt 法的实质是什么，川崎竖炉法与之比较有何不同？

8-15 评价 Corex 法的工艺特点，说明熔融还原法的优点及前途。

附 表

附表1 各种气体的比焓（基准态0℃） （kcal/m³）

温度/℃	CH₄	CO₂	H₂O	H₂	CO	N₂	O₂	空 气
25	9.3	9.7	8.9	7.7	7.7	7.8	7.8	7.8
50	19.1	19.8	17.9	15.4	15.5	15.5	15.6	15.6
100	39.7	41.3	36.1	30.8	31.2	31.2	31.7	31.3
150	61.8	63.9	54.4	46.2	47.1	47.0	48.0	47.2
200	85.4	87.3	73.1	61.6	63.1	62.9	64.5	63.2
250	110.3	111.4	92.0	77.2	79.3	78.9	81.2	79.4
300	136.5	36.1	111.2	92.8	95.5	95.0	98.1	95.6
350	164.1	61.2	130.7	108.4	111.9	111.2	115.2	112.0
400	93.0	186.8	150.4	124.2	128.5	127.5	132.4	128.6
450	223.3	212.8	170.5	140.0	145.1	144.0	149.8	145.2
500	254.8	239.1	190.8	155.9	161.8	160.6	167.3	162.0
550	287.6	265.8	211.4	171.9	178.7	177.3	184.9	178.9
600	321.8	292.8	232.2	188.0	195.7	194.0	202.6	195.9
650	357.2	320.1	253.4	204.1	212.8	211.0	220.5	213.0
700	393.9	347.7	274.8	220.3	230.0	228.0	238.5	230.2
750	431.9	375.6	296.6	236.7	247.3	245.1	256.6	247.5
800	471.1	403.8	318.6	253.1	264.7	262.4	274.9	265.0
850	511.7	432.3	340.9	269.6	282.3	279.7	293.2	282.6
900	553.6	461.0	363.4	286.1	299.9	297.2	311.7	300.3
950	596.7	490.0	386.3	302.8	317.7	314.8	330.3	318.1
1000	641.1	519.3	409.5	319.5	335.5	332.5	349.0	336.0
1050	686.8	548.9	432.9	336.4	353.5	350.3	367.8	354.0
1100	733.8	578.7	456.6	353.3	371.6	368.3	386.8	372.2
1150	782.0	608.7	480.6	370.3	389.8	386.3	405.8	390.4
1200	831.6	639.0	504.8	387.4	408.1	404.5	425.0	408.8
1250		669.6	529.5	404.5	426.5	422.8	444.3	427.3
1300		700.4	554.3	421.8	445.1	441.2	463.7	445.9
1350		731.5	579.5	439.1	463.7	459.7	483.2	464.6
1400		762.8	604.9	456.6	482.5	478.3	502.8	483.4
1450		794.4	630.6	474.1	501.3	497.0	522.6	502.4
1500		826.2	656.6	491.7	520.3	515.9	542.4	521.4
1550		858.3	682.9	509.4	539.4	534.8	562.4	540.6
1600		890.6	709.5	527.2	558.6	553.9	582.5	559.9
1650		923.2	736.3	545.0	577.9	573.1	602.7	579.3
1700		956.0	763.5	563.0	597.3	592.4	623.0	598.8
1750		989.1	790.9	581.0	616.8	611.8	643.4	618.4
1800		1022.4	818.6	599.2	636.4	631.3	663.9	638.2

续附表1　各种气体的比焓（基准态0℃）　　　　（kJ/m³）

温度/℃	CH₄	CO₂	H₂O	H₂	CO	N₂	O₂	空　气
25	39.0	40.4	37.4	32.2	32.4	32.5	32.5	32.5
50	79.7	82.9	74.9	64.3	65.0	65.0	65.4	65.2
100	166.0	172.6	150.7	128.6	130.6	130.5	132.4	130.9
150	258.5	266.9	227.6	193.1	197.0	196.4	200.5	197.3
200	356.9	364.9	305.6	257.7	263.9	262.8	269.6	264.3
250	461.0	465.7	384.7	322.6	331.4	329.7	339.6	331.8
300	570.8	568.8	464.9	387.8	399.4	397.0	410.2	399.9
350	686.1	674.0	546.3	453.3	468.0	464.9	481.6	468.4
400	807.0	780.9	628.9	519.1	537.0	533.2	553.5	537.5
450	933.3	889.5	712.6	585.3	606.5	602.0	626.1	607.1
500	1065.1	999.6	797.5	651.8	676.5	671.2	699.2	677.2
550	1202.3	1111.1	883.6	718.6	747.0	741.0	772.9	747.7
600	1345.0	1224.0	970.8	785.7	818.0	811.2	847.1	818.8
650	1493.0	1338.2	1059.3	853.2	889.4	881.9	921.8	890.3
700	1646.4	1453.6	1148.9	921.1	961.3	953.0	997.0	962.3
750	1805.3	1570.2	1239.7	989.3	1033.7	1024.7	1072.8	1034.1
800	1969.4	1688.1	1331.7	1057.9	1106.6	1096.8	1149.0	1107.0
850	2139.0	1807.0	1424.9	1126.8	1179.9	1169.4	1225.8	1181.1
900	2313.9	1927.2	1519.3	1196.1	1253.6	1242.4	1303.0	1255.0
950	2494.2	2048.4	1614.8	1265.7	1327.9	1316.0	1380.7	1329.6
1000	2679.9	2170.8	1711.6	1335.7	1402.6	1390.0	1458.9	1404.5
1050	2870.9	2294.3	1809.5	1406.0	1477.7	1464.5	1537.6	1479
1100	3067.2	2418.8	1908.7	1476.7	1553.4	1539.4	1616.8	1555.7
1150	3269.0	2544.4	2009.0	1547.8	1629.4	1614.9	1696.5	1632.1
1200	3476.0	2671.2	2110.5	1619.2	1706.0	1690.8	1776.6	1708.9
1250		2798.9	2213.2	1691.0	1783.0	1767.2	1857.2	1786.2
1300		2927.8	2317.1	1763.2	1860.4	1844.1	1938.3	1863.9
1350		3057.7	2422.2	1835.7	1938.4	1921.4	2019.9	1942.2
1400		3188.6	2528.5	1908.5	2016.8	1999.3	2101.9	2020.9
1450		3320.6	2636.0	1981.8	2095.6	2077.6	2184.4	2100.0
1500		3453.6	2744.7	2055.4	2174.9	2156.3	2267.4	2179.7
1550		3587.7	2854.6	2129.3	2254.7	2235.6	2350.9	2259.8
1600		3722.9	2965.6	2203.6	2334.9	2315.3	2434.8	2340.5
1650		3859.0	3077.9	2278.3	2415.6	2395.5	2519.2	2421.5
1700		3996.2	3191.3	2353.3	2496.7	2476.2	2604.1	2503.1
1750		4134.4	3306.0	2428.8	2578.3	2557.3	2689.5	2585.1
1800		4273.7	3421.8	2504.5	2660.4	2639.0	2775.3	2667.7

附表 2　化学反应热效应对照

反应类型及热化学方程式/kcal		按质量、体积计算热效应	
		kcal/kg	kcal/m³
高炉冶炼基本反应			
$C + \frac{1}{2}O_2 = CO$	$+28080$	$2340(C)$	$1253(CO)$
$C + O_2 = CO_2$	$+95760$	$7980(C)$	$4275(CO_2)$
$CO + \frac{1}{2}O_2 = CO_2$	$+67680$	$5640(C)$	$3021(CO,CO_2)$
$C + CO_2 = 2CO$	-39600	$3300(C),900(CO_2)$	$1767(CO_2)$
$H_2O + C = H_2 + CO$	-29730	$2477(C),1651(H_2O)$	$1327(H_2O,H_2,CO)$
$FeO + CO = Fe + CO_2$	$+3250$	$58(Fe),45.1(FeO)$	$145.1(CO,CO_2)$
$FeO + C = Fe + CO$	-36350	$649.1(Fe),504.8(FeO)$	
$FeO + H_2 = Fe + H_2O$	-6620	$118.2(Fe),91.9(FeO)$	$295.5(H_2,H_2O)$
分解反应			
$Fe_2O_3 = 2Fe + \frac{3}{2}O_2$	-196900	$1230(Fe_2O_3),1758(Fe)$	
$Fe_3O_4 = 3Fe + 2O_2$	-265960	$1146(Fe_3O_4),1583(Fe)$	
$FeO = Fe + \frac{1}{2}O_2$	-64430	$894.9(FeO),1150(Fe)$	
$Fe_2SiO_4 = 2FeO + SiO_2$	-11350	$78.8(FeO),101.3(Fe)$	
$H_2O = H_2 + \frac{1}{2}O_2$	-57810	$3211(H_2O)$	
$MnO_2 = Mn + O_2$	-126400	$2298(Mn),1452(MnO_2)$	
$MnO = Mn + \frac{1}{2}O_2$	-96720	$1758(Mn),1362(MnO)$	
$SiO_2 = Si + O_2$	-206250	$7366(Si),3437(SiO_2)$	
$P_2O_5 = 2P + \frac{5}{2}O_2$	-529480	$8540(P),3728(P_2O_5)$	
$CH_4 = C + 2H_2$	-17980	$1124(CH_4),1498(C)$	$802.8(CH_4)$
$MnO_2 = MnO + \frac{1}{2}O_2$	-29680	$341.1(MnO_2),540(Mn)$	
碳酸盐分解反应			
$CaCO_3 = CaO + CO_2$	-42520	$425.2(CaCO_3),759.3(CaO),966.4(CO_2)$	$1898(CO_2)$
$MgCO_3 = MgO + CO_2$	-26150	$311.3(MgCO_3),653.7(MgO),594.3(CO_2)$	$1167(CO_2)$
$FeCO_3 = FeO + CO_2$	-20900	$180.1(FeCO_3),290.2(FeO),475(CO_2)$	$933(CO_2)$
$MnCO_3 = MnO + CO_2$	-22900	$199.1(MnCO_3),322.5(MnO),520.4(CO_2)$	$1022(CO_2)$

反应类型及热化学方程式/kcal		按质量、体积计算热效应	
		kcal/kg	kcal/m³
还原反应			
$3Fe_2O_3 + CO = 2Fe_3O_4 + CO_2$	+8900	18.5(Fe_2O_3),26.4(Fe)	
$Fe_2O_3 + CO = 2FeO + CO_2$	−370	2.3(Fe_2O_3),3.3(Fe)	
$Fe_3O_4 + CO = 3FeO + CO_2$	−4990	21.5(Fe_3O_4),29.7(Fe)	
$Fe_3O_4 + H_2 = 3FeO + H_2O$	−15190	65.4(Fe_3O_4),90.4(Fe)	
$MnO_2 + CO = MnO + CO_2$	+38000	436.7(MnO_2),690.9(Mn)	
$MnO + C = Mn + CO$	−68640	1248(Mn)	
$SiO_2 + 2C = Si + 2CO$	−150090	5360(Si)	
$(CaO)_3 \cdot P_2O_5 + 5C = 3CaO + 2P + 5CO$	−389100	6275(P)	

参 考 文 献

[1] 北京钢铁学院，等. 专业炼铁学［M］. 北京：中国工业出版社，1961.
[2] J. G. 皮西，等. 高炉炼铁理论与实践［M］. 傅松龄，等译. 北京：冶金工业出版社，1985.
[3] 《炼铁设计参考资料》编写组. 炼铁设计参考资料［M］. 北京：冶金工业出版社，1975.
[4] 王筱留. 钢铁冶金学（炼铁部分）［M］. 3 版. 北京：冶金工业出版社，2013.
[5] 周取定，孔令坛. 铁矿石造块理论及工艺［M］. 北京：冶金工业出版社，1989.
[6] 付菊英. 烧结球团学［M］. 长沙：中南工业大学出版社，1996.
[7] 贺友多. 炼铁学（上册）［M］. 北京：冶金工业出版社，1980.
[8] 朱苗勇. 现代冶金学（钢铁冶金卷）［M］. 北京：冶金工业出版社，2005.
[9] 那树人. 炼铁计算［M］. 北京：冶金工业出版社，2005.
[10] 王喜庆. 钒钛磁铁矿高炉冶炼［M］. 北京：冶金工业出版社，1994.
[11] 《杨永宜论文集》编辑委员会. 《杨永宜论文集》［M］. 北京：冶金工业出版社，1997.
[12] 杜鹤桂. 高炉软熔带的生成及气体力学特性的研究［J］. 东北工学院学报，1981（4）.
[13] 那树人. 炼铁计算辨析［M］. 北京：冶金工业出版社，2010.
[14] 项钟庸，王筱留，等. 高炉设计——炼铁工艺设计理论与实践［M］. 北京：冶金工业出版社，2007.
[15] 周传典. 高炉炼铁生产技术手册［M］. 北京：冶金工业出版社，2008.
[16] 范广权. 高炉炼铁操作［M］. 北京：冶金工业出版社，2010.
[17] 张殿有. 高炉冶炼技术［M］. 北京：冶金工业出版社，2010.
[18] 宋建成. 高炉炼铁理论与操作［M］. 北京：冶金工业出版社，2009.
[19] ［澳］A. K. 比斯瓦斯. 高炉炼铁原理——理论与实践［M］. 齐宝铭，王筱留，等译. 北京：冶金工业出版社，1989.
[20] 秦民生. 非高炉炼铁［M］. 北京：冶金工业出版社，1988.
[21] 方觉，等. 非高炉炼铁工艺与理论［M］. 2 版. 北京：冶金工业出版社，2012.
[22] ［美］G. H. 盖格，等. 冶金中的传热传质现象［M］. 俞景录，等译. 北京：冶金工业出版社，1981.
[23] ［美］J. 舍克里. 冶金中的流体流动现象［M］. 彭一川，等译. 北京：冶金工业出版社，1985.
[24] 杨天钧，等. 高炉冶炼过程控制模型［M］. 北京：冶金工业出版社，1995.
[25] 毕学工. 高炉过程数学模型及计算机控制［M］. 北京：冶金工业出版社，1996.
[26] 刘祥官，等. 高炉炼铁过程优化与智能控制系统［M］. 北京：冶金工业出版社，2003.
[27] 刘玠，等. 炼铁生产自动化技术［M］. 北京：冶金工业出版社，2005.
[28] 王维兴. 2013 年高炉炼铁技术进展［J］. 世界金属导报，2014.

冶金工业出版社部分图书推荐